高校土木工程专业规划教材

建筑地基基础

（按新规范 GB 50007—2011）

郭继武　编著

中国建筑工业出版社

图书在版编目（CIP）数据

建筑地基基础（按新规范 GB 50007—2011）/郭继武编著. —北京：中国建筑工业出版社，2013.9

（高校土木工程专业规划教材）

ISBN 978-7-112-15463-0

Ⅰ.①建… Ⅱ.①郭… Ⅲ.①地基-基础（工程）Ⅳ.①TU47

中国版本图书馆 CIP 数据核字（2013）第 110420 号

高校土木工程专业规划教材

建筑地基基础

（按新规范 GB 50007—2011）

郭继武 编著

*

中国建筑工业出版社出版、发行（北京西郊百万庄）

各地新华书店、建筑书店经销

北京红光制版公司制版

北京市书林印刷有限公司印刷

*

开本：787×1092 毫米 1/16 印张：19¾ 字数：480 千字

2013 年 7 月第一版 2013 年 12 月第二次印刷

定价：**38.00** 元

ISBN 978-7-112-15463-0

（23497）

本教材根据新修订的《建筑地基基础设计规范》50007—2011编写而成。全书共分12章，主要内容包括：概述、地基土的物理性质和岩土的分类、地基中的应力、地基变形的计算、土的抗剪强度与地基承载力、挡土墙的土压力与边坡稳定、工程地质勘察、建筑地基基础的设计原则、天然地基基础设计、基槽检验与地基的局部处理、软弱地基、桩基础设计。

为了简化计算，书中对地基基础中需经常反复试算的内容，如按应力比法确定压缩层厚度，偏心荷载作用下基础底面尺寸的确定，换土垫层厚度的确定，以及偏心荷载作用下桩的数量计算等，都给出了直接计算法，克服了反复试算的缺点。

为了便于读者掌握本书所叙述的基本理论知识和有关规范条文内容，书中列举了一些有代表性的典型例题。在解题过程中，力求步骤清晰，说明详尽。

本书可作为高校本科土建类专业教材，也可作为设计、施工和监理等技术人员学习参考。

* * *

责任编辑：牛　松　田立平
责任设计：李志立
责任校对：张　颖　关　健

前　言

我国新修订的《建筑地基基础设计规范》GB 50007—2011 已于2012年8月1日开始实施。新版地基基础规范反映了近十年来我国地基基础实践经验和科研成果，较“2002规范”在技术水平上有了较大的提高，内容更加充实和完善。

为了满足教学需要和广大读者对新规范的学习，根据高等学校本科土建类专业教学大纲，并参照新版地基基础规范有关内容，编写了《建筑地基基础》这本教材。

本教材共分12章，内容包括：土的物理性质和岩土的分类，地基中的应力，地基变形的计算，土的抗剪强度与地基承载力，挡土墙的土压力与边坡稳定，工程地质勘察，建筑地基基础的设计原则，天然地基基础设计，基槽检验与地基的局部处理，软土地基，桩基础设计。

本教材对新规范有些条文作了说明和解释，对有的条文则从不同的角度作了诠释，例如，规范5.2.5条规定：“当偏心距e小于或等于0.033基础宽度时，可按下式计算地基承载力特征值：$f_a=M_b\gamma b+M_d\gamma_m d+M_c c_k$”。实际上，该公式的适用条件$e\leqslant 0.033b$就是基底最小压力与最大压力之比$\xi\geqslant p_{min}/p_{max}=0.67$的条件。如满足这一条件，则验算偏心受压基础承载力条件$p_{max}\leqslant 1.2f_a$将不起控制作用，而由轴心受压基础条件起控制作用。另外，对新版地基基础规范新编入的一些重要公式进行了推导，如“地基土回弹再压缩变形量的计算”公式就作了推演。

为了简化计算，书中对地基基础中需经常反复试算的内容，如按应力比法确定压缩层厚度，偏心荷载作用下基础底面尺寸的确定，换土垫层厚度的确定，以及偏心荷载作用下桩的数量计算等，都给出了直接计算法，克服了反复试算的缺点。

本教材在编写过程中，力求做到由浅入深，循序渐进，重点突出，理论联系实际。为了便于读者掌握本书所叙述的基本理论知识和有关规范条文内容，书中列举了一些有代表性的典型例题。在解题过程中，力求步骤清晰，说明详尽。

在编写本书时，参考了公开发表的一些文献。仅向这些作者表示感谢。由于编者水平所限，书中可能存在不足和疏漏之处，请读者批评指正。

目　录

第1章 概　　述

1.1 地基基础的概念

建筑物都是建造在土体或岩体上面的，土体受到建筑物的荷载后，就会产生压缩变形。土体的压缩性比建造墙或柱的建筑材料（如砖或混凝土等）大得多，为了减小建筑物的下沉，并保证它的强度和稳定性，就要将墙或柱与土体的接触部分的断面尺寸适当扩大，以减小建筑物与土体接触部分的压强。我们将建筑物最下面扩大的这一部分称为基础；而将承受由基础传来的建筑物荷载的土体（或岩体）称为地基。位于基础底面下第一层土称为持力层，而在其下的各个土层统称为下卧层（如图 1-1 所示）。

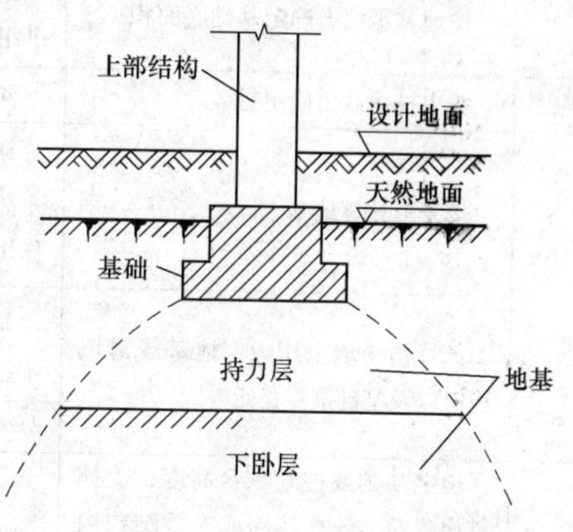

图 1-1　地基和基础示意图

基础是建筑物十分重要的组成部分，没有一个坚固而耐久的基础，上部结构建造得再结实，也是要出问题的。因此，为了保证建筑物的安全和必需的使用年限，基础材料应具有足够的强度和耐久性。地基虽不是建筑物的组成部分，但是它的好坏却直接影响整个建筑物的安危。实践证明，建筑物的事故很多是与地基基础有关的。例如，著名的意大利比萨斜塔就是由于地基不均匀沉降所引起的。该塔始建于 1173 年，高度约 55m，当建至 24m 高时发现塔身倾斜而被迫停工，直至 1273 年续建完工。该塔由于建造在不均匀高压缩性软土地基上，致使北侧下沉 1m 有余，南侧下沉近 3m，沉降差达 1.8m，倾角达 5.8°之多。现在该塔仍以每年 1mm 的沉降速率下沉。又如，建于 1913 年的加拿大特朗斯康谷仓，由于设计前不了解地基埋藏有厚达 16m 的软黏土层，建成后谷仓的荷载超过了地基的承载能力，造成地基丧失稳定性，使谷仓西侧陷入土中 8.8m，东侧抬高 1.5m，仓身倾斜 27°。

为了保证建筑物的安全，地基应同时满足两个基本要求：

（1）地基应具有足够的承载力，在荷载作用下，不至于因地基失稳而破坏；

（2）地基不能产生过大的变形而影响建筑物的安全与正常使用。

良好的地基一般有较高的承载力与较低的压缩性，不需人工处理就能满足上述要求，这种地基称为天然地基。软弱地基的工程性质较差，对这种地基必须进行人工处理，方能满足承载力与变形的要求。经过人工处理而达到设计要求的地基称为人工地基，这种地基随着建设的发展已被广泛利用。

设计地基基础前，要进行充分的调查研究，掌握必要的设计资料。一方面通过地基勘探和验槽查清地基土的类别及其分布情况，有无软土层、暗塘、古井、古墓与地下人防工程等异常部位，以及地下水位高低，它对基础材料有无侵蚀作用；另一方面要弄清建筑物的使用要求，荷载大小，有无振动设备，振动频率与振幅大小等。根据这两方面情况，本着安全可靠、经济合理、技术先进和便于施工的原则，考虑上部结构和地基的共同作用，全面分析，权衡利弊，最后，拟出最佳地基基础的设计方案，做出正确的设计。

1.2 作用组合的效应与相应的抗力限值

地基基础设计时，作用组合的效应与相应的抗力限值，可按表 1-1 的规定采用。

地基基础设计时作用组合的效应与相应抗力限值 **表 1-1**

项次	计算内容	作用组合的效应	抗力限值
1	按地基承载力确定基础底面积	按正常使用极限状态下作用的标准组合，按式（1-1）计算	地基承载力特征值
2	按单桩承载力确定桩数	同上	单桩承载力特征值
3	按变形计算地基	按正常使用极限状态下作用的准永久组合，不应计入风荷载和地震作用，按式（1-2）计算	地基变形容许值
4	计算挡土墙土压力、地基或滑坡稳定以及基础抗浮稳定	按承载能力极限状态下作用的基本组合，但其分项系数均为 1.0，按式（1-3）计算	挡土墙、地基或滑坡稳定以及基础抗浮稳定容许抗力
5	确定基础或桩基承台高度、支挡结构截面、计算基础或支挡结构内力、确定配筋和验算材料强度时，上部结构传来的作用效应和相应的基底反力、挡土墙土压力以及滑坡推力	按承载能力极限状态下作用的基本组合，采用相应的分项系数，按式（1-3）或式（1-4）计算	结构抗力设计值，按有关结构设计规范的规定确定
6	验算基础裂缝宽度	按正常使用极限状态下作用的标准组合，按式（1-1）计算	最大裂缝宽度限值

地基基础设计时，作用组合的效应设计值，应符合下列规定：

1. 正常使用极限状态下标准组合的效应设计值 S_k，应按下式确定：

$$S_k = S_{Gk} + S_{Q1k} + \psi_{c2} S_{Q2k} + \cdots\cdots + \psi_{cn} S_{Qnk} \tag{1-1}$$

式中 S_{Gk}——永久作用标准值 G_k 的效应；

S_{Qik}——第 i 个可变作用标准值 Q_{ik} 的效应；

ψ_{ci}——第 i 个可变作用 Q_i 的组合值系数；

2. 正常使用极限状态下准永久组合的效应设计值 S_k，应按下式确定：

$$S_k = S_{Gk} + \psi_{q1} S_{Q1k} + \psi_{q2} S_{Q2k} + \cdots\cdots + \psi_{qn} S_{Qnk} \tag{1-2}$$

式中 ψ_{qi}——第 i 个可变作用 Q_i 的准永久值系数；

3. 承载能力极限状态下，由可变荷载控制的基本组合的效应设计值 S_d，应按下式确定：

$$S_d = \gamma_G S_{Gk} + \gamma_{Q1} S_{Q1k} + \gamma_{Q2} \psi_{c2} S_{Q2k} + \cdots\cdots + \gamma_{Qn} \psi_{cn} S_{Qnk} \tag{1-3}$$

式中 γ_G——永久作用的分项系数；

γ_{Qi} ——可变作用的分项系数。

4. 对由永久作用控制的基本组合，也可采用简化规则，基本组合的效应设计值可按下式确定

$$S_d = 1.35 S_k \tag{1-4}$$

式中 S_k ——标准组合的作用效应设计值。

1.3 本书内容和学习要求

本书是参照国家新颁布的《建筑地基基础设计规范》GB 50007—2011 编写的。书中反映了新规范的主要内容，特别是对新规范的条文作了必要的解释和说明。

全书共分 12 章，包括以下内容：

第 1 章 概述。

第 2 章 地基土的物理性质及岩土的分类。简要地介绍了土的成因、组成和反映土的物理性质的指标，以及岩土的分类方法。本章内容是学好地基基础的必备知识，不可忽视。

第 3、4、5 章 较详细地叙述了地基中的应力、变形计算及土的抗剪强度与地基承载力。这些内容是地基基础设计的理论基础，必须掌握。

第 6 章 挡土墙土压力与边坡稳定。主要叙述土压力的分类，朗金和库伦土压力理论，挡土墙设计等。挡土墙在工程中应用十分广泛，因此应掌握它的设计方法。

第 7 章 工程地质勘察。本章主要介绍勘察的目的和要求，勘察方法及工程地质勘察报告等。工程地质勘察报告是工程重要设计文件之一。因此应熟悉它的内容。

第 8 章 建筑地基基础设计原则。本章根据《建筑地基基础设计规范》GB 50007—2011 的有关内容，叙述了地基基础设计等级，地基按承载力、变形和稳定性的计算规定。在学习本章时，要特别注意地基按承载能力计算，按变形计算和按稳定性计算，以及计算时结构荷载效应的组合方法。

第 9 章 天然地基基础设计。本章主要叙述基础的类型。基础埋置深度的确定。基础底面尺寸和剖面尺寸的确定，以及基础配筋的计算，特别重点介绍了偏心受压基底尺寸直接计算法。在工程中，无筋和配筋扩展基础应用最为广泛，因此，应重点掌握它的内容。

第 10 章 基槽检验与地基的局部处理。本章叙述了基槽检验的目的、方法和地基的局部处理。验槽是地基勘察的补充，是保证地基基础安全的重要措施。因此，在基础工程中，要十分重视验槽工作。

第 11 章 软弱地基。叙述了关于软弱地基勘察、设计和施工的一般规定，软弱地基的利用与处理以及在软弱地基上兴建房屋所采取的建筑和结构措施。

第 12 章 桩基础设计。较详细地介绍了桩的功能和种类、单桩竖向承载力特征值的确定以及桩基的设计方法。随着我国经济建设的发展，高层建筑的不断出现，桩基在高层建筑中广泛应用。因此，要掌握桩基设计。

由于地基土的种类繁多，土层分布又十分复杂，所以，在设计地基基础前，必须通过地基原位测试和室内土工试验，获得土的各种计算资料。因此，土的现场原位测试和室内土工试验也是本学科的一个重要内容。

1.4 本学科发展简介

地基基础工程技术远溯到我国史前就已应用于建筑工程中。如在我国西安半坡村发现的新石器时代的遗址中就有土台石础，就是古代的地基基础。自公元前二世纪开始修建的驰名中外的万里长城、宏伟的宫殿和寺院以及宝塔建筑，都是因为有了坚固的地基基础，才能经受强风考验和历次大地震的袭击而保留至今。

隋朝石工李春所修赵州桥，不仅因其造型艺术高超而为后人所赞许，其地基基础设计合理也是令人称奇的。他把桥台埋在密实的粗砂层上，赵州桥迄今虽已逾1300余年，其下沉量也不过几厘米。现经计算，其基础底面压力为500～600kN/m^2，与持力层土的承载力设计值十分接近。

桩基和人工地基用于我国建筑工程中，也由来已久。如郑州隋朝所建超化寺的塔基，采用的就是桩基。许多古建筑的基础就应用了灰土垫层。但是，由于当时生产力发展水平的限制，这些地基基础高超技艺未能提炼成系统的科学理论。

18世纪工业革命后，随着资本主义工业化的发展，建筑、铁路和水利工程的兴建，推动了作为地基基础的理论基础的土力学的发展。1773年法国库伦（C. A. Coulomb）根据实验提出了砂土的抗剪强度公式，创立了滑动土楔的土压力理论。之后，1857年英国朗金（W. J. M. Rankine）根据土体极限平衡条件，从另一途径建立了土压力理论。1885年法国布辛奈斯克（J. Boussinesq）求得了半无限弹性体在竖向集中力作用下的应力和变形理论解答。1922年瑞典费伦纽斯（B. H. Fellenius）解决了土坡稳定计算理论课题。以上这些古典理论和计算方法，至今仍在工程中沿用。1925年美国太沙基（K. Terzaghi）发表了土力学专著，这对土力学理论的发展起了很大的推动作用。

半个世纪以来，世界各国高层和大跨建筑、大跨桥梁工程、大型水利工程及核电站等大型工程的兴建，促进了土力学和基础工程理论的进一步发展。我国建国六十多年来，在勘察、测试技术、土的物理力学性质研究、土力学理论以及地基基础设计和施工技术等方面，都取得了很多科研成果和实践经验，特别是新版《建筑地基基础设计规范》GB 50007—2011于2011年7月业已公布，并于2012年8月1日开始实施，这对加速我国基本建设进程具有重要意义。

第 2 章　地基土的物理性质及岩土的分类

2.1　土的成因与组成

2.1.1　土的成因

地壳表面的岩石在大气中由于长期受到风、霜、雨、雪的侵蚀和生物活动的破坏作用（风化作用），使其崩解和破碎而形成大小不同的松散物质，这种松散物质就被称为土。风化后残留在原地的土称为残积土，它主要分布在因岩石暴露而受到强烈风化的山区和丘陵地带。由于残积土未经分选作用，所以无层理，厚度很不均匀。因此，在残留土地基上进行工程建设时应注意其不均匀性，防止建筑物产生不均匀沉降。如风化后的土受到各种自然力（例如重力、雨雪水流、山洪急流、河流、风力和冰川等）的作用，被搬运到大陆低洼地区或海底而沉积下来，在漫长的地质年代里沉积的土层逐渐加厚，并在自重和外力作用下逐渐被压密，这样形成的土就称为沉积土。陆地上大部分平原地区的土都属于沉积土。由于沉积土在沉积过程中地质环境不同，生长年代不一，所以它的物理力学性质有很大差异。如洪水沉积的洪积土，有一定的分选作用，距山区较近的地段，其颗粒较粗，而远的地方则颗粒较细。由于每次洪水搬运能力不同，所以形成了土层粗细颗粒交错的地质剖面。通常，粗颗粒的土层压缩性较低、承载力高；而细颗粒的土层压缩性高，承载力较低。在沉积土地基上进行工程建设时，应尽量选择粗颗粒土层作为基础的持力层。

土的沉积年代不同，其工程性质将有很大变化，所以，了解土的沉积年代的相关知识，对正确判断土的工程性质有实际意义。土的沉积年代通常采用地质学中的相对地质年代来划分。所谓相对地质年代，是指根据主要地壳运动和古生物演化顺序，按地壳历史所划分的时间段落。最大的时间单位称为代，每个代分为若干纪，纪分为若干世，世再分为若干期。

大多数的土是在第四纪地质年代沉积形成的，这一地质历史时期是距今较近的时间段落（大约 0.025 万～100 万年）。在第四纪中包括四个世，即早更新世（用符号 Q_1 表示）、中更新世（Q_2）、晚更新世（Q_3）和全新世（Q_4）。

2.1.2　土的组成

如前所述，土是一种松散物质，这种松散物质主要是矿物。矿物，是指在地壳中具有一定化学成分和物理性质的自然元素或化合物，如石英，云母等。在矿物颗粒之间有许多孔隙，通常孔隙中间有液体（一般是水），也有气体（一般是空气）。所以，在一般情况下，土是由固体颗粒、水和气体三部分（也称为三相）组成。

显然，土的工程性质与组成土的三部分的性质及其之间的比例有关。因此，对这三个部分的性质和它们之间的比例关系应分别加以研究。本节仅叙述固体矿物颗粒、水和气体的性质。关于土的三个组成部分的比例关系及其对土的性质的影响，将在下一节讨论。

1. 土的固体颗粒

土的固体颗粒主要由矿物颗粒构成，对于有些土来说，除矿物颗粒外还含有有机质。土的固体颗粒的大小和形状、矿物成分及组成情况对土的物理力学性质有很大的影响。

1）土的颗粒级配

自然界中的土都是由大小不同的土粒组成的。大的颗粒粒径有几百毫米；小的颗粒粒径仅几微米。试验表明，随着土的粒径由粗变细，土的性质也会相应地发生很大变化，例如，可使土的透水性由大变小，甚至变为不透水，可以使土由无黏性变为有黏性，等等。因此，为了便于分析和利用土的工程性质，解决工程建设问题，可将性质相近的土粒划分若干粒组，见表 2-1。由表中可见，粒径较大的粒组与水之间几乎没有物理化学作用，而粒径小的粒组，例如黏粒组和胶粒组就受到水的强烈影响，遇水后出现黏性、可塑性等。

土的粒组划分 **表 2-1**

粒组名称		分界粒径（mm）	一 般 特 征
漂石或块石颗粒		＞200	透水性大，无黏性，无毛细水，不能保持水分
卵石或碎石颗粒		200～10	
圆砾或角砾颗粒	粗	20～10	透水性大，无黏性，无毛细水
	中	10～5	
	细	5～2	
砂粒	粗	2～0.5	易透水，无黏性，干燥时不收缩，呈松散状态，不表现可塑性，压缩性小，毛细水上升高度不大
	中	0.5～0.25	
	细	0.25～0.075	
粉粒	粗	0.075～0.01	透水性小，湿时稍有黏性，干燥时稍有收缩，毛细水上升高度较大，极易出现冻胀现象
	细	0.01～0.005	
黏粒		0.005～0.002	几乎不透水，结合水作用显著，潮湿时呈可塑性，黏性大，遇水膨胀，干燥时收缩显著，压缩性大
胶粒		＜0.002	

注：1. 漂石和圆砾颗粒均成一定的磨圆形状（圆形或亚圆形），块石、碎石和角砾颗粒都有棱角。
2. 黏粒、粉粒可分别称为黏土粒、粉土粒。

显然，土中所含各粒组的相对含量不同，则表现出来的土的工程性质也就必然不同。为此，工程上常以土中各个粒组的相对含量（各粒组占土粒总重的百分数）表示土中颗粒的组成情况。粒组的相对含量称为土的颗粒级配。它是确定土的名称和选用建筑材料的重要依据。

确定粒组相对含量的方法称为粒径分析法。对于粒径大于 0.075mm 的土采用筛分法；粒径小于 0.075mm 的土采用密度计法。所谓筛分法就是将所要分析的风干分散的代表性土样放进一套筛子（常用每套共计六个筛子，筛孔分别为 200、20、2、0.5、0.25 和 0.075mm，另外还有顶盖和底盘各一个）的顶部，当筛子振动时，大小不同的土粒就被筛分开来，直径大于 20mm 的颗粒留在最上边的筛子里，直径小于 0.075mm 的颗粒通过各层筛子，最后落到底盘里，留在每个筛子里的土重除以土的总重再乘以 100%，即可求得各粒组的相对含量。粒径小于 0.075mm 的土采用密度计法测定粒组的相对含量。关于密度计法可参阅《土工试验方法标准》GB/T 50123—1999。

颗粒分析结果常用图 2-1 的颗粒级配累积曲线表示。图中横坐标（为对数坐标）表示粒径，纵坐标表示小于某粒径的土粒占土总重的百分比，由颗粒级配累积曲线可求得各粒组的相对含量。对于图 2-1 所示的土样，砂粒组占土总量为（80－7）％＝73％。同时，由曲线的坡度还可以鉴别土的均匀程度。如曲线较平缓，则表示粒径大小相差悬殊，土粒不均匀，即级配良好；如曲线较陡，则表示粒径相差不多，土粒均匀，即级配不良。

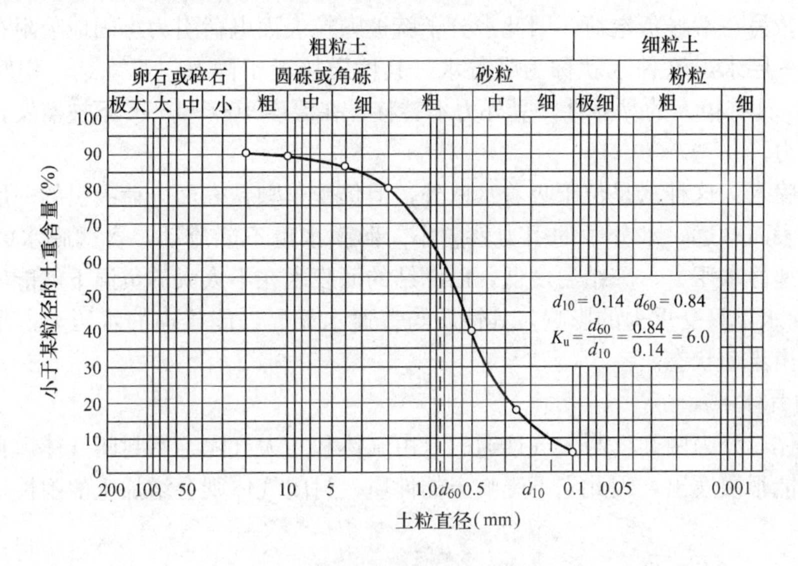

图 2-1　颗粒级配累积曲线

在工程上常采用不均匀系数 K_u 来衡量颗粒级配的不均匀程度

$$K_u=\frac{d_{60}}{d_{10}}$$

式中　d_{60}——土中小于某粒径的土重百分比为 60％时相应的粒径，又称限定粒径；

d_{10}——土中小于某粒径的土重百分比为 10％时相应的粒径，又称有效粒径。

不均匀系数 K_u 愈大，说明曲线愈平缓、土粒愈不均匀。工程中把 $K_u<5$ 的土看作是级配均匀，即级配不良的土；$5\leqslant K_u\leqslant 10$ 的土看作是中等均匀的；$K_u>10$ 的土看作是不均匀，即级配良好的土。级配良好的土，粗粒间的孔隙为细粒所填充，压实后容易获得较大的密实度。这样的土压实后强度高、压缩性小，适于做地基填方的土料。

2）土粒的矿物成分

土粒中的矿物成分分为原生矿物和次生矿物。原生矿物就是岩石风化前的矿物成分，如石英、长石、云母等，原生矿物的性质比较稳定，粗的土粒中常含有这些矿物成分；次生矿物是岩石经化学风化后而产生的新的矿物，如蒙脱石、伊利石、高岭石等，极细的黏粒常含有这些次生矿物。土粒中所含矿物成分不同，其性质就不同。如黏粒中蒙脱石含量较多时，则这种土遇水就会强烈膨胀，失水后又会产生收缩，给工程建筑带来不利影响。

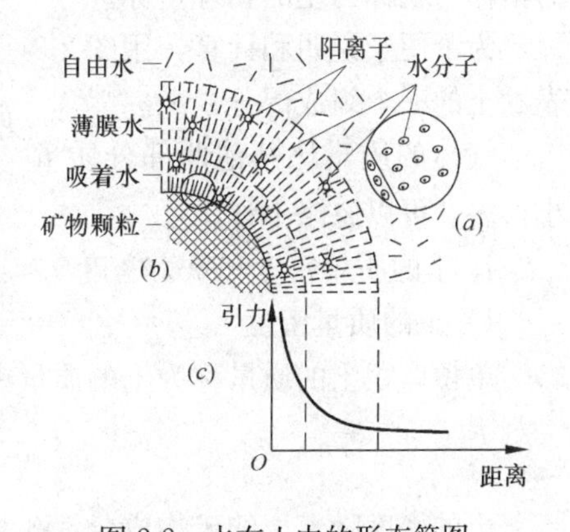

图 2-2　水在土中的形态简图

(a) 水分子在土粒四周定向排列；(b) 土粒与水的相互作用；(c) 土粒电荷引力随距离的变化

2. 土中水

土中水按其性质可分为以下几类（如图 2-2 所示）：

1）结合水：根据其与土颗粒表面结合的紧密程度又可分为吸着水（强结合水）和薄膜水（弱结合水）。

（1）吸着水：实验表明，极细的黏粒表面带有负电荷，由于水分子为极性分子，即一端显正电荷，另一端显负电荷，因此水分子就被颗粒表面电荷引力牢固地吸附在其周围而形成很薄的一层水，这种水就称为吸着水，其性质接近于固态，不冻结，相对密度（密度）大于1，具有很大的黏滞性，受外力不转移，在温度100～105℃下被蒸发，这种水不传递静水压力。

（2）薄膜水：这种水是位于吸着水以外，但仍受土颗粒表面电荷吸引的一层水膜。显然，距土粒表面愈远，水分子的引力就愈小。薄膜水也不能流动，含薄膜水的土具有塑性。它不传递静水压力，冻结温度低，已冻结的薄膜水在不太大的负温下就能融化。

2）自由水：只受重力的影响，其性质与普通水无异，能传递静水压力，土中含有自由水时呈现出流动状态。

3. 土中气体

土中气体可分为两类：与大气连通的自由气体和与大气隔绝的封闭气体。自由气体在外力作用下能很快逸出，因此它不影响土的性质；封闭气体则会增加土的弹性，减小土的透水性。

2.2　土的物理性质指标

如前所述，土是由固体颗粒、水和气体三部分组成的。这三部分之间的不同比例，反映着土处于各种不同的状态：稍湿或很湿、密实或松散。它们对于评定土的物理力学性质有很重要的意义。因此，为了研究土的物理性质，就要掌握土的三个组成部分之间的比例关系。表示这三部分之间关系的指标，就称为土的物理指标。

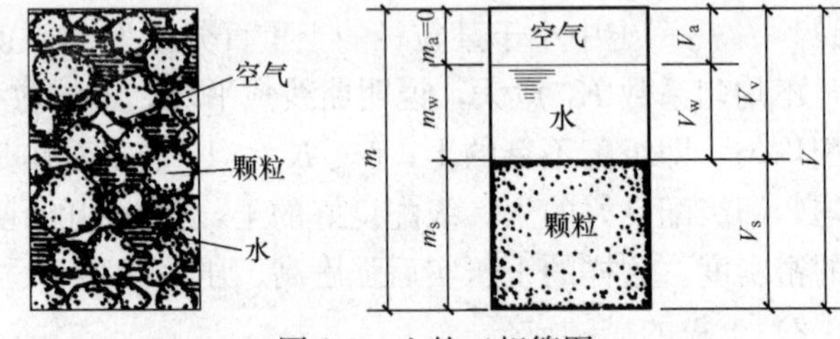

图2-3　土的三相简图

m—土的总质量；m_s—土的颗粒质量；m_w—土中水的质量；V—土的总体积；V_s—土的颗粒体积；V_w—土中水的体积；V_v—土中孔隙的体积；V_a—土中气体的体积

为了便于说明和计算，用图2-3表示土的三个组成部分。

气体的质量比其他两部分质量小得多，可以忽略不计。

1. 土的质量密度和重力密度

1）土的质量密度

单位体积土的质量称为土的质量密度，简称土的密度，用符号ρ表示。

$$\rho=\frac{m}{V}(\mathrm{t/m^3}) \tag{2-1}$$

土的密度随着土的矿物成分，孔隙大小和水的含量而不同，天然状态下的土的密度一般为1.6～2.0t/m³。

2）土的重力密度

单位体积土所受的重力称为土的重力密度，简称土的重度，用符号 γ 表示。

$$\gamma=\frac{G}{V}(\mathrm{kN/m^3}) \tag{2-2a}$$

式中　G——土的重力（kN）。

因为 $G=mg$，把它代入式（2-2a）得

$$\gamma=\frac{mg}{V}=\rho g \tag{2-2b}$$

式（2-2b）说明，土的重度等于土的密度与重力加速度的乘积。

2. 土的含水量

土中水的质量与颗粒质量之比（用百分数表示），称为土的含水量，用符号 w 表示。

$$w=\frac{m_w}{m_s}\times 100\% \tag{2-3}$$

3. 土粒相对密度（比重）

土粒单位体积的质量与 4℃时蒸馏水的密度之比，称为土粒相对密度，用符号 d_s 表示。

$$d_s=\frac{m_s}{V_s\rho_w} \tag{2-4}$$

土粒相对密度是无因次的，它的数值变化范围不大，一般为 2.65～2.75。

上面三个物理指标：ρ、w 和 d_s 是直接用试验方法测定的，通常称为试验指标。已知这三个基本指标就可以用公式算出下面一些指标——计算指标。

4. 土的干密度和干重度

1）土的干密度

土的单位体积内颗粒质量称为土的干密度，用符号 ρ_d 表示。

$$\rho_d=\frac{m_s}{V}(\mathrm{t/m^3}) \tag{2-5a}$$

土的干密度愈大，表示土愈密实。在填土夯实时，常以土的干密度来控制土的夯实标准。例如，房心填土和基础回填土夯实后的干密度一般要求达到 1.50～1.65t/m³。

如果已知土的密度 ρ 和含水量 w，就可以按下式算出土的干密度，即

$$\rho_d=\frac{\rho}{1+w} \tag{2-5b}$$

现将公式（2-5b）推证如下

$$\rho_d=\frac{m_s}{V}\times\frac{m}{m}=\frac{\dfrac{m}{V}}{\dfrac{m_s+m_w}{m_s}}=\frac{\rho}{1+w}$$

2）土的干重度

土的单位体积内颗粒受到的重力称为土的干重度，用符号 γ_d 表示。

$$\gamma_d=\frac{G_s}{V}(\mathrm{kN/m^3}) \tag{2-6a}$$

式中　G_s——颗粒重力。

同理可得

$$\gamma_d = \rho_d g \tag{2-6b}$$

5. 土的饱和密度和饱和重度

1）饱和密度

土中孔隙完全被水充满时土的密度称为土的饱和密度，用符号 ρ_{sat} 表示。

$$\rho_{sat} = \frac{m_s + V_v \rho_w}{V} (t/m^3) \tag{2-7a}$$

2）饱和重度

土中孔隙完全被水充满时土的重度称为土的饱和重度，用符号 γ_{sat} 表示。

$$\gamma_{sat} = \frac{G_s + V_v \gamma_w}{V} (kN/m^3) \tag{2-7b}$$

6. 土的有效重度

在地下水位以下，土体受到水的浮力作用时，土的重度称为土的有效重度，用符号 γ' 表示。

$$\gamma' = \frac{G_s + V_v \gamma_w}{V} - \frac{V\gamma_w}{V} = \gamma_{sat} - \gamma_w \tag{2-8}$$

式中第一项为饱和重度，第二项为单位体积土所受到的水的浮力，即排开与 V 同体积的水重，其中 γ_w 为水的重度。

7. 土的孔隙比

土中孔隙体积与土粒体积之比称为孔隙比，用符号 e 表示。

$$e = \frac{V_v}{V_s} \tag{2-9a}$$

孔隙比也是反映土的密实程度的物理指标。一般 $e \leqslant 0.6$ 的土是密实的低压缩性土，$e > 1$ 的土是疏松的高压缩性土。

孔隙比可以用下式计算

$$e = \frac{d_s \rho_w (1 + w)}{\rho} - 1 \tag{2-9b}$$

根据以上介绍的物理指标的定义，公式（2-9b）推导过程如下：

$$e = \frac{V_v}{V_s} = \frac{V - V_s}{V_s} = \frac{Vm}{V_s m} - 1$$

$$= \frac{\frac{m_s + m_w}{V_s}}{\frac{m}{V}} - 1 = \frac{\frac{m_s (1 + w)}{V_s}}{\rho} - 1$$

$$= \frac{d_s \rho_w (1 + w)}{\rho} - 1$$

由式（2-9a）知道，孔隙比 e 是两个体积之比，它不像干密度 ρ_d 与土粒的比重有关。所以，用孔隙比表示土的密实程度，比用干密度表示要更好一些。但由于土的干密度可以通过试验指标经过简单换算就可以求出，所以在填土夯实时，仍采用土的干密度作为夯实标准。

8. 孔隙率

土中孔隙体积与土的体积之比（用百分数表示），称为孔隙率，用符号 n 表示。

$$n=\frac{V_v}{V}100\%\tag{2-10a}$$

孔隙率与孔隙比有下列关系

$$n=\frac{e}{1+e}100\%\tag{2-10b}$$

9. 饱和度

土中水的体积与孔隙体积之比称为饱和度，用符号 S_r 表示。

$$S_r=\frac{V_w}{V_v}\tag{2-11}$$

饱和度可按下式计算

$$S_r=\frac{wd_s}{e}\tag{2-12}$$

现将公式（2-12）推证如下

$$S_r=\frac{V_w}{V_v}=\frac{\frac{m_w}{\rho_w}}{V_v}\frac{V_s m_s}{V_s m_s}=\frac{wd_s}{e}$$

饱和度是衡量砂土潮湿程度的物理指标。如土中孔隙完全被水充满，即当 $V_w=V_v$ 时，则有 $S_r=1$，这种土就是饱和土，如土中不含水，即 $V_w=0$，则 $S_r=0$，土为干土。饱和度大小还可以说明土的可能压实程度。例如，对于 $S_r=1$ 的饱和黏性土，就不可能再把它夯实。所以在基础施工中遇到饱和土就不要再夯实了。因为在这种情况下不但夯不实，反而破坏了土的天然结构，降低了地基的强度。在工地有时遇到夯不实的“橡皮土”就是这个道理。

这里顺便说明，含水量虽然也是表示土的潮湿程度的一个指标，但它不如用饱和度 S_r 表示直观，所以在衡量砂土的潮湿程度时，常用饱和度而不用含水量。

土的物理性质指标换算公式汇总于表 2-2。

土的物理性质指标换算公式 **表 2-2**

名　称	符号	三相比例表达式	常用换算公式	单　位	常见的数值范围
土粒相对密度	d_s	$d_s=\frac{m_s}{V_s\rho_w}$	$d_s=\frac{S_r e}{w}$		黏性土：2.72～2.75 粉　土：2.70～2.71 砂类土：2.65～2.69
含水量	w	$w=\frac{m_w}{m_s}\times100\%$	$w=\frac{S_r e}{d_s}$ $w=\frac{\rho}{\rho_d}-1$		20%～60%
密度	ρ	$\rho=\frac{m}{V}$	$\rho=\rho_d(1+w)$ $\rho=\frac{d_s(1+w)}{1+e}\rho_w$	g/cm^3	1.6～2.0g/cm^3
干密度	ρ_d	$\rho_d=\frac{m_s}{V}$	$\rho_d=\frac{\rho}{1+\omega}$ $\rho_d=\frac{d_s}{1+e}\rho_w$	g/cm^3	1.3～1.8g/cm^3

续表

名　称	符号	三相比例表达式	常用换算公式	单　位	常见的数值范围
饱和密度	ρ_{sat}	$\rho_{sat}=\frac{m_s+V_v\rho_w}{V}$	$\rho_{sat}=\frac{d_s+e}{1+e}\rho_w$	g/cm^3	1.8～2.3g/cm^3
有效密度	ρ'	$\rho'=\frac{m_s-V_v\rho_w}{V}$	$\rho'=\rho_{sat}-\rho_w$ $\rho'=\frac{d_s-1}{1-e}\rho_w$	g/cm^3	0.8～1.3g/cm^3
重度	γ	$\gamma=\frac{m}{V}\cdot g=\rho\cdot g$	$\gamma=\frac{d_s(1+w)}{1+e}\gamma_w$	kN/m^3	16～20kN/m^3
干重度	γ_d	$\gamma_d=\frac{m_s}{V}\cdot g=\rho_d\cdot g$	$\gamma_d=\frac{d_s}{1+e}\gamma_w$	kN/m^3	13～18kN/m^3
饱和重度	γ_{sat}	$\gamma_{sat}=\frac{m_s+V_v\rho_w}{V}g=\rho_{sat}\cdot g$	$\gamma_{sat}=\frac{d_s+e}{1+e}\gamma_w$	kN/m^3	18～23kN/m^3
有效重度	γ'	$\gamma'=\frac{m_s-V_s\rho_w}{V}g=\rho'\cdot g$	$\gamma'=\frac{d_s-1}{1+e}\gamma_w$	kN/m^3	8～13kN/m^3
孔隙比	e	$e=\frac{V_v}{V_s}$	$e=\frac{d_s\rho_w}{\rho_d}-1$ $e=\frac{d_s(1+w)\rho_w}{\rho}-1$		黏性土和粉土：0.40～1.20 砂类土：0.3～0.90
孔隙率	n	$n=\frac{V_v}{V}\times100\%$	$n=\frac{e}{1+e}$ $n=1-\frac{\rho_d}{d_s\rho_w}$		黏性土和粉土：30%～60% 砂类土：25%～45%
饱和度	S_r	$S_r=\frac{V_w}{V_v}\times100\%$	$S_r=\frac{wd_s}{e}$ $S_r=\frac{w\rho_d}{n\rho_w}$		0～100%

注：水的重度 $\gamma_w=\rho_w\cdot g=1t/m^3\times9.807m/s^2=9.807\times10^3(kg\cdot m/s^2)/m^3\approx10kN/m^3$。

【例题 2-1】 某房屋房心填土夯实后的密度 $\rho=1.85t/m^3$，含水量 $w=15\%$，若要求夯实后的土的干密度达到 $1.55t/m^3$，试问此房心填土是否达到质量标准。

【解】 按公式（2-5b）算出

$$\rho_d=\frac{\rho}{1+w}=\frac{1.85}{1+0.15}=1.61t/m^3$$

因为它大于要求的干密度 $1.55t/m^3$，故合乎质量标准。

【例题 2-2】 由钻探取得某原状土样，经试验测得土的天然密度 $\rho=1.70t/m^3$，含水量 $w=13.2\%$，土颗粒的相对密度 $d_s=2.69$。试求土的孔隙比 e 和饱和度 S_r。

【解】按公式（2-9b）算出孔隙比

$$e=\frac{d_s\rho_w(1+w)}{\rho}-1=\frac{2.69\times1(1+0.132)}{1.70}-1=0.79$$

按公式（2-12）算出饱和度

$$S_r=\frac{wd_s}{e}=\frac{0.132\times2.69}{0.79}=0.45$$

2.3 黏性土的塑性

含水量对黏性土所处的状态影响很大，随着含水量的增加，黏性土可从固体状态经过塑性状态而变为流动状态（如图 2-4 所示）。土所处的状态不同，它的强度也就不同。下面研究土转变成不同状态时的分界含水量。

塑性状态是这样一种状态：土在外力作用下，可以变成一定的形状而不产生裂纹，当外力去掉以后，能继续保持所得形状。例如做饺子时和好的面粉就处于塑性状态；玉米面就不具有塑性状态，因为当其被做成一定形状时，常出现裂纹。

1. 塑限

当土由固体状态变到塑性状态时的分界含水量称为塑限，用符号 w_p 表示。

塑限的测定，一般常用搓条法。在干土内加适量的水，拌合均匀后，在毛玻璃板上用手掌内侧搓成土条，当土条搓到直径为 3mm 时，恰好开始断裂（如图 2-5 所示），这时土的含水量称为塑限。

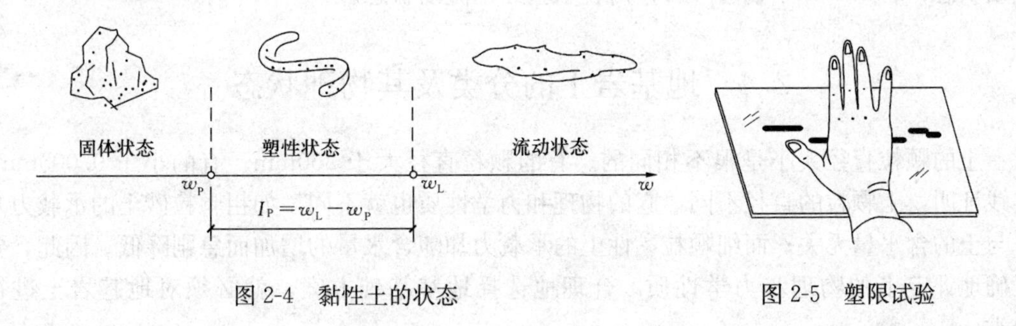

图 2-4 黏性土的状态　　图 2-5 塑限试验

2. 液限

当土由塑性状态变到流动状态时的分界含水量称为液限，用符号 w_L 表示。

液限的测定，一般常用图 2-6 所示的锥式液限仪测定液限。测定时先在杯内装满调成糊状的土样，并刮平表面，然后将圆锥体放在土样表面中心，让它在自重作用下徐徐沉入土样中，如圆锥体经 15 秒钟恰好沉入土样 10mm（也就是圆锥体上刻线刚好与土样表面齐平），这时土的含水量就是液限。

3. 塑性指数

液限与塑限之差称为塑性指数，用符号 I_p 表示。

$$I_p=w_L-w_p \tag{2-13}$$

塑性指数以去掉百分号的数值表示，即不带%符号。塑性指数的大小主要与土内所含黏土粒组多少有关。土中含黏土粒组愈多，其塑性指数就愈大，表示土处于塑性状态的含水量范围就愈大（如图 2-7 所示）。因此，工程上常以塑性指数来划分粉土和黏性土。

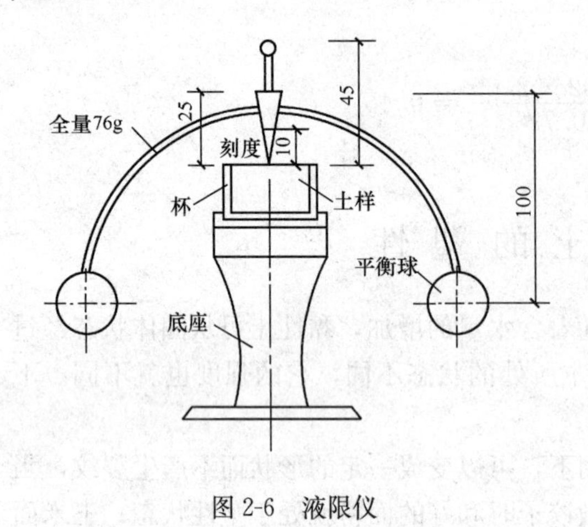

图 2-6　液限仪

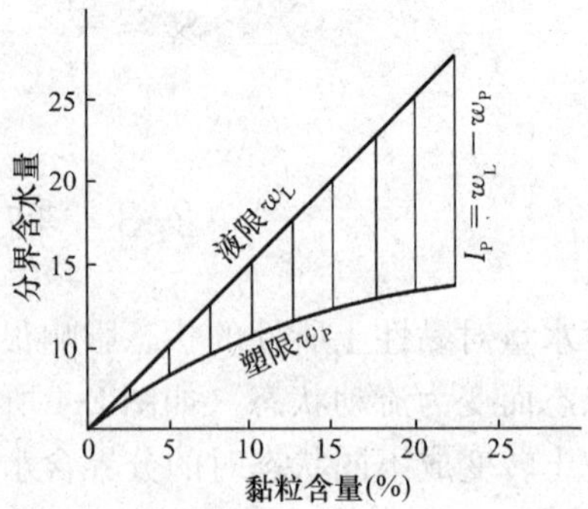

图 2-7　塑性指数与土中黏粒含量之间的关系

4. 液性指数

天然含水量与塑限之差除以塑性指数，用符号 I_L 表示。

$$I_L = \frac{w - w_p}{I_p} \tag{2-14}$$

液性指数是表示黏性土软硬程度的一个物理指标。如 $w \leqslant w_p$，即 $I_L \leqslant 0$，表示土处于坚硬状态；若 $w > w_L$，即 $I_L > 1$，则表示土处于流动状态。

2.4　地基岩土的分类及其物理状态

土的颗粒直径大小是很不相同的。有的颗粒直径大于 200mm；有的小于 0.005mm。实践证明，土颗粒的直径不同，它的物理和力学性质也就不同，如粗颗粒砂土的承载力几乎与土的含水量无关；而细颗粒黏性土的承载力却随含水量的增加而急剧降低。因此，要正确地评定土的物理和力学性质，合理地选择地基基础方案，就必须对地基岩土进行分类。

2.4.1　地基岩土的分类

在《地基规范》中，将地基岩土分为以下六大类。

1. 岩石

岩石应为颗粒间牢固连结，呈整体或具有节理裂隙的岩体。作为建筑物地基，除应确定岩石地质名称外，尚应划分其坚硬程度和完整程度。

岩石的坚硬程度应根据岩块的饱和单轴抗压强度 f_{rk} 按表 2-3 分为坚硬岩、较硬岩、较软岩、软岩和极软岩。当缺乏饱和单轴抗压强度资料或不能进行该项试验时，可在现场通过观察定性划分，划分标准可按《地基规范》附录 A.0.1 执行。岩石的风化程度可分为未风化、微风化、中风化、强风化和全风化。

岩石坚硬程度的划分 **表 2-3**

坚硬程度类别	坚硬岩	较硬岩	较软岩	软岩	极软岩
饱和单轴抗压强度标准值 f_{rk}（MPa）	$f_{rk}>60$	$60\geqslant f_{rk}>30$	$30\geqslant f_{rk}>15$	$15\geqslant f_{rk}>5$	$f_{rk}\leqslant 5$

岩石完整程度应按表 2-4 划分为完整、较完整、较破碎、破碎和极破碎。当缺乏试验数据时可按《地基规范》附录 A.0.2 执行。

岩石完整程度的划分 **表 2-4**

完整程度等级	完整	较完整	较破碎	软碎	极破碎
完整性系数	＞0.75	0.75～0.55	0.55～0.35	0.35～0.15	＜0.35

注：完整性指数为岩体纵波波速与岩块纵波波速之比的平方。选定岩体、岩块测定波速时应有代表性。

2. 碎石土

粒径大于 2mm 的颗粒含量超过总重的 50％的土称为碎石土。碎石土根据粒组含量及颗粒形状不同，可分为漂石、块石、卵石、碎石、圆砾和角砾，见表 2-5。

碎石土的分类 **表 2-5**

土的名称	颗粒形状	粒 组 含 量
漂　　石	圆形及亚圆形为主	粒径大于 200mm 的颗粒超过全重 50％
块　　石	棱角形为主	
卵　　石	圆形及亚圆形为主	粒径大于 20mm 的颗粒超过全重 50％
碎　　石	棱角形为主	
圆　　砾	圆形及亚圆形为主	粒径大于 2mm 的颗粒超过全重 50％
角　　砾	棱角形为主	

注：定名时应根据粒组含量栏从上到下以最先符合者确定。

3. 砂土

粒径大于 2mm 的颗粒含量小于或等于全重的 50％、粒径 0.0075mm 的颗粒超过全重 50％的土称为砂土。根据粒组含量可分为砾砂、粗砂、中砂、细砂和粉砂，见表 2-6。

砂土的分类 **表 2-6**

土的名称	粒 组 含 量
砾砂	粒径大于 2mm 的颗粒占全重 25％～50％
粗砂	粒径大于 0.5mm 的颗粒超过全重 50％
中砂	粒径大于 0.25mm 的颗粒超过全重 50％
细砂	粒径大于 0.075mm 的颗粒超过全重 85％
粉砂	粒径大于 0.075mm 的颗粒超过全重 50％

注：定名时应根据粒组含量栏从上到下以最先符合者确定。

4. 粉土

塑性指数小于或等于 10 且粒径大于 0.075mm 的颗粒含量不超过全重 50％的土称为粉土。

粉土的性质介于黏性土与砂土之间。在自然界的土体中，一般是砂粒、粉粒与黏粒三种土粒的混合体。对某一土体，当在某一级配下，一种土粒起主导作用，则该土体主要呈现那种土粒的特性。以往的分类中，碎石土以下，只有两类：砂土与黏性土。但实质上介于砂土和黏性土之间还有一种土，其粒度成分中 0.075～0.01mm 与 0.01～0.005mm 的粒组占绝大多数，水与土粒之间的作用明显地异于黏性土与砂土，主要表现“粉粒”的特性。因此，有必要将它单独划出作为一类，定名为粉土。

5. 黏性土

塑性指数 I_p 大于 10 的土称为黏性土。

1）按塑性指数分为：黏土和粉质黏土，见表 2-7。

黏性土的分类 **表 2-7**

塑性指数	土的名称
$I_p>17$	黏土
$10<I_p\leqslant17$	粉质黏土

2）按工程地质特征分类：

(1) 一般黏性土：指第四纪全新世（Q_4）沉积的黏性土，通常其压缩性较低，强度较高，是建筑物的良好地基。

(2) 淤泥、淤泥质土、泥炭和泥炭质土

生成条件：淤泥为在静水或缓慢的流水环境中沉积，并经生物化学作用形成，其天然含水量大于液限、天然孔隙比大于或等于 1.5 的黏性土。天然含水量大于液限而天然孔隙比小于 1.5 但大于或等于 1.0 的黏性土或粉土为淤泥质土。含有大量未分解的腐殖质，有机质含量大于 60％的土为泥炭，有机质含量大于或等于 10％且小于或等于 60％的土为泥炭质土。

工程性质：压缩性高、强度低、透水性差，为不良的地基土。特别是，泥炭、泥炭质土不应直接作为建筑物的天然地基的持力层。工程中遇到时应根据地区经验处理。

(3) 红黏土、次生红黏土

生成条件：红黏土为碳酸盐岩系的岩石经红土化作用形成的高塑性黏土。其液限一般大于 50％。红黏土经再搬运后仍保留其基本特征，其液限大于 45％的土为次生红黏土。

工程性质：红黏土、次生红黏土通常强度高、压缩性低。因受基岩起伏的影响厚度不均匀。

6. 人工填土

人工填土是指由于人类活动而堆填的土，成分复杂，均匀性差，堆积时间不同，用作地基时应慎重对待。

人工填土根据其组成和成因可分为：

1）素填土

由碎石土、砂土、粉土、黏性土等组成的填土。

2）压实填土

经过压实或夯实的素填土为压实填土。

3）杂填土

含有建筑垃圾、工业废料、生活垃圾等杂物的填土。

4）冲填土

由水力冲填泥砂形成的填土。

2.4.2 地基岩土物理状态

在地基基础设计与施工中，仅仅知道土的名称还不够，还要了解地基土所处的物理状态。例如：砂土可以从密实状态到松散状态；黏性土可以从坚硬状态到流动状态。土所处的物理状态不同，它的工程性质也就不同。

根据《地基规范》，地基土的物理状态按下列标准划分：

1. 碎石土

碎石土的密实度可根据重型圆锥动力触探锤击数划分松散、稍密、中密和密实，见表2-8。

碎石土的密实度 **表 2-8**

重型圆锥动力触探锤击数 $N_{63.5}$	密实度	重型圆锥动力触探锤击数 $N_{63.5}$	密实度
$N_{63.5} \leqslant 5$	松散	$10 < N_{63.5} \leqslant 20$	中密
$5 < N_{63.5} \leqslant 10$	稍密	$N_{63.5} > 20$	密实

注：1. 本表适用于平均粒径小于等于 50mm 且最大粒径不超过 100mm 的卵石、碎石、圆砾、角砾；

2. 表内 $N_{63.5}$ 为经综合修正后的平均值。

对于平均粒径大于 50mm 或最大粒径大于 100mm 的碎石土，可按野外鉴别方法鉴别其密实度，见表 2-9。

碎石土密实度野外鉴别方法 **表 2-9**

密实度	骨架颗粒含量和排列	可挖性	可钻性
密实	骨架颗粒含量大于总重的70%，呈交错排列，连续接触	锹镐挖掘困难，用撬棍方能松动，井壁一般较稳定	钻进极困难，冲击钻探时，钻杆、吊锤跳动剧烈，孔壁较稳定
中密	骨架颗粒含量等于总重的60%～70%，呈交错排列，大部分接触	锹镐可挖掘，井壁有掉块现象，从井壁取出大颗粒处，能保持颗粒凹面形状	钻进较困难，冲击钻探时，钻杆、吊锤跳动不剧烈，孔壁有坍塌现象
稍密	骨架颗粒含量等于总重的55%～60%，排列混乱，大部分不接触	锹可以挖掘，井壁易坍塌，从井壁取出大颗粒后，砂土立即坍落	钻进较容易，冲击钻探时，钻杆稍有跳动，孔壁易坍塌
松散	骨架颗粒含量小于总重的55%，排列十分混乱，绝大部分不接触	锹易挖掘，井壁极易坍塌	钻进很容易，冲击钻探时，钻杆无跳动，孔壁极易坍塌

注：1. 骨架颗粒系指与表 2-5 相对应粒径的颗粒；

2. 碎石土的密实度应按表列各项要求综合确定。

2. 砂土

对于砂土的密实度，可根据标准贯入试验锤击数 N 来划分，见表 2-10。砂土的密实度也可直接根据天然孔隙比 e 的大小来评定，见表 2-11。

砂土的密实度 表 2-10

标准贯入试验锤击数 N	密实度	标准贯入试验锤击数 N	密实度
$N \leqslant 10$	松散	$15 < N \leqslant 30$	中密
$10 < N \leqslant 15$	稍密	$N > 30$	密实

注：当用静力触探探头阻力判定砂土的密实度时，可根据当地经验确定。

砂土的密实度 表 2-11

土的名称	密实	中密	稍密	松散
砾砂、粗砂、中砂	$e < 0.60$	$0.60 \leqslant e \leqslant 0.75$	$0.75 \leqslant e \leqslant 085$	$e > 0.85$
细砂、粉砂	$e < 0.70$	$0.70 \leqslant e \leqslant 0.85$	$0.85 \leqslant e \leqslant 0.95$	$e > 095$

砂土的密实度也可根据相对密实度来评定。相对密实度是指，土的最大孔隙比和天然孔隙比之差与最大孔隙比和最小孔隙比之差的比，用符号 D_r 表示。

$$D_r = \frac{e_{max} - e}{e_{max} - e_{min}} \tag{2-15}$$

式中 e_{max}——土的最大孔隙比；

e_{min}——土的最小孔隙比；

e——土的天然孔隙比。

砂土的最大孔隙比是处于松散状态的孔隙比，一般用“松砂器法”测定；最小孔隙比是处于密实状态的孔隙比，一般用“振击法”测定。

在天然状态下，如果砂土的孔隙比 e 接近 e_{max}，则该土就处于松散状态；如果砂土的孔隙比 e 接近 e_{min}，则该土就处于密实状态。因此，相对密实度可用于评价砂土的密实度。见表 2-12。

砂土密实度 表 2-12

相对密实度 D_r	$0 < D_r \leqslant 0.33$	$0.33 < D_r \leqslant 0.67$	$0.67 < D_r \leqslant 1$
密实度	疏松	中密	密实

砂土的含水饱和程度对其工程性质影响较大。根据饱和度 S_r 的数值，砂土可分为稍湿、很湿和饱和三种状态，见表 2-13。

砂土的湿度 表 2-13

湿 度	稍 湿	很 湿	饱 和
饱和度 S_r	$S_r \leqslant 0.50$	$5 < S_r \leqslant 0$	$S_r > 0.8$

3. 黏性土

黏性土按液性指数 I_L 分为：坚硬、硬塑、可塑、软塑和流塑状态，见表 2-14。

黏性土的坚硬程度 表 2-14

坚硬程度	坚硬	硬塑	可塑	软塑	流塑
液性指数 I_L	$I_L \leqslant 0$	$0 < I_L \leqslant 0.25$	$0.25 < I_L \leqslant 0.75$	$0.75 < I_L \leqslant 1.0$	$I_L > 1.0$

注：当用静力触探探头阻力或标准贯入试验锤击数判定黏性土的状态时，可根据当地经验确定。

4. 粉土

粉土的物理状态介于黏性土与砂土之间，其状态的分类参照黏土与砂土的标准化分。

【例题 2-3】 某地基土为砂土，设取烘干后的土样重 500g，筛分试验结果如表 2-15 所示。并经物理指标试验测得土的天然密度 $\rho=1.72\text{t/m}^3$，土粒相对密度 $d_s=2.67$，天然含水量 $w=14.2\%$。试确定此砂土的名称及其物理状态。

【例题 2-3】附表 **表 2-15**

筛孔直径（mm）	20	2	0.5	0.25	0.075	<0.075（底盘）	总计
留在每层筛上的土重（g）	0	40	70	150	190	50	500
大于某粒径的颗粒占全部土重的比例（%）	0	8	22	52	90	100	—

【解】 1）确定土的名称

从表 2-15 中可以看出，粒径大于 0.25mm 的颗粒占全部土重的百分率为 52%，即大于 50%。同时，按表 2-6 排列的名称顺序又是第一个适合规定的条件，所以此砂土为中砂。

2）确定土的物理状态

确定土的天然孔隙比 e。按式（2-9b）得

$$e=\frac{d_s\rho_w(1+w)}{\rho}-1=\frac{2.67\times1\times(1+0.142)}{1.72}-1=0.773$$

由表 2-11 内中砂一栏可知，因为 $e=0.773$ 是在孔隙比 0.75～0.85 之间，故此中砂为稍密的。

确定土的饱和度，按式（2-12）得

$$S_r=\frac{wd_s}{e}=\frac{0.142\times2.67}{0.773}=0.49$$

由表 2-13 可知，此中砂为稍湿的。

小　结

1. 地壳表面的岩石在大气中由于长期受到风、霜、雨、雪的侵蚀和生物活动的破坏作用（风化作用），使其崩解和破碎而形成大小不同的松散物质，这种松散物质就被称为土。

2. 土是一种松散物质，这种松散物质主要是矿物。矿物是指在地壳中具有一定化学成分和物理性质的自然元素或化合物，如石英，云母等。在矿物颗粒之间有许多孔隙，通常孔隙中间有液体（一般是水），也有气体（一般是空气）。所以，在一般情况下，土是由固体颗粒、水和气体三部分（也称为三相）组成。

3. 确定粒组相对含量的方法称为粒径分析法。对于粒径大于 0.075mm 的土采用筛分法；粒径小于 0.075mm 的土采用密度计法。密度计法可参阅《土工试验方法标准》GB/

T 50123—1999。

4. 颗粒分析结果常用图 2-1 的颗粒级配累积曲线表示。图中横坐标（为对数坐标）表示粒径，纵坐标表示小于某粒径的土粒占土总重的百分比，由颗粒级配累积曲线可求得各粒组的相对含量。

在工程上常采用不均匀系数 K_u 来衡量颗粒级配的不均匀程度。不均匀系数 K_u 愈大，说明曲线愈平缓、土粒愈不均匀。工程中把 $K_u<5$ 的土看作是级配均匀即级配不良的土；$5\leqslant K_u\leqslant 10$ 的土看作是中等均匀的；$K_u>10$ 的土看作是不均匀即级配良好的土。级配良好的土，粗粒间的孔隙为细粒所填充，压实后容易获得较大的密实度。

5. 土是由固体颗粒、水和气体三部分组成的。这三部分之间的不同比例，反映着土处于各种不同的状态：稍湿或很湿、密实或松散。它们对于评定土的物理力学性质有很重要的意义。因此，为了研究土的物理性质，就要掌握土的三个组成部分之间的比例关系。表示这三部分之间关系的指标，就称为土的物理指标。

在地基基础计算中，经常要用到土的物理指标。因此，要熟悉它的定义，表达式，和它们之间的换算公式，以及这些物理指标的常见数值范围。

6. 含水量对黏性土所处的状态影响很大，随着含水量的增加，黏性土可从固体状态经过塑性状态而变为流动状态。土所处的状态不同，它的强度也就不同。

当土由固体状态变到塑性状态时的分界含水量称为塑限；土由塑性状态变到流动状态时的分界含水量称为液限。液限与塑限之差称为塑性指数。塑性指数的大小主要与土内所含黏土粒组多少有关。如果土中含黏土粒组愈多，则其塑性指数就愈大，表示土处于塑性状态的含水量范围就愈大。因此，工程上常以塑性指数来划分粉土和黏性土的名称。

7. 建筑地基岩土分为六大类：岩石、碎石土、砂土、粉土、黏性土和人工填土。除了要熟悉岩土的分类外，还需要了解它们所处的物理状态。因为岩土所处的物理状态不同，它们的工程性质也就不同。

思 考 题

2-1　土是怎样生成的？什么是残积土和沉积土？它们的工程性质有何不同？

2-2　什么是相对地质年代？符号 Q_1、Q_2、Q_3 和 Q_4 各表示什么含义？

2-3　什么是土的粒组？什么是土的颗粒级配？什么是土的颗粒级配累积曲线和不均匀系数？它们有哪些用途？

2-4　土中水按其性质分为哪几类？

2-5　何谓土的物理性质指标？哪三个指标是试验指标？哪些是计算指标？

2-6　说明土的天然重度、饱和重度、有效重度和干重度的物理概念和它们之间的相互关系，并比较同一种土它们的数值大小。

2-7　已知甲土的含水量大于乙土，试问甲土的饱和度是否大于乙土？

2-8　什么是塑限、液限、塑性指数和液性指数？它们与天然含水量是否有关？

2-9　地基土分为哪几类？它们是怎样划分的？如何确定土的物理状态？

计 算 题

2-1　某建筑房心填土夯实后的密度 $\rho=1.84/\mathrm{m}^3$，含水量 $w=14\%$，若要求夯实后的土的干密度达到 $1.50\mathrm{t/m}^3$，试问此房心填土是否达到质量标准。

2-2　由钻探取得某原状土样，经试验测得土的天然密度 $\rho=1.76\mathrm{t/m^3}$，含水量 $w=12.8\%$，土颗粒的相对密度 $d_s=2.68$。试求土的孔隙比 e 和饱和度 S_r。

2-3　某填土工程的填方量为 $25000\mathrm{m^3}$，压实后的干密度要求达到 $1.72\mathrm{t/m^3}$，压实时的最优含水量为 17.6%，取土现场的土料含水量为 13%，土的天然密度为 $16.5\mathrm{t/m^3}$。试确定：

(1) 需运来多少立方米的土料?

(2) 为使土料达到最优含水量，在压实前需加多少吨的水?

第3章 地 基 中 的 应 力

地基应力的计算，在地基基础设计中是一个十分重要的问题。例如，地基承载力、变形和稳定性的验算，以及地基的勘察、软弱地基的处理等，都需要知道地基中应力的大小和它的分布规律。

地基中的应力按其产生的原因不同，可分为自重应力和附加应力。土的自重应力和附加应力也分别称为土的自重压力和附加压力。由土的自重在地基内所产生的应力称为自重应力；由建筑物的荷载或其他外载（如车辆、堆放在地面的材料重量等）在地基内所产生的应力称为附加应力。对于形成年代比较久的土，由于在自重应力作用下，其变形已经稳定，因此，除新填土外，一般说来，土的自重应力不再引起地基的变形。而附加应力则不同，因为它是地基中新增加的应力，将引起地基的变形，所以附加应力是引起地基变形的主要原因。

在计算土中应力时，一般假定地基为半无限空间直线变形体，应用弹性力学公式来求解地基中的应力。理论分析和实验表明：只要土中应力不大于某一限值，按弹性力学公式计算土中应力所引起的误差不会超过工程许可范围。因此，目前工程界计算土中应力都是以弹性理论为依据的。

下面讨论土的自重应力和附加应力的计算方法。因为自重应力和附加应力的计算方法不同，所以需要分别计算，然后将它们叠加，就得到地基中的总应力。

3.1 自重应力的计算

在计算地基中自重应力时，由于假定地基是半无限空间直线变形体，因而在土体自重作用下，任一竖直平面均为对称面。因此，在地基中任意竖直平面上土的自重不会产生剪应力。根据剪应力互等定理，在任意水平面上的剪应力也应为零。现研究由土的自重在水平面和竖直平面上产生的法向应力的计算。

3.1.1 均匀地基土情形

为了求得地面下任意深度 z 处水平面上的竖向自重应力 σ_{cz}。现取横截面面积为 A，高为 z 的土柱（如图 3-1a 所示）来分析，设土体的天然重度为 γ。显然，深度 z 处水平面上的竖向自重应力 σ_{cz} 为：

$$\sigma_{cz}=\frac{G}{A}=\frac{\gamma zA}{A}=\gamma z \tag{3-1}$$

式中 σ_{cz}——在天然地面以下深度 z 处土的自重应力（kN/m^2）；

G——土柱重力（kN）；

A——土柱横截面面积（m^2）。

由式（3-1）可知，均质地基土的自重应力 σ_{cz} 与深度 z 成正比，即均质地基的自重应力随深度呈直线分布。以天然地面上任一点为坐标原点 O，竖轴 z 表示深度，且规定向下为正；横轴表示土的自重应力 σ_{cz}，且规定向左为正。则均匀地基自重应力分布图极易绘出（如图 3-1b 所示）。

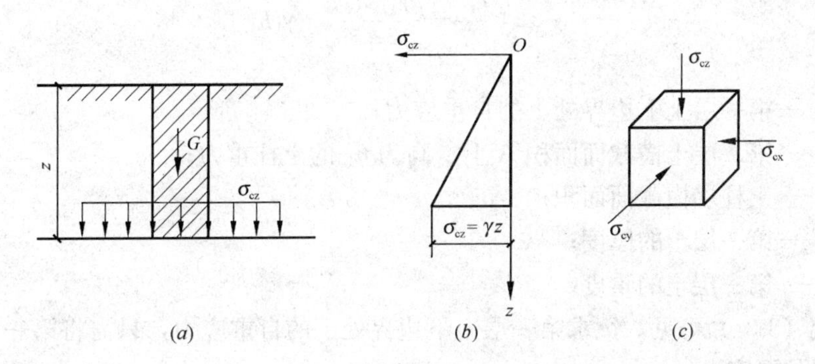

图 3-1　均质土中竖向自重应力

（a）任意水平面上的分布；（b）沿深度的分布；（c）水平自重应力

地基中除作用在水平面上的竖向自重应力外，在竖直平面上还作用有水平自重应力 σ_{cx} 和 σ_{cy}（如图 3-1c 所示）：

$$\sigma_{cx} = \sigma_{cy} = k_0\sigma_{cz} = k_0\gamma z \tag{3-2}$$

式中　σ_{cx}、σ_{cy}——分别为沿 x 轴和 y 轴方向的水平自重应力；

k_0——侧压力系数，$k_0 = \dfrac{\mu}{1-\mu}$（μ 为土的泊松比，查表 4-3）。

公式（3-2）推演如下：

现来研究深度 z 处的微分土体的受力和变形情况（如图 3-1c 所示）。由于地基任一竖直平面均为对称面，故在竖向自重应力 σ_{cz} 作用下，沿水平 x 和 y 方向不会产生变形，而将产生水平自重应力 σ_{cx} 和 σ_{cy}，根据广义虎克定律，微分土体沿 x 和 y 水平方向的应变分别为

$$\varepsilon_x = \frac{\sigma_{cx}}{E} - \frac{\mu}{E}(\sigma_{cy} + \sigma_{cz}) = 0 \tag{a}$$

$$\varepsilon_y = \frac{\sigma_{cy}}{E} - \frac{\mu}{E}(\sigma_{cx} + \sigma_{cz}) = 0 \tag{b}$$

解式（a）、（b）即可求得公式（3-2）。

3.1.2　成层地基土情形

现以图 3-2a 所示的地基剖面图为例，说明求分层地基中土的自重应力的方法。

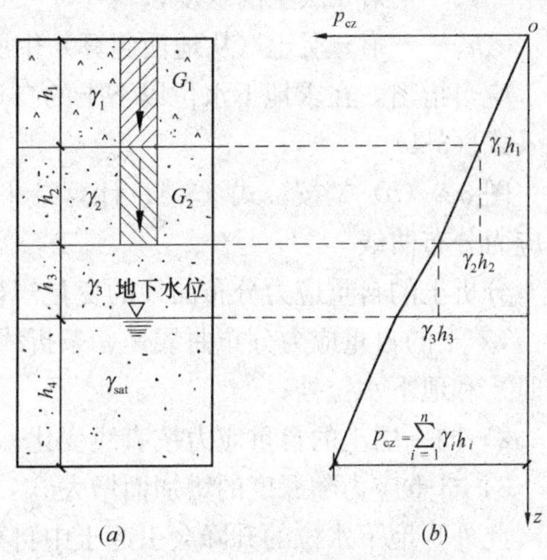

图 3-2　分层地基土中自重应力

（a）地基剖面图；（b）竖向自重应力沿深度分布

为了叙述简便起见，在不致混淆时，以后就将竖向自重应力称为自重应力。因为地基是由不同重度的土层构成的，所以需要分

层来计算。首先来求第一层土下边界（即第二层土顶面）土的自重应力，这时，可以取某一面积 A、高为 h_1 的土柱（绘有阴影线的部分）来计算

第一层土下边界处土的自重应力可写成：

$$\sigma_{cz1} = \frac{G_1}{A} = \frac{\gamma_1 A h_1}{A} = \gamma_1 h_1 \tag{3-3a}$$

式中 σ_{cz1}——第一层土下边界处土的自重应力；

G_1——第一层土横截面面积 A 上、高为 h_1 的土柱重力；

A——土柱层横截面面积；

h_1——第一层土的厚度；

γ_1——第一层土的重度。

由公式（3-3a）可见，欲求第一层土下边界处土的自重应力，只需将第一层土的重度乘以该土层的厚度。

在第二层和第三层土交界处土的自重应力可写成下面的形式：

$$\sigma_{cz2} = \frac{G_1 + G_2}{A} = \frac{\gamma_1 A h_1 + \gamma_2 A h_2}{A} = \gamma_1 h_1 + \gamma_2 h_2 \tag{3-3b}$$

式中 σ_{cz2}——第二层土下边界处土的自重应力；

G_2——第二层土横截面面积 A 上、高为 h_2 的土柱重力；

γ_2、h_2——分别为第二层土的重度和厚度。

其余符号意义同前。

同理，第 n 层土中任一点处土的自重应力公式可写成：

$$\sigma_{czn} = \gamma_1 h_1 + \gamma_2 h_2 + \cdots + \gamma_n h_n = \sum_{i=1}^{n} \gamma_i h_i \tag{3-4}$$

式中 γ_n——第 n 层土的重度；

h_n——第 n 层土（从地面起算）中所计算应力那一点到该土层顶面的距离。

应当指出，在求地下水位以下土的自重应力时，对地下水位以下的土应按其有效重度代入式（3-4）。

图 3-2（*b*）是按公式（3-4）计算结果绘出的自重应力分布图，这个图也称为土的自重应力分布曲线。

分析土的自重应力分布曲线的变化规律，可以得出下面三点结论：

1）土的自重应力分布曲线是一条折线，拐点在土层交界处（当上下两个土层重度不同时）和地下水位处；

2）同一层土的自重应力按直线变化；

3）自重应力随深度的增加而增大。

此外，地下水位的升降会引起土中自重应力的变化（如图 3-3 所示）。

例如在软土地区，常因大量抽取地下水，以致地下水位长期大幅度下降，使地基中原水位以下的土的自重应力增加（图 3-3*a*），而造成地表大面积下沉的严重后果。地下水位

长期上升（如图 3-3b 所示），常发生在人工抬高蓄水水位地区（如筑坝蓄水）或工业用水大量渗入地下的地区，如果该地区土质具有遇水后发生湿陷的性质，则必须引起注意。

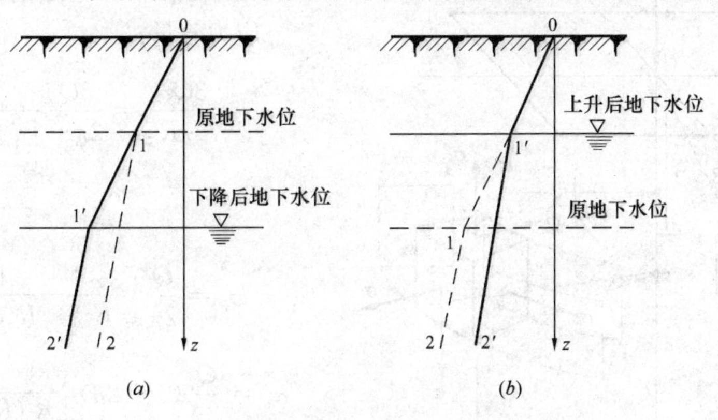

图 3-3　地下水位升降对土中自重应力的影响
（012 线为原来的自重应力分布曲线；01′2′线为地下水位升降后的自重应力分布曲线）

【例题 3-1】　图 3-4（a）所示为某建筑物地基剖面图，土层厚度和各层土的重度如图所示，试绘出土的自重应力分布曲线。

【解】 在第一层土下边界处土的自重应力

$$\sigma_{cz1}=\gamma_1 h_1=19\times 2=38\text{kN/m}^2$$

在第二层土下边界处土的自重应力

$$\sigma_{cz2}=\gamma_1 h_1+\gamma_2 h_2=19\times 2+18\times 4=110\text{kN/m}^2$$

因为同一层土的自重应力按直线变化，所以绘第三层土的自重应力分布曲线时，只需求出该土层中任一点的自重应力数值。

设求第二层土下边界以下（即地下水位以下）3m 处的自重应力数值：

$$\begin{aligned}\sigma_{cz3}&=\gamma_1 h_1+\gamma_2 h_2+\gamma'_3 h_3\\&=\gamma_1 h_1+\gamma_2 h_2+(\gamma_{sat}-10)h_3\\&=19\times 2+18\times 4+(21-10)\times 3\\&=143\text{kN/m}^2\end{aligned}$$

土的自重应力分布曲线如图 3-4（b）所示。

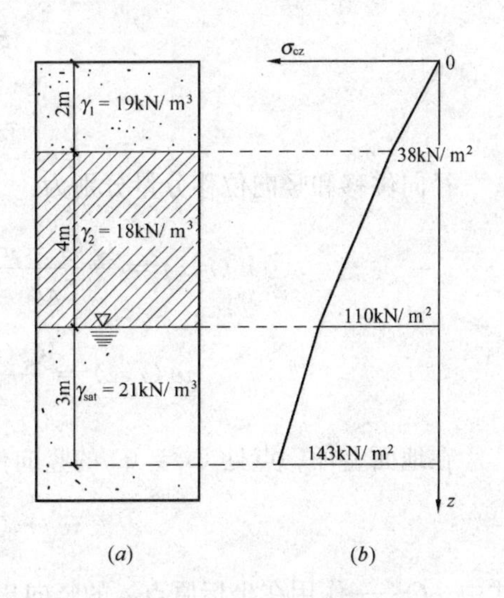

图 3-4　【例题 3-1】附图
（a）地基剖面图；（b）自重应力分布曲线

3.2　附加应力的计算

如上所述，目前在计算地基中附加应力时，一般将地基看作是均匀的、各向同性的半无限空间直线变形体。这样，就可采用弹性力学中关于半无限空间弹性体的理论解答。

下面分别介绍竖向集中荷载、矩形荷载、圆形荷载及条形荷载作用下，地基中的应力和位移的计算。

3.2.1　竖向集中荷载下地基中的应力

在地基表面作用竖向集中荷载 Q 时，在地基内任意点 $M(r,\theta,z)$（如图 3-5 所示）的

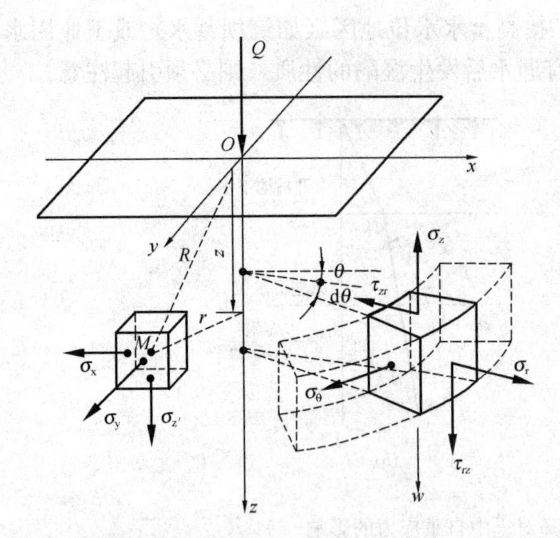

图 3-5 竖向集中荷载下地基应力的计算

应力及位移分量可按 J · 布辛奈斯克(Boussinesq，1885）解答来计算。

应力分量：

$$\sigma_z = \frac{3Qz^3}{2\pi R^5} = \frac{3Q}{2\pi z^2}\frac{1}{\left[1+\left(\frac{r}{z}\right)^2\right]^{5/2}} \tag{3-5}$$

$$\sigma_r = \frac{Q}{2\pi}\left[\frac{3zr^2}{R^5} - \frac{1-2\mu}{R\ (R+z)}\right] \tag{3-6}$$

$$\sigma_\theta = \frac{Q}{2\pi}(1-2\mu)\left[\frac{1}{R\ (R+z)} - \frac{z}{R^3}\right] \tag{3-7}$$

$$\tau_{rz} = \frac{3Qz^2 r}{2\pi R^5} \tag{3-8}$$

$$\tau_{\theta z} = \tau_{z\theta} = 0 \tag{3-9}$$

径向位移和竖向位移分量分别为：

$$u\ (r,z) = \frac{Q\ (1+\mu)}{2\pi E}\left[\frac{rz}{R^3} - (1-2\mu)\frac{r}{R\ (R+z)}\right] \tag{3-10}$$

$$w\ (r,z) = \frac{Q\ (1+\mu)}{2\pi E}\left[\frac{z^2}{R^3} + \frac{2\ (1-\mu)}{R}\right] \tag{3-11}$$

在地面上任一点处（$z=0$）的竖向位移为：

$$w\ (r,0) = \frac{Q\ (1-\mu^2)}{2\pi Er} \tag{3-12}$$

式中 Q——作用在坐标原点 o 的竖向集中荷载；

z——M 点的深度；

r——M 点与集中荷载作用线之间的距离，$r=\sqrt{x^2+y^2}$

R——M 点与坐标原点的距离，$R=\sqrt{x^2+y^2+z^2}$

μ——土地的泊松比；

为了计算方便，令

$$\alpha = \frac{3}{2\pi}\frac{1}{\left[1+\left(\frac{r}{z}\right)^2\right]^{5/2}} \tag{3-13}$$

则公式（3-5）变成

$$\sigma_z = \alpha\frac{Q}{z^2} \tag{3-14}$$

式中，α——集中荷载作用下地基竖向附加应力系数，其数值可按 r/z 值由表 3-1 查得。

集中荷载下竖向附加应力系数 α 表 3-1

$\frac{r}{z}$	α	$\frac{r}{z}$	α	$\frac{r}{z}$	α	$\frac{r}{z}$	α	$\frac{r}{z}$	α
0.00	0.4775	0.40	0.3294	0.80	0.1386	1.20	0.0513	1.60	0.0200
0.01	0.4773	0.41	0.3238	0.81	0.1353	1.21	0.0501	1.61	0.0195
0.02	0.4770	0.42	0.3181	0.82	0.1320	1.22	0.0489	1.62	0.0191
0.03	0.4764	0.43	0.3124	0.83	0.1288	1.23	0.0477	1.63	0.0187
0.04	0.4756	0.44	0.3068	0.84	0.1257	1.24	0.0466	1.64	0.0183
0.05	0.4745	0.45	0.3011	0.85	0.1226	1.25	0.0454	1.65	0.0179
0.06	0.4732	0.46	0.2955	0.86	0.1196	1.26	0.0443	1.66	0.0175
0.07	0.4717	0.47	0.2899	0.87	0.1166	1.27	0.0433	1.67	0.0171
0.08	0.4699	0.48	0.2843	0.88	0.1138	1.28	0.0422	1.68	0.0167
0.09	0.4679	0.49	0.2788	0.89	0.1110	1.29	0.0412	1.69	0.0163
0.10	0.4657	0.50	0.2733	0.90	0.1083	1.30	0.0402	1.70	0.0160
0.11	0.4633	0.51	0.2679	0.91	0.1057	1.31	0.0393	1.72	0.0153
0.12	0.4607	0.52	0.2625	0.92	0.1031	1.32	0.0384	1.74	0.0147
0.13	0.4579	0.53	0.2571	0.93	0.1005	1.33	0.0374	1.76	0.0141
0.14	0.4548	0.54	0.2518	0.94	0.0981	1.34	0.0365	1.78	0.0135
0.15	0.4516	0.55	0.2466	0.95	0.0956	1.35	0.0357	1.80	0.0129
0.16	0.4482	0.56	0.2414	0.96	0.0933	1.36	0.0348	1.82	0.0124
0.17	0.4446	0.57	0.2363	0.97	0.0910	1.37	0.0340	1.84	0.0119
0.18	0.4409	0.58	0.2313	0.98	0.0887	1.38	0.0332	1.86	0.0114
0.19	0.4370	0.59	0.2263	0.99	0.0865	1.39	0.0324	1.88	0.0109
0.20	0.4329	0.60	0.2214	1.00	0.0844	1.40	0.0317	1.90	0.0105
0.21	0.4286	0.61	0.2165	1.01	0.0823	1.41	0.0309	1.92	0.0101
0.22	0.4242	0.62	0.2117	1.02	0.0803	1.42	0.0302	1.94	0.0097
0.23	0.4197	0.63	0.2070	1.03	0.0783	1.43	0.0295	1.96	0.0093
0.24	0.4151	0.64	0.2024	1.04	0.0764	1.44	0.0288	1.98	0.0089
0.25	0.4103	0.65	0.1998	1.05	0.0744	1.45	0.0282	2.00	0.0085
0.26	0.4054	0.66	0.1934	1.06	0.0727	1.46	0.0275	2.10	0.0070
0.27	0.4004	0.67	0.1889	1.07	0.0709	1.47	0.0269	2.20	0.0058
0.28	0.3954	0.68	0.1846	1.08	0.0691	1.48	0.0263	2.30	0.0048
0.29	0.3902	0.69	0.1804	1.09	0.0674	1.49	0.0257	2.40	0.0040
0.30	0.3840	0.70	0.1762	1.10	0.0658	1.50	0.0251	2.50	0.0034
0.31	0.3796	0.71	0.1721	1.11	0.0641	1.51	0.0245	2.60	0.0029
0.32	0.3742	0.72	0.1681	1.12	0.0626	1.52	0.0240	2.70	0.0024
0.33	0.3687	0.73	0.1641	1.13	0.0610	1.53	0.0234	2.80	0.0021
0.34	0.3632	0.74	0.1603	1.14	0.0595	1.54	0.0229	2.90	0.0017
0.35	0.3577	0.75	0.1565	1.15	0.0581	1.55	0.0224	3.00	0.0015
0.36	0.3521	0.76	0.1527	1.16	0.0567	1.56	0.0219	3.50	0.0007
0.37	0.3465	0.77	0.1491	1.17	0.0553	1.57	0.0214	4.00	0.0004
0.38	0.3408	0.78	0.1455	1.18	0.0359	1.58	0.0209	4.50	0.0002
0.39	0.3351	0.79	0.1420	1.19	0.0526	1.59	0.0204	5.00	0.0001

【例题 3-2】 在地面作用一集中荷载 Q=200kN，试确定：

1）在地基中 z=2m 的水平面上，水平距离 r=1m、2m、3m 和 4m 处各点的竖向附加应力 σ_z 值，并绘出分布图；

2）在地基中 r=0 的竖直线上距地面 z=0m、1m、2m、3m 和 4m 处各点的 σ_z 值，并绘出分布图；

3）取 σ_z=20kN/m²、10kN/m²、4kN/m² 和 2kN/m²，反算在地基中 z=2m 的水平面上的 r 值和在 r=0 的竖直线上的 z 值，并绘出相应于该四个应力值的 σ_z 等值线图。

【解】（1）在地基中 z=2m 的水平面上指定点的附加应力 σ_z 的计算数据，见表 3-2a，σ_z 的分布图如图 3-6 所示。

【例题 3-2】附表之一 表 3-2a

z（m）	r（m）	$\frac{r}{z}$	α	$\sigma_z=\alpha\frac{Q}{z^2}$（kN/m²）
2	0	0.00	0.4775	23.80
2	1	0.50	0.2733	13.70
2	2	1.00	0.0844	4.200
2	3	1.50	0.0251	1.200
2	4	2.00	0.0085	0.400

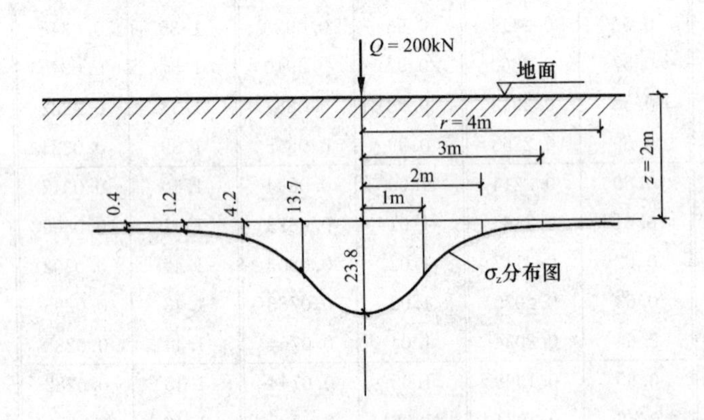

图 3-6 【例题 3-2】附图之一

（2）在地基中 r=0 竖直线上指定点的附加应力 σ_z 的计算数据见表 3-2b；σ_z 的分布图如图 3-7 所示。

【例题 3-2】附表之二 表 3-2b

z（m）	r（m）	$\frac{r}{z}$	α	$\sigma_z=\alpha\frac{Q}{z^2}$（kN/m²）
0	0	0	0.4775	∞
1	0	0	0.4775	95.5
2	0	0	0.4775	23.8
3	0	0	0.4775	10.5
4	0	0	0.4775	6.0

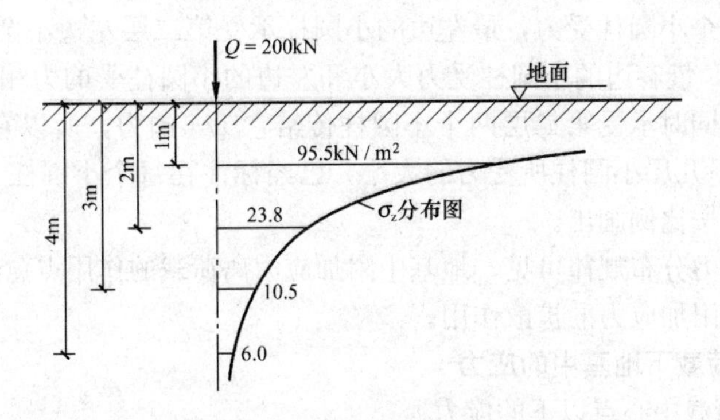

图 3-7 【例题 3-2】附图之二

(3) 当指定附加应力 σ_z 时，反算 $z=2\text{m}$ 的水平面上的 r 值和在 $r=0$ 的竖直线上的 z 值的计算数据，见表 3-2c；附加应力 σ_z 的等值线绘于图 3-8。

【例题 3-2】附表之三 **表 3-2c**

z (m)	r (m)	$\frac{r}{z}$	α	$\sigma_z=\alpha\frac{Q}{z^2}$ (kN/m²)
2	0.54	0	0.4000	20
2	1.30	0	0.2000	10
2	2.04	0	0.0800	4
22	2.60	0	0.0400	2
2.19	0	0	0.4775	20
3.09	0	0	0.4775	10
4.88	0	0	0.4775	4
6.91	0	0	0.4775	2

通过上面的例题分析，我们可见土中附加应力分布的特点是：

1) 在地面下同一深度的水平面上的附加应力不同，沿力的作用线上附加应力最大，向两边则逐渐减小；

2) 距地面愈深，应力分布范围愈大，在同一竖直线上的附加应力不同，愈深则愈小。

为了进一步说明上述附加应力分布特点，我们将构成地基的土颗粒看作是无数个直径相同的小圆柱，如图 3-9 所示。设沿垂直纸面方向作用一线荷载 $Q=1$，由图中可见，第二层两个小圆柱各受 1/2 的

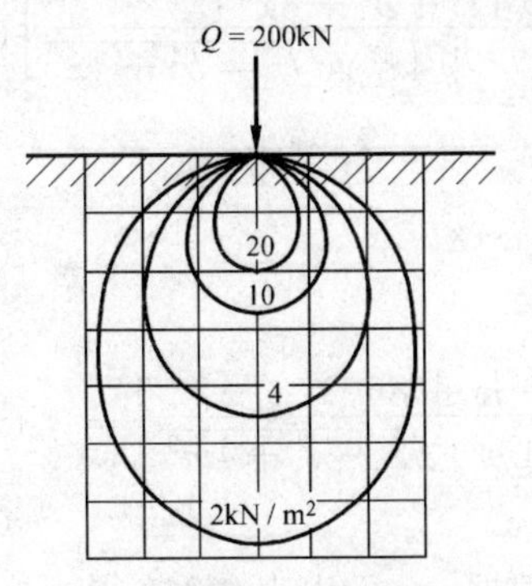

图 3-8 【例题 3-2】附图之三

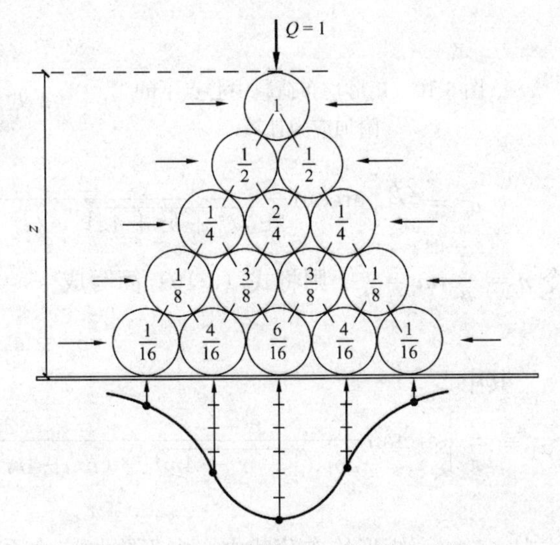

图 3-9 地基中附加应力扩散示意图

力；第三层共有三个小圆柱受力，最左边的小圆柱承受第二层左边小圆柱传来一半的力，即 1/2×1/2=1/4，最右边的小圆柱受力大小和左边的小圆柱受的力相同，也是 1/4。中间的小圆柱因为它同时承受第二层两个小圆柱传给它 1/4 的力，所以它受力为 2×1/4=1/2。第四层和以下几层小圆柱所受力的大小，已经标注在每个小圆柱上面。最下边一层小圆柱受力大小已按比例画出。

从上述附加应力分布规律可见，地基中附加应力离荷载的作用点愈远则应力愈小，我们把这种现象称为附加应力的扩散作用。

3.2.2 矩形荷载下地基中的应力

1. 矩形均布荷载中心点以下的应力

设在地面作用有矩形均布竖向荷载 p，其承载面积为 bl，现求荷载面积中心点下任意深度 z 处 $M(0,0,z)$ 点的附加应力（如图 3-10 所示）。

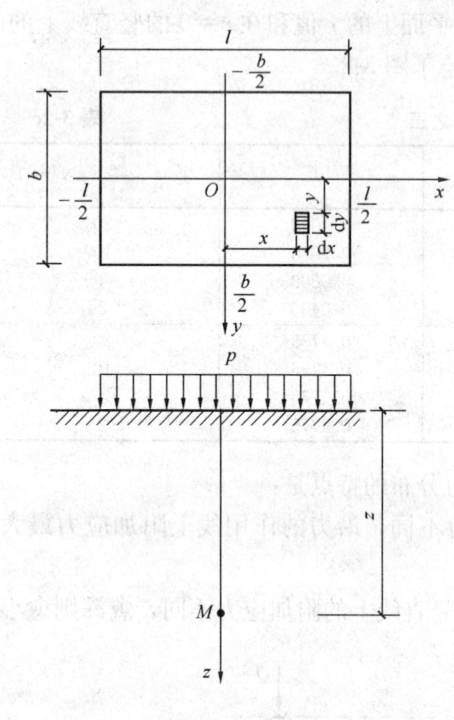

图 3-10 矩形均布荷载中心点下的附加应力计算

在矩形面积内坐标为 (x,y) 处取一微元面积 $dA=dxdy$，则作用在微元面积上的作用力可视为集中力 $dQ=pdxdy$，由任一集中力 dQ 在 $M(0,0,z)$ 点所引起的附加应力可由式（3-5）求得：

$$d\sigma_z=\frac{3pz^3}{2\pi(x^2+y^2+z^2)^{5/2}}dxdy \quad (3\text{-}15)$$

将微分式（3-15）对整个矩形荷载面积 bl $\left(即-\frac{l}{2}\leqslant x\leqslant\frac{l}{2},-\frac{b}{2}\leqslant y\leqslant\frac{b}{2}\right)$ 进行积分：

$$\sigma_z=\frac{3pz^3}{2\pi}\int_{-l/2}^{l/2}\int_{-b/2}^{b/2}\frac{1}{2\pi(x^2+y^2+z^2)}dxdy$$

于是，荷载面积中心点 O 下，任意深度 z 处 M（0，0，z）点的附加应力 σ_z 表达式为

$$\sigma_z=\frac{2p}{\pi}\left[\arctan\frac{ib}{2z\sqrt{l^2+b^2+4z^2}}+\frac{2zlb\ (l^2+b^2+8x^2)}{(l^2+4z^2)\ (b^2+4z^2)\sqrt{l^2=b^2+4z^2}}\right] \quad (3\text{-}16)$$

令 $n=\frac{l}{b},m=\frac{z}{b}$，则将式（3-16）简写成

$$\sigma_z=\alpha_0 p \quad (3\text{-}17)$$

其中

$$\alpha_0=\frac{2}{\pi}\left[\arctan\frac{n}{2m\sqrt{1+n^2+4m^2}}+\frac{2nm\ (1^2+n^2+8m^2)}{(n^2+4m^2)\ (1+4m^2)\sqrt{1+n^2+4m^2}}\right]=f\ (n,m) \quad (3\text{-}18)$$

式中 α_0——矩形均布荷载中心点下附加应力系数，可根据 n、m 由表 3-3 查得。

矩形均布荷载中心点下附加应力系数 α_0 **表 3-3**

m \ n	1.0	1.2	1.4	1.6	1.8	2.0	2.4	2.8	3.2	3.6	4.0	5.0	≥10 (条形)
0.0	1.000	1.000	1.000	1.000	1.000	1.000	1.000	1.000	1.000	1.000	1.000	1.000	1.000
0.1	0.994	0.996	0.996	0.996	0.996	0.996	0.997	0.997	0.997	0.997	0.997	0.997	0.997
0.2	0.960	0.968	0.972	0.974	0.975	0.976	0.976	0.977	0.977	0.977	0.977	0.977	0.977
0.3	0.892	0.910	0.920	0.926	0.930	0.932	0.934	0.935	0.936	0.936	0.936	0.937	0.937
0.4	0.800	0.830	0.848	0.859	0.866	0.870	0.875	0.878	0.879	0.880	0.880	0.881	0.881
0.5	0.701	0.740	0.764	0.782	0.792	0.800	0.808	0.812	0.815	0.816	0.817	0.818	0.818
0.6	0.606	0.650	0.682	0.703	0.717	0.727	0.740	0.746	0.749	0.751	0.753	0.754	0.755
0.7	0.523	0.569	0.603	0.628	0.645	0.658	0.674	0.682	0.687	0.690	0.692	0.694	0.696
0.8	0.449	0.496	0.532	0.558	0.578	0.593	0.612	0.623	0.630	0.634	0.636	0.639	0.642
0.9	0.388	0.433	0.469	0.496	0.518	0.534	0.556	0.569	0.577	0.582	0.585	0.590	0.593
1.0	0.336	0.379	0.414	0.441	0.463	0.481	0.505	0.520	0.530	0.536	0.540	0.545	0.550
1.1	0.293	0.333	0.367	0.394	0.416	0.434	0.460	0.476	0.487	0.494	0.499	0.506	0.511
1.2	0.257	0.294	0.325	0.352	0.374	0.392	0.419	0.437	0.449	0.457	0.462	0.470	0.477
1.3	0.226	0.260	0.290	0.315	0.337	0.355	0.382	0.401	0.414	0.423	0.429	0.438	0.446
1.4	0.201	0.232	0.260	0.284	0.304	0.322	0.350	0.369	0.383	0.393	0.400	0.410	0.419
1.5	0.179	0.208	0.233	0.256	0.276	0.293	0.320	0.340	0.355	0.365	0.372	0.384	0.395
1.6	0.160	0.187	0.210	0.232	0.251	0.267	0.294	0.314	0.329	0.340	0.348	0.360	0.373
1.7	0.144	0.168	0.191	0.211	0.228	0.244	0.271	0.291	0.300	0.317	0.326	0.339	0.352
1.8	0.130	0.153	0.173	0.192	0.209	0.224	0.250	0.270	0.285	0.296	0.305	0.320	0.335
1.9	0.118	0.139	0.158	0.176	0.192	0.206	0.231	0.250	0.266	0.278	0.287	0.301	0.318
2.0	0.108	0.127	0.145	0.161	0.176	0.190	0.214	0.235	0.248	0.260	0.270	0.285	0.303
2.1	0.099	0.116	0.133	0.148	0.163	0.176	0.198	0.217	0.232	0.244	0.254	0.270	0.290
2.2	0.091	0.107	0.122	0.137	0.150	0.163	0.185	0.203	0.218	0.230	0.239	0.256	0.277
2.3	0.084	0.099	0.113	0.127	0.139	0.151	0.172	0.190	0.204	0.216	0.226	0.242	0.265
2.4	0.077	0.092	0.105	0.118	0.130	0.141	0.161	0.178	0.192	0.204	0.213	0.230	0.254
2.5	0.072	0.085	0.097	0.110	0.121	0.131	0.150	0.167	0.180	0.192	0.202	0.219	0.244
2.6	0.068	0.080	0.092	0.103	0.114	0.124	0.142	0.158	0.171	0.183	0.193	0.210	0.236
2.7	0.064	0.075	0.086	0.097	0.107	0.117	0.134	0.149	0.162	0.174	0.183	0.200	0.227
2.8	0.059	0.070	0.081	0.091	0.100	0.110	0.126	0.141	0.154	0.164	0.174	0.191	0.219
2.9	0.055	0.065	0.075	0.085	0.094	0.102	0.118	0.132	0.145	0.155	0.164	0.181	0.210
3.0	0.051	0.060	0.070	0.078	0.087	0.095	0.110	0.124	0.136	0.146	0.155	0.172	0.202
3.1	0.048	0.057	0.066	0.075	0.083	0.091	0.105	0.118	0.130	0.140	0.148	0.165	0.196
3.2	0.046	0.054	0.063	0.071	0.079	0.086	0.100	0.112	0.124	0.133	0.142	0.158	0.190
3.3	0.043	0.051	0.059	0.067	0.074	0.081	0.095	0.106	0.117	0.127	0.135	0.152	0.183
3.4	0.041	0.048	0.056	0.063	0.070	0.077	0.089	0.100	0.111	0.120	0.129	0.145	0.177
3.5	0.038	0.045	0.052	0.059	0.066	0.072	0.084	0.095	0.105	0.114	0.122	0.138	0.171

续表

m \ n	1.0	1.2	1.4	1.6	1.8	2.0	2.4	2.8	3.2	3.6	4.0	5.0	≥10 (条形)
3.6	0.036	0.043	0.050	0.056	0.063	0.069	0.080	0.090	0.101	0.109	0.117	0.133	0.166
3.7	0.034	0.041	0.047	0.054	0.060	0.066	0.077	0.087	0.097	0.105	0.112	0.128	0.161
3.8	0.033	0.039	0.045	0.051	0.057	0.062	0.073	0.083	0.092	0.100	0.108	0.123	0.157
3.9	0.031	0.037	0.043	0.048	0.054	0.059	0.070	0.079	0.088	0.096	0.103	0.118	0.152
4.0	0.029	0.035	0.040	0.046	0.051	0.056	0.066	0.075	0.084	0.091	0.098	0.113	0.147
4.1	0.028	0.033	0.039	0.044	0.049	0.054	0.063	0.072	0.081	0.088	0.095	0.109	0.143
4.2	0.027	0.032	0.037	0.042	0.047	0.052	0.061	0.069	0.078	0.084	0.001	0.105	0.139
4.3	0.025	0.030	0.035	0.040	0.045	0.049	0.058	0.067	0.074	0.081	0.088	0.102	0.136
4.4	0.024	0.029	0.034	0.038	0.043	0.047	0.055	0.064	0.071	0.077	0.084	0.098	0.130
4.5	0.023	0.028	0.032	0.036	0.041	0.045	0.053	0.061	0.068	0.074	0.081	0.094	0.128
4.6	0.022	0.027	0.031	0.035	0.039	0.043	0.051	0.058	0.066	0.072	0.078	0.091	0.125
4.7	0.021	0.026	0.030	0.034	0.038	0.042	0.049	0.056	0.063	0.069	0.075	0.088	0.122
4.8	0.021	0.024	0.028	0.032	0.036	0.040	0.047	0.054	0.061	0.067	0.073	0.085	0.118
4.9	0.020	0.023	0.027	0.031	0.035	0.038	0.045	0.052	0.058	0.064	0.070	0.082	0.115
5.0	0.019	0.022	0.026	0.030	0.033	0.037	0.044	0.050	0.050	0.062	0.067	0.079	0.112

2. 矩形均布荷载角点下的应力

在地基基础计算中，经常要确定矩形承载面积角点 c 下任意点 M 的应力（如图 3-11a 所示）。为此，我们讨论这种情况时的地基附加应力的计算。这时仍可按式（3-17）计算，但要重新画一个矩形面积，使角点 c 恰好位于新矩形面积的中心点（如图 3-11b 所示），并假定作用在这个新矩形面积上的荷载也等于 p。但是实际承载面积仅为新矩形面积的 1/4，因此，所求点 M 的附加应力等于新矩形均布荷载中心点 c 下同一点处附加应力的 1/4，即

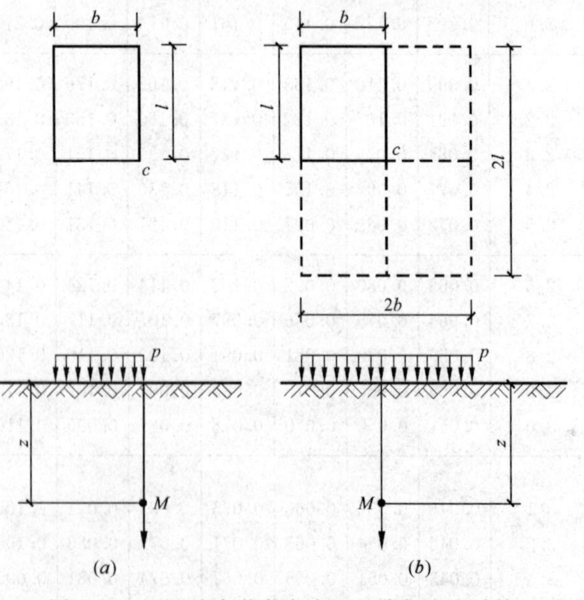

图 3-11　矩形均布荷载角点下的附加应力计算

$$\sigma_z = \frac{1}{4}\alpha_0 p \qquad (3\text{-}19)$$

式中 α_0——矩形均布荷载角点附加应力系数，其值根据 $n=\frac{l}{b}$ 和 $m=\frac{z}{2b}$（注意中心点时 $m=\frac{z}{b}$），仍由表 3-3 查得；

p——作用在矩形面积上的均布荷载。

公式（3-19）通常称为角点公式。

【例题 3-3】 在地面作用矩形均布荷载 $p=300\text{kN/m}^2$，承载面积 $lb=2\text{m}\times2\text{m}$。试求：

1）承载面积中心 o 点下 $z=2\text{m}$ 深处 M_0 点的附加应力 σ_{z0}；

2）角点 c 下 $z=4\text{m}$ 深处 M_c 点的附加应力 σ_{zc}（图 3-12）。

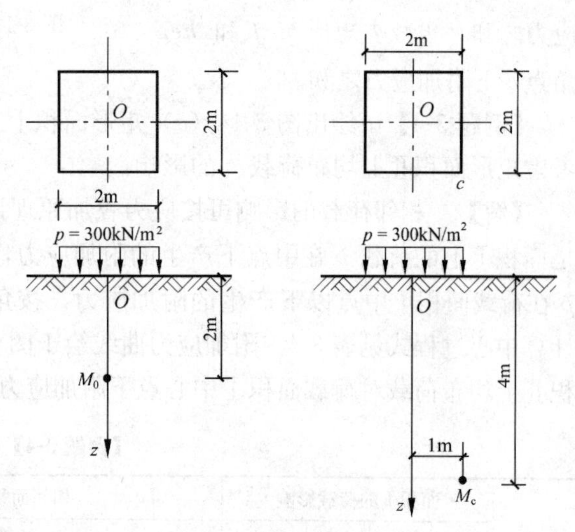

图 3-12 【例题 3-3】附图

【解】（1）求 σ_{z0}

根据 $m=\frac{z}{b}=\frac{2}{2}=1$

$$n=\frac{l}{b}=\frac{2}{2}=1$$

由表 3-3 查得 $\alpha_0=0.336$，故承载面积中心 O 点下 $z=2\text{m}$ 处 M_0 点的附加应力

$$\sigma_{z0}=\alpha_0 p=0.336\times300=100.8\text{kN/m}^2$$

（2）求 σ_{zc}

根据

$$m=\frac{z}{2b}=\frac{4}{2\times2}=1$$

$$n=\frac{l}{b}=\frac{2}{2}=1$$

由表 3-3 查得 $\alpha_0=0.336$，故承载面积角点 c 下 $z=4\text{m}$ 处 M_c 点的附加应力：

$$\sigma_{zc}=\frac{1}{4}\alpha_0 p=\frac{1}{4}\times0.336\times300=25.2\text{kN/m}^2$$

由本例题计算结果可见，矩形均布荷载角点 c 下深度 z 处的附加应力等于同一矩形荷载中心点 O 下深度 $z/2$ 处附加应力的 1/4。

在地基计算中，常需求出矩形荷载下地基内任意点的附加应力。为了解决这个问题，可以应用角点公式（3-19）和力的叠加原理求解。这个方法称为角点法。

今按下面三种情况说明角点法的具体应用。

第 1 种情形：求矩形承载面积某一边上任一点 e 下的附加应力（图 3-13a）。在这种情况下，所求点附加应力等于两个矩形 $abef$ 和 $efcd$ 角点 e 下的附加应力之和。

第 2 种情形：求承载面积内某点 e 下的附加应力（图 3-13b）。这时，所求点附加应力

等于四个矩形 $afeh$、$fcie$、$hegb$ 和 $eidg$ 角点 e 下的附加应力之和。

第 3 种情形：求矩形承载面积以外某点 e 下的附加应力（图 3-13c）。这时，所求点的附加应力等于矩形 $ahef$ 和 $dieg$ 角点 e 下附加应力之和，再减去矩形 $bief$ 和 $cheg$ 角点 e 下附加应力之和。

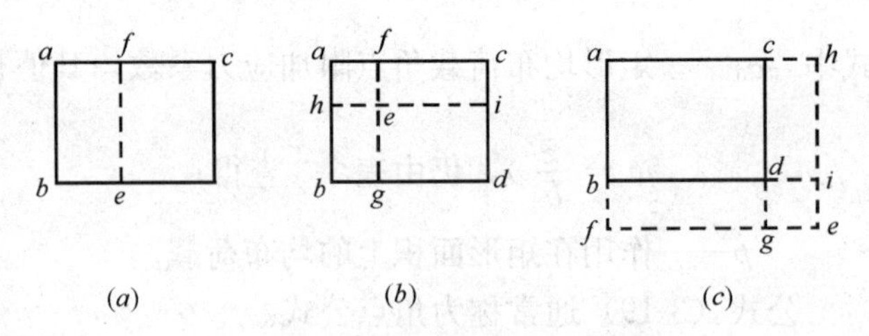

图 3-13　按角点法计算地基中任一点附加应力

【例题 3-4】 试绘出图 3-14（a）矩形面积Ⅰ上均布荷载 p 中心点下的附加应力图，并考虑矩形面积Ⅱ上均布荷载 p 的影响。

【解】　相邻荷载的影响可按应力叠加原理计算。总应力为 $\sigma_z=\sigma_{z\mathrm{I}}+\sigma_{z\mathrm{I},\mathrm{II}}$，其中 $\sigma_{z\mathrm{I}}$ 是面积Ⅰ上的荷载 p 在中点下产生的附加应力，按中心点计算；$\sigma_{z\mathrm{I},\mathrm{II}}$ 是面积Ⅱ上的荷载 p 在荷载面积Ⅰ中点以下产生的附加应力，按角点法计算，即 $\sigma_{z\mathrm{I},\mathrm{II}}=2\left[\sigma_{z,\mathrm{oegl}}-\sigma_{z,\mathrm{oehk}}\right]$，计算中心过程式见表 3-4。附加应力曲线绘于图 3-14（b），图中阴影部分表示相邻矩形面积Ⅱ上均布荷载对荷载面积Ⅰ中心点下附加应力的影响。

【例题 3-4】附表　　**表 3-4**

z（m）	面积Ⅰ的荷载影响				相邻面积的Ⅱ荷载影响								$\sigma_{z\mathrm{I},\mathrm{II}}=2(\sigma_{z,\mathrm{oegl}}-\sigma_{z,\mathrm{oehk}})$
					矩形 $oegl$				矩表 $oehk$				
	l/b	z/b	α_0	$\alpha_{z\mathrm{I}}=\alpha_0 p$	l/b	z/b	α_0	$\frac{1}{4}\alpha_0$	l/b	z/b	α_0	$\frac{1}{4}\alpha_0$	
0	1	0	1	p	$\frac{4b}{b}=4$	0	1.000	0.250	$\frac{2b}{b}=2$	0	1.000	0.250	0
b	1	1	0.336	0.336p	4	1	0.540	0.135	2	1	0.481	0.120	2（0.135−0.120）p=0.03p
$2b$	1	2	0.108	0.108p	4	2	0.270	0.068	2	2	0.190	0.048	2（0.068−0.048）p=0.04p
$3b$	1	3	0.051	0.051p	4	3	0.155	0.039	2	3	0.095	0.024	2（0.039−0.024）p=0.03p
$4b$	1	4	0.029	0.029p	4	4	0.098	0.024	2	4	0.056	0.014	2（0.024−0.114）p=0.02p

3. 矩形面积承受三角形分布荷载的应力

设竖向荷载在矩形面积上沿 b 方向呈三角形分布，荷载最大值为 p_s 沿另一边的荷载分布不变，取荷载零值边的角点 1 为坐标原点（如图 3-15 所示）。设微元面积上的集中力 $\mathrm{d}Q=\dfrac{x}{b}p_s\mathrm{d}x\mathrm{d}y$，于是，可按下式求得角点 1 下深度 z 处 M_1 点由矩形面积承受三角形分布荷载引起的附加应力 σ_z。

$$\sigma_z = \frac{3}{2\pi}\int_{-l/2}^{l/2}\int_{-b/2}^{b/2}\frac{xp_s z^3}{b\,(x^2 = y^2 + z^2)^{5/2}}\mathrm{d}x\mathrm{d}y \tag{3-20a}$$

由此可得，荷载面积角点 1 下深度 z 处附加应力 σ_z 为：

$$\sigma_z = \alpha_{c1}^{s} p_s \tag{3-20b}$$

式中

$$\alpha_{c1}^{s} = \frac{nm}{2\pi}\left[\frac{1}{\sqrt{n^2+4m^2}} - \frac{m^2}{(1+m^2)\sqrt{1+n^2+4m^2}}\right] = f\,(n,m) \tag{3-21}$$

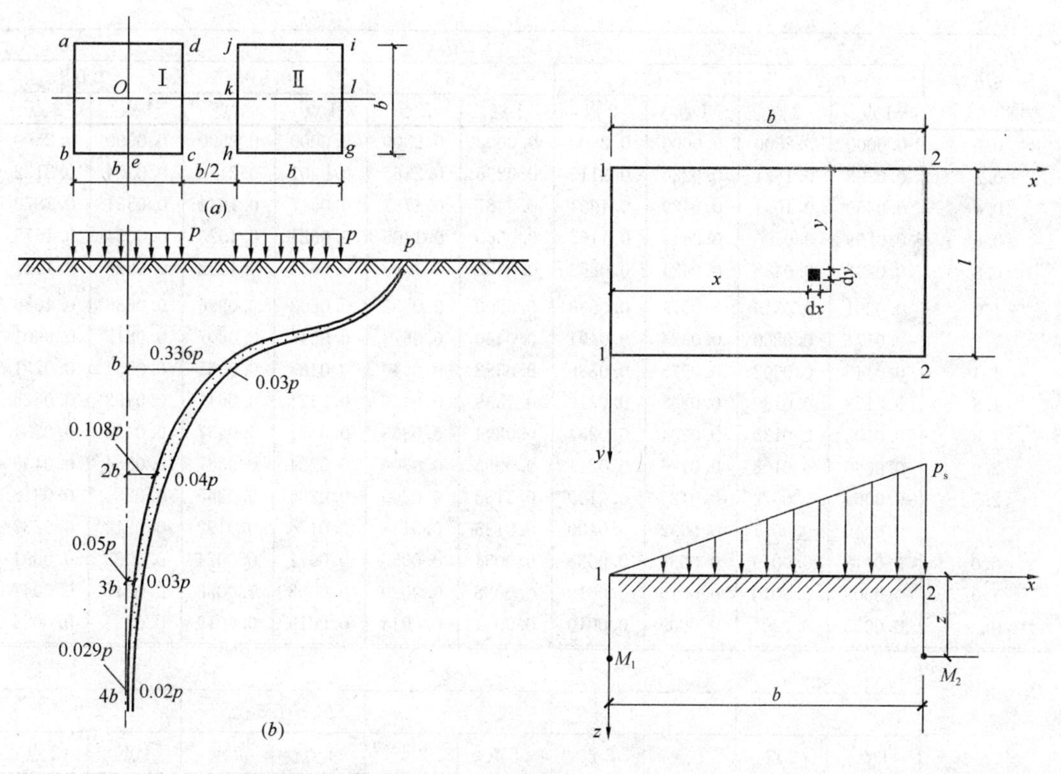

图 3-14 【例题 3-4】附图　　　　图 3-15 矩形面积三角形分布荷载

同理，可求得荷载面积角点 2 下深度 z 处 M_2 点附加应力 σ_z 为：

$$\sigma_z = \alpha_{c2}^{s} p_s \tag{3-22}$$

式中

$$\alpha_{c2}^{s} = \frac{1}{2\pi}\left[\frac{\pi}{2} + \frac{nm\,(1+n^2+2m^2)}{(n^2+4m^2)\,(1+m^2)\sqrt{1^2+n^2+m^2}} - \frac{nm}{\sqrt{n^2+m^2}} - \arctan\frac{m\sqrt{1+n^2+m^2}}{2}\right] \tag{3-23}$$

α_{c1}^{s}、α_{c2}^{s} 称为三角形荷载附加应力系数，其中 α_{c1}^{s} 为三角形荷载零值边角点下的附加应力系数，α_{c2}^{s} 为三角形荷载最大值边角点下的附加应力系数。它们根据 $n=\dfrac{l}{b}$ 和 $m=\dfrac{z}{b}$ 由表 3-5 查得。其中，b 为承载面积沿荷载呈三角形分布方向的边长。

矩形面积上三角形分布荷载作用下的附加压力系数 α_{c1}^{s}、α_{c2}^{s} 表 3-5

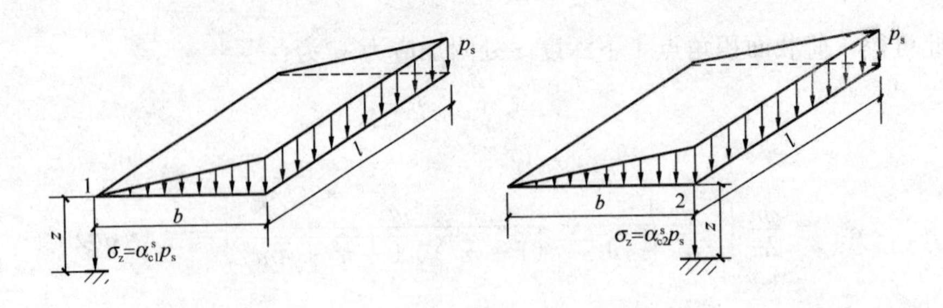

z/b	l/b									
	0.2		0.4		0.6		0.8		1.0	
	1点	2点	1点	2点	1点	2点	1点	2点	1点	2点
0.0	0.0000	0.2500	0.0000	0.2500	0.0000	0.2500	0.0000	0.2500	0.0000	0.2500
0.2	0.0223	0.1821	0.0280	0.2115	0.0296	0.2165	0.0301	0.2178	0.0304	0.2182
0.4	0.0269	0.1094	0.0420	0.1604	0.0487	0.1781	0.0517	0.1844	0.0531	0.1870
0.6	0.0259	0.0700	0.0448	0.1165	0.0560	0.1405	0.0621	0.1520	0.0654	0.1575
0.8	0.0232	0.0480	0.0421	0.0853	0.0553	0.1093	0.0637	0.1232	0.0688	0.1311
1.0	0.0201	0.0346	0.0375	0.0638	0.0508	0.0852	0.0602	0.0996	0.0666	0.1086
1.2	0.0171	0.0260	0.0324	0.0491	0.0450	0.0673	0.0546	0.0807	0.0615	0.0901
1.4	0.0145	0.0202	0.0278	0.0386	0.0392	0.0540	0.0483	0.0661	0.0554	0.0751
1.6	0.0123	0.0160	0.0238	0.0310	0.0339	0.0440	0.0421	0.0547	0.0492	0.0628
1.8	0.0105	0.0130	0.0204	0.0254	0.0294	0.0363	0.0371	0.0457	0.0435	0.0534
2.0	0.0090	0.0108	0.0176	0.0211	0.0255	0.0304	0.0324	0.0387	0.0384	0.0456
2.5	0.0063	0.0072	0.0125	0.0140	0.0183	0.0205	0.0236	0.0265	0.0284	0.0318
3.0	0.0046	0.0051	0.0092	0.0100	0.0135	0.0148	0.0176	0.0192	0.0214	0.0233
5.0	0.0018	0.0019	0.0036	0.0038	0.0054	0.0056	0.0071	0.0074	0.0088	0.0091
7.0	0.0009	0.0010	0.0019	0.0019	0.0028	0.0029	0.0038	0.0038	0.0047	0.0047
10.0	0.0005	0.0004	0.0009	0.0010	0.0014	0.0014	0.0019	0.0019	0.0023	0.0024

z/b	l/b									
	1.2		1.4		1.6		1.8		2.0	
	1点	2点	1点	2点	1点	2点	1点	2点	1点	2点
0.0	0.0000	0.2500	0.0000	0.2500	0.0000	0.2500	0.0000	0.2500	0.0000	0.2500
0.2	0.0305	0.2184	0.0305	0.2185	0.0306	0.2185	0.0306	0.2185	0.0306	0.2185
0.4	0.0539	0.1881	0.0543	0.1886	0.0545	0.1889	0.0546	0.1891	0.0547	0.1892
0.6	0.0673	0.1602	0.0684	0.1616	0.0690	0.1625	0.0694	0.1630	0.0696	0.1633
0.8	0.0720	0.1355	0.0739	0.1381	0.0751	0.1396	0.0759	0.1405	0.0764	0.1412
1.0	0.0708	0.1143	0.0735	0.1176	0.0753	0.1202	0.0766	0.1215	0.0774	0.1225
1.2	0.064	0.0962	0.0698	0.1007	0.0721	0.1037	0.0738	0.1055	0.0749	0.1069
1.4	0.0606	0.0817	0.0644	0.0864	0.0672	0.0897	0.0692	0.0921	0.0707	0.0937
1.6	0.0545	0.0696	0.0586	0.0743	0.0616	0.0780	0.0639	0.0806	0.0656	0.0826
1.8	0.0487	0.0596	0.0528	0.0644	0.0560	0.0681	0.0585	0.0709	0.0604	0.0730
2.0	0.0434	0.0513	0.0474	0.0560	0.0507	0.0596	0.0533	0.0625	0.0553	0.0649
2.5	0.0326	0.0365	0.0362	0.0405	0.0393	0.0440	0.0419	0.0469	0.0440	0.0491
3.0	0.0249	0.0270	0.0280	0.0303	0.0307	0.0333	0.0331	0.0359	0.0352	0.0380
5.0	0.0104	0.0108	0.0120	0.0123	0.0135	0.0139	0.0148	0.0154	0.0161	0.0167
7.0	0.0056	0.0056	0.0064	0.0066	0.0073	0.0074	0.0081	0.0083	0.0089	0.0091
10.0	0.0028	0.0028	0.0033	0.0032	0.0037	0.0037	0.0041	0.0042	0.0046	0.0046

续表

z/b	l/b									
	3.0		4.0		6.0		8.0		10.0	
	1点	2点	1点	2点	1点	2点	1点	2点	1点	2点
0.0	0.0000	0.2500	0.0000	0.2500	0.0000	0.2500	0.0000	0.2500	0.0000	0.2500
0.2	0.0306	0.2186	0.0306	0.2186	0.0306	0.2186	0.0306	0.2186	0.0306	0.2186
0.4	0.0548	0.1894	0.0549	0.1894	0.0549	0.1894	0.0549	0.1894	0.0549	0.1894
0.6	0.0701	0.1638	0.0702	0.1639	0.0702	0.1640	0.0702	0.1640	0.0702	0.1640
0.8	0.0773	0.1423	0.0776	0.1424	0.0776	0.1426	0.0776	0.1426	0.0776	0.1426
1.0	0.0790	0.1244	0.0794	0.1248	0.0795	0.1250	0.0796	0.1250	0.0796	0.1250
1.2	0.0774	0.1096	0.0779	0.1103	0.0782	0.1105	0.0783	0.1105	0.0783	0.1105
1.4	0.0739	0.0973	0.0748	0.0982	0.0752	0.0986	0.0752	0.0987	0.0753	0.0987
1.6	0.0697	0.0870	0.0708	0.0882	0.0714	0.0887	0.0715	0.0888	0.0715	0.0889
1.8	0.0652	0.0782	0.0666	0.0797	0.0673	0.0805	0.0675	0.0806	0.0675	0.0808
2.0	0.0607	0.0707	0.0624	0.0726	0.0634	0.0734	0.0636	0.0736	0.0636	0.0738
2.5	0.0504	0.0559	0.0529	0.0585	0.0543	0.0601	0.0547	0.0604	0.0548	0.0605
3.0	0.0419	0.0451	0.0449	0.0482	0.0469	0.0504	0.0474	0.0509	0.0476	0.0511
5.0	0.0214	0.0221	0.0248	0.0256	0.0273	0.0290	0.0296	0.0303	0.0301	0.0309
7.0	0.0124	0.0126	0.0152	0.0154	0.0186	0.0190	0.0204	0.0207	0.0212	0.0216
10.0	0.0066	0.0066	0.0084	0.0083	0.0111	0.0111	0.0128	0.0130	0.0139	0.0141

应用均布和三角形分布荷载的角点公式（3-19）和公式（3-21）及叠加原理，可求得矩形承载面积上的三角形和梯形荷载作用下地基内任一点的附加应力。例如，若求图 3-16 所示矩形面积 $abcd$ 上的三角形荷载 O 点下任一深度处的竖向附加应力，则可先求矩形面积 $Okam$、$Ombl$、$Ondk$ 和 $Oncl$ 上的均布荷载及三角形荷载作用下的竖向附加应力，然后再叠加。

3.2.3 圆形荷载下地基中的应力

1. 圆形均布荷载作用下的应力

设圆形荷载面积的半径 r，作用于地基表面上的竖向均布荷载为 p，现求地面 M' 点下 z 深度处 M 点应力。以圆形荷载面积的中心点为坐标原点（如图 3-17 所示），并在荷载面积上取微元面积 $\mathrm{d}A=\rho\mathrm{d}\phi\mathrm{d}\rho$。以集中力 $p\mathrm{d}A$ 代替微元面积上的分布荷载，将 $R=(\rho^2+l^2+z^2-2l\rho\cos\varphi)^{1/2}$ 代入式（3-5），然后进行积分得

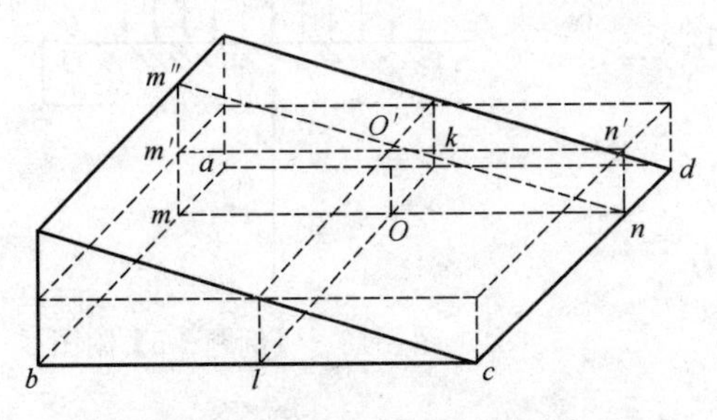

图 3-16 利用力的叠加原理确定矩形三角形荷载作用下的竖向附加应力

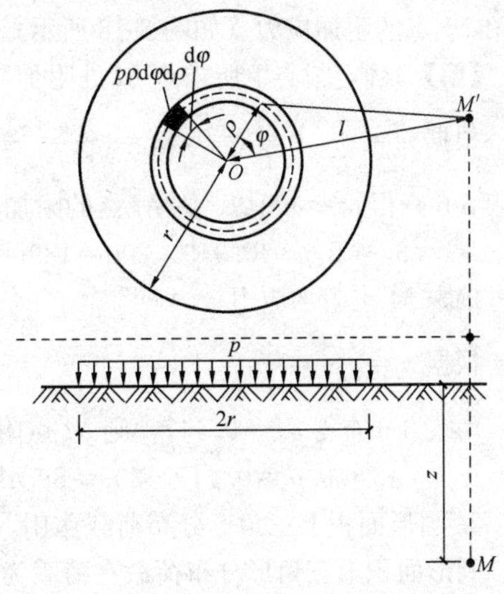

图 3-17 圆形均布荷载下地基附加应力

$$\sigma_z = \frac{3pz^3}{2\pi}\int_0^r\int_0^{2\pi}\frac{\rho \mathrm{d}\varphi \mathrm{d}\rho}{(\rho^2 + l^2 + z^2 - 2l\rho\cos\varphi)_{5/2}} \tag{3-24}$$

或

$$\sigma_z = \alpha_y p \tag{3-25}$$

式中　α_y——圆形均布荷载附加应力系数，其值根据 l/r 和 z/r 由表 3-6 查得；

r——圆面积的半径；

l——所求应力的点 M 在地面的投影 M' 至圆面积中心的距离；

z——所求应力的点的深度。

圆形均布荷载作用下土中附加应力系数 α_y　　表 3-6

z/r \ l/r	0.0	0.4	0.8	1.2	1.6	2.0
0.0	1.000	1.000	1.000	0.000	0.000	0.000
0.2	0.998	0.987	0.890	0.077	0.005	0.001
0.4	0.949	0.922	0.712	0.181	0.026	0.006
0.6	0.864	0.813	0.591	0.224	0.056	0.016
0.8	0.756	0.699	0.504	0.237	0.083	0.029
1.0	0.646	0.593	0.434	0.235	0.102	0.042
1.4	0.461	0.425	0.329	0.212	0.118	0.062
1.8	0.332	0.311	0.254	0.182	0.118	0.072
2.2	0.246	0.233	0.198	0.153	0.109	0.074
2.6	0.187	0.179	0.158	0.129	0.098	0.071
3.0	0.146	0.141	0.127	0.108	0.087	0.067
3.8	0.096	0.093	0.087	0.078	0.067	0.055
4.6	0.067	0.066	0.063	0.058	0.052	0.045
5.0	0.057	0.056	0.054	0.050	0.046	0.041
6.0	0.040	0.040	0.039	0.037	0.034	0.031

【例题 3-5】　设半径 $r=5\text{m}$ 的圆面积上，作用有均布荷载 $p=200\text{kN/m}^2$。试确定圆心和圆周下深度 $z=2\text{m}$ 处 M 和 M' 点的附加应力（如图 3-18 所示）。

【解】　确定圆心下所求点 M 处附加应力

根据 $n=\dfrac{l}{r}=\dfrac{0}{5}=0$，$m=\dfrac{z}{r}=\dfrac{2}{5}=0.4$

由表 3-6 查得 $\alpha_y=0.949$，则 M 点的附加应力

$$\sigma_z = \alpha_y p = 0.949\times 200 = 189.8\text{kN/m}^2$$

确定 M' 点附加应力

根据 $n=\dfrac{l}{r}=\dfrac{5}{5}=1$，$m=\dfrac{z}{r}=\dfrac{2}{5}=0.4$

由表 3-6 查得 $\alpha_y=0.447$，则 M' 点附加应力

$$\sigma_z = \alpha_y p = 0.447\times 200 = 89.4\text{kN/m}^2$$

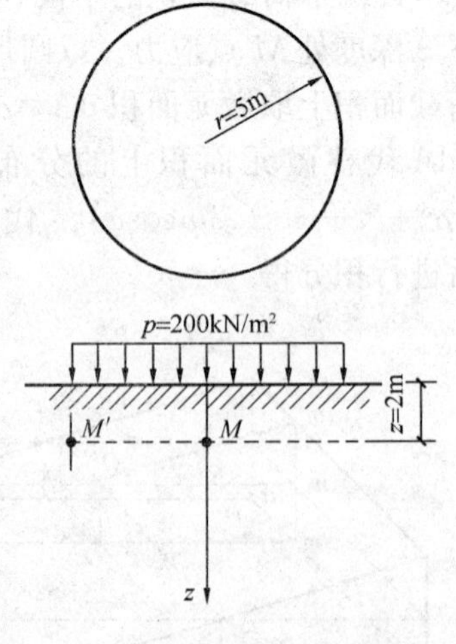

图 3-18　【例题 3-5】附图

2. 圆形面积上三角形分布荷载作用下的应力

圆形面积上三角形分布荷载在荷载为零的点 1（或荷载为最大值 p_s 点 2）下，任一深度 z 处 M 点的附加应力可按下式计算（如图 3-19 所示）：

$$\sigma_z = \alpha_y^s p \tag{3-26}$$

式中 α_y^s——圆形面积上三角形分布荷载附加应力系数，根据点位 1、2 和 $\frac{z}{r}$ 由表 3-7 查得。

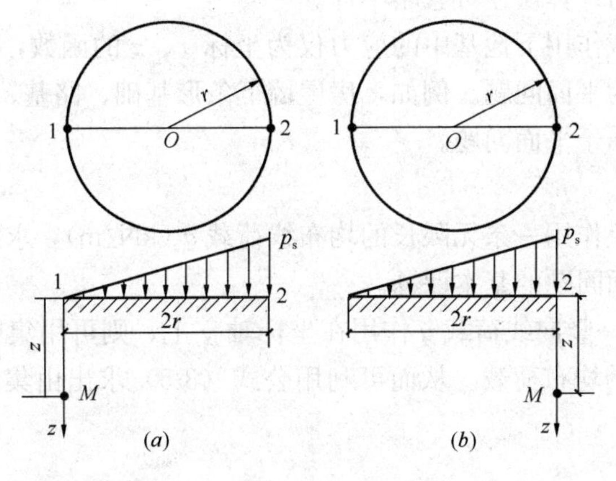

图 3-19 圆形面积上三角形分布荷载

圆形面积上三角形分布荷载附加压力系数 α_y^s **表 3-7**

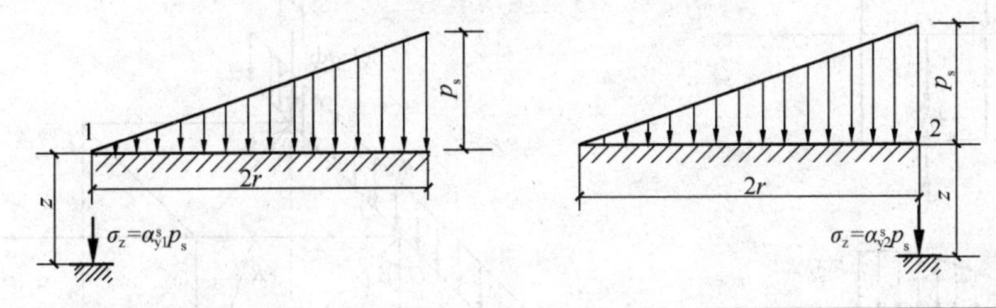

$\frac{z}{r}$	1点	2点	$\frac{z}{r}$	1点	2点	$\frac{z}{r}$	1点	2点
0.0	0.000	0.500	1.6	0.087	0.154	3.2	0.048	0.061
0.1	0.016	0.465	1.7	0.085	0.144	3.3	0.046	0.059
0.2	0.031	0.433	1.8	0.083	0.134	3.4	0.045	0.055
0.3	0.044	0.403	1.9	0.080	0.126	3.5	0.043	0.053
0.4	0.054	0.376	2.0	0.078	0.117	3.6	0.041	0.051
0.5	0.063	0.349	2.1	0.075	0.110	3.7	0.040	0.048
0.6	0.071	0.324	2.2	0.072	0.104	3.8	0.038	0.046
0.7	0.078	0.300	2.3	0.070	0.097	3.9	0.037	0.043
0.8	0.083	0.279	2.4	0.067	0.091	4.0	0.036	0.041
0.9	0.088	0.258	2.5	0.064	0.086	4.2	0.033	0.038
1.0	0.091	0.238	2.6	0.062	0.081	4.4	0.031	0.034
1.1	0.092	0.221	2.7	0.059	0.078	4.6	0.029	0.031
1.2	0.093	0.205	2.8	0.057	0.074	4.8	0.027	0.029
1.3	0.092	0.190	2.9	0.055	0.070	5.0	0.025	0.207
1.4	0.091	0.177	3.0	0.052	0.067			
1.5	0.089	0.165	3.1	0.050	0.064			

注：r——圆形面积的半径。

3.2.4 条形荷载下地基中的应力

理论上，条形荷载是指，承载面积的宽度为 b，长度为无限大，且荷载沿长度不变的荷载（如图 3-20 所示）。实际上，当承载面积的长度 $l \geqslant 10b$ 时，即可认为是条形荷载，由此而引起的地基应力计算误差可忽略不计。

显然，在条形荷载作用下地基中的应力仅为坐标 x、z 的函数，而与坐标 y 无关。这种问题，在工程上称为平面问题。例如，房屋墙下条形基础、路基、水坝等下面的地基中附加应力的计算，均属于平面问题。

1. 均布线荷载

在半无限体表面上作用一条无限长的均布线荷载 q（kN/m），求解地基中任意点 M 处的附加应力，这是平面问题的基本课题。

图 3-21 所示，设一竖向线荷载 q 作用在坐标轴 y 上，则可用集中荷载 $dQ = q dy$ 代替沿 y 轴上某微分段上的均布荷载。从而可利用公式（3-5）求出由集中力 dQ 在 M 点处引起的附加应力 $d\sigma_z$。

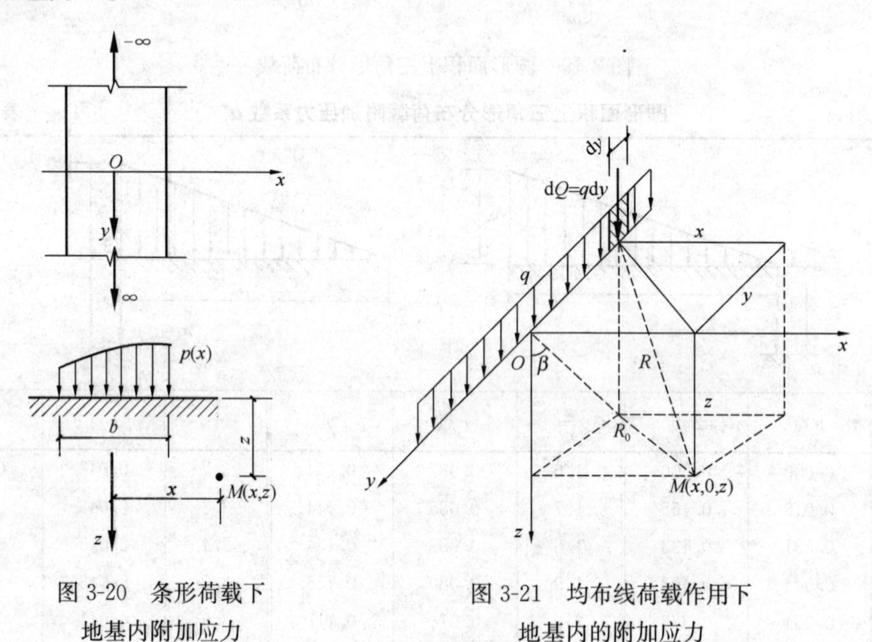

图 3-20　条形荷载下地基内附加应力

图 3-21　均布线荷载作用下地基内的附加应力

此时，若设 M 点位于与 y 轴垂直的 xOz 平面内，直线 OM 与 z 轴的夹角为 β，直线长为 $OM = R_0 = \sqrt{x^2 + z^2}$，则 $\cos\beta = \sqrt{\dfrac{z}{R_0}}$，于是运用下列积分可求得均布线荷载作用下地基中任意点 M 的竖向附加应力 σ_z

$$\sigma_z = \int_{-\infty}^{\infty} d\sigma_z = \int_{-\infty}^{\infty} \frac{3z^3 q dy}{2\pi R^5} = \frac{2qz^3}{\pi R_0^4} = \frac{2q}{\pi z}\cos^4\beta \tag{3-27a}$$

同理可得

$$\sigma_x = \frac{2qx^2 z}{\pi R_0^4} = \frac{2q}{\pi z}\cos^2\beta\sin^2\beta \tag{3-27b}$$

$$\tau_{xz} = \tau_{zx} = \frac{2qxz^2}{\pi R_0^4} = \frac{2q}{\pi z}\cos^3\beta\sin\beta \tag{3-27c}$$

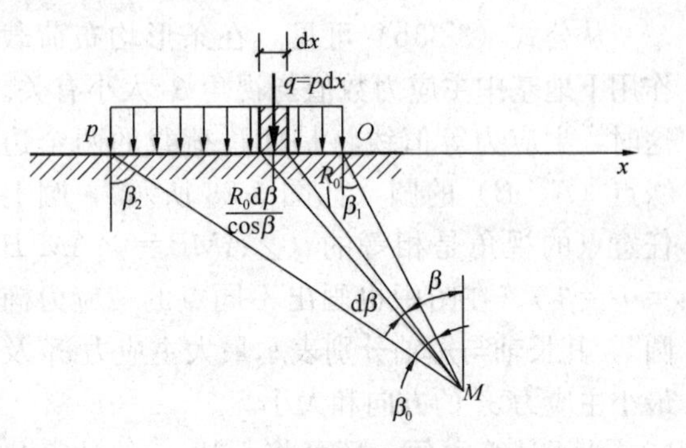

图 3-22　均布条形荷载作用下地基内的附加应力

由于均布线荷载沿坐标轴 y 均匀分布且无限延伸，因此与 y 轴垂直的任何平面上的应力状态都相同，此时

$$\tau_{xy} = \tau_{yx} = \tau_{yz} = \tau_{zy} = 0 \tag{3-27d}$$

$$\sigma_y = \mu(\sigma_x + \sigma_z) \tag{3-27e}$$

2. 均布条形荷载

设一竖向条形荷载沿宽度方向（图 3-22 中 x 轴方向）均匀分布，则均布条形荷载 p（kN/m^2）沿 x 轴上某点微分段 dx 上的荷载，可以用线荷载 q 代替，同时设该点与 M 点连线与竖线的夹角为 β，得：

$$q = p\mathrm{d}x = \frac{pR_0}{\cos\beta}\mathrm{d}\beta = \frac{pz}{\cos^2\beta}\mathrm{d}\beta \tag{3-28}$$

将公式（3-28）代入公式（3-27a）得微分段 dx 的荷载在 M 点引起的附加应力 $d\sigma_z$

$$\mathrm{d}\sigma_z = \frac{2q}{\pi z}\cos^4\beta = \frac{\frac{2pz}{\cos^2\beta}\mathrm{d}\beta}{\pi z}\cos^4\beta = \frac{2p}{\pi}\cos^2\beta\mathrm{d}\beta \tag{3-29}$$

将公式（3-29）在（β_1，β_2）范围内积分，即可求得条形均布荷载作用下地基中任意点 M 处附加应力的极坐标表达式

$$\sigma_z = \int_{\beta_1}^{\beta_2}\mathrm{d}\sigma_z = \frac{2p}{\pi}\int_{\beta_1}^{\beta_2}\cos^2\beta\mathrm{d}\beta = \frac{p}{\pi}\left[\sin\beta_2\cos\beta_2 - \sin\beta_1\cos\beta_1 + (\beta_2 - \beta_1)\right] \tag{3-30}$$

同理可得

$$\sigma_y = \frac{p}{\pi}\left[-\sin(\beta_2-\beta_1)\cos(\beta_2+\beta_1) + (\beta_2-\beta_1)\right] \tag{3-31}$$

$$\tau_{xz} = \tau_{zx} = \frac{p}{\pi}\left[\sin2\beta_2 - \sin2\beta_1\right] \tag{3-32}$$

以上各式中，当 M 点位于荷载分布宽度两端点竖直线之间时，β_1 取负值。

将公式（3-30）、公式（3-31）、公式（3-32）代入下列材料力学公式，可求得 M 点的最大主应力 σ_1 和最小主应力 σ_3：

$$\begin{aligned}\frac{\sigma_1}{\sigma_3} &= \frac{\sigma_x+\sigma_y}{2} \pm \sqrt{\left(\frac{\sigma_x+\sigma_y}{2}\right)+\tau_{xz}^2} \\ &= \frac{p}{\pi}\left[(\beta_2-\beta_1) \pm \sin(\beta_2-\beta_1)\right]\end{aligned} \tag{3-33a}$$

设 β_0 为 M 点与条形荷载两端连线的夹角（如图 3-22 所示），并称为视角，$\beta_0=\beta_2-\beta_1$，于是上式变为

$$\frac{\sigma_1}{\sigma_3} = \frac{p}{\pi} = (\beta_0 \pm \sin\beta_0) \tag{3-33b}$$

视角 β_0 的二等分线即为最大主应力 σ_1 的方向，与二等分线垂直的方向就是最小主应力 σ_3 的方向。

从公式（3-33b）可见，在条形均布荷载作用下地基中主应力数值与视角 β_0 大小有关。这时，主应力等值线将是通过荷载的两个边缘点（A、B）的圆（如图 3-23 所示），圆上任意点的视角是相等的（$\angle AMB=\angle AM'B=\cdots=\beta_0$）。在图中也画出不同点的“应力椭圆”，其长轴与短轴分别表示最大主应力 σ_1 及最小主应力 σ_3 的方向和大小。

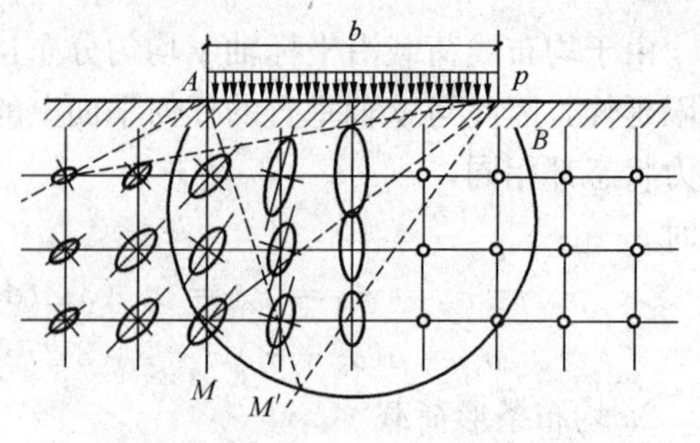

图 3-23　主应力等值线

为了计算方便，还可将上述 σ_z 的计算公式改用直角坐标表示，此时

$$\sigma_z=\frac{p}{\pi}\left[\arctan\frac{1-2n}{2m}+\arctan\frac{1+2n}{2m}-\frac{4m\,(4n^2-4m-1)}{(4n^2+4m^2-1)^2+16m^2}\right]=\alpha_t p \tag{3-34}$$

式中　n——计算点距荷载分布图形中轴线的距离 x 与荷载分布宽度 b 的比值，$n=\frac{x}{b}$；

m——计算点的深度 z 与荷载宽度 b 的比值，$m=\frac{z}{b}$；

α_t——条形均布荷载下的附加应力系数，查表 3-8。

条形均布荷载下附加应力系数 α_t 值　　**表 3-8**

z/b \ x/b	0.00	0.25	0.50	1.00	2.00
0.00	1.00	1.00	0.50	0	0
0.25	0.96	0.90	0.50	0.02	0.00
0.50	0.82	0.74	0.48	0.08	0.00
0.75	0.67	0.61	0.45	0.15	0.02
1.00	0.55	0.51	0.41	0.19	0.03
1.50	0.40	0.38	0.33	0.21	0.06
2.00	0.31	0.31	0.28	0.20	0.08
3.00	0.21	0.21	0.20	0.17	0.10
4.00	0.16	0.16	0.15	0.14	0.10
5.00	0.13	0.13	0.12	0.12	0.09

条形均布荷载下地基中的应力分布规律如图 3-24 所示。

3. 三角形分布条形荷载

当条形荷载沿承压面积宽度方向呈三角形分布而沿长度方向不变时（如图 3-25 所示），可按上述均布条形荷载的推导方法，解得地基中任意点 $M(x,z)$ 的附加应力计算公式为：

$$\sigma_z^s=\frac{p_t^s}{\pi}\left[n\left(\arctan\frac{n}{m}-\arctan\frac{n-1}{m}\right)-\frac{m(n-1)}{(n-1)^2+m^2}\right]=\alpha_t^s p_t^s \tag{3-35}$$

式中　n——从计算点到荷载强度零点的水平距离 x 与荷载宽度 b 的比，$n=\dfrac{x}{b}$；

m——计算点的深度 z 与荷载宽度 b 的比，$m=\dfrac{z}{b}$；

α_t^s——三角形分布荷载下的附加应力系数，查表 3-9。

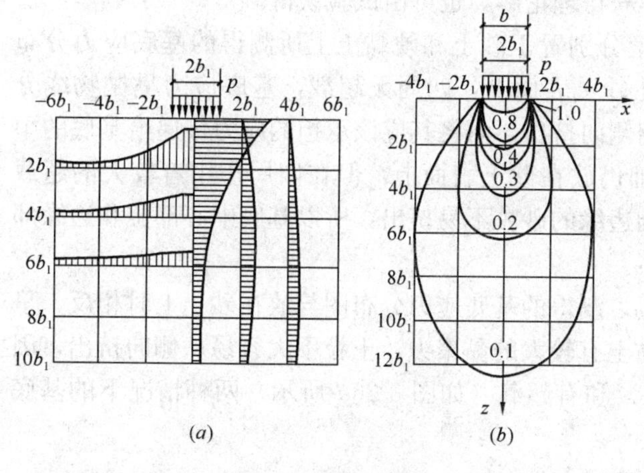

图 3-24　条形均布荷载下地基内应力分布等值线

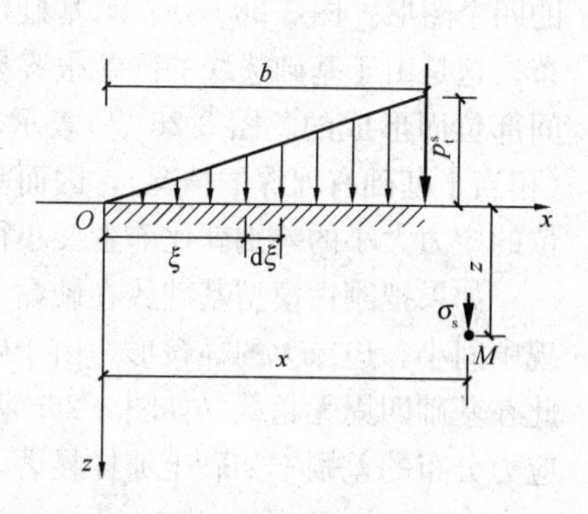

图 3-25　三角形分布条形荷载下地基内附加应力计算

三角形分布条形荷载附加应力系数 α_t^s　　**表 3-9**

$\frac{z}{b}$ \ $\frac{x}{b}$	−1.00	−0.50	0.00	0.50	1.00	1.50	2.00
0.00	0	0	0	0.500	0.500	0	0
0.25	0	0.001	0.075	0.480	0.424	0.015	0.003
0.50	0.003	0.023	0.127	0.410	0.353	0.056	0.017
0.75	0.016	0.042	0.153	0.335	0.293	0.108	0.024
1.00	0.025	0.061	0.159	0.275	0.241	0.129	0.045
1.50	0.048	0.096	0.145	0.200	0.185	0.124	0.062
2.00	0.061	0.092	0.127	0.155	0.153	0.108	0.069
3.00	0.064	0.080	0.096	0.104	0.104	0.090	0.071
4.00	0.060	0.067	0.075	0.085	0.075	0.073	0.060
5.00	0.052	0.057	0.059	0.063	0.065	0.061	0.051

3.3　基础埋置深度对附加应力的影响

在 3.2 节所叙述的地基内附加应力的计算方法，均为荷载作用在地面的情形，实际上，在工程计算中，所遇到的荷载多由建筑物基础传给地基，即大多数荷载都是作用在地面下某一深度处，这个深度就是基础埋置深度。这时，基础底面下地基内的附加应力的计算与前述方法有所不同。

在没有介绍基础埋置深度对附加应力的影响以前，首先叙述基础底面的压应力计算。

3.3.1 基础底面压应力的计算

建筑物荷载由基础传给地基，在接触面上存在着接触应力（简称基底应力）。

基底应力的分布规律可由弹性力学获得理论解，也可由试验获得。

图 3-26 是将一个圆形刚性基础模型分别置于砂土和硬黏土上所测得的基底应力分布的四个图形。图 3-26 (*a*)表示基础放在砂土表面上，四周无超载，基底应力呈抛物线分布。这是由于基础边缘的砂粒很容易朝侧向挤出，而将其应该承担的应力传递给基底的中间部位而形成的。图 3-26 (*b*)表示基础仍放在砂土表面上，但在四周作用着较大的超载（相当于基础有埋深的情况），因而基础边缘的砂粒不易挤出，所以基底中心部位和边缘部位的应力大小的差别就比前者要小得多。

如果把刚性模型基础放在硬黏土上，测得的基底应力分布图与放在砂土上时相反，呈现中间小、边缘大的马鞍形。由于硬黏土有较大的黏聚力，土粒不大容易从侧向挤出，因此在基础四周无超载（如图 3-26*c* 所示）和有超载（如图 3-26*d* 所示）两种情况下的基底应力分布的差别不如砂土那样显著。

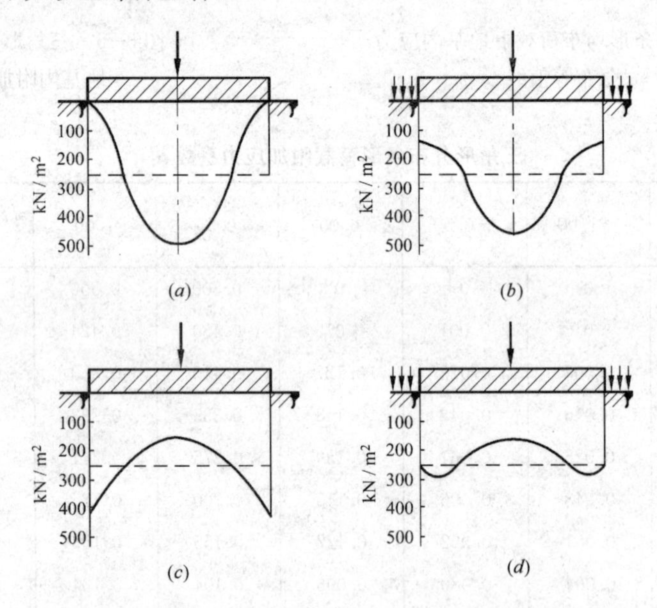

图 3-26 圆形刚性基础模型底面反力分布图

(*a*) 在砂土上（无超载）；(*b*) 在砂土上（有超载）；
(*c*) 在硬黏土上（无超载）；(*d*) 在硬黏土上（有超载）

从以上试验可知，基底应力的大小和分布与地基土的种类、外部荷载、基础刚度、底面形状、基础埋深等许多因素有关。在计算时，如果完全考虑这些因素是十分复杂的。对于工业与民用建筑，当基底尺寸较小时（如柱下单独基础，墙下条形基础等），一般基底应力可近似地按直线分布的图形计算，即可按下述材料力学公式进行计算。

1. 中心受压基础

在这种情况下，基础底面应力呈均匀分布（如图 3-27 所示），其值按下式计算：

$$p=\frac{Q}{lb}=\frac{F+G}{lb} \tag{3-36}$$

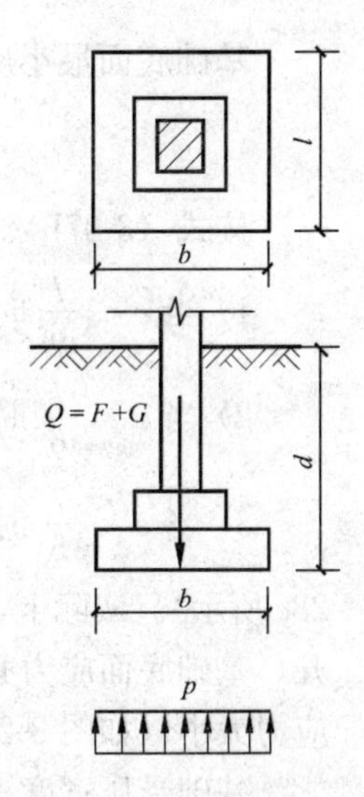

图 3-27　中心受压基础

式中　p——基础底面应力（kN/m^2）；

F——上部结构荷载值（kN）；

G——基础自重和基础台阶上回填土重，可近似取 $G=lbd\bar{\gamma}$；

$\bar{\gamma}$——基础材料和回填土平均重度，一般取 $=20kN/m^3$；

l、b——分别为基础底面长边和短边（m）；

d——基础埋置深度（m）。

2. 偏心受压基础

（1）单向偏心受压基础

设荷载 Q 的作用线与基础中心线的距离为 e，距离 e 称为荷载的偏心距（如图 3-28 所示）。在这种情况下，基础底面的应力按下列公式计算：

基础底面最大应力

$$p_{\max}=\frac{F+G}{lb}\left(1+\frac{6e}{l}\right) \tag{3-37a}$$

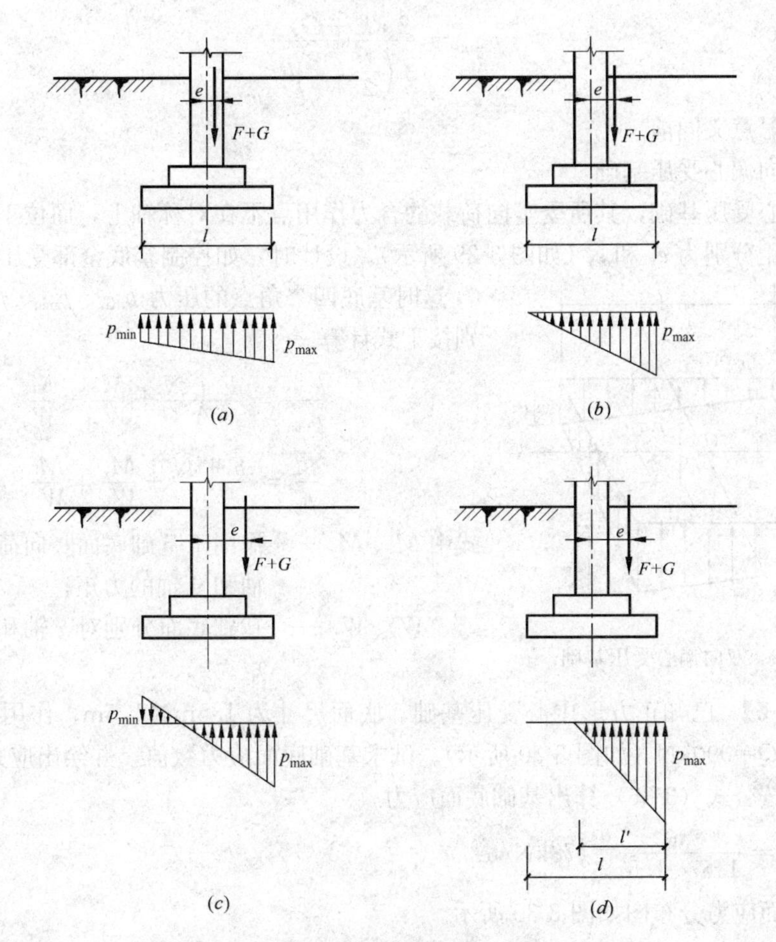

图 3-28　单向偏心受压基础

基础底面最小应力

$$p_{\min}=\frac{F+G}{lb}\left(1-\frac{6e}{l}\right) \tag{3-37b}$$

按式（3-37b）计算，基础底面应力分布有下列三种情况：

1）当 $e<\frac{l}{6}$ 时，$p_{\min}$为正值，表示基础底面应力按梯形分布（如图 3-28*a* 所示）；

2）当 $e=\frac{l}{6}$ 时，$p_{\min}=0$，表示基础底面应力按三角形分布（如图 3-28*b* 所示）；

3）当 $e>\frac{l}{6}$ 时，$p_{\min}$为负值，表示基础底面与地基之间一部分出现拉应力（如图 3-28*c* 所示）。实际上，它们之间并不能传递拉应力。因而，基础底面与地基之间将局部脱开，基础底面应力必然重新分布。这时，可根据力的平衡原理确定基础底面的受压宽度和应力大小（如图 3-28*d* 所示）。

基础受压宽度

$$l'=3\left(\frac{l}{2}-e\right) \tag{3-38a}$$

基础底面最大应力

$$p_{\max}=\frac{2(F+G)}{3\left(\frac{l}{2}-e\right)b} \tag{3-38b}$$

式中符号意义同前。

（2）双向偏心受压基础

双向偏心受压基础，其所受竖向荷载的合力作用点不在对称轴上，而位于基底其他位置，其偏心距分别为 e_x 和 e_y（如图 3-29 所示）。设计时，如控制基底全部受压，即 $p_{\min}\geqslant 0$，这时基底四个角点的压力 $p_{\max}$、$p_{\min}$、p_1 和 p_2 可分别按下式计算：

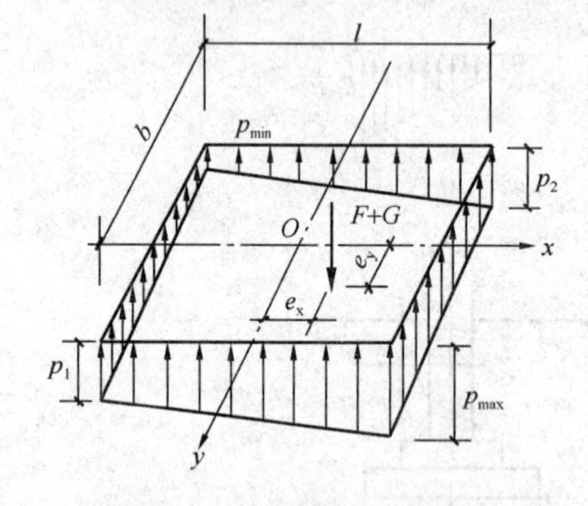

图 3-29　双向偏心受压基础

$$\begin{matrix}p_{\max}\\p_{\min}\end{matrix}=\frac{F+N}{A}\pm\frac{M_x}{W_x}\pm\frac{M_y}{W_y} \tag{3-39a}$$

$$\begin{matrix}p_1\\p_2\end{matrix}=\frac{F+N}{A}\pm\frac{M_x}{W_x}\mp\frac{M_y}{W_y} \tag{3-39b}$$

式中 M_x、M_y ——作用于基础底面竖向荷载分别对 x 轴和 y 轴的力矩；

W_x、W_y ——基础底面分别对 x 轴和 y 轴的抵抗矩。

【例题 3-6】 已知正方形中心受压基础，底面尺寸为 1.5m×1.5m，作用在基础底面的竖向荷载 $Q=390$kN（如图 3-30 所示）。试求基础底面应力数值，并绘出应力分布图。

【解】 按公式（3-36）算出基础底面应力

$$p=\frac{Q}{lb}=\frac{390}{1.5\times1.5}=173\text{kN/m}^2$$

基础底面应力分布图如图 3-30 所示。

【例题 3-7】 柱基础底面尺寸为 1.2m×1.0m，作用在基础底面的偏心荷载 $F+G=$

150kN（如图 3-31a 所示）。如偏心距分别为 0.1m、0.2m 和 0.3m，试确定基础底面应力数值，并绘出应力分布图。

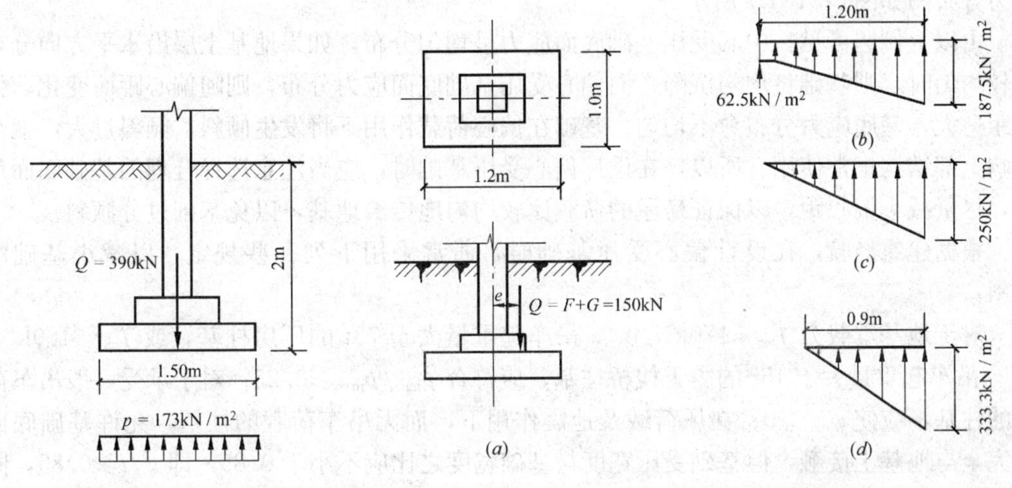

图 3-30 【例题 3-6】附图　　　　图 3-31 【例题 3-7】附图

【解】 （1）当偏心距 $e=0.1\text{m}$ 时，因为 $e=0.1\text{m}<\dfrac{l}{6}=\dfrac{1.2}{6}=0.2\text{m}$，故最大和最小应力可分别按式（3-37a）和公式（3-37b）计算：

$$p_{\max}\frac{F+G}{lb}\left(1+\frac{6e}{l}\right)=\frac{150}{1.2\times1.0}\left(1+\frac{6\times0.1}{1.2}\right)=187.5\ \text{kN/m}^2$$

基础底面最小应力

$$p_{\min}=\frac{F+G}{lb}\left(1-\frac{6e}{l}\right)=\frac{150}{1.2\times1.0}\left(1-\frac{6\times0.1}{1.2}\right)=62.5\ \text{kN/m}^2$$

应力分布图如图 3-31（b）所示。

（2）当偏心距 $e=0.2\text{m}$ 时，

因为 $e=0.2m=\dfrac{l}{6}=0.2\text{m}$，所以基础底面最大和最小应力仍可按公式（3-37a）和公式（3-37b）计算

$$p_{\max}=\frac{F+G}{lb}\left(1+\frac{6e}{l}\right)=\frac{150}{1.2\times1.0}\left(1+\frac{6\times0.2}{1.2}\right)=250\ \text{kN/m}^2$$

$$p_{\min}=\frac{F+G}{lb}\left(1-\frac{6e}{l}\right)=\frac{150}{1.2\times1.0}\left(1-\frac{6\times0.2}{1.2}\right)=0\ \text{kN/m}^2$$

应力分布图如图 3-31（c）所示。

（3）当偏心距 $e=0.3\text{m}$ 时，因为 $e=0.3\text{m}>\dfrac{l}{6}=0.2\text{m}$，故基底应力需按公式（3-38b）计算

$$p_{\max}=\frac{2\ (F+G)}{3\left(\dfrac{l}{2}-e\right)b}=\frac{2\times150}{3\left(\dfrac{1.2}{2}-0.3\right)\times1.0}=333.3\text{kN/m}^2$$

基础受压宽度按公式（3-38a）计算

$$l' = 3\left(\frac{l}{2} - e\right) = 3\left(\frac{1.2}{2} - 0.3\right) = 0.9\text{m}$$

应力分布图如图 3-31（d）所示。

由以上例题可见，中心受压基础底面应力呈均匀分布，如果地基土层沿水平方向分布比较均匀时，则基础将均匀沉降；而偏心受压基础底面应力分布，则随偏心距而变化，偏心距愈大，基底应力分布愈不均匀。基础在偏心荷载作用下将发生倾斜，倾斜过大，就会影响上部结构正常使用。所以，在设计偏心受压基础时，应当注意选择合理的基础底面尺寸，尽量减小偏心距，以保证房屋的荷载比较均匀地传给地基，以免基础过分倾斜。

根据建筑经验，在设计偏心受压基础时，通常采用下列一些规定，以减小基础的倾斜：

对于地基承载力 $f_{ak} \leqslant 170\text{kN/m}^2$，吊车起重量大于 75t 的厂房柱基，或 $f_{ak} < 100\text{kN/m}^2$，吊车起重量大于 15t 的露天栈桥柱基，应符合 $p_{min}/p_{max} \geqslant 0.25$；对于承受一般吊车荷载的柱基，应使 $p_{min} > 0$；在风荷载及地震作用下，而无吊车荷载的柱基，允许基础底面不完全与地基土接触，但基础受压宽度与基础宽度之比应不小于 0.85，即 $l'/l \geqslant 0.85$，同时尚需验算基础底板受拉一边在底板自重及其上回填土重作用下的承载力。

3.3.2 基础底面附加应力的计算

在建造房屋以前，基础底面标高处就已受到土的自重应力的作用。设基础埋置深度为 d，在其范围内土的重度（即重力密度）为 γ，则基底处土的自重应力为 γd。当挖好基槽后，就相当在槽底卸除荷载 γd（如图 3-32a 所示）。如地基土是理想的弹性体，则卸除荷载后，槽底必定产生向上的回弹变形。实际上，地基土并不是理想的弹性体，卸除荷载 γd 后，不会立刻产生回弹变形，而是逐渐回弹的。回弹变形大小、速度与土的性质、基槽深度与宽度以及开挖基槽后至砌筑基础前所经历的时间有关。在一般情况下，为了简化计算，通常假设基槽开挖后，槽底不产生回弹变形。因此，对于中心受压基础，由于建筑物荷载在基础底面所引起的附加应力 p_0，即引起地基变形的应力（新增加的应力）（如图 3-32c 所示）应按下式计算：

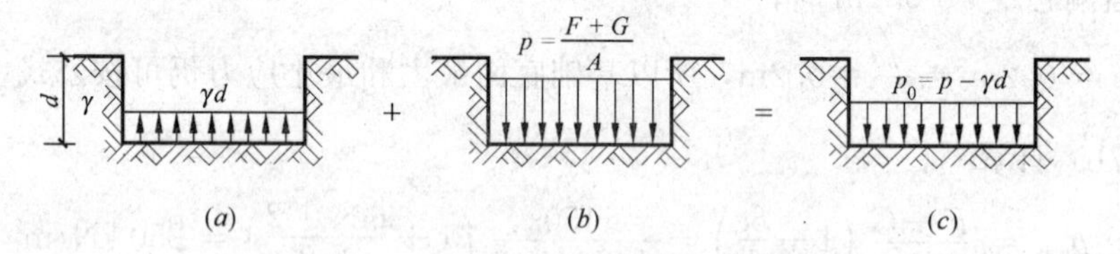

图 3-32　基础底面附加应力的计算

（a）挖槽卸载；（b）建造房屋后基底总压力；（c）基底新增加的压力

$$p_0 = p - \gamma d \tag{3-40}$$

式中　p——基础底面总压应力（如图 3-32b 所示）；

γ——基础埋深范围内土的重度；

d——基础埋置深度。

如要计算基础底面下任一点的附加应力时，应将式（3-17）、式（3-19）、（3-25）和式（3-34）中的 p 以 $p_0 = (p - \gamma d)$ 代替，即：

（1）矩形均布荷载中心点下任一深度处附加应力公式变成：

$$\sigma_z = \alpha_0 \ (p - \gamma d) \tag{3-41}$$

（2）矩形均布荷载角点下任一深度处附加应力公式变成：

$$\sigma_z = \frac{1}{4}\alpha_0 \ (p - \gamma d) \tag{3-42}$$

（3）圆形均布荷载角点下任一深度处附加应力公式变成：

$$\sigma_z = \alpha_y \ (p - \gamma d) \tag{3-43}$$

（4）条形均布荷载角点下任一深度处附加应力公式变成：

$$\sigma_z = \alpha_s \ (p - \gamma d) \tag{3-44}$$

对于矩形、圆形和条形承载面积上的三角形荷载下的附加应力计算公式也应作相应的改变。

【例题 3-8】 中心受压基础底面尺寸 lb=1.5m×1.5m，基础埋置深度 d=2m，作用在基础上总的荷载 $F+G$=390kN，其他数据见图 3-33。试求基础底面处及中心点下 1.5m、3m、4.5m 和 6m 处的附加应力和土的自重应力，并绘出它们的应力分布曲线。

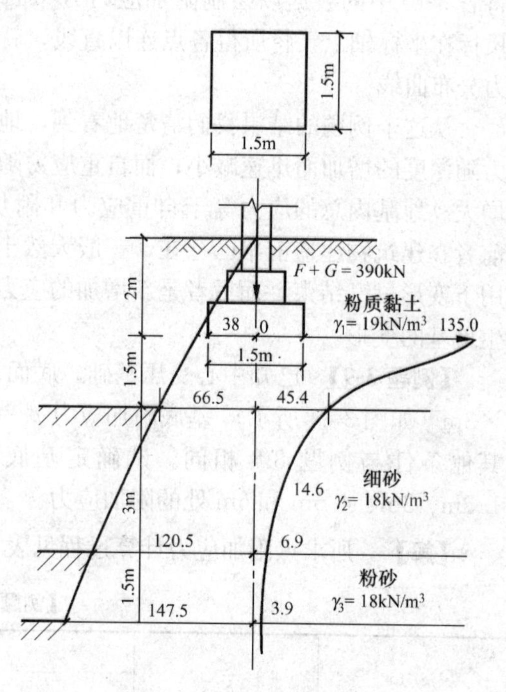

图 3-33 【例题 3-8】附图

【解】 （1）求基础底面处附加应力

$$p_0 = p - \gamma d = \frac{390}{1.5 \times 1.5} - 19 \times 2 = 135\text{kN/m}^2$$

（2）求距基底中心点下指定深度处的附加应力并绘制附加应力分布曲线

这些点的附加应力计算过程见表 3-10。

【例题 3-8】附表 **表 3-10**

z/m	$\frac{z}{b}$	$\frac{l}{b}$	α_0	$\sigma_z=\alpha_0 p_0$ /kN/m²	$\sigma_{cz}=\sum_{i=1}^{n}\gamma_i h_i$ /kN/m²
0	0	1	1.000	135.0	38.0
1.5	1	1	0.336	45.4	66.5
3.0	2	1	0.108	14.6	—
4.5	3	1	0.051	6.9	120.5
6.0	4		0.029	3.9	147.5

为了绘制附加应力分布曲线，取基础底面中心点作原点，绘直角坐标系。横坐标轴（向右）表示附加应力，纵坐标轴（向下）表示深度，将表 3-10 中的数据以一定的比尺标在坐标轴上，然后将所得各点连成曲线，就得到附加应力分布曲线。

（3）求自重应力和绘制自重应力分布曲线

自重应力计算结果见表 3-10。为了绘制自重应力分布曲线，取基础轴线与地面的交点为原点，横坐标轴（向左）表示自重应力，纵坐标轴（向下）表示深度，将表 3-10 中的数据以绘制附加应力分布曲线相同的比尺标在坐标轴上，将所得各点连以直线，就得到自重应力分布曲线。

从这个例题的结果我们清楚地看到，地基内附加应力随深度的增加而迅速减小；而自重应力随深度增加而增大。地基内总的应力等于自重应力和附加应力之和，前者在建筑物建造前早已存在，一般天然土层在自重作用下变形早已结束，而后者是新增加的应力，故它将产生地基的变形。

【例题 3-9】 已知中心受压基础，底面尺寸 $lb=3\text{m}\times3\text{m}$（如图 3-34 所示），基底附加应力 $p_0=135\text{kN/m}^2$，其他条件与例题 3-8 相同。试确定基底中点下 $z=1.5\text{m}$、3m、4.5m 和 6m 处的附加应力。

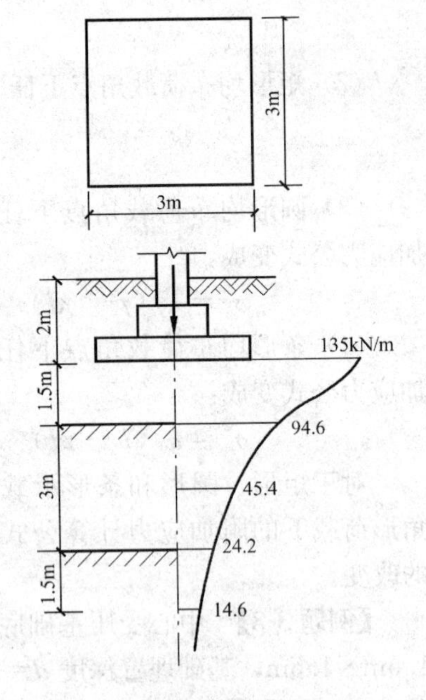

图 3-34 【例题 3-9】附图

【解】 所求点附加应力计算过程见表 3-11。

【例题 3-9】附表 **表 3-11**

z/m	$\frac{z}{b}$	$\frac{l}{b}$	α_0	$\sigma_z=\alpha_0 p_0$ /kN/m²
0	0	1	1.000	135.0
1.5	0.5	1	0.701	94.6
3.0	1.0	1	0.336	45.4
4.5	1.5	1	0.179	24.2
6.0	2.0		0.108	14.6

比较例题 3-8 和例题 3-9 可见，在其他条件相同情况下，基础底面尺寸大的基础附加应力比尺寸小的收敛得慢，例如，例题 3-9 基础底面下 $z=6\text{m}$ 处的附加应为 $p_z=14.6\text{kN/m}^2$，而例题 3-8 的基础在同一点的附加应力 $p_z=3.9\text{kN/m}^2$。前者为后者的 3.74 倍。可以预见，在基底附加应力相同的条件下，基础底面尺寸大的基础比小的基础沉降大。这是在基础设计中应当注意的问题。

小　结

1. 地基中的应力按其产生的原因不同，分为自重应力和附加应力。在工程中土的自重应力和附加应力也分别称为土的自重压力和附加压力。由土的自重在地基内所产生的应力称为自重应力；由建筑物的荷载或其他外载（如车辆、堆放在地面的材料重量等）在地基内所产生的应力称为附加应力。

2. 设地基中有 n 层土，则第 n 层土中任一点处土的自重应力公式可按下式计算：

$$\sigma_{cn} = \gamma_1 h_1 + \gamma_2 h_2 + \cdots + \gamma_n h_n = \sum^{n} \gamma_i h_i$$

3. 地面作用有矩形均布竖向荷载，荷载面积中心点下任意深度处的附加应力可按中心点公式计算；荷载面积角点下任意深度处的附加应力可按角点公式计算。若求矩形均布竖向荷载下地基内任一点的附加应力，则按角点公式并利用叠加原理计算。

4. 由试验可知，基底应力的大小和分布与地基土的种类、外部荷载、基础刚度、底面形状、基础埋深等许多因素有关。在计算时，如果完全考虑这些因素是十分复杂的。对于工业与民用建筑，当基底尺寸较小时（如柱下单独基础，墙下条形基础等），一般基底应力可近似地按直线分布计算。

5. 考虑基础埋深影响，轴心荷载作用下基底附加应力一般按下式计算

$$p_0 = p - \gamma d$$

而矩形均布荷载角点下地基内任一深度处附加应力按下式计算：

$$\sigma_z = \frac{1}{4}\alpha_0 \,(p - \gamma d)$$

思 考 题

3-1 什么是土的自重应力和附加应力？它们的分布特点是什么？

3-2 为什么要特别给出矩形角点下的附加应力公式？怎样计算矩形均布荷载作用下地基内任一点的附加应力？

3-3 怎样确定基底应力？写出偏心受压基础底面的应力公式，并说明它的适用条件。

3-4 怎样确定基底附加应力？为什么要这样确定？

3-5 甲、乙两个基础，基底附加应力相同，若甲基础底面尺寸大于乙基础，那么在同一深度处两者的附加应力有何不同？

3-6 地下水位上升对土的自重应力有何影响？

计 算 题

3-1 在地面作用一集中荷载 Q=100kN，试确定：

1）在地基中 z=1.5m 的水平面上，水平距离 r=1 m、2m、3m 和 4m 处各点的竖向附加应力 σ_z 值，并绘出分布图；

2）在地基中 r=0 的竖直线上距地面 z=0 m、1 m、2m、3m 和 4m 处各点的 σ_z 值，并绘出分布图；

3）取 σ_z=15kN/m^2、10kN/m^2、4kN/m^2 和 1kN/m^2，反算在地基中 z=2m 的水平面上的 r 值和在 r=0 的竖直线上的 z 值，并绘出相应于该四个应力值的 σ_z 等值线图。

3-2 在地面作用矩形均布荷载 p=200kN/m^2，承载面积 lb=3m×2m。试求：

1）承载面积中心点下 z=2m 深处的附加应力 σ_{z0}；

2）角点下 z=4m 深处的附加应力 σ_{zc}。

3-3 中心受压基础底面尺寸 lb=2.8m×2.8m，基础埋置深度 d=2.0m，作用在基础上总的荷载 Q=F+G=450kN，其他数据见图 3-35。试求基础底面处及中心点下 1.5m、3m、4.5m 和 6m 处的附加应力和土的自重应力。

并绘出它们的应力分布曲线。

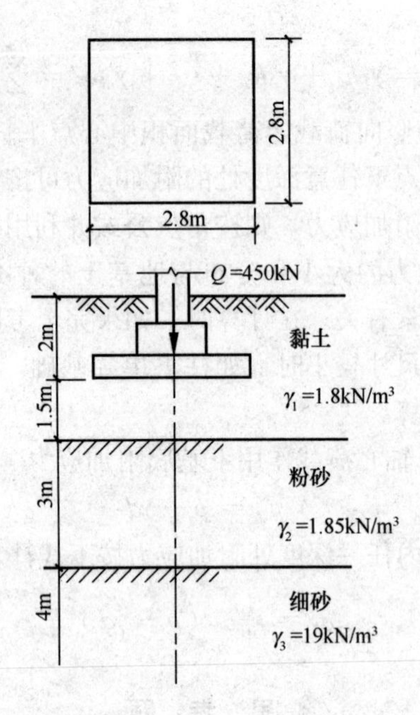

图 3-35　计算题 3-3附图

第 4 章　地基变形的计算

4.1 土的压缩性

4.1.1 基本概念

地基在荷载作用下，土层将产生压缩变形，使建筑物产生沉降。土在压力作用下体积减小的特性称为土的压缩性。试验研究表明，在一般压力 100～600kN/m^2 作用下，土颗粒和水的压缩很小，可以忽略不计，所以，土的压缩可看作是由于孔隙中水和空气被挤出而引起的。土的压缩随时间而增长的过程称为土的固结。

在荷载作用下，透水性大的无黏性土的压缩过程在很短时间内就可完成，而透水性小的黏性土的压缩过程需要很长时间才能完成。一般认为，砂土的压缩在施工期间基本完成；高压缩性黏性土的压缩在施工期间只完成最后沉降量的 5%～20%。

研究土的固结理论对于房屋和构筑物设计时预留它们的有关部分之间的净空、考虑连接方法及施工顺序等，都是十分重要的。

4.1.2 压缩试验和压缩曲线

土的孔隙比与压力的关系可由侧限压缩试验确定。压缩试验就是用环刀切取原状土样，放在压缩仪（也称为固结仪）（如图 4-1 所示）内，然后逐级施加竖直压力 p，并用百分表测量相应稳定压缩量 S，再经过换算，即可求得相应的孔隙比：

$$e = e_0 - \frac{S}{h_0}(1 + e_0) \tag{4-1}$$

现将式（4-1）推证如下：

设 h_0 为土样初始高度，h 为土样受压后的高度，S 为压力 p 作用下土样压缩稳定后的压缩量，则 $h = h_0 - S$（如图 4-2 所示）。

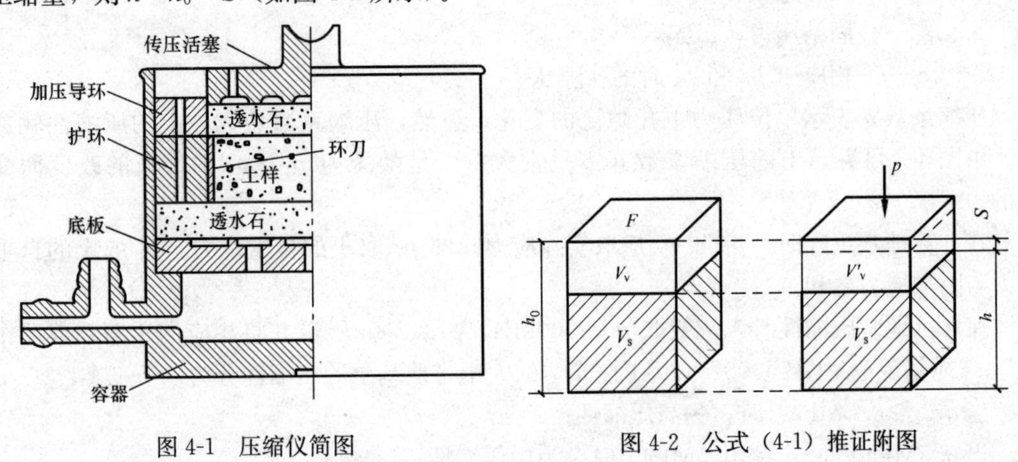

图 4-1　压缩仪简图

图 4-2　公式（4-1）推证附图

根据土的孔隙比的定义，初始孔隙比为

$$e_0 = \frac{V_v}{V_s} = \frac{V - V_s}{V_s} = \frac{V}{V_s} - 1$$

设土样的横断面积为 A，于是 $V = h_0A$，把它代入上式，经简单变换后，得

$$V_s = \frac{h_0A}{1+e_0} \tag{a}$$

用某级压力 p 作用下的孔隙比 e 和稳定压缩量 S 表示土粒体积

$$V_s = \frac{h_0A}{1+e_0} = \frac{(h_0-S)A}{1+e} \tag{b}$$

因为土样受压前后土粒体积和横断面面积不变，故式（a）与（b）式相等，即

$$\frac{h_0}{1+e_0} = \frac{h_0-S}{1+e} \tag{c}$$

由式（c）就可求得式（4-1）。

式中 $e_0 = \frac{d_s\gamma_w(1+w_0)}{\gamma_0}$，其中 d_s、w_0 和 γ_w 分别为土颗粒比重、土样的初始含水量和初始重度。这样，只要测出土样在各级压力 p 作用下的稳定压缩量 S 后，即可按式（4-1）算出相应的孔隙比 e，从而就可绘出压力和孔隙比关系曲线，即压缩曲线（如图 4-3 所示）。

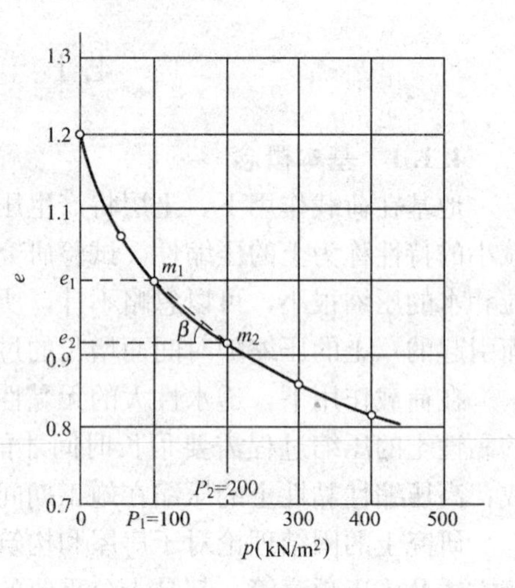

图 4-3　压缩曲线

4.1.3　压缩系数和压缩模量

从压缩曲线可以看出，孔隙比 e 随压力 p 增大而减小。当压力变化范围不大时，曲线段可以近似地以直线 m_1m_2 表示。

令

$$a = \tan\beta = 1000\frac{e_1 - e_2}{p_2 - p_1} \tag{4-2}$$

式中　1000——单位换算系数；

a——压缩系数，MPa^{-1}；

p_1、p_2——固结压力，kPa；

e_1、e_2——相应于 p_1 和 p_2 时的孔隙比。

压缩系数 a 表示单位压力下孔隙比的变化。显然，压缩系数愈大，土的压缩性就愈大。由图 4-3 可见，土的压缩系数并不是常数，而是随压力 p_1、p_2 的数值的改变而变化的。

在计算地基沉降时，p_1 和 p_2 应取实际应力，即 p_1 取土的自重应力，p_2 取土的自重应力与附加应力之和。

在评价地基压缩性时，一般取 $p_1 = 100$kPa，$p_2 = 200$kPa，并将相应的压缩系数记作 a_{1-2}。《地基规范》GB 50007—2011 按 a_{1-2} 的大小将地基土的压缩性分为以下三类：

当 $a_{1-2} \geqslant 0.5MPa^{-1}$ 时，为高压缩性；

当 $0.5MPa^{-1} > a_{1-2} \geqslant 0.1MPa^{-1}$ 时，为中压缩性；

当 $a_{1-2} < 0.1MPa^{-1}$ 时，为低压缩性。

除了采用压缩系数 a_{1-2} 作为土的压缩性指标外，在工程上，还采用压缩模量作为土的压缩性指标。

在压缩仪内完全侧限条件下，土的应力变化量 Δp 与其应变的变化量 $\Delta\varepsilon$ 的比，称为压缩模量，用 E_s 表示。即

$$E_s=\frac{\Delta p}{\Delta\varepsilon} \tag{4-3a}$$

土的压缩模量 E_s 可按下式计算

$$E_s=\frac{1+e_1}{a} \tag{4-3b}$$

式中 e_1——地基土自重应力下的孔隙比；

a——从土的自重应力至土的自重附加应力段的压缩系数。

为了便于应用，在确定 E_s 时，压力段也可按表 4-1 数值采用。

确定 E_s 的压力区段（kPa） **表 4-1**

土的自重应力＋附加应力	＜100	100～200	＞200
应力区段	50～100	100～200	200～300

现将公式（4-3b）推证如下：

设在压力 p_1 时土样的高度为 h_1，孔隙比为 e_1，总体积为 V_1。

显然，

$$V_1=V_s+V_{v1} \tag{a}$$

$$V_{v1}=e_1V_s \tag{b}$$

将式（b）代入（a）得

$$V_1=V_s+e_1V_s=(1+e_1)V_s$$

或

$$V_s=\frac{1}{1+e_1}V_1 \tag{c}$$

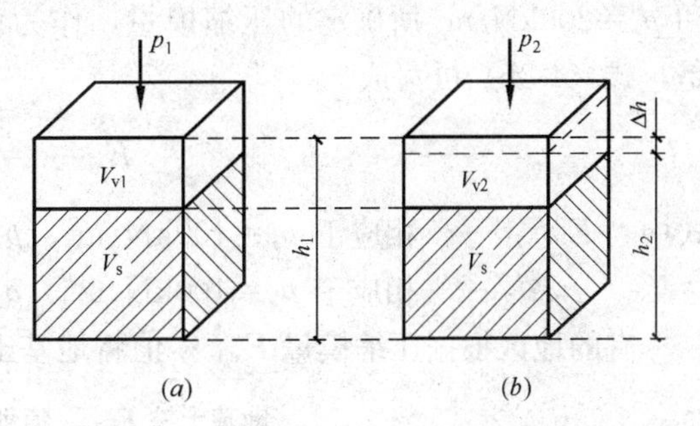

图 4-4 E_s 和 a 这间关系式推证附图

在压力 p_1 时土的孔隙体积可写成

$$V_{v1}=V_1-V_s=V_1-\frac{1}{1+e_1}V_1=\frac{e_1}{1+e_1}V_1 \tag{d}$$

当压力从 p_1 增至 p_2 时，土样孔隙比由原来 e_1 减小到 e_2，相应的土样高度由 h_1 减小到 h_2，土样体积由 V_1 减小到 V_2（如图 4-4b 所示）。于是

$$V_s=\frac{1}{1+e_2}V_2 \tag{e}$$

$$V_{v2}=\frac{e_2}{1+e_2}V_2 \tag{f}$$

因为压力由 p_1 增至 p_2，土样颗粒体积不变，故式（c）与式（e）相等，即

$$\frac{1}{1+e_1}V_1=\frac{1}{1+e_2}V_2$$

设 A 为压缩仪中土样横断面面积，由于土样无侧向变形，即 A 受压前后不变，故上式可写成

$$\frac{1}{1+e_1}Ah_1=\frac{1}{1+e_2}Ah_2$$

经整理后得

$$h_2 = \frac{1+e_2}{1+e_1}h_1 \tag{g}$$

压力由 p_1 增加到 p_2 时土样的压缩量

$$\Delta h = h_1 - h_2 \tag{h}$$

将式（g）代入式（h），经化简后，得

$$\Delta h = \frac{e_1 - e_2}{1+e_1}h_1$$

土样应变变化量

$$\Delta \varepsilon = \frac{\Delta h}{h_1} = \frac{e_1 - e_2}{1+e_1} \tag{4-4}$$

根据压缩模量定义

$$E_s = \frac{\Delta p}{\Delta \varepsilon} = \frac{p_2 - p_1}{\dfrac{e_1 - e_2}{1+e_1}} = \frac{1+e_1}{\dfrac{e_1 - e_2}{p_2 - p_1}} = \frac{1+e_1}{a}$$

压缩模量 E_s 也是土的压缩性指标，它与压缩系数相反，E_s 值愈大说明土的压缩性愈小，E_s 值愈小说明土的压缩性愈大。为了比较土的压缩性，工程上采用 $p_1=100\text{kN/m}^2$ 和 $p_2=200\text{kN/m}^2$ 所确定的压缩模量，作为评定土的压缩性指标。并用 $E_{s(1-2)}$ 表示。于是，式（4-3b）可写成

$$E_{s(1-2)} = \frac{1+e_1}{a_{1-2}}$$

式中　$E_{s(1-2)}$ ——相应于 $p_1=100\text{kN/m}^2$、$p_2=200\text{kN/m}^2$ 时土的压缩模量（MPa）；

a_{1-2} ——相应于 $p_1=100\text{kN/m}^2$、$p_2=200\text{kN/m}^2$ 时土的压缩系数。

有的地区根据压缩模量 $E_{s(1-2)}$ 值将地基土的压缩性按表 4-2 分为六级。

地基土按 $E_{s(1-2)}$ 值划分压缩等级的规定　　**表 4-2**

$E_{s(1-2)}$/(MPa)	压缩性等级	$E_{s(1-2)}$/(MPa)	压缩性等级
<2	特高	7.6～11.0	中
2～4	高	11.1～15.0	中低
4.1～7.5	中高	>15.0	低

4.1.4　土的回弹曲线和再压缩曲线

在室内土的压缩试验中，若加压至某一压力 p_i（图 4-5 的 b 点）后不再加压而逐级卸压，则土样将产生回弹变形。根据所求得的各级卸压下的稳定孔隙比，便可绘出土的卸压与相应孔隙比的关系曲线，即回弹曲线（图 4-5 的 bc 曲线）。由于土样并非理想的弹性材料，故压力全部卸除后土样不能回到相当于初始孔隙比 e_0 的 a 点，而是回到 c 点，ac 表示产生的塑性变形（残余变形）。若重新再逐级加压，则可求出各级压力下的孔隙比，于是，就可绘出再压缩曲线，如图 4-5 的 cdf 所示。由图中可见，其中 df 段如同是 ab 段的延伸，好像土样没有经过回弹再压缩似的。

当基础底面尺寸和埋深较大时，开挖基坑后基底将卸载。其值为 $p_c=\gamma d$，这时基底将产生较大的回弹变形。因此，在计算地基变形时，应考虑回弹再压缩变形的影响。

4.1.5 变形模量

土的压缩性，除了采用上述室内压缩试验测定的压缩系数和压缩模量表示外，还可通过野外载荷试验确定的变形模量来表示。由于变形模量是在现场原位进行测定的，所以它能比较准确地反映土在天然状态下的压缩性。

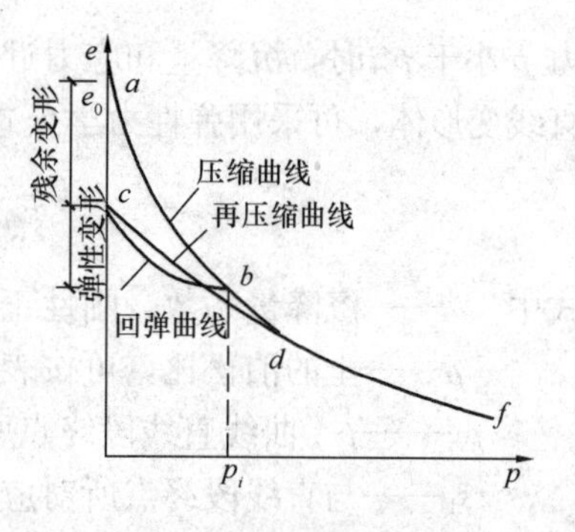

图 4-5　土的回弹曲线和再压缩曲线

进行载荷试验前，先在现场挖掘一个正方形的试坑，其深度等于基础的埋置深度，宽度一般不小于荷载板宽度（或直径）的 3 倍。荷载板的面积，宜采用 $0.25m^2 \sim 0.5m^2$。

试验开始前，应保持试验土层的天然湿度和原状结构，并在试坑底部铺设约 20mm 厚的粗、中砂层找平。当测试土层为软塑、流塑状态的黏性土或饱和松散砂土时，荷载板周围应铺设 200～300mm 厚的原土作为保护层。当试坑标高低于地下水位时，应先将水疏干或降至试坑标高以下，并铺设垫层，待水位恢复后进行试验。

加载方法视具体条件采用重块或油压千斤顶。

图 4-6 为油压千斤顶加载装置示意图。试验的加荷标准应符合下列要求：加荷等级应不小于 8 级，最大加载量不应少于设计荷载的 2 倍。每级加载后，按间隔 10、10、10、15、15min，以后为每隔半小时读一次沉降，当连续 2h，每小时的沉降量小于 0.1mm 时，则认为已趋于稳定，可加下一级荷载。第一级荷载（包括设备重量）宜接近于开挖试坑所卸除土的自重（其相应的沉降量不计），其后每级荷载增量，对较松软土采用（10～25）kPa；对较坚硬土采用 50kPa。并观测累计荷载下的稳定沉降量（mm）。直至地基土达到极限状态，即出现下列情况之一时终止加载：

1）荷载板周围的土有明显侧向挤出；

2）荷载 p 增加很小，但沉降量 s 却急剧增大；

3）在荷载不变的情况下，24h 内，沉降速率不能达到稳定标准；

4）$s/b \geqslant 0.06$（b 为承压板宽度）。

满足前三种情况之一时，其对应的前一级荷载定为极限荷载。

根据试验观测记录，可以绘制荷载板底面应力与沉降量的关系曲线，即 p-s 曲线，如图 4-7 所示。从图中可以看出，荷载板的沉降量随应力（或称压力）的增大而增加；当应

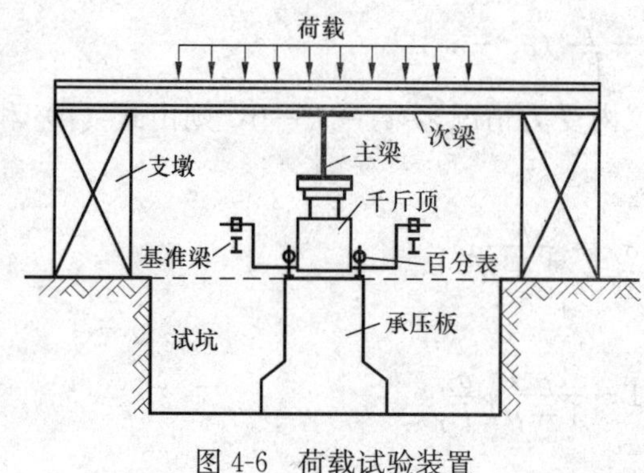

图 4-6　荷载试验装置

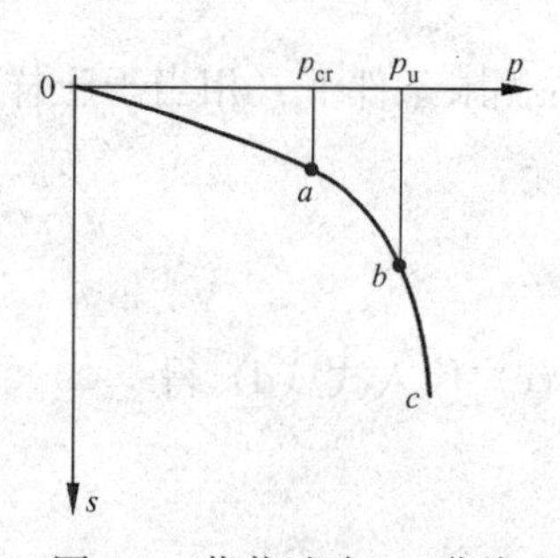

图 4-7　荷载试验 p-s 曲线

力 p 小于 p_{cr}时，沉降量和应力近似地成正比。这就是说，当 $p<p_{cr}$时，地基土可看成是直线变形体，可采用弹性力学公式计算土的变形模量 E_0（MPa）

$$E_0=\omega(1-\mu^2)\frac{p_{cr}b}{s_1}\times 10^{-3} \tag{4-5}$$

式中 ω——沉降量系数，刚性正方形荷载板 $\omega=0.88$；刚性圆形荷载板 $\omega=0.79$；

μ——土的泊松比，可按表 4-3 采用；

p_{cr}——p-s 曲线直线段终点所对应的应力（kPa）；

s_1——与直线段终点所对应的沉降量（mm）；

b——承压板宽度（mm）。

土的泊松比 μ、k_0 和 β 参考值 表 4-3

项 次	土地的种类与状态		μ	k_0	β
1	碎石土		0.15～0.20	0.18～0.25	0.95～0.90
2	砂 土		0.20～0.25	0.25～0.33	0.90～0.83
3	粉 土		0.25	0.33	0.83
4	粉质黏土	坚硬状态	0.25	0.33	0.83
		可塑状态	0.30	0.43	0.74
		软塑及流动状态	0.35	0.53	0.62
5	黏 土	坚硬状态	0.25	0.33	0.83
		可塑状态	0.35	0.53	0.62
		软塑及流动状态	0.42	0.72	0.39

4.1.6 变形模量与压缩模量之间的关系

土的变形模量 E_0 与压缩模量 E_s 之间存在一定的数学关系。根据压缩模量的定义，可得垂直应变：

$$\varepsilon_z=\frac{\sigma_z}{E_s} \tag{a}$$

另一方面，由广义虎克定律可得三向受力情况下的应变：

$$\varepsilon_x=\frac{\sigma_x}{E_0}-\frac{\mu}{E_0}(\sigma_y+\sigma_z) \tag{b}$$

$$\varepsilon_y=\frac{\sigma_x}{E_0}-\frac{\mu}{E_0}(\sigma_x+\sigma_z) \tag{c}$$

$$\varepsilon_z=\frac{\sigma_z}{E_0}-\frac{\mu}{E_0}(\sigma_x+\sigma_y) \tag{d}$$

在侧限条件下（相当于土样在压缩仪内受力情况），$\varepsilon_x=\varepsilon_y=0$，则由式（b）和（c）可得

$$\sigma_x=\sigma_y=\frac{\mu}{1-\mu}\sigma_x \tag{e}$$

将式（e）代入式（d）得

$$\varepsilon_z=\left(1-\frac{2\mu^2}{1-\mu}\right)\frac{\sigma_z}{E_0} \tag{f}$$

比较式（a）和（f），则得：

$$E_0 = \left(1 - \frac{2\mu^2}{1-\mu}\right)E_s \tag{4-6}$$

令

$$\beta = 1 - \frac{2\mu^2}{1-\mu} \tag{4-7}$$

其中 β 值可按表 4-3 采用，于是

$$E_0 = \beta E_s \tag{4-8}$$

4.2 地基最终沉降量的计算

地基最终沉降量是指地基在建筑物荷载作用下最后的稳定沉降量。计算地基最终沉降量的目的在于确定建筑物最大沉降量、沉降差和倾斜，并将其控制在允许范围内，以保证建筑物的安全和正常使用。

计算地基最终沉降量的方法有许多种，目前，一般采用分层总和法和《地基规范》GB 50007—2011 推荐的方法，兹介绍如下：

4.2.1 分层总和法

假定：1）地基土受荷后不能发生侧向变形；

2）按基础底面中心点下附加应力计算土层分层的压缩量；

3）基础最终沉降量等于基础底面下压缩层（又称地基变形计算深度，见后）范围内各土层分层压缩量的总和。

我们将基础底面下压缩层范围内的土层划分为若干分层。现分析第 i 分层的压缩量的计算方法（参见图 4-8）。在房屋建造以前，第 i 分层仅受到土的自重应力作用，在房屋建造以后，该分层除受自重应力外，还受到房屋荷载所产生的附加应力的作用。

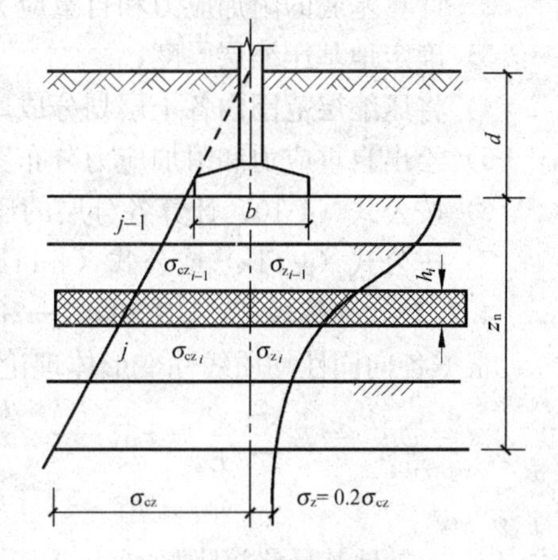

图 4-8 按分层总和法计算基础总沉降量图

如前所述，在一般情况下，土的自重应力产生的变形过程早已完结，而只有附加应力（新增加的）才会使土层产生新的变形，从而使基础发生沉降。由于假定土层受荷后不产生侧向变形，所以它的受力状况与压缩试验时土样一样，故第 i 层的压缩量可按下式计算：

$$s_i = \Delta\varepsilon_i h_i \tag{4-9}$$

将公式（4-4）代入上式，得

$$s_i = \frac{e_{1i} - e_{2i}}{1 + e_{1i}} h_i \tag{4-10}$$

则基础总沉降量

$$s = \sum_{i=1}^{n} s_i = \sum_{i=1}^{n} \frac{e_{1i} - e_{2i}}{1 + e_{1i}} h_i \tag{4-11a}$$

式中 s——基础最终沉降量；

e_{1i}——第 i 分层在房屋建造前，在土的平均自重应力作用下的孔隙比；

e_{2i}——第 i 分层在房屋建造后，在土的平均自重应力和平均附加应力[1]作用下的孔隙比；

h_i——第 i 分层的厚度，为了保证计算的精确性，一般取 $h_i \leqslant 0.4b$（b 为基础宽度）；

n——压缩层范围内土层分层数目。

公式（4-11a）是分层总和法的基本公式，它适用于采用压缩曲线计算。若在计算中采用土的压缩模量 E_s 作为计算指标，则公式（4-11a）可变成另外的形式。

由公式（4-2）得 $e_1 - e_2 = a(p_2 - p_1)$，并由图 4-8 可见，第 i 分层内相应于上式中的应力 $p_1 = \frac{1}{2}(\sigma_{cz1} + \sigma_{czi-1})$，而 $p_2 = \frac{1}{2}(\sigma_{czi} + \sigma_{czi-1}) + \left(\frac{1}{2}\sigma_{zi} + \sigma_{zi-1}\right)$，于是，第 i 层土的孔隙比的变化

$$e_{1i} - e_{2i} = a_i \frac{\sigma_{zi} + \sigma_{zi-1}}{2}$$

将上式代入式（4-11a），并注意到 $E_{si} = \frac{1 + e_{1i}}{a_i}$ 则得

$$s = \sum_{i=1}^{n} \frac{1}{E_{si}} \frac{\sigma_{zi} + \sigma_{zi-1}}{2} h_i \tag{4-11b}$$

式中　E_{si}——第 i 分层土的压缩模量。

其余符号的意义同前。

综上所述，按分层总和法计算基础沉降量的具体步骤如下：

1）按比例尺绘出地基剖面图和基础剖面图；

2）计算基底的附加应力和自重应力；

3）确定地基压缩层厚度；

4）将压缩层范围内各土层划分成厚度为 $h_i \leqslant 0.4b$（b 为基础宽度）的薄土层；

5）绘出自重应力和附加应力分布图（各分层的分界面应标明应力值）；

6）按公式（4-10）计算各分层的压缩量；

7）按公式（4-11a）或公式（4-11b）算出基础总沉降量。

4.2.2 《地基规范》GB 50007—2011 推荐法

根据各向同性均质线性变形体理论，《地基规范》采用下式计算最终的基础沉降量：

$$s = \psi_s s' = \psi_s \sum_{i=1}^{n} \frac{p_0}{E_{si}} (z_i \bar{\alpha}_i - z_{i-1} \bar{\alpha}_{i-1}) \tag{4-12}$$

式中　s——地基最终沉降量（mm）；

s'——理论计算沉降量（mm）；

ψ_s——沉降计算经验系数，根据各地区沉降观测资料及经验确定，也可采用表 4-4 的数值；

n——地基变形计算深度范围内压缩模量不同的土层数（图 4-9）；

p_0——对应于荷载效应准永久组合时的基

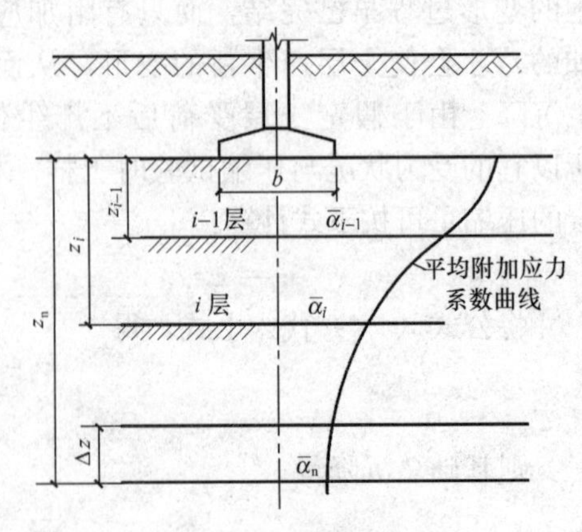

图 4-9　基础沉降分层示意图

[1] 由于分层顶面和底面应力不同，故近似计算该分层土的压缩量时，近似取其顶面和底面应力的平均值。

础底面处的附加应力（MPa）；

E_{si}——基础底面下第 i 层土的压缩模量，按实际应力范围取值（MPa）；

z_i、z_{i-1}——基础底面至第 i 层和第 $i-1$ 层底面的距离（m）；

$\overline{\alpha}_i$、$\overline{\alpha}_{i+1}$——基础底面计算点至第 i 层和第 $i-1$ 层底面范围内平均附加应力系数，可按表 4-5 采用。

沉降计算经验系数 ψ_s **表 4-4**

基底附加应力	压缩模量当量值 $\overline{E}_s$ /(MPa)				
	2.5	4.0	7.0	15.0	20.0
$p_0 \geqslant f_{ak}$	1.4	1.3	1.0	0.4	0.2
$p_0 \leqslant 0.75 f_{ak}$	1.1	1.0	0.7	0.4	0.2

表 4-4 中 E_{si} 为沉降计算深度范围内压缩模量当量值，按下式计算：

$$\overline{E}_{si} = \frac{\Sigma A_i}{\Sigma \dfrac{A_i}{\Sigma E_{si}}} \tag{4-13}$$

式中 A_i——第 i 层土附加应力系数沿土层厚度的积分值，即第 i 层土的附加应力系数面积；

E_{si}——相应于该土层的压缩模量。

矩形面积上均布荷载作用下中心点下平均附加应力系数 $\overline{\alpha}$ **表 4-5**

m \ n	1.0	1.2	1.4	1.6	1.8	2.0	2.4	2.8	3.2	3.6	4.0	5.0	≥10（条形）
0.0	1.000	1.000	1.000	1.000	1.000	1.000	1.000	1.000	1.000	1.000	1.000	1.000	1.000
0.1	0.997	0.998	0.998	0.998	0.998	0.998	0.998	0.998	0.998	0.998	0.998	0.998	0.998
0.2	0.987	0.990	0.991	0.992	0.992	0.992	0.993	0.993	0.993	0.993	0.993	0.993	0.993
0.3	0.967	0.973	0.976	0.978	0.979	0.979	0.980	0.980	0.981	0.981	0.981	0.981	0.981
0.4	0.936	0.947	0.953	0.956	0.958	0.965	0.961	0.962	0.962	0.963	0.963	0.963	0.963
0.5	0.900	0.915	0.924	0.929	0.933	0.935	0.937	0.939	0.939	0.940	0.940	0.940	0.940
0.6	0.858	0.878	0.890	0.898	0.903	0.906	0.910	0.912	0.913	0.914	0.914	0.915	0.915
0.7	0.816	0.840	0.855	0.865	0.871	0.876	0.881	0.884	0.885	0.887	0.887	0.887	0.888
0.8	0.775	0.801	0.819	0.831	0.839	0.844	0.851	0.855	0.857	0.859	0.859	0.860	0.860
0.9	0.735	0.764	0.784	0.797	0.806	0.813	0.821	0.826	0.829	0.831	0.831	0.832	0.833
1.0	0.698	0.728	0.749	0.764	0.775	0.783	0.792	0.798	0.801	0.804	0.804	0.806	0.807
1.1	0.663	0.694	0.717	0.733	0.744	0.753	0.764	0.771	0.775	0.779	0.779	0.780	0.782
1.2	0.631	0.663	0.686	0.703	0.715	0.725	0.737	0.744	0.749	0.754	0.754	0.756	0.758
1.3	0.601	0.633	0.657	0.674	0.688	0.698	0.711	0.719	0.725	0.730	0.730	0.733	0.735
1.4	0.573	0.605	0.629	0.648	0.661	0.672	0.687	0.696	0.701	0.708	0.708	0.711	0.714
1.5	0.548	0.580	0.604	0.622	0.637	0.648	0.664	0.673	0.679	0.686	0.686	0.690	0.693
1.6	0.524	0.556	0.580	0.599	0.613	0.625	0.641	0.651	0.658	0.666	0.666	0.670	0.675
1.7	0.502	0.533	0.558	0.577	0.591	0.603	0.620	0.631	0.638	0.646	0.646	0.651	0.656
1.8	0.482	0.513	0.537	0.556	0.571	0.583	0.600	0.611	0.619	0.629	0.629	0.633	0.638
1.9	0.463	0.493	0.517	0.536	0.551	0.563	0.581	0.593	0.601	0.610	0.610	0.616	0.622
2.0	0.446	0.475	0.499	0.518	0.533	0.545	0.563	0.575	0.584	0.594	0.594	0.600	0.606

续表

m \ n	1.0	1.2	1.4	1.6	1.8	2.0	2.4	2.8	3.2	3.6	4.0	5.0	≥10（条形）
2.1	0.429	0.459	0.482	0.500	0.515	0.528	0.546	0.559	0.567	0.578	0.578	0.585	0.591
2.2	0.414	0.443	0.466	0.484	0.499	0.511	0.530	0.543	0.552	0.563	0.563	0.570	0.577
2.3	0.400	0.428	0.451	0.469	0.484	0.496	0.515	0.528	0.537	0.548	0.548	0.556	0.564
2.4	0.387	0.414	0.436	0.454	0.469	0.481	0.500	0.513	0.523	0.535	0.535	0.543	0.551
2.5	0.374	0.401	0.423	0.441	0.455	0.468	0.486	0.500	0.509	0.516	0.522	0.430	0.539
2.6	0.362	0.389	0.410	0.428	0.442	0.455	0.473	0.487	0.496	0.504	0.509	0.518	0.528
2.7	0.351	0.377	0.398	0.416	0.430	0.442	0.461	0.474	0.484	0.492	0.497	0.506	0.517
2.8	0.341	0.366	0.387	0.404	0.418	0.430	0.449	0.463	0.472	0.480	0.486	0.495	0.506
2.9	0.331	0.356	0.377	0.393	0.407	0.419	0.438	0.451	0.461	0.469	0.475	0.485	0.496
3.0	0.322	0.346	0.366	0.383	0.397	0.409	0.427	0.441	0.451	0.459	0.465	0.474	0.487
3.1	0.313	0.337	0.357	0.373	0.387	0.398	0.417	0.430	0.440	0.448	0.454	0.464	0.477
3.2	0.305	0.328	0.348	0.364	0.377	0.389	0.407	0.420	0.431	0.439	0.445	0.455	0.468
3.3	0.297	0.320	0.339	0.355	0.368	0.379	0.397	0.411	0.421	0.429	0.436	0.446	0.460
3.4	0.298	0.312	0.331	0.346	0.369	0.371	0.388	0.402	0.412	0.420	0.427	0.437	0.452
3.5	0.282	0.304	0.323	0.338	0.351	0.362	0.380	0.393	0.403	0.412	0.418	0.429	0.444
3.6	0.276	0.297	0.315	0.330	0.343	0.354	0.372	0.385	0.395	0.403	0.410	0.421	0.436
3.7	0.269	0.290	0.308	0.323	0.335	0.346	0.364	0.377	0.387	0.395	0.402	0.413	0.429
3.8	0.263	0.284	0.301	0.316	0.328	0.339	0.356	0.369	0.379	0.388	0.394	0.405	0.422
3.9	0.257	0.277	0.294	0.309	0.321	0.332	0.349	0.362	0.372	0.380	0.387	0.398	0.415
4.0	0.251	0.271	0.288	0.302	0.314	0.325	0.342	0.355	0.365	0.373	0.379	0.391	0.408
4.1	0.246	0.265	0.282	0.296	0.308	0.318	0.335	0.348	0.358	0.366	0.372	0.384	0.402
4.2	0.241	0.260	0.276	0.290	0.302	0.312	0.328	0.341	0.352	0.359	0.366	0.377	0.396
4.3	0.236	0.255	0.270	0.284	0.296	0.306	0.322	0.335	0.345	0.353	0.359	0.371	0.390
4.4	0.231	0.250	0.265	0.278	0.290	0.300	0.316	0.329	0.339	0.347	0.353	0.365	0.384
4.5	0.226	0.245	0.260	0.273	0.285	0.294	0.310	0.323	0.333	0.341	0.347	0.359	0.378
4.6	0.222	0.240	0.255	0.268	0.279	0.289	0.305	0.317	0.327	0.335	0.341	0.353	0.373
4.7	0.218	0.235	0.250	0.263	0.274	0.284	0.299	0.312	0.321	0.329	0.336	0.347	0.367
4.8	0.214	0.231	0.245	0.258	0.269	0.279	0.294	0.306	0.316	0.324	0.330	0.342	0.362
4.9	0.210	0.227	0.241	0.253	0.256	0.274	0.289	0.301	0.311	0.319	0.325	0.337	0.357
5.0	0.206	0.223	0.237	0.249	0.260	0.269	0.284	0.296	0.306	0.313	0.320	0.332	0.352

注：$n=\frac{l}{b}$；$m=\frac{z}{b}$；l 为基底长边；b 为基底短边；z 为从基础底面算起的土层深度。

现将公式（4-12）推证如下：

设从基础底面中心点下，深度 z 处取出一微小土体（在第 i 土层中），如图 4-10 所示。作用在该微小土体上的附加应力为 σ_z，显然，微小土体的压缩量

$$ds = \frac{\sigma_z}{E_{si}} dz \tag{a}$$

而第 i 土层中的压缩量等于该层各小土体压缩量之和

$$s_i = \int_{z_{i-1}}^{z_i} \mathrm{d}s = \int_{z_{i-1}}^{z_i} \frac{\sigma_z}{E_{si}} \mathrm{d}z$$

$$= \frac{1}{E_{si}} \int_{z_{i-1}}^{z_i} \sigma_z \mathrm{d}z \quad \text{(b)}$$

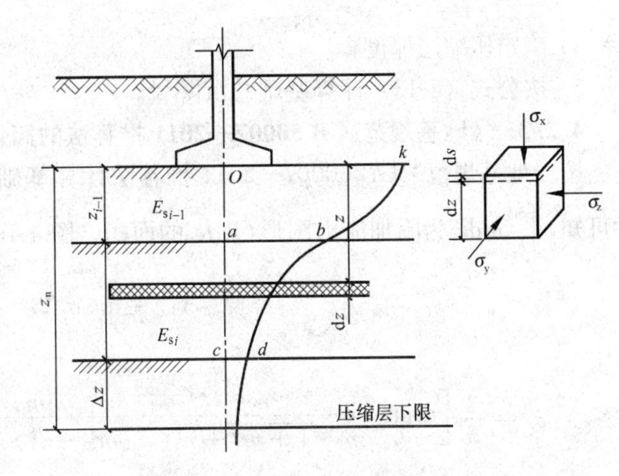

图 4-10　按规范法计算地基变形

式中，$\int_{z_{i-1}}^{z_i} \sigma_z \mathrm{d}z$ 等于附加应力图形的面积 $abcd$，用 A_i 表示，它又可写成

$$A_i = \int_0^{z_i} \sigma_z \mathrm{d}z - \int_0^{z_{i-1}} \sigma_z \mathrm{d}z \quad \text{(c)}$$

它等于附加应力图形面积 $okcd$ 与 $okab$ 之差，即

$$A_i = A_{0i} - A_{0,i-1} \quad \text{(d)}$$

式中　A_{0i}——附加应力图形 $okcd$ 面积；

$A_{0,i-1}$——附加应力图形 $okab$ 面积。

令

$$A_{0,i} = \bar{\sigma}_{z_i} z_i \quad \text{(e)}$$

$$A_{0,i-1} = \bar{\sigma}_{z_{i-1}} z_{i-1} \quad \text{(f)}$$

其中 $\bar{\sigma}_{z_i}$ 和 $\bar{\sigma}_{z_{i-1}}$ 分别为从基底至深度 z_i 和 z_{i-1} 处的附加应力平均值。

令

$$\bar{\sigma}_{z_i} = \bar{\alpha}_i p_0 \quad \text{(g)}$$

$$\bar{\sigma}_{z_{i-1}} = \bar{\alpha}_{i-1} p_0 \quad \text{(h)}$$

于是

$$A_{0,i} = \bar{\alpha}_i p_0 z_i \quad \text{(i)}$$

$$A_{0,i-1} = \bar{\alpha}_{i-1} p_0 z_{i-1} \quad \text{(j)}$$

将式（i）、式（j）代入式（d）得：

$$A_i = p_0 \left(z_i \bar{\alpha}_i - z_{i-1} \bar{\alpha}_{i-1} \right)$$

故式（b）可以写成：

$$s_i = \frac{p_0}{E_{si}} \left(z_i \bar{\alpha} - z_{i-1} \bar{\alpha}_{i-1} \right) \quad \text{(4-14)}$$

将压缩层范围内各土层的压缩量总和起来，就得到基础总沉降量

$$s = \sum_{i=1}^{n} \frac{p_0}{E_{si}} \left(z_i \bar{\alpha} - z_{i-1} \bar{\alpha} \right) \quad \text{(4-15)}$$

公式（4-15）没有考虑到所选用的压缩模量与实际的出入、土层的非均匀性对附加应力的影响，以及上部结构对基础沉降的调整作用等因素，因此，《地基规范》在公式（4-15）中引进一个经验系数 ψ_s，这样便得出《地基规范》所建议的基础沉降公式（4-12）。

考虑到实际工程中有时设计应力小于地基承载力，因此将基底应力小于 0.75 f_k 值另列一栏。在表 4-4 中一个平均压缩模量可对应给出一个 ψ_s 值，并允许采用内插方法计算 ψ_s 值。

现将按《地基规范》GB 50007—2011 方法计算基础沉降量的步骤总结如下：

1）计算基底附加应力；

2）将地基土按压缩性分层（即按 E_s 分层）；

3）按公式（4-14）计算各分层的压缩量；

4）确定压缩层厚度；

5）按公式（4-12）计算基础总沉降量。

4.2.3 《地基规范》GB 50007—2011 推荐法的简化

按《地基规范》GB 50007—2011 推荐法计算基础沉降还可以进一步简化。由 4.2.2 中可知，$\int_0^{z_i} \sigma_z \mathrm{d}z$ 为附加应力图形 $Okdc$ 的面积（图 4-10），并用 A_{oi} 表示：

$$A_{o,i} = \int_0^{z_i} \sigma_z \mathrm{d}z \tag{a}$$

其中

$$\sigma_z = \frac{2}{\pi}\left[\arctan\frac{n}{m\sqrt{1+m^2+n^2}} + \frac{mn\ (1+n^2+2m^2)}{(m^2+n^2)\ (1+m^2)\sqrt{1+m^2+n^2}}\right]p_0 \tag{b}$$

式中 m ——第 i 层下边界深度与基础底面短边之半的比值，$m=\dfrac{2z}{b}$；

n ——基础底面长边与短边的比，$n=\dfrac{l}{b}$；

p_0 ——基础底面附加应力。

将式（b）代入式（a），经计算得：

$$A_{oi} = \frac{p_0 b}{2}\int_0^{m_i} \alpha_0 \mathrm{d}m = p_0 b K_i \tag{c}$$

其中 $K_i = \dfrac{1}{2}\int_0^{m_i} \alpha_0 \mathrm{d}m$，其值根据 $n=\dfrac{l}{b}$、$m=\dfrac{2z}{b}$ 由表 4-6 查得。于是，第 i 层土压缩量为：

$$s_i = b\frac{p_0}{E_{si}}\ (K_i - K_{i-1}) \tag{d}$$

设地基压缩层范围内有 n 层压缩性不同的土，则地基压缩量为：

$$s = \sum_{i=1}^{n} s_i = b\sum_{i=1}^{n}\frac{p_0}{E_{si}}\ (K_i - K_{i-1}) \tag{e}$$

考虑到沉降量计算经验系数 ψ_s 的影响，基础沉降量计算公式的最后形式可写成：

$$s = \psi_s b p_0 \sum_{i=1}^{n}\frac{1}{E_{si}}\ (K_i - K_{i-1}) \tag{4-16}$$

显然，上式比《地基规范》GB 50007—2011 公式更简单一些。

矩形面积上均布荷载作用下中心点下沉降系数 K 表 4-6

$m=\frac{2z}{b}$	$n/l/b$										
	1.0	1.2	1.4	1.6	1.8	2.0	3.0	4.0	5.0	6.0	10.0	条形
0.0	0.000	0.000	0.000	0.000	0.000	0.000	0.000	0.000	0.000	0.000	0.000	0.000
0.2	0.100	0.100	0.100	0.100	0.100	0.100	0.100	0.100	0.100	0.100	0.100	0.100
0.4	0.197	0.198	0.198	0.198	0.198	0.198	0.199	0.199	0.199	0.199	0.199	0.199
0.6	0.290	0.292	0.293	0.293	0.294	0.294	0.294	0.924	0.294	0.294	0.294	0.294
0.8	0.375	0.379	0.381	0.383	0.383	0.384	0.385	0.385	0.385	0.385	0.385	0.385

续表

$m=\frac{2z}{b}$	$n/l/b$											
	1.0	1.2	1.4	1.6	1.8	2.0	3.0	4.0	5.0	6.0	10.0	条形
1.0	0.450	0.457	0.462	0.465	0.466	0.467	0.469	0.470	0.470	0.470	0.470	0.470
1.2	0.515	0.527	0.534	0.539	0.542	0.544	0.548	0.548	0.549	0.549	0.549	0.549
1.4	0.571	0.588	0.599	0.605	0.610	0.613	0.619	0.621	0.621	0.621	0.621	0.621
1.6	0.620	0.641	0.655	0.665	0.671	0.676	0.685	0.687	0.688	0.688	0.688	0.688
1.8	0.662	0.688	0.705	0.717	0.726	0.723	0.745	0.748	0.749	0.750	0.750	0.750
2.0	0.698	0.728	0.749	0.764	0.775	0.783	0.800	0.804	0.806	0.806	0.807	0.807
2.2	0.729	0.764	0.788	0.806	0.819	0.828	0.850	0.856	0.858	0.859	0.860	0.860
2.4	0.757	0.795	0.823	0.843	0.858	0.870	0.896	0.904	0.907	0.908	0.909	0.910
2.6	0.781	0.823	0.854	0.877	0.894	0.907	0.939	0.949	0.953	0.954	0.956	0.956
2.8	0.802	0.848	0.881	0.907	0.926	0.941	0.978	0.990	0.995	0.997	0.999	0.999
3.0	0.821	0.870	0.906	0.933	0.955	0.971	1.014	1.029	1.035	1.037	1.040	1.040
3.2	0.838	0.889	0.928	0.958	0.981	0.999	1.048	1.065	1.072	1.075	1.078	1.079
3.4	0.854	0.907	0.948	0.980	1.005	1.025	1.079	1.099	1.107	1.110	1.114	1.115
3.6	0.867	0.923	0.966	1.000	1.027	1.048	1.108	1.130	1.140	1.144	1.149	1.149
3.8	0.880	0.938	0.983	1.019	1.047	1.070	1.135	1.160	1.171	1.176	1.181	1.182
4.0	0.891	0.951	0.998	1.035	1.065	1.090	1.160	1.188	1.200	1.206	1.212	1.214
4.2	0.902	0.963	1.012	1.051	1.082	1.108	1.183	1.214	1.228	1.235	1.242	1.244
4.4	0.911	0.974	1.025	1.065	1.098	1.125	1.205	1.238	1.254	1.262	1.270	1.272
4.6	0.920	0.985	1.036	1.078	1.113	1.141	1.225	1.262	1.279	1.288	1.297	1.300
4.8	0.928	0.994	1.047	1.091	1.126	1.155	1.244	1.284	1.302	1.312	1.323	1.326
5.0	0.935	1.003	1.057	1.102	1.138	1.169	1.262	1.304	1.325	1.336	1.348	1.351
6.0	0.966	1.039	1.099	1.149	1.190	1.225	1.338	1.394	1.423	1.439	1.460	1.465
7.0	0.988	1.065	1.130	1.183	1.228	1.267	1.396	1.463	1.501	1.523	1.553	1.562
8.0	1.005	1.085	1.153	1.209	1.258	1.299	1.441	1.518	1.564	1.591	1.633	1.646
9.0	1.018	1.101	1.171	1.230	1.280	1.324	1.477	1.563	1.615	1.649	1.701	1.721
10.0	1.028	1.113	1.185	1.246	1.299	1.345	1.506	1.600	1.659	1.697	1.761	1.788
12.0	1.044	1.133	1.207	1.271	1.327	1.376	1.551	1.658	1.727	1.774	1.861	1.904
14.0	1.055	1.146	1.223	1.290	1.347	1.400	1.584	1.700	1.778	1.833	1.940	2.002
16.0	1.064	1.156	1.235	1.303	1.363	1.415	1.609	1.732	1.817	1.878	2.003	2.087
18.0	1.071	1.164	1.244	1.314	1.375	1.429	1.628	1.758	1.848	1.914	2.055	2.162
20.0	1.076	1.171	1.252	1.322	1.384	1.439	1.644	1.778	1.873	1.944	2.099	2.229
25.0	1.086	1.182	1.265	1.338	1.402	1.438	1.673	1.816	1.920	1.999	2.183	2.372
30.0	1.092	1.190	1.274	1.348	1.413	1.471	1.692	1.842	1.952	2.036	2.241	2.488
35.0	1.097	1.196	1.281	1.355	1.421	1.481	1.706	1.860	1.974	2.063	2.283	2.587
40.0	1.100	1.200	1.286	1.361	1.488	1.487	1.716	1.873	1.991	2.083	2.310	2.672

注：l——基础底面长边（m）；b——基础底面短边（m）；z——计算点离基础底面垂直距离（m）。

4.2.4 地基压缩层厚度的确定

在建筑物荷载作用下，地基将产生变形。我们知道，地基内的附加应力随深度增加而减小。试验研究表明，在基础底面某一深度以下的土层的压缩变形很小，可以忽略不计。

因此，可以认为，仅在基础底面某一深度范围内的土层引起压缩变形，这个范围内的土层称为压缩层或地基沉降计算的深度。

目前，工程界确定地基压缩层厚度有两种方法：

1. GB 50007—20011 规范方法

（1）当无相邻荷载影响时，基础中心点的地基沉降计算深度可按下列简化公式计算

$$z_n = b\,(2.5 - 0.4\ln b) \tag{4-17}$$

式中 b——基底宽度（m）。

在计算深度范围内存在基岩时，z_n 可取至基岩表面。

公式（4-17）适用于基础宽度为 1～30m 的范围内。该公式系根据具有分层深层标高的荷载试验（面积 0.5～13.5m^2）和多个工程实例资料统计分析而得。分析结果表明，对于一定的基础宽度，地基压缩层的深度不一定随荷载 p 的增加而增加；基础形状（如矩形基础）与地基土类别（如软土、非软土）对压缩层深度的影响亦无显著的规律；而基础宽度的大小与压缩层深度之间却有明显的有规律性的关系。因此，《地基规范》给出了确定地基沉降计算深度的简化公式（4-17）。

（2）当有相邻荷载影响时，地基沉降计算深度 z_n 应符合下列要求：

$$\Delta s'_n \leqslant 0.025 \sum_{i=1}^{n} \Delta s'_i \tag{4-18}$$

式中 $\Delta s'_i$——在计算深度范围内，第 i 层土的计算沉降量值；

$\Delta s'_n$——由计算深度向上取厚度为 Δz 的土层的计算沉降值，参见图 4-10，并按表 4-7 确定。

Δz 值 **表 4-7**

b（m）	$b \leqslant 2$	$2 < b \leqslant 4$	$4 < b \leqslant 8$	$b > 8$
Δz（m）	0.3	0.6	0.8	1.0

如果确定的计算深度下部仍有较软的土层时，应该继续计算。

2. 附加应力与自重应力比值法（简称应力比法）

如前所述，地基内附加应力随深度增加而减小，而土的自重应力随深度增加而增大。附加应力将引起土层压缩而导致地基变形。在一般情况下，自重应力使土层产生的变形过程早已结束，不会再产生地基的变形。所以，当基底下某处附加应力与自重应力的比值小到一定程度即可认为该处就是压缩层的下限。一般认为，可取附加应力与自重应力的比值为 0.2（软土取 0.1）处作为压缩层的下限条件，并精确到 5kPa（如图 4-11 所示），即满足下列条件：

$$|\sigma_z - 0.2\sigma_{cz}| \leqslant 5\ \text{kPa} \tag{4-19}$$

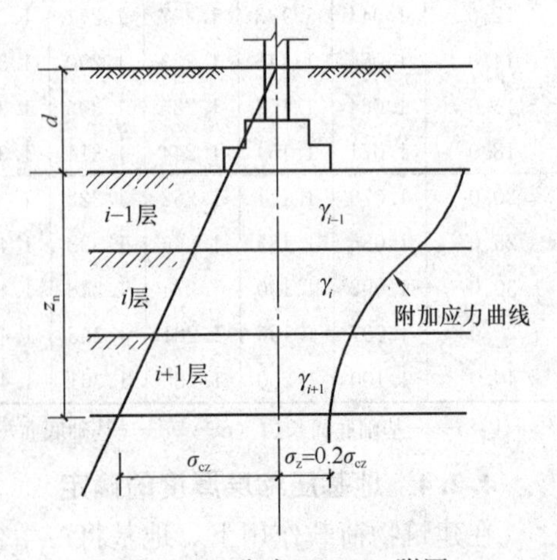

图 4-11 公式（4-20）附图

按式（4-19）确定压缩层厚度，需采用试算

法。为了节约时间，建议采用下述直接计算法。

直接计算法原理：

将地基压缩层下限土的自重应力写成下面形式：

$$\sigma_{cz} = \gamma_0 d + \sum_{i=1}^{n} \gamma_i \, (z_i - z_{i-1}) \tag{4-20}$$

式中 γ_0——基础埋深范围内土的重度；

d——基础的埋置深度；

γ_i——第 i 土层的重度；

z_i——基础底面至第 i 土层下边界的距离；

n——压缩层范围内重度不同的土层数目。

将式（4-20）代入压缩层下限条件：

$$\sigma_z = 0.2\sigma_{cz} \tag{a}$$

并注意到 $\sigma_z = \alpha_0 p_0$，经过整理后，得：

$$\alpha_0 = C_1 + Bm \tag{b}$$

其中

$$C_1 = \frac{0.2}{p_0}\left[\gamma_0 d + \sum_{i=1}^{n-1} (\gamma_i + \gamma_{i+1}) z_i\right] \tag{c}$$

$$B = \frac{0.2}{p_0} b \gamma_n \tag{d}$$

式中 p_0——基底附加应力，$p_0 = p - \gamma d$；

α_0——矩形均布荷载附加应力系数；

$$\alpha_0 = f(n, m) \tag{e}$$

b——基础底面宽度（短边）；

γ_n——压缩层下限所在土层的重度（当该土层位于地下水位以下时，应按有效重度 γ' 采用）；

$m = z_n / b$（z_n 为压缩层厚度），$n = l/b$。

在理论上，解联立方程（b）和（e），即可求得 m，进而求得压缩层厚度 $z_n = mb$。但是由于 $\alpha_0 = f(n, m)$ 的复杂性，采用解析法求解困难，我们采用图解法求解。现将按曲线图 4-12 确定压缩层厚度的步骤说明如下：

（1）按下式算出 C_1：

$$C_1 = \frac{2}{p_0}\left[\gamma_0 d + \sum_{i=1}^{n-1} (\gamma_i + \gamma_{i+1}) z_i\right] \tag{4-21}$$

（2）按下式算出 C_2：

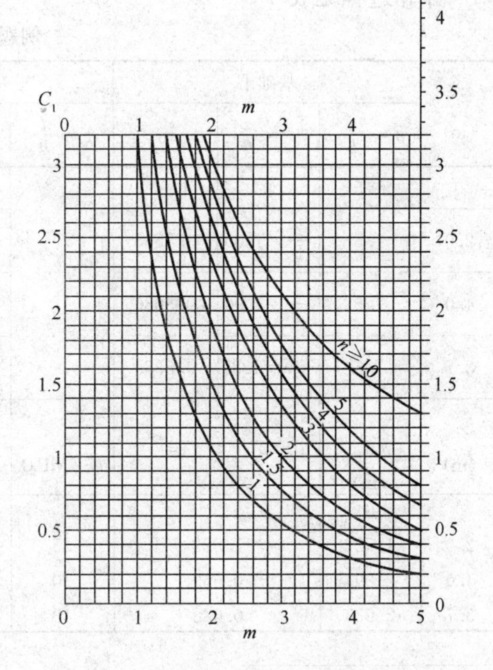

图 4-12 按附加应力与自重应力比值法确定压缩层厚度曲线

$$C_2 = C_1 + \frac{b}{p_0}\gamma_n \times 10 \text{❶} \qquad (4\text{-}22)$$

（3）根据 C_1、C_2 和 $n=\frac{l}{b}$ 由曲线图 4-12 查得 m 值；

（4）按下式算出压缩层厚度

$$z_n = mb \qquad (4\text{-}23)$$

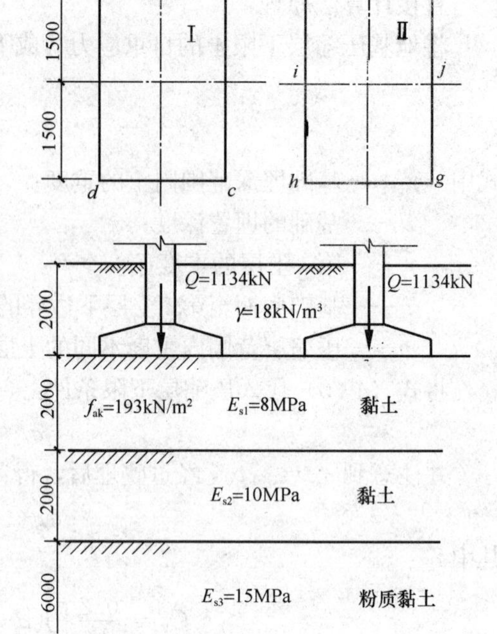

图 4-13 【例题 4-1】附图

【例题 4-1】 试按规范推荐的方法计算图 4-13 所示基础Ⅰ的最终沉降量，并考虑相邻基础Ⅱ的影响。已知相应于荷载效应准永久组合时，作用于基础Ⅰ和Ⅱ的竖向力值均为 $Q=1134\text{kN}$，基础底面尺寸 $bl=2\text{m}\times3\text{m}$，基础埋置深度 $d=2\text{m}$。其他条件如图 4-13 所示。

【解】 （1）计算基底处总应力

$$p=\frac{Q}{A}=\frac{1134}{2\times3}=189\text{kN/m}^2$$

基底处土的自重应力

$$p_{cz}=\gamma d=18\times2=36\ \text{kN/m}^2$$

基底附加应力

$$p_0=p-\gamma d=189-36=153\text{kN/m}^2=0.153\text{N/mm}^2$$

（2）计算压缩层范围内各土层压缩量

计算过程见表 4-8。

例题 4-1 附表 表 4-8

z_i (m)	基础Ⅰ			基础Ⅱ对基础Ⅰ的影响			$\bar{\alpha}_i$
	$n=\frac{l}{b}$	$m=\frac{z}{b}$	$\bar{\alpha}_{Ⅰi}$	$n=\frac{l}{b}$	$m=\frac{z}{2b}$	$\bar{\alpha}_{Ⅱi}$	
0	1.5	0	1.000		0	1.000	0
2.0	1.5	$\frac{2}{2}=1.00$	0.7565	$\frac{5}{1.5}=3.33$	$\frac{2}{3}=0.67$	$2\times\frac{1}{4}(0.8934-0.8850)=0.0042$	0.7607
4.0	1.5	$\frac{4}{2}=2.00$	0.5085	$\frac{3.0}{1.5}=2.00$	$\frac{4}{3}=1.33$	$2\times\frac{1}{4}(0.8934-0.8850)=0.0142$	0.5227
3.7	1.5	$\frac{3.7}{2}=1.85$	0.5365		$\frac{3.7}{3}=1.23$	$2\times\frac{1}{4}(0.8934-0.8850)=0.0130$	0.5495

z_i (m)	$z_i\bar{\alpha}_i$ (m)	$z_i\bar{\alpha}_i-z_{i-1}\bar{\alpha}_{i-1}$ (m)	E_i (MPa)	$\Delta' s_i=\frac{p_0}{E_{si}}(z_i\bar{\alpha}_i-z_{i-1}\bar{\alpha}_{i-1})$ (mm)	$\sum_{i=1}^{n}\Delta s'_i$ (mm)	$\frac{\Delta s'_s}{\sum_{i=1}^{n}\Delta s'_i}$
0	0					
2.0	1.522	1.522	25	29.10	29.10	
4.0	2.091	0.569	10	8.70	37.80	0.023
3.7	2.033	0.038	10	0.88		

❶ γ_n 为压缩层下限所在土层的重度。因此，需预先估算压缩层下限所在土层。压缩层的下限可大致按下面条件确定：$z_n=(2\sim2.2)b$。

(3) 确定压缩层下限

在基底下 4m 深范围内土层的总变形值 $s' = \sum \Delta s'_i = 37.80$mm，在 $z=4$m 处以上 $\Delta z=0.3$m（基础宽 $b=2$m，由表 4-7 查得 $\Delta z=0.3$m）厚土层变形值 $\Delta s'_n=0.88$mm。根据式（4-18）$\Delta s'_n=0.88\text{mm}<0.025\sum \Delta s'_i=0.025\times37.80=0.945$mm

满足规范要求，故沉降计算深度 $z_n=4$m。

(4) 确定沉降计算经验系数

按式（4-13）计算压缩层范围内土层压缩模量的当量值

$$\overline{E}_{si}=\frac{\sum_{i=1}^{n}A_i}{\sum_{i=1}^{n}\frac{A_i}{E_i}}=\frac{1.522+0.569}{\frac{1.522}{8}+\frac{0.569}{10}}=8.46\text{MPa}$$

由表 4-4 查得 $\psi_s=0.90$。

(5) 计算基础Ⅰ最终沉降量

$$s=\psi_s s'=0.9\times37.8=34.02\text{mm}$$

【例题 4-2】 已知条件与例题 4-1 相同，不考虑相邻基础的影响。试按简化法计算基础Ⅰ的沉降量。

【解】 (1) 计算沉降系数

1) 第一层土

$$n=\frac{l}{b}=\frac{3}{2}=1.5, m=\frac{2z_1}{b}=\frac{2\times2}{2}=2$$

由表 4-6 查得，$K_1=0.757$

2) 第二层土

$$n=\frac{l}{b}=\frac{3}{2}=1.5, m=\frac{2z_1}{b}=\frac{2\times4}{2}=4$$

由表 4-6 查得，$K_2=1.017$

(2) 计算基础沉降量

按式（4-15b）算出

$$s=\psi_s bp_0\sum_{i=1}^{n}\frac{1}{E_{si}}(K_i-K_{i-1})=0.9\times2000\times0.153\times\left[\frac{1}{8}\times0.757+\frac{1}{10}(1.017-0.757)\right]$$
$$=33.22\text{mm}$$

【例题 4-3】 正方形基础底面尺寸 $bl=2.8\text{m}\times2.8\text{m}$。基础埋置深度 $d=3$m，在基础底面下 1.70m 以上土的重度为 $\gamma_0=\gamma_1=17\text{kN/m}^3$，在基础底面下 1.70m 以下土的重度为 $\gamma_2=15\text{kN/m}^3$，相应于荷载效应准永久组合时的基础底面附加应力 $p_0=200\text{kN/m}^2$（如图 4-14 所示）。试按应力比法求地基压缩层厚度。

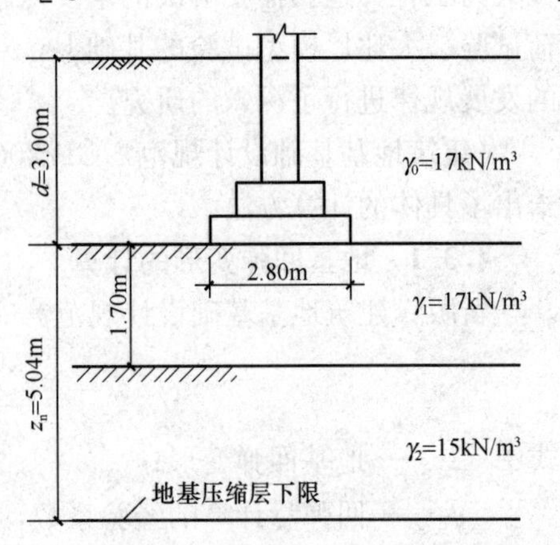

图 4-14 【例题 4-3】附图

【解】 (1) 估计地基压缩层下限位置

$$z_n=2\times2.8=5.6\text{m}>1.7\text{m}$$

即地基压缩层下限位于基底下 1.70m 以下土层

中，即 $\gamma_n=\gamma_2=15kN/m^3$。

(2) 按式 (4-21) 计算系数

$$C_1=\frac{2}{p_0}\left[\gamma_0 d+\sum_{i=1}^{n-1}(\gamma_i-\gamma_{i+1})z_i\right]=\frac{2}{200}\times[17\times3+(17-15)\times1.7]=0.544$$

(3) 按式 (4-22) 计算系数

$$C_2=C_1+\frac{b\gamma_n}{p_0}\times10=0.544+\frac{2.8\times15}{200}\times10=2.64$$

(4) 计算地基压缩层厚度

在图 4-12 的左面和右面纵坐标上分别找到 $C_1=0.544$ 和 $C_2=2.64$ 的点，并连以直线，然后从该直线与 $n=1.0$ 的曲线交点作竖直线，在水平坐标上得到 $m=1.80$。于是，地基压缩层厚度为：

$$z_n=mb=1.80\times2.80=5.04m$$

(5) 验算

根据 $n=1.0$ 和 $m=1.80$，由表 3-3 查得 $\alpha_0=0.130$，地基压缩层下限附加应力为：

$$\sigma_z=\alpha_0 p_0=0.130\times200=26kN/m^2$$

而该处自重应力为：

$$\sigma_{cz}=\sum_{i=1}^{n}\gamma_i h_i==17\times4.7+15\times(5.04-1.7)=130kN/m^2$$

因为

$$\sigma_z=26kN/m^2=0.2\sigma_{cz}=0.2\times130=26kN/m^2$$

故计算无误。

4.3 地基回弹和再压缩变形的计算

随着高层建筑的发展，超深、超大基坑日益增多，地基土的回弹、再压缩变形计算，便成为工程界迫切需要解决的重要课题。中国建筑科学研究院在室内回弹再压缩、原位载荷试验、大比尺模型试验的基础上，对回弹变形随卸荷的发展规律以及再压缩变形随加荷的发展规律进行了深入的研究。

《建筑地基基础设计规范》GB 20007—2011 编入了地基回弹再压缩变形的计算内容，给出了具体的计算方法。

4.3.1 地基回弹变形的计算

新版《建筑地基基础设计规范》GB 20007—2011 规定，地基回弹变形可按下式计算：

$$s_c=\psi_c\sum_{i=1}^{n}\frac{p_c}{E_{ci}}(z_i\bar{\alpha}_i-z_{i-1}\bar{\alpha}_{i-1})\tag{4-24}$$

式中 s_c——地基回弹变形；

ψ_c——回弹量计算的经验系数，无地区经验时可取 1.0；

p_c——基坑底面以上土的自重压力，地下水位以下应扣除浮力；

E_{si}——土的回弹模量，按《土工试验方法标准》GB/T 50123—1999“固结试验”进行试验并按回弹曲线上相应的压力段计算。

其余符号意义与前相同。

地基回弹变形计算深度 D，可取 $D=kd$，其中 k 为地基回弹变形计算深度土性影响系数，砂土取 0.89；黏性土取 1.44：淤泥及淤泥质土取 1.78❶；d 为基坑开挖深度。

式（4-24）与（4-12）在形式上虽然相同，但式（4-24）中 p_c 为基坑底面以上土的自重压力，作用方向朝上（即卸荷）；而 E_{si} 为土的回弹模量。

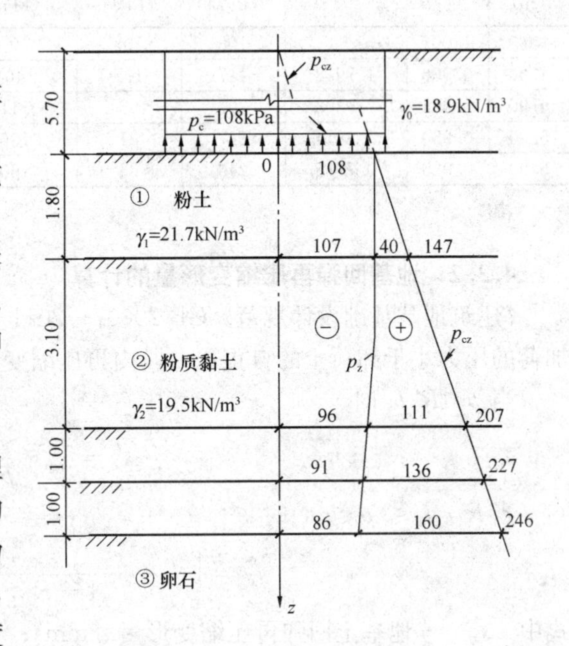

图 4-15 【例题 4-4】附图

【例题 4-4】 某高层住宅箱形基础，基础底面尺寸为 64.8m×12.8m，基础埋置深度 d=5.70m。基础埋深范围内土的重度 γ_0 = 18.9kN /m³，持力层土为 1.80m 厚的①粉土，重度为 21.7kN /m³，第二层土为 5.10 厚的②粉质黏土，重度为 19.5kN /m³，第三层土为很厚的③卵石。地基剖面图如图 4-15 所示。基底下各土层分别在自重压力下做回弹试验，测得的回弹模量见表 4-9。

试计算基坑中点地基最大回弹变形量。

土 层 回 弹 模 量 **表 4-9**

土　层	土层厚度（m）	回 弹 模 量（MPa）			
		$E_{0-0.025}$	$E_{0.025-0.05}$	$E_{0.05-0.10}$	$E_{010-0.20}$
①粉土	1.80	28.7	30.2	49.1	570
②粉质黏土	5.10	12.8	14.1	22.3	280
③卵石	6.70	无试验资料			

【解】 （1）计算基底自重压力

$$p_c = \gamma_0 d = 18.9 \times 5.7 = 108\text{kN /m}^2$$

（2）绘制土的自重压力分布图，$p_{cz} = \sum_{i=1}^{n} \gamma_i h_i$。

（3）绘制基底卸载 p_c 而引起的负值地基应力分布图，$p_z = -\alpha_0 p_c$。

（4）计算与各土层回弹模量相应压力段的地基应力值 $p_{cz} - p_z$（见表 4-10）。

（5）按式（4-24）计算各土层回弹量，最后算出总回弹量，计算过程见表 4-10。

❶ 地基回弹变形计算深度 D 值系根据参考文献［10］公式算出。

【例题 4-4】回弹量计算附表　　表 4-10

z_i (m)	$\bar{\alpha}_i$	$z_i\bar{\alpha}_i - z_{i-1}\bar{\alpha}_{i-1}$	p_{cz} (kPa)	p_z (kPa)	$p_{cz}-p_z$ (kPa)	E_{si} (MPa)	$s_i=p_c(z_i\bar{\alpha}_i-z_{i-1}\bar{\alpha}_{i-1})/E_{si}$ (mm)
0	1.000	—	108	108	0	—	—
1.80	0.996	1.7928	147	107	40	28.7	6.75
4.90	0.964	2.9308	207	96	111	22.3	14.19
5.90	0.950	0.8814	227	91	136	280	0.34
6.90	0.925	0.7775	246	86	160	280	0.30

$s=\sum s_i=21.58\text{mm}$

4.3.2　地基回弹再压缩变形量的计算

《建筑地基基础设计规范》GB 20007—2011 规定，地基回弹再压缩变形计算可采用再加荷的压力小于卸荷土的自重压力段内再压缩变形线性分布的假定计算：

当 $p<R'_0 p_c$ 时

$$s'_c = r'_0 s_c \frac{p}{p_c R'_0} \tag{4-25a}$$

当 $R'_0 p_c \leqslant p \leqslant p_c$ 时

$$s'_c = \left[r'_0 + \frac{r'_{R'=1.0} - r'_0}{1-R'_0}\left(\frac{p}{p_c} - R'_0\right)\right] s_c \tag{4-25b}$$

式中　s'_c——地基土回弹再压缩变形量（mm）；

s_c——地基的回弹变形量（mm）；

r'_0——临界再压缩比率，相应于再压缩比率与再加荷比关系曲线上两段线性线段交点对应的压缩比率，由土的回弹再压缩载荷试验确定；

R'_0——临界再加荷比，相应于再压缩比率与再加荷比关系曲线上两段线性线段交点对应的再加荷比，由土的回弹再压缩载荷试验确定；

$r'_{R'=1.0}$——对应于再加荷比 $R'=1.0$ 时的再压缩比率，由土的回弹再压缩载荷试验确定，其值等于回弹再压缩变形增大系数❶；

p——再加荷过程中的基底压力（kPa）；

p_c——基坑底面以上土的自重压力（kPa），地下水位以下应扣除浮力。

现将式（4-25a）和式（4-25b）推证如下：

图 4-16 是典型的土的回弹再压缩载荷试验关系曲线，其坐标采用相对值表示。横坐标为再加荷比 R'，即 $R'=p/p_c$。其中 p 为卸荷完成后再加荷过程中作用于基底的压力（kPa）；p_c 为基底以上土的自重压力（kPa）。纵坐标为再压缩比率 r'，即 $r'=s'_c/s_c$。其中 s'_c 为地基土回弹再压缩变形量（mm）；s_c 为地基的回弹变形量（mm）。

土的回弹再压缩载荷试验关系曲线简称 $r'-R'$ 关系曲线。由图中可见，它是由三段线段：$\overline{OA}$、$\overline{AB}$和$\overline{BC}$组成。其中$\overline{OA}$、$\overline{BC}$线段接近直线，$\overline{AB}$线段为曲线。为了便于计算，可将 $r'-R'$ 关系曲线用两条直线$\overline{OA}$和$\overline{BC}$代替。设两直线的交点 D 的横坐标为 R'_0，纵坐标为 r'_0，并分别称为临界再加荷比和临界再压缩比率。显然，将 $r'-R'$ 关系曲线以两直

❶　根据室内压缩试验和现场载荷试验结果，地基回弹再压缩量大于回弹量，其比值称为回弹再压缩变形增大系数（参见图 4-16）。

线段代替这一处理方案是偏于安全的。

再压缩比率 r' 和再加荷比 R'，可由土的平板载荷试验卸载再加载试验测定。参见《建筑地基基础设计规范》GB 20007—2011“条文说明”。

当 $p<R'_0 p_c$ 时，由图 4-16 中的几何关系可得：

$$\tan\alpha = \frac{r'_0}{R'_0} = \frac{r'}{R'}$$

注意到，$r' = \frac{s'_c}{s_c}$ 和 $R' = \frac{p}{p_c}$，把它们代入上式，经化简后就可得到式（4-25a）：

$$s_c = r'_0 s_c \frac{p}{p_c R'_0}$$

当 $R'_0 p_c \leqslant p \leqslant p_c$ 时，由图 4-16 中的几何关系可得：

$$\tan\beta = \left(\frac{r'_{R'=1} - r'_0}{1 - R'_0}\right) = \left(\frac{r' - r'_0}{R' - R'_0}\right)$$

同样，将 $r' = \frac{s'_c}{s_c}$ 和 $R' = \frac{p}{p_c}$ 代入上式，经简单变换后，就得到式（4-25b）：

$$s'_s = \left[r'_0 + \frac{r'_{R'=1.0} - r'_0}{1 - R'_0}\left(\frac{p}{p_c} - R'_0\right)\right] s_c$$

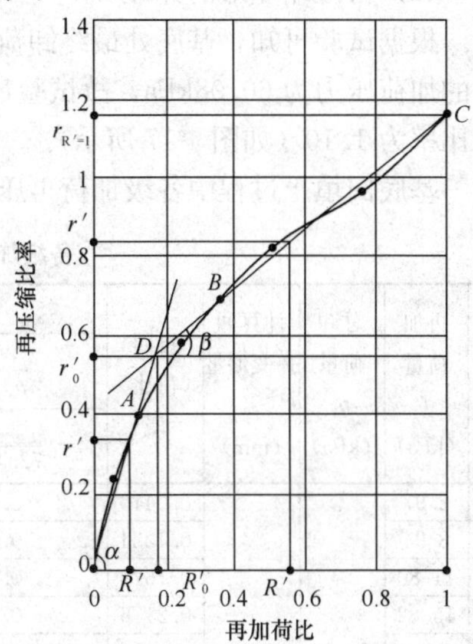

图 4-16 典型的土回弹再压缩试验关系曲线

综上所述，地基回弹再压缩变形的计算步骤可归纳为：

（1）进行地基土的固结回弹再压缩试验，得到需要进行回弹再压缩计算土层的计算参数。每层土试验土样的数量不得少于 6 个，按《岩土工程勘察规范》GB 50021—2001 的要求统计分析确定计算参数。

（2）按式（4-24）计算地基回弹变形量。

（3）绘制再压缩比率和再加荷比关系曲线，确定 r'_0 和 R'_0 值。

（4）按式（4-25a）和式（4-25b）计算回弹再压缩变形量。

（5）进行回弹再压缩变形量计算，若再压缩变形计算的最终压力小于卸载压力，则 $r'_{R'=1.0}$ 可取 $r'_{R'=a}$，其中 a 为再压缩变形计算的最终压力对应的加荷比，$a \leqslant 1.0$。

【例题 4-5】 中国建筑科学研究院为了对回弹变形随卸载发展规律以及再压缩变形随加载发展规律进行了大比尺模型试验。基底处最终卸荷压力为 72.45kPa，经计算得基坑回弹变形量为 5.14mm，根据模型试验结果，基底处土体再压缩比率和再加荷比关系曲线（$r'-R'$ 关系曲线）如图 4-17 所示。

试计算基础底面回填土过程中各级加荷再压缩变形量。

【解】（1）由 $r'-R'$ 关系曲线确定计算参数 r'_0、R'_0

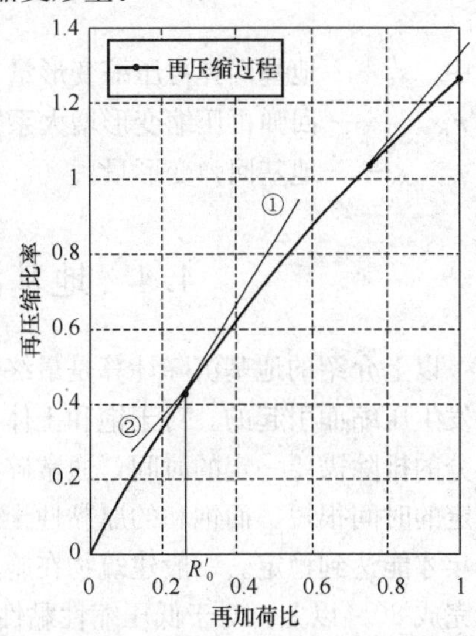

图 4-17 $r'-R'$ 关系曲线

根据土体再压缩变形曲线采用两直线线性关系，故其直线①与直线②的交点的纵、横坐标即为 r'_0 和 R'_0 值，由图 4-16 查得 $R'_0=0.25$、$r'_0=0.42$。

（2）再压缩变形的计算

根据试验可知，基底处最终卸荷压力为 72.45kPa，由表 4-11 可知，因最终加荷完成时的加荷压力为 60.08kPa，故试验最终加荷比为60.08/72.45＝0.8293，这时对应的再压缩比率为 1.10（如图 4-17 所示）。

基底回填土过程中各级加荷再压缩变形量的计算过程见表 4-11。

各级加荷再压缩变形沉降量计算 **表 4-11**

工况序号	再加荷量 p (kPa)	总卸荷量 p_c (kPa)	计算回弹变形量 s_c (mm)	再回荷比 R'	$p<R'_0\cdot p_c$		$R'_0\cdot p_c\leqslant p\leqslant p_c$	
					$\frac{p}{p_c\cdot R'_0}=\frac{p}{72.45\times0.25}$	再压缩变形量 (mm)	$r'_0+\frac{r'_{R'=0.8293}-r'_0}{1-R'_0}\left(\frac{p}{p_c}-R'_0\right)=0.42+0.9067\left(\frac{p}{p_c}-0.25\right)$	再压缩变形量 (mm)
1	2.97	72.45	5.14	0.0410	0.1640	0.354	—	—
2	8.94			0.1234	0.4936	1.066	—	—
3	11.80			0.1628	0.6515	1.406	—	—
4	15.62			0.2156	0.8624	1.862	—	—
5	—			0.25	—	—	0.42	2.16
6	39.41			0.5440	—	—	0.6866	3.53
7	45.95			0.6342	—	—	0.7684	3.94
8	54.41			0.7510	—	—	0.8743	4.49
9	60.08			0.8293	—	—	0.9453	4.86

由表 4-11 可见，回填完成时基底最终再压缩变形量为 4.86mm。根据模型实测结果，基底最终再压缩变形量为 4.98mm。

由【例题 4-5】可见，按式（4-25a）和式（4-25b）可算出各加载阶段压力作用下的再压缩变形量。实际上，在地基变形计算中，一般只需算出最大再压缩变形量，将 $R'=p/p_c=1.0$ 代入（4-25b）则得最大再压缩变形量：

$$s'_c=r'_{R'=1.0}s_c \tag{4-26}$$

式中 s'_c——地基回弹再压缩变形量；

$r'_{R'=1.0}$——回弹再压缩变形增大系数，由土的回弹再压缩试验确定；

s_c——地基回弹变形量。

4.4 地基沉降与时间关系的估算

以上介绍的地基沉降计算是最终沉降量，是在荷载产生的附加应力作用下，使土的孔隙发生压缩而引起的。对于饱和土体压缩，必须使孔隙中的水分排出后才能完成。孔隙中水分的排除需要一定的时间，通常碎石土和砂土地基渗透性大、压缩性小，地基沉降趋于稳定的时间很短。而饱和的厚黏性土地基的孔隙小、压缩性大，沉降往往需要几年甚至几十年才能达到稳定。一般建筑物在施工期间完成的沉降量，对于砂土可认为其最终沉降量已完成 80%以上；对于低压缩性黏性土可以认为已完成最终沉降量的 50%～80%；对于中压缩性土可以认为已完成 20%～50%；对于高压缩性土可以认为已完成 5%～20%。

在建筑物设计中，除了要计算地基最终沉降量以外，有时还需要知道沉降与时间的关系，以便预留建筑物有关部分之间的净空，选择连接方法和施工顺序。对发生裂缝、倾斜等事故的建筑物，也需要知道沉降与时间的关系，以便对沉降计算值和实测值进行分析。

地基沉降与时间关系可采用固结理论或经验公式估算。实践表明，在分析大量的建筑沉降观测资料的基础上推测出来的经验公式具有重要的现实意义，它可以用来推算最终沉降量，研究建筑物沉降规律的发展趋势，还可以用来分析建筑物的安全性能和采取加固措施的必要性。

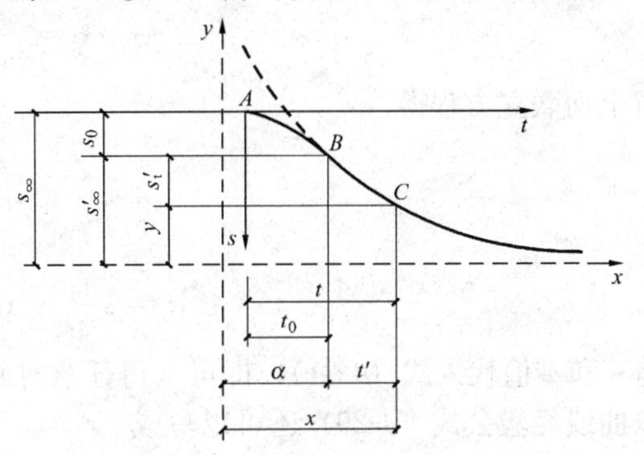

图 4-18　双曲线经验公式推证附图

目前的经验公式一般采用双曲线型和指数型两种，本书只介绍用双曲线经验公式估算地基沉降与时间的关系。

如图 4-18 所示，实测沉降曲线自拐点 B 以右的曲线，可近似地采用双曲线。

双曲线方程为

$$xy = k \tag{4-27}$$

其中

$$x = a + t' \qquad y = s'_\infty - s'_t$$

且当 $x=a$；$y=s'_\infty$时，

$$as'_\infty = k \tag{4-28}$$

将公式（4-28）代入公式（4-27），得

$$s'_t = s'_\infty \frac{t'}{a+t'} \tag{4-29}$$

最终沉降量 s_∞

$$s_\infty = s_0 + s'_\infty \tag{4-30}$$

在式（4-29）和式（4-30）中：

a——待定系数；

t'——从实测沉降曲线拐点处开始计时的观测时间；

s'_t——以沉降曲线拐点处为原点在时间 t'时测得的沉降量（mm）；

s_0——沉降曲线拐点处的沉降量（mm）；

s'_∞——待求的以沉降曲线拐点为原点的地基最终沉降量（mm）；

s_∞——建筑物最终沉降量（mm）。

当实测数据较少时，可近似采用图 4-19 的处理方法，将计时的起点选在施工期 T 一半，这样经验公式简化为

$$s_t = s\frac{t}{a+t} \tag{4-31}$$

式中　s_t——在时间 t（从施工期一半开始算）时的实测沉降量（mm）；

s——待求的地基最终沉降量（mm）；

a——待定的经验系数。

为了确定公式（4-31）中两个待定值 s 和 a，可从实测沉降一时程（$s-t$）曲线（图

4-19）的后边部分任取两组 t_1、s_1 和 t_2、s_2 值，然后代入式（4-31）中，得

$$s_1 = \frac{t_1}{a + t_1} s \tag{4-32a}$$

$$s_2 = \frac{t_2}{a + t_2} s \tag{4-32b}$$

解上面联立方程得

$$s = \frac{t_2 - t_1}{\dfrac{t_2}{s_2} - \dfrac{t_1}{s_1}} \tag{4-33}$$

$$a = s\frac{t_1}{s_1} - t_1 = \frac{t_2}{s_2} s - t_2 \tag{4-34}$$

将 s 和 a 值代入式（4-31），即可求得任意时间 t 的沉降量。

双曲线经验公式（4-29）还可以写成

$$\frac{1}{s'_{\mathrm{t}}} = \frac{1}{s'_{\infty}} + \frac{a}{s'_{\infty}}\left(\frac{1}{t'}\right) \tag{4-35}$$

公式（4-35）是一个以$\frac{1}{t'}$为自变量、$\frac{1}{s'_{\mathrm{t}}}$为函数的线性方程，以$\frac{1}{s'_{\mathrm{t}}}$为纵坐标，$\frac{1}{t'}$为横坐标，根据实测沉降资料绘制$\frac{1}{s'_{\mathrm{t}}}$与$\frac{1}{t'}$的散点图，求出回归直线（图 4-20），则直线与$\frac{1}{s'_{\mathrm{t}}}$轴相交的截距，即为所求沉降量 s'_{∞} 的倒数$\frac{1}{s'_{\infty}}$。

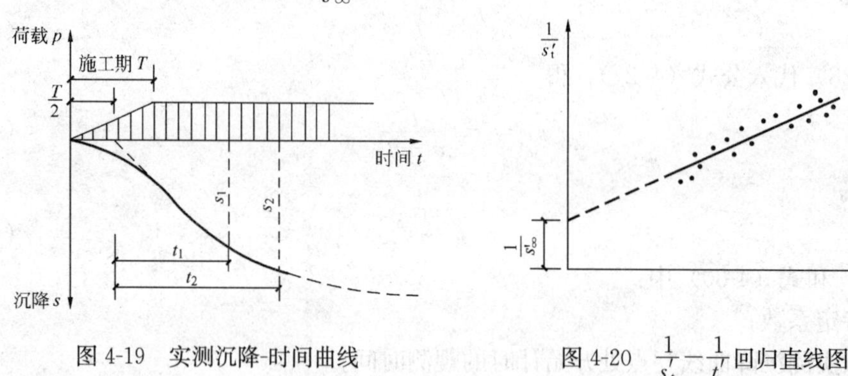

图 4-19　实测沉降-时间曲线　　图 4-20　$\frac{1}{s'_{\mathrm{t}}}-\frac{1}{t'}$回归直线图

小　结

1. 地基在荷载作用下，土层将产生压缩变形，使建筑物产生沉降。土在压力作用下体积减小的特性称为土的压缩性。

2. 试验研究表明，在一般工程压力 100～600kN/m^2 作用下，土颗粒和水的压缩很小，可以忽略不计。所以，土的压缩可看作是由于孔隙中水和空气被挤出，使土中孔隙体积减小产生的。土的压缩随时间而增长的过程，称为土的固结。

3. 土的孔隙比随压力变化的曲线称为压缩曲线，或 $e-p$ 曲线。根据土的压缩曲线可判别土的压缩性和计算地基的变形。

从压缩曲线可以看出，当压力变化范围不大时，曲线段可以近似地以直线$\overline{m_1 m_2}$表示(图 4-3)，并称

$$a = \tan\beta = 1000\,\frac{e_1 - e_2}{p_2 - p_1}$$

为压缩系数 a，它表示单位压力下孔隙比的变化。显然，压缩系数愈大，土的压缩性就愈大。土的压缩系数并不是常数，而是随压力 p_1、p_2 的数值的改变而变化。在评价地基压缩性时，一般取 $p_1 = 100\text{kPa}$，$p_2 = 200\text{kPa}$，并将相应的压缩系数记作 a_{1-2}。

除采用压缩系数 a_{1-2} 表示土的压缩性外，工程中还常采用压缩模量 E_s 表示土的压缩性。它的定义是，土在完全侧限的情况下竖向压力增量与相应应变之比。它与压缩系数 a_{1-2} 有下列关系：

$$E_{s(1-2)} = \frac{1 + e_1}{a_{1-2}}$$

除采用压缩系数 a_{1-2} 和压缩模量 $E_{s(1-2)}$ 表示土的压缩性外，工程中也常采用弹性模量 E_0 表示土的压缩性。弹性模量通过野外载荷试验确定。

4. 地基最终沉降量可采用分层总和法计算，也可采用《建筑地基基础设计规范》法计算。本教材将《建筑地基基础设计规范》所建议的计算法作了简化，使计算过程得以缩短。

5. 随着高层建筑的发展，超深、超大基坑日益增多，地基土的回弹、再压缩变形计算，便成为工程界迫切需要解决的重要课题。新版《建筑地基基础设计规范》首次将这一内容编入规范，并给出了具体的计算方法。

思 考 题

4-1 什么是土的压缩性？什么是压缩系数？怎样用土的压缩系数评定土的压缩性？

4-2 什么是土的压缩模量？什么是土的变形模量？两者有何关系？

4-3 如何按《建筑地基基础设计规范》GB 50007—2011 方法计算地基沉降量？

4-4 如何按《建筑地基基础设计规范》GB 50007—2011 方法计算地基回弹再压缩沉降量？

计 算 题

4-1 已知独立基础，承受结构荷载 $Q = 800\text{kN}$。基础底面尺寸 $bh = 2\text{m} \times 2\text{m}$，基础埋深 $d = 2\text{m}$。各层土的物理和力学指标如图 4-21 所示。

试按规范方法计算基础的沉降量。

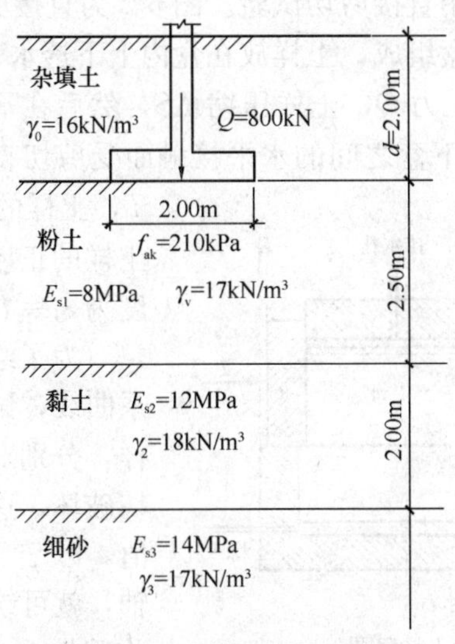

图 4-21 计算题题 4-1 附图

第5章 土的抗剪强度与地基承载力

5.1 概 述

土体在荷载作用下，土中应力将发生变化，当土中剪应力超过土的抗剪强度时，土体将沿某一滑裂面滑动，而呈现剪切破坏，使土体丧失稳定性。因此，土的强度实质上就是土的抗剪强度。图5-1所示为土坝、基槽和建筑物地基失稳的示意图。

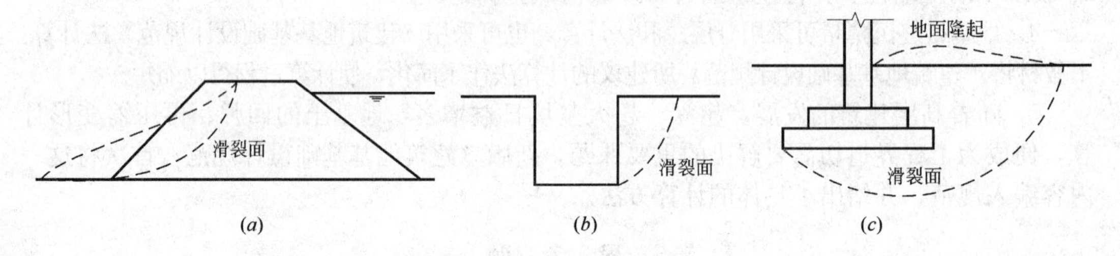

图5-1 土坝、基槽和建筑物地基失稳示意图

(a) 土坝；(b) 基槽；(c) 建筑物地基

在工程实践中，边坡、路基、土坝等土工构筑物丧失稳定性的例子是相当多的，而建筑物地基失稳的事故也有发生。因此，为了保证土工构筑物和地基的稳定性，就必须研究土的抗剪强度、土的极限平衡条件以及地基土的承载力。

5.2 土 的 抗 剪 强 度

测定土的抗剪强度可采用直接剪切试验。图5-2为直接剪切仪示意图。该仪器主要部分由固定的上盒和活动的下盒组成，土样放在盒内上下透水石（供排水之用）之间。试验时，先通过加荷板施加法向压力 Q，土样压缩 ΔS，然后在下盒施加水平力，使其发生水平位移 Δl，而使土样沿上、下盒之间的水平接触面受剪切直至破坏。设这时的水平力为 T，土样的水平断面积为 A，则作用在土样的正应力为 $\sigma=QA$，而土的抗剪强度为 $\tau_f=TA$ 。

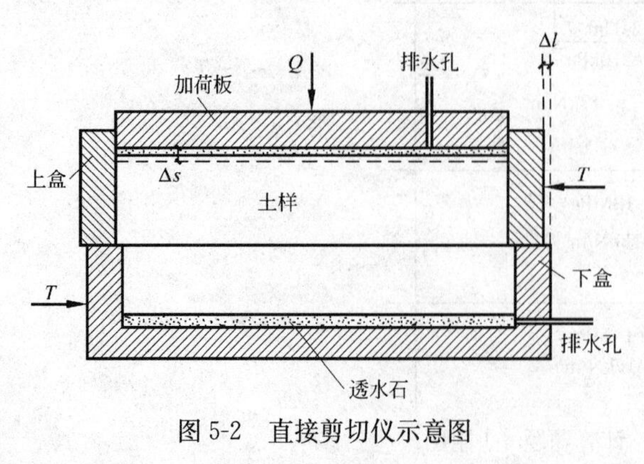

图5-2 直接剪切仪示意图

为了绘出抗剪强度 τ_f 与正应力 σ 关系曲线，试验时，一般用六个相同的土样，分别对它们加不同的正应力使其剪切破坏，这样，可得到六个 τ_f 和 σ 的数值，以 τ_f 为纵坐标轴，以 σ 为横坐标轴，就可绘出抗剪强度 τ_f 和正应力 σ 的关系曲线。

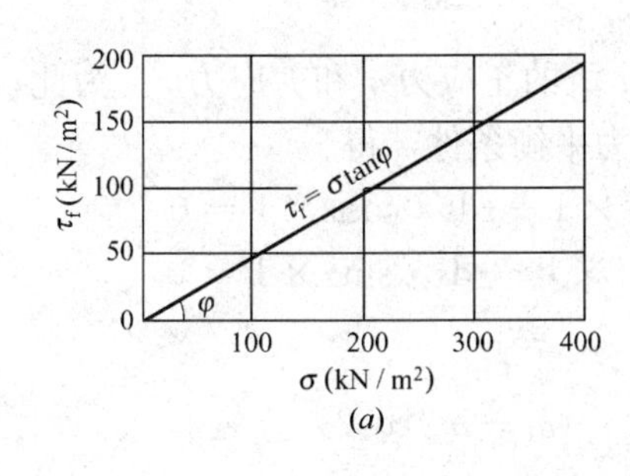

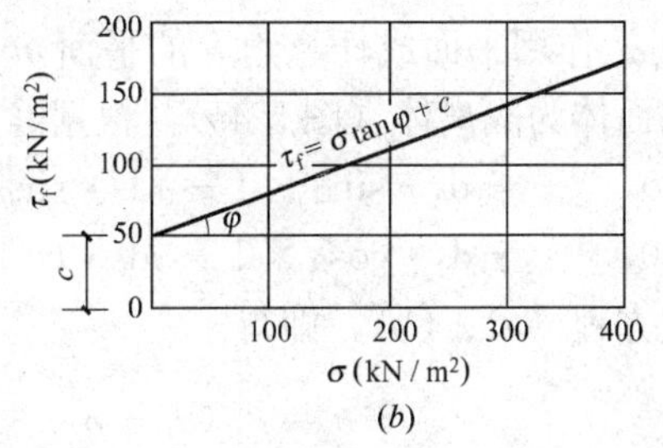

图 5-3　抗剪强度 τ_f 与正应力 σ 关系曲线

(*a*) 砂土；(*b*) 黏性土和粉土

对于砂土，τ_f 与 σ 的关系曲线是通过原点，而与横坐标轴成 φ 角的一条直线（图5-3*a*），其方程为

$$\tau_f = \sigma\tan\varphi \tag{5-1a}$$

式中　τ_f——土的抗剪强度（kN/m²）；

σ——正应力（kN/m²）；

φ——土的内摩擦角（°）。

对于黏性土和粉土，τ_f 和 σ 之间关系基本上仍成直线关系，但这条直线不通过原点，而与纵坐标轴形成一截距 c（图 5-3*b*），其方程为

$$\tau_f = \sigma\tan\varphi + c \tag{5-1b}$$

式中　c——土的黏聚力（kN/m²）。

其余符号的意义与前相同。

由式（5-1）可以看出，砂土的抗剪强度是由正应力产生的内摩擦力 $\sigma\tan\varphi$（$\tan\varphi$ 称为内摩擦系数）形成的；而黏性土和粉土的抗剪强度是由内摩擦力和黏聚力形成的。在正应力 σ 一定的条件下，c、φ 愈大，抗剪强度 τ_f 愈大，故称 c、φ 为土的抗剪强度指标。

5.3　土的极限平衡理论

在荷载作用下，地基内任一点都将产生应力，当通过该点某一方向的平面上的剪应力等于土的抗剪强度，即

$$\tau = \tau_f \tag{5-2}$$

时，就称该点处于极限平衡状态。式（5-2）就称为土的极限平衡条件。所以，土的极限平衡条件也就是土的剪切破坏条件。但是，直接应用式（5-2）来分析土的极限平衡状态，在使用上是很不方便的。为了解决这一问题，一般做法是，将式（5-2）进行变换：将通过某点的剪切面上的剪应力以该点的主平面上的主应力表示；而土的抗剪强度以剪切面上的正应力和土的抗剪强度指标表示。然后代入式（5-2），经化简后就可得到实用的土的极限平衡条件。

5.3.1　土中某点的应力状态

为了求得实用的土的极限平衡条件的表达式，我们先来研究土中某点的应力状态。为简单起见，先研究平面问题情况。从地基内任意点取出一微分体（垂直纸面方向的长度为1）（图 5-4*a*），作用在该微分体上的最大和最小主应力分别为 σ_1 和 σ_3。现求在微分体内与

最大主应力 σ_1 作用平面成任意角 α 的平面 mn 上的正应力 σ 和剪应力 τ。为此，我们取微分三角形斜面体为隔离体（图 5-4*b*），根据静力平衡条件，得

$$\Sigma X = 0, \quad \sigma_3 ds \cdot \sin\alpha \times 1 - \sigma ds \cdot \sin\alpha \times 1 + \tau ds \cdot \cos\alpha \times 1 = 0 \quad \text{(a)}$$

$$\Sigma Y = 0, \quad \sigma_1 ds \cdot \cos\alpha \times 1 - \sigma ds \cdot \cos\alpha \times 1 - \tau ds \cdot \sin\alpha \times 1 = 0 \quad \text{(b)}$$

解上面联立方程（a）、（b），即得

$$\sigma = \frac{1}{2}(\sigma_1 + \sigma_3) + \frac{1}{2}(\sigma_1 - \sigma_3)\cos 2\alpha \quad \text{(5-3a)}$$

$$\tau = \frac{1}{2}(\sigma_1 - \sigma_3)\sin 2\alpha \quad \text{(5-3b)}$$

上式 σ 和 τ 就是所要求的斜面 mn 上的正应力和剪应力。它们还可以用图解法求得：在直角坐标系中（图 5-5），以 σ 为横坐标轴，以 τ 为纵坐标轴，按一定比例尺，在 σ 轴上截取 OB 和 OC 分别等于 σ_3 和 σ_1，以 O_1 为圆心，以 $\frac{1}{2}$（$\sigma_1 - \sigma_3$）为半径作一圆，并从 O_1C 开始逆时针旋转 2α 角，在圆周上得到一点 A。不难证明，A 点的横坐标就是斜面 mn 上的正应力 σ，纵坐标就是剪应力 τ。

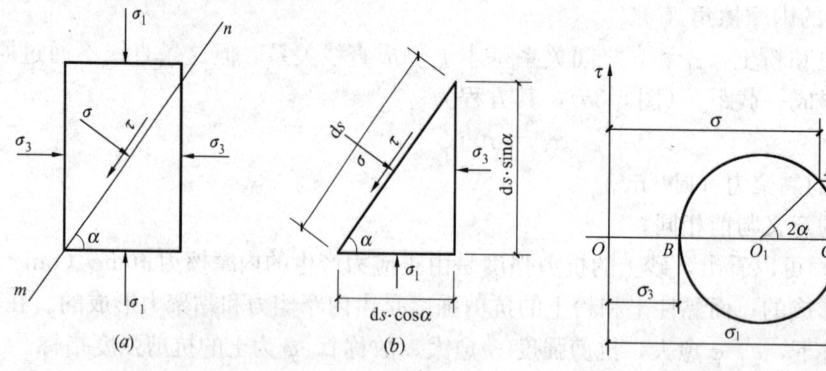

图 5-4　土中任一点的应力

（*a*）微分体上的应力；（*b*）隔离体上的应力

图 5-5　用应力圆求正应力和剪应力

实际上，A 点的横坐标

$$OB + BO_1 + O_1A\cos 2\alpha = \sigma_3 + \frac{1}{2}(\sigma_1 - \sigma_3) + \frac{1}{2}(\sigma_1 - \sigma_3)\cos 2\alpha$$

$$= \frac{1}{2}(\sigma_1 + \sigma_3) + \frac{1}{2}(\sigma_1 - \sigma_3)\cos 2\alpha = \sigma$$

而 A 点的纵坐标

$$O_1A\sin 2\alpha = \frac{1}{2}(\sigma_1 - \sigma_3)\sin 2\alpha = \tau$$

上述用图解法求应力所采用的圆通常称为摩尔应力圆。因为应力圆上的点的横坐标表示土中某点在相应斜面上的正应力，纵坐标表示剪应力。所以，我们可应用应力圆来研究土中任一点的应力状态。

【例题 5-1】　已知土中某点的最大主应力 $\sigma_1 = 500kN/m^2$，最小主应力 $\sigma_3 = 200kN/m^2$。试分别用式（5-3）和图解法计算与最大主应力作用平面成 30°角的平面上的正应力和剪应力。

【解】 (1) 按式 (5-3) 计算

$$\sigma=\frac{1}{2}(\sigma_1+\sigma_3)+\frac{1}{2}(\sigma_1-\sigma_3)\cos2\alpha$$

$$=\frac{1}{2}(500+200)+\frac{1}{2}(500-200)\cos60^\circ=425\text{kN/m}^2$$

$$\tau=\frac{1}{2}(\sigma_1-\sigma_3)\sin2\alpha=\frac{1}{2}(500-200)\sin60^\circ=130\text{kN/m}^2$$

(2) 按应力圆确定

绘直角坐标系，按比例尺在横坐标轴上标出 $\sigma_3=200\text{kN/m}^2$ 和 $\sigma_1=500\text{kN/m}^2$，以 $\sigma_3=300\text{kN/m}^2$ 为直径绘圆，从横坐标轴开始逆时针旋转 $2\alpha=60^\circ$ 角，在圆周上得 A 点（图 5-6）。以相同的比例尺量得 A 的横坐标，即 $\sigma=425\text{kN/m}^2$，纵坐标，即 $\tau=130\text{kN/m}^2$。

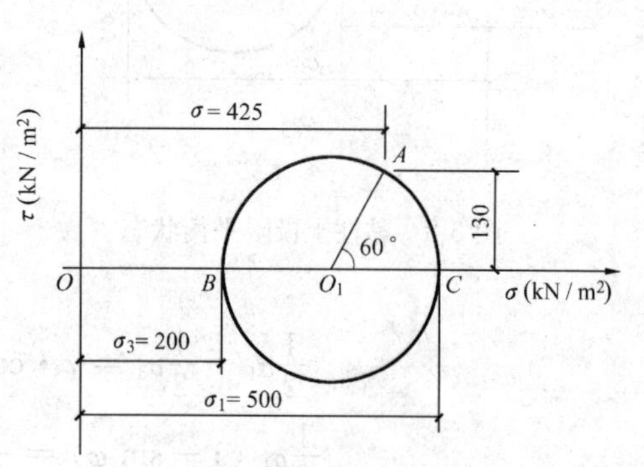

图 5-6 【例题 5-1】附图

5.3.2 土的极限平衡条件

为了建立实用的土的极限平衡条件，将土体中某点的应力圆和土的抗剪强度与正应力关系曲线（简称抗剪强度线）画在同一直角坐标系中（图 5-7），这样，就可判断土体在这一点上是否达到极限平衡状态。

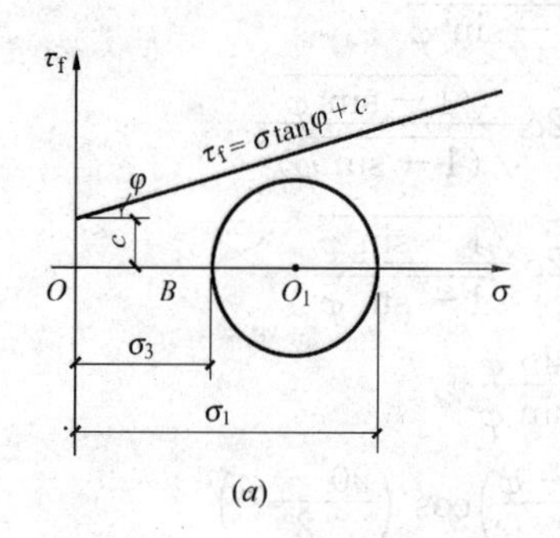

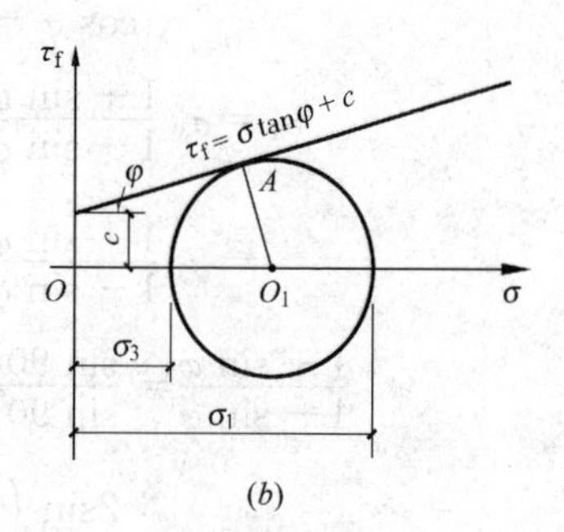

图 5-7 应力圆与土的抗剪强度之间的关系

(a) 土处于弹性平衡状态；(b) 土处于极限平衡状态

我们知道，应力圆上的每一点的横坐标和纵坐标分别表示通过土体中某点在相应平面上的正应力 σ 和剪应力 τ，若应力圆位于抗剪强度线下方（图 5-7a），即通过该点任一方向的剪应力 τ 均小于土的抗剪强度 τ_f，则该点土不会发生剪切破坏，而处于弹性平衡状态；若应力圆恰好与抗剪强度线相切（图 5-7b），切点为 B，则说明切点 B 所代表的平面上的剪应力 τ 等于图 5-8 黏性土极限平衡状态抗剪强度 τ_f，即表示该点土处于极限平衡状态根据应力圆与抗剪强度曲线相切的几何关系，就可建立极限平衡条件。下面以黏性土为例，说明建立极限平衡条件的过程。

将抗剪强度线延长，并与横坐标轴 σ 相交于 O' 点，见图 5-8，则 $O'O=c\cdot\cot\varphi$。由图 5-8 中三角形 $AO'O_1$，得

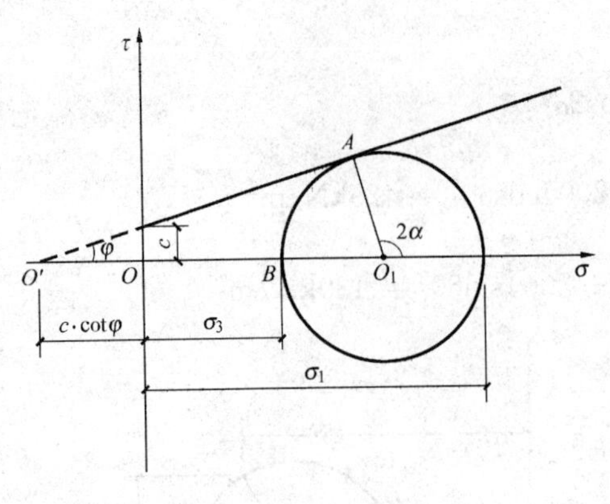

图 5-8　黏性土极限平衡状态

$$\sin\varphi=\frac{\overline{AO_1}}{\overline{O'O_1}}=\frac{\frac{1}{2}(\sigma_1-\sigma_3)}{c\cdot\cot\varphi+\frac{1}{2}(\sigma_1+\sigma_3)} \tag{5-4}$$

由此

$$\frac{1}{2}(\sigma_1-\sigma_3)=\left[c\cdot\cot\varphi+\frac{1}{2}(\sigma_1+\sigma_3)\right]\sin\varphi$$

$$\frac{1}{2}(\sigma_1-\sigma_3)=\left[c\cdot\frac{\cos\varphi}{\sin\varphi}+\frac{1}{2}(\sigma_1+\sigma_3)\right]\sin\varphi$$

$$\frac{1}{2}(\sigma_1-\sigma_3)=c\cdot\cos\varphi+\frac{1}{2}(\sigma_1+\sigma_3)\sin\varphi$$

或

$$\frac{1}{2}\sigma_1-\frac{1}{2}\sigma_3=c\cdot\cos\varphi+\frac{1}{2}\sigma_1\sin\varphi+\frac{1}{2}\sigma_3\sin\varphi$$

$$\frac{1}{2}\sigma_1(1-\sin\varphi)=\frac{1}{2}\sigma_3(1+\sin\varphi)+c\cdot\cos\varphi$$

由此

$$\sigma_1=\sigma_3\frac{1+\sin\varphi}{1-\sin\varphi}+2c\frac{\cos\varphi}{1-\sin\varphi}$$

因为

$$\sin^2\varphi+\cos^2\varphi=1$$

所以

$$\cos\varphi=\sqrt{1-\sin^2\varphi}$$

由此

$$\sigma_1=\sigma_3\frac{1+\sin\varphi}{1-\sin\varphi}+2c\frac{\sqrt{1-\sin^2\varphi}}{\sqrt{(1-\sin\varphi)^2}}$$

$$=\sigma_3\frac{1+\sin\varphi}{1-\sin\varphi}+2c\frac{\sqrt{1+\sin\varphi}}{\sqrt{1-\sin\varphi}} \tag{5-5}$$

因为

$$\frac{1+\sin\varphi}{1-\sin\varphi}=\frac{\sin 90^\circ+\sin\varphi}{\sin 90^\circ-\sin\varphi}$$

$$=\frac{2\sin\left(\frac{90^\circ+\varphi}{2}\right)\cos\left(\frac{90^\circ-\varphi}{2}\right)}{2\sin\left(\frac{90^\circ-\varphi}{2}\right)\cos\left(\frac{90^\circ+\varphi}{2}\right)}$$

$$=\frac{\sin\left(45^\circ+\frac{\varphi}{2}\right)\cos\left(45^\circ-\frac{\varphi}{2}\right)}{\sin\left(45^\circ-\frac{\varphi}{2}\right)\cos\left(45^\circ+\frac{\varphi}{2}\right)}$$

又因为

$$\cos\left(45^\circ-\frac{\varphi}{2}\right)=\sin\left(45^\circ+\frac{\varphi}{2}\right)$$

$$\sin\left(45^\circ-\frac{\varphi}{2}\right)=\cos\left(45^\circ+\frac{\varphi}{2}\right)$$

所以

$$\frac{1+\sin\varphi}{1-\sin\varphi}=\frac{\sin\left(45^\circ+\frac{\varphi}{2}\right)\sin\left(45^\circ+\frac{\varphi}{2}\right)}{\cos\left(45^\circ+\frac{\varphi}{2}\right)\cos\left(45^\circ+\frac{\varphi}{2}\right)}=\frac{\sin^2\left(45^\circ+\frac{\varphi}{2}\right)}{\cos^2\left(45^\circ+\frac{\varphi}{2}\right)}$$

将上面关系式代入式（5-5）。得：

$$\sigma_1 = \sigma_3 \tan^2\left(45^\circ + \frac{\varphi}{2}\right) + 2c\tan\left(45^\circ + \frac{\varphi}{2}\right) \tag{5-6a}$$

$$\sigma_3 = \sigma_1 \tan^2\left(45^\circ - \frac{\varphi}{2}\right) - 2c\tan\left(45^\circ - \frac{\varphi}{2}\right) \tag{5-6b}$$

式（5-6a）、式（5-6b）就是黏性土与粉土的极限平衡条件。

由图 5-8 的几何关系还可求得剪切面的位置，因为

$$2\alpha = 90 + \varphi$$

故滑动面与最大主应力作用平面的夹角为

$$\alpha = 45^\circ + \frac{\varphi}{2} \tag{5-7}$$

对于砂土，由于黏聚力 $c=0$，则由式（5-6a）和式（5-6b）可求得无黏性土的极限平衡条件为

$$\sigma_1 = \sigma_3 \tan^2\left(45^\circ + \frac{\varphi}{2}\right) \tag{5-8a}$$

或

$$\sigma_3 = \sigma_1 \tan^2\left(45^\circ - \frac{\varphi}{2}\right) \tag{5-8b}$$

其滑动面与最大主应力作用平面的夹角仍为

$$\alpha = 45^\circ + \frac{\varphi}{2}$$

5.4 土的抗剪强度指标的测定方法

土的抗剪强度指标 c、φ 是土的重要力学指标，在确定地基土的承载力、挡土墙的土压力以及验算土坡的稳定性等，都要用到土的抗剪强度指标。因此，正确地测定和选择土的抗剪强度指标是土工计算中十分重要的问题。

土的抗剪强度指标通过土工试验确定。室内试验常用的方法有直接剪切试验、三轴剪切试验；现场原位测试的方法有十字板剪切试验和大型直剪试验。

5.4.1 直接剪切试验

图 5-9 所示为应变控制式直剪仪示意图。垂直压力由杠杆系统通过加压活塞和透水石传给土样，水平剪力则由轮轴推动活动的下盒施加给土样，土的抗剪强度可由量力环的位移值确定。

直接剪切试验是测定土的抗剪强度指标常用的一种试验方法。它具有仪器设备简单、操作方便等优点。它的缺点是，剪应力沿剪切面分布不均匀，不易控制排水条件，在试验过程中剪切面变化等。直接剪切试验适用于乙、丙级建筑的可塑状态黏性土与饱和度不大于 0.5 的粉土。

5.4.2 三轴剪切试验

三轴剪切仪由受压室、周围压力控制系统、轴向加压系统、孔隙水压力系统以及试样体积变化量测系统等组成（图 5-10）。

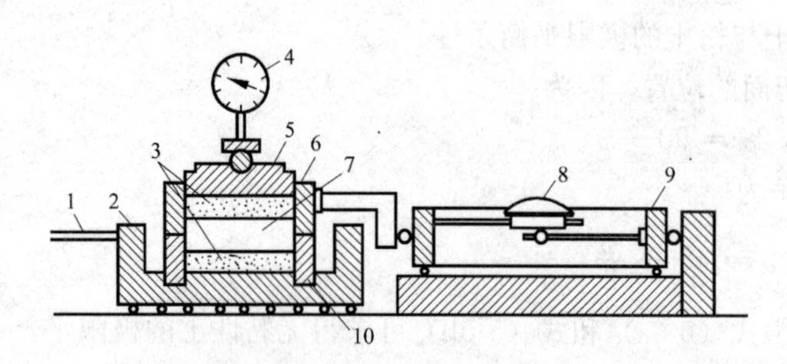

图 5-9　应变控制式直剪仪

1—轮轴；2—底座；3—透水石；4—测微表；5—活塞；6—上盒；7—土样；8—测微表；9—量力环；10—下盒

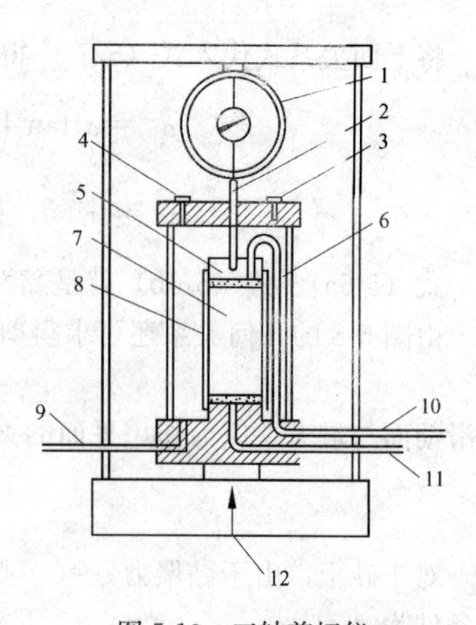

图 5-10　三轴剪切仪

1—量力环；2—活塞；3—进水孔；4—排水孔；5—试样帽；6—受压室；7—试样；8—乳胶膜；9—接周围压力控制系统；10—接排水管；11—接孔隙水压力系统；12—接轴向加压系统

试验时，圆柱体土样用乳胶膜包裹，放入压力室内。先向压力室内压入液体，使试样受到周围压力 σ_3 并使压力 σ_3 在试验过程中保持不变，然后在压力室上端的活塞杆上施加垂直压力直至土样受剪破坏，设破坏时由活塞杆加在土样上的垂直压力为 $\Delta\sigma_1$，则土样上的最大主应力为 $\sigma_1=\sigma_3+\Delta\sigma_1$，而最小主应力为 σ_3。由 σ_1 和 σ_3 可绘出一个摩尔圆。用同一种土制成若干土样按上述方法进行试验，对每个土样施加不同的周围压力 σ_3，分别求得剪切破坏时对应的最大主应力 σ_1，将这些结果绘成一组摩尔圆。根据土的极限平衡条件可知，通过这些摩尔圆的切点的直线就是土的抗剪强度线，由此可得抗剪强度指标 c 和 φ 值（图 5-11）。

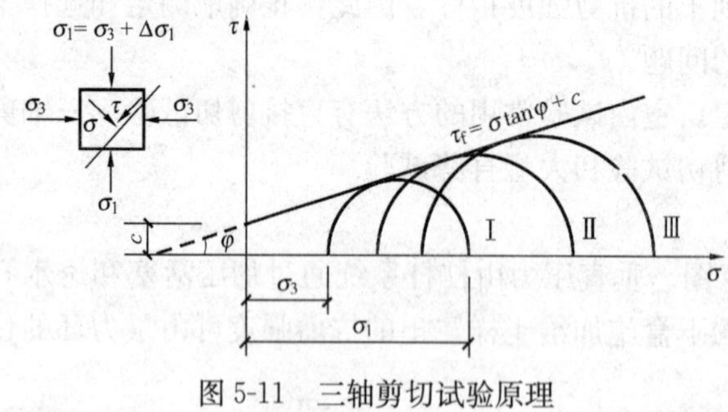

图 5-11　三轴剪切试验原理

三轴剪切仪有较多的优点，所以《建筑地基基础设计规范》推荐采用，特别是对于甲级建筑物地基土应予采用。

5.4.3　十字板剪切试验

十字板剪切仪示意图如图 5-12 所示。试验时，先钻孔至需要试验的土层深度以上 750mm 处，然后将装有十字板的钻杆放入钻孔底部，并插入土中 750mm，施加扭矩使钻杆旋转直至土体剪切破坏。土体剪切面为十字板旋转所形成的圆柱面。土的抗剪强度可按下式计算：

$$\tau_f = k_c\,(P - f_c) \tag{5-9a}$$

式中　k_c——十字板常数，按下式计算：

$$k_c = \frac{2R}{\pi D^2 h\left(1+\dfrac{D}{3h}\right)} \tag{5-9b}$$

P——土发生剪切破坏时的总作用力，由弹簧秤读数求得（N）；

f_c——轴杆及设备的机械阻力，在空载时由弹簧秤事先测得（N）；

h、D——十字板的高度和直径（mm）；

R——转盘的半径（mm）。

十字板剪切试验适用于软塑状态的黏性土。它的优点是不需钻取原状土样，对土的结构扰动较小。

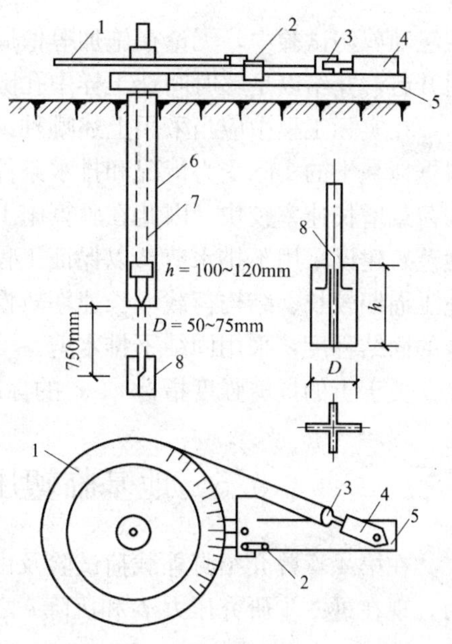

图 5-12 十字板剪切仪示意图

1—转盘；2—摇柄；3—滑轮；4—弹簧秤；5—槽钢；6—套管；7—钻杆；8—十字板

5.4.4 大型直剪试验

对于无法取得原状土样的土类，《建筑地基基础设计规范》GB 50007—2011 规定采用现场大型直剪试验。这种试验方法适用于测定边坡和滑坡的岩体软弱结合面，岩石和土的接触面、滑动面，黏性土、砂土、碎石土的混合层及其他粗颗粒土层的抗剪强度。由于大型直剪试验土样的剪切面面积较室内试验大得多，又在现场测试。因此，它更能符合实际情况。关于大型直剪试验设备及试验方法可参见有关土工试验专著。

5.4.5 饱和黏性土剪切试验方法的选择

我们知道，饱和黏性土随着固结度的增加，土颗粒之间的粒间压力（或称为有效压力）也随着增大。由于黏性土的抗剪强度公式

$$\tau_f = \sigma \tan \varphi + c$$

中的第一项的正应力 σ 应采用粒间压力 σ'。因而，饱和黏性土的抗剪强度与土的固结程度有密切关系。因此，在确定饱和黏性土的抗剪强度时，要考虑土的实际固结程度。试验表明，土的固结程度与土中孔隙水排除条件有关，所以，在试验时必须考虑实际工程地基土中孔隙水排除的可能性。

根据实际工程地基的排水条件，室内抗剪强度试验分别采用以下三种方法：

1. 不排水剪（或称为快剪）

这种试验方法在全部试验过程中都不让土样排水固结。在直接剪切试验中，在土样上下两面均贴以蜡纸，在加法向压力后即施加水平剪力，使土样在 3～5min 内剪坏，而在三轴剪切试验中，由始至终关闭排水阀门，因而土样在剪切破坏时都不能将土中孔隙水排除。

2. 固结不排水剪（或称为固结快剪）

在直接剪切试验中，在法向压力作用下使土样完全固结，然后很快施加水平剪力，使土样在剪切过程中来不及排水；而在三轴剪切试验中，施加各向等值压力 σ_3 时，将排水阀门开启，让土样在 σ_3 应力作用下排水直至完全固结；然后关闭排水阀门，再加竖向应力 $\Delta\sigma_1$，使土样在不排水条件下剪切破坏。

3. 排水剪（或称为慢剪）

这种试验方法在全部试验过程中，允许土样中的孔隙水充分排除。在直剪试验中，在竖直压力作用下让土样充分固结，然后再慢慢施加水平剪力，直至土样发生剪切破坏；而

在三轴剪切试验中，无论在施加等值周边压力 σ_3，还是施加竖向应力 $\Delta\sigma_1$ 时，均将排水阀门开启，并给以足够时间让土样中孔隙水压力完全消散。

在实际工程中应当采用上述哪种试验方法，这是个十分复杂的问题。总的原则是，要根据地基土的实际受力情况和排水条件而定。鉴于近年来国内房屋建筑施工周期缩短，结构荷载增长速率较快，因此在验算施工结束时的地基短期承载力时，《建筑地基基础设计规范》建议采用不排水剪，以保证工程的安全。《建筑地基基础设计规范》还规定，对于施工周期较长、结构荷载增长速率较慢的工程，宜根据建筑物的荷载及预压荷载作用下地基的固结程度，采用固结不排水剪。

关于土的抗剪强度指标 c、φ 的标准值可按本书附录 B 的方法确定。

5.5 地基临塑压力、临界压力与极限压力

在第 4 章曾介绍野外载荷试验及由试验记录所绘制的 $p-s$ 曲线。为了确定地基承载力，现在进一步研究压力 p 和沉降 s 之间的关系（图 5-13）。

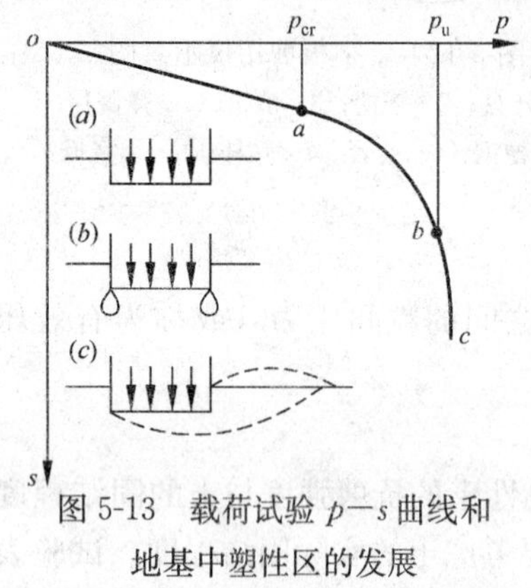

图 5-13 载荷试验 $p-s$ 曲线和地基中塑性区的发展

(a) 直线变形阶段；(b) 局部剪切阶段；(c) 地基失稳阶段

由载荷试验 $p-s$ 曲线可见，地基变形可分为三个阶段：

（1）直线变形阶段

当 $p<p_{cr}$ 时（即 Oa 段），压力与变形基本成直线关系。在这一阶段土的变形主要是由土的压实（孔隙减小）引起的。因此，这一阶段称为压密阶段（图5-13a）。我们称 p_{cr} 为临塑压力（或比例极限）。

（2）局部剪切阶段

当 $p_{cr}<p<p_u$ 时（即 ab 段），压力和变形之间成曲线关系。在这一阶段，随着压力的增加，地基除进一步压密外，在荷载板两个边缘还出现了剪切破坏区（也称为塑性区）（图5-13b）。

（3）失稳阶段

当 $p>p_u$ 时（即 bc 段），压力稍稍增加，地基变形急剧增大，这时塑性区扩大，形成连续的滑动面，土从荷载板下挤出，在地面隆起。这时地基已完全丧失稳定性（图5-13c）。我们称 p_u 为极限压力。

5.5.1 地基临塑压力（比例界限）

临塑压力是指地基上将出现塑性区时的基底压力。

现在说明条形均布荷载作用下（图 5-14）临塑压力的确定方法。

设基础埋置深度为 d，基础埋深范围内土的重度为 γ_0，基底总压力为 p，则基础底面下某点 M（x、z）处，由基底附加应力 $p_0=p-\gamma_0 d$ 产生的最大和最小主应力分别为

$$\sigma_1=\frac{p-\gamma_0 d}{\pi}(\beta+\sin\beta) \tag{5-10}$$

$$\sigma_3=\frac{p-\gamma_0 d}{\pi}(\beta-\sin\beta) \tag{5-11}$$

式中 β——M 点至基础边缘两条连线的夹角，称为视角。

其余符号意义同前。

σ_1 的作用方向与视角 β 的平分线方向一致；σ_3 的方向与 σ_1 垂直。

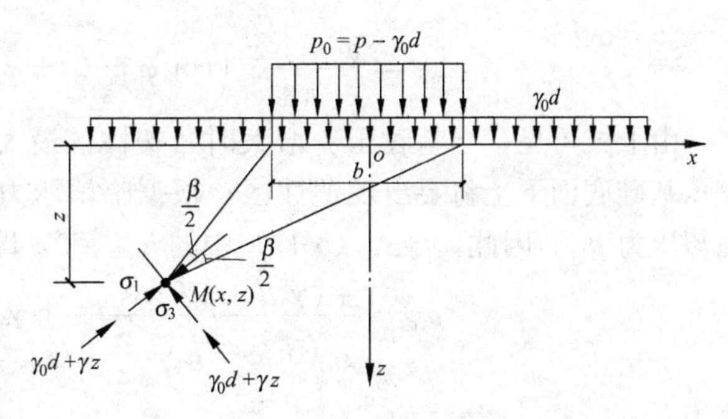

图 5-14 条形均布荷载下地基内的主应力

由土的自重在 M 点产生的竖向自重应力为 $p_{cz}=\gamma_0 d+\gamma z$（$z$ 为基底下土的重度）。为了推导临塑压力时简化起见，假定土的侧压力系数 $k_0=1$。这样，由基底附加应力和土的自重在地基中 M 点产生的最大和最小应力分别为

$$\sigma_1 = \frac{p-\gamma_0 d}{\pi}(\beta+\sin\beta+\gamma_0 d+\gamma z) \tag{5-12}$$

$$\sigma_3 = \frac{p-\gamma_0 d}{\pi}(\beta-\sin\beta+\gamma_0 d+\gamma z) \tag{5-13}$$

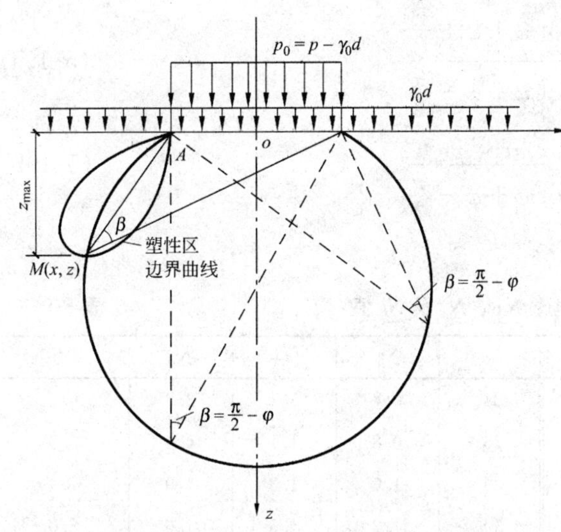

图 5-15 条形基础底面边缘的塑性区

当 M 点处于极限平衡状态时（图 5-15），该点的最大和最小主应力应满足极限平衡条件式（5-4），将式（5-4）经简单变换后得：

$$\sin\varphi = \frac{(\sigma_1-\sigma_3)}{(\sigma_1+\sigma_3)+2c\cot\varphi} \tag{5-14}$$

将式（5-12）、式（5-13）代入式（5-14），经整理后得

$$z = \frac{p-\gamma_0 d}{\pi\gamma}\left(\frac{\sin\beta}{\sin\varphi}-\beta\right)-\frac{\gamma_0}{\gamma}d-c\frac{\cos\varphi}{\gamma} \tag{5-15}$$

上式为塑性区的边界方程，表示塑性区边界上任一点的 z 与 β 之间的关系，当基础埋深 d、基底压力 p 和土的物理力学指标 γ_0、γ、c、φ 已知时，则根据式（5-15）可绘出塑性区的边界曲线，参见图 5-15。

塑性区的最大深度 z_{max}，可由 $\frac{dz}{d\beta}=0$ 的条件求得：

$$\frac{dz}{d\beta} = \frac{p-\gamma_0 d}{\pi\gamma}\left(\frac{\cos\beta}{\sin\varphi}-1\right)=0$$

于是

$$\cos\beta = \sin\varphi$$

即

$$\beta = \frac{\pi}{2}-\varphi \tag{5-16}$$

将上式（5-16）代回式（5-15）就可得塑性最大深度 z_{max} 的表达式：

$$z_{\max}=\frac{p-\gamma_0 d}{\pi\gamma}\left(\cot\varphi-\frac{\pi}{2}+\varphi\right)-\frac{\gamma_0}{\gamma}d-\frac{c\cdot\cos\varphi}{\gamma} \tag{5-17}$$

由上式可见，当基底压 p 增大时，塑性区最大深度 $z_{\max}$ 也随之增大。若 $z_{\max}=0$，则表示基础底面下土将要出现塑性区，根据临塑压力的定义，这时基础底面的压力 p 即为临塑压力 p_{cr}。因此，令式（5-17）中的 $z_{\max}=0$，即得临塑压力表达式：

$$p_{cr}=\frac{\pi\left(\gamma_0 d+c\cdot\cos\varphi\right)}{\cot\varphi+\varphi-\frac{\pi}{2}}+\gamma_0 d=N_d\gamma_0 d+N_c c \tag{5-18}$$

式中　p_{cr}——临塑压力；

γ_0——基础埋深范围内土的重度；

d——基础埋深；

c——地基土的黏聚力；

φ——地基土的内摩擦角；

N_d、N_c——承载力系数，它们是土的内摩擦角 φ 的函数，可按下式确定：

$$N_d=\frac{\cot\varphi+\varphi+\frac{\pi}{2}}{\cot\varphi+\varphi-\frac{\pi}{2}} \tag{5-19a}$$

$$N_d=\frac{\pi\cot\varphi}{\cot\varphi+\varphi-\frac{\pi}{2}} \tag{5-19b}$$

N_d、N_c 也可根据 φ 值由表 5-1 查得。

承载力系数 $N_{\frac{1}{4}}$、$N_{\frac{1}{3}}$、N_d 及 N_c 值　　　　**表 5-1**

φ	$N_{\frac{1}{4}}$	$N_{\frac{1}{3}}$	N_d	N_c	φ	$N_{\frac{1}{4}}$	$N_{\frac{1}{3}}$	N_d	N_c
0°	0	0	1	3	24°	0.7	0.1	3.9	6.5
2°	0	0	1.1	3.3	26°	0.8	1.1	4.4	6.9
4°	0	0.1	1.2	3.5	28°	1.0	1.3	4.9	7.4
6°	0.1	0.1	1.4	3.7	30°	1.2	1.5	5.6	8.0
8°	0.1	0.2	1.6	3.9	32°	1.4	1.8	6.3	8.5
10°	0.2	0.2	1.7	4.2	34°	1.6	2.1	7.2	9.2
12°	0.2	0.3	1.9	4.4	36°	1.8	2.4	8.2	10.0
14°	0.3	0.4	2.2	4.7	38°	2.1	2.8	9.4	10.8
16°	0.4	0.5	2.4	5.0	40°	2.5	3.3	10.8	11.8
18°	0.4	0.6	2.7	5.3	42°	2.9	3.8	12.7	12.8
20°	0.5	0.7	3.1	5.6	44°	3.4	4.5	14.5	14.0
22°	0.6	0.8	3.4	6.0	45°	3.7	4.9	15.6	14.6

5.5.2　地基临界压力 $P_{1/4}$ 和 $P_{1/3}$

若基底压力小于地基临塑压力，则表明地基不会出现塑性区，这时，地基将有足够的安全储备。实践证明，采用临塑压力作为地基承载力设计值是偏于保守的。实际上，只要地基的塑性区范围不超过一定限度，并不会影响建筑物的安全和正常使用。这样，可采用地基土出现一定深度的塑性区的基底压力作为地基承载力设计值。至于塑性区控制在多大范围合理，一般认为，对于中心受压基础，塑性区最大深度宜控制在基底宽度的1/4；对于偏心受压基础，则宜控制在基底宽度的1/3。相应的基底压力分别以 $p_{1/4}$ 和 $p_{1/3}$ 表示

在式（5-17）中，令 $z_{\max}=\frac{1}{4}b$，即可求得 $p_{\frac{1}{4}}$：

$$p_{1/4}=\frac{\pi\left(\gamma_0 d+\frac{1}{4}\gamma b+c\cdot\cos\varphi\right)}{\cot\varphi+\varphi-\frac{\pi}{2}}+\gamma_0 d$$

$$=N_{1/4}\gamma b+N_{\mathrm{d}}\gamma_0 d+N_{\mathrm{c}}c \tag{5-20}$$

将 $z_{\max}=\frac{1}{3}b$ 代入式（5-17），则可得 $p_{1/3}$：

$$p_{1/3}=\frac{\pi\left(\gamma_0 d+\frac{1}{3}\gamma b+c\cdot\cos\varphi\right)}{\cot\varphi+\varphi-\frac{\pi}{2}}+\gamma_0 d$$

$$=N_{1/3}\gamma b+N_{\mathrm{d}}\gamma_0 d+N_{\mathrm{c}}c \tag{5-21}$$

在式（5-20）、（5-21）中

γ——基础底面下 $z=\frac{1}{4}b$（当 $p_{1/4}$时）和 $z=\frac{1}{3}b$（当 $p_{1/3}$时）范围内土的重度；

$$N_{1/4}=\frac{\pi}{4\left(\cot\varphi+\varphi-\frac{\pi}{2}\right)} \tag{5-22a}$$

$$N_{1/3}=\frac{\pi}{3\left(\cot\varphi+\varphi-\frac{\pi}{2}\right)} \tag{5-22b}$$

承载力系数 $N_{1/4}$、$N_{1/3}$、N_{d} 及 N_{c} 值可比表5-1查得。

其余符号意义同前。

5.5.3 地基的极限压力

地基丧失稳定时，作用在基础底面的压力称为极限压力。这时，地基土的塑性区已形成连续的滑裂面，土从基底下挤出，在地面隆起，地基达到完全剪切破坏。地基极限压力相当于野外载荷试验曲线上的第二和第三阶段分界点 b 所对应的压力 p_{u}。

目前，确定地基的极限压力有两种途径：一种方法是用严密的数学方法建立土中某点达到极限平衡时的静力平衡方程组，然后解这个方程组，就可求得极限压力；另一种方法是，根据模型试验确定土的实际滑动面形状，然后加以简化，按假定的滑动面的极限平衡条件，求得极限压力。由于每个研究者的假定条件不同，所以得到各种不同的计算公式。

下面介绍其中一种比较简单的确定极限压力的方法：

设条形基础宽度为 b，基础埋置深度为 d，埋深范围内土的重度为 γ_0，基底下土的重度为 γ，土的内摩擦角为 φ，黏聚力为 c。

假定：（1）当地基失稳时滑裂面为折线 ACE（图5-16a），滑裂面与最大主应力作用面成 $\alpha=45°+\frac{\varphi}{2}$。

（2）滑裂土体自重压力为 $\gamma z=\gamma b\tan\alpha$，假定其$\frac{1}{2}$即 $\frac{1}{2}\gamma b\tan\alpha$ 分别作用于滑裂土体的上面和下面。

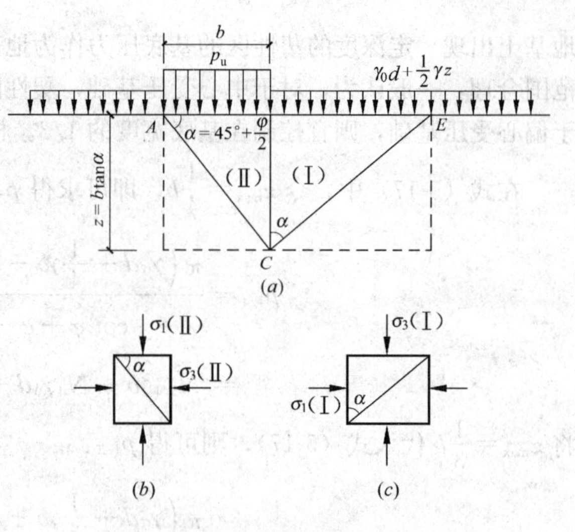

图 5-16　地基的极限压力计算

现将地基滑裂土体分为矩形（Ⅰ）区和（Ⅱ）区，分别进行分析：

（Ⅰ）区的极限平衡条件：

设（Ⅰ）区的最大主应力为 σ_1（Ⅰ），而最小主应力为 σ_3（Ⅰ）$=\gamma_0 d+\frac{\gamma b}{2}\tan\alpha$，将最大、最小主应力代入极限平衡条件式（5-6a）得：

$$\sigma_1(\text{Ⅰ})=\left(\gamma_0 d+\frac{\gamma b}{2}\tan\alpha\right)\tan^2\alpha+2c\tan\alpha \tag{a}$$

（Ⅱ）区的极限平衡条件：

显然，（Ⅱ）区的最大主应力 σ_1（Ⅱ）$=p_u+\frac{\gamma b}{2}\tan\alpha$，而最小主应力与（Ⅰ）区最大主应力相等，即：$\sigma_3$（Ⅱ）$=\sigma_1$（Ⅰ），将它们代入式（5-6a），得

$$p_u+\frac{\gamma b}{2}\tan\alpha=\sigma_1(\text{Ⅰ})\tan^2\alpha+2c\cdot\tan\alpha \tag{b}$$

将式（a）代入式（b），得：

$$p_u+\frac{\gamma b}{2}\tan\alpha=\left[\left(\gamma_0 d+\frac{\gamma b}{2}\tan\alpha\right)\tan^2\alpha+2c\cdot\tan\alpha\right]\tan^2\alpha+2c\cdot\tan\alpha$$
$$=\frac{\gamma b}{2}\tan^5\alpha+2c(\tan^3\alpha+\tan\alpha)+\gamma_0 d\tan^4\alpha$$

将上式整理后，可得极限压力公式

$$p_u=(\tan^5\alpha-\tan\alpha)+2c(\tan^3\alpha+\tan\alpha)+\gamma_0 d\tan^4\alpha \tag{c}$$

若设

$$N_b=\frac{1}{2}(\tan^5\alpha-\tan\alpha)$$
$$N_d=\tan^4\alpha$$
$$N_c=2(\tan^3\alpha+\tan\alpha) \tag{5-23a}$$

则式（c）可写成

$$p_u=N_b\gamma b+N_d\gamma_0 d+N_c c \tag{5-23b}$$

显然，系数 N_b、N_d 和 N_c 均为 $\tan\alpha=\tan\left(45°+\frac{\varphi}{2}\right)$的函数，亦即均为 φ 的函数，故根据 φ 值亦可作成系数表。

由式（5-20）、式（5-21）和式（5-23b）可以看出，地基的临界压力 $p_{1/4}$、$p_{1/3}$ 和极限压力 p_u 均与基础埋置深度 d 和基础宽度 b 有关。于是，我们可以得出如下结论：当地基土沿深度方向的重度、内摩擦角和黏聚力不减小时，基础埋置深度愈深、宽度愈宽，则地

基的承载力愈高。

应当指出，临塑压力 p_{cr}，临界压力 $p_{1/4}$、$p_{1/3}$和极限压力 p_u的公式，虽然都是在条形基础均布荷载作用下推导出来的，但是，这些公式也可用于矩形和圆形基础情形，其计算结果偏于安全。

【例题 5-2】 已知条形基础宽度 $b=2$m，埋置深度 $d=1.8$m，基础埋深范围内土的重度 $\gamma_0=17\text{kN/m}^3$，基础底面下为比较厚的粉土，其重度 $\gamma=18\text{kN/m}^3$，内摩擦角 $\varphi=22°$，黏聚力 $c=1\text{kN/m}^2$。试求：(1) 地基的临塑压力 p_{cr}；(2) 临界压力 $p_{1/4}$；(3) 极限压力。

【解】 (1) 求临塑压力

由表 5-1 查得 $\varphi=22°$时，$N_d=3.4$，$N_c=6.0$，按式 (5-18) 求得

$$p_{cr}=N_d\gamma_0 d+N_c c=3.4\times17\times1.8+6\times1=110\text{kN/m}^2$$

(2) 求临界压力 $p_{1/4}$

由表 5-1 查得 $N_{1/4}=0.6$，按式 (5-20) 求得

$$\begin{aligned}p_{1/4}&=N_{1/4}\gamma b+N_d\gamma_0 d+N_c c\\&=0.6\times18\times2+3.4\times17\times1.8+6\times1=131.6\text{kN/m}^2\end{aligned}$$

(3) 求极限压力

由式 (5-23a) 算得 $N_b=2.84$，$N_d=4.83$，$N_c=9.48$，按式 (5-23b) 算得

$$\begin{aligned}p_u&=N_b\gamma b+N_d\gamma_0 d+N_c c\\&=2.84\times18\times2+4.83\times17\times1.8+9.48\times1=259.5\text{kN/m}^2\end{aligned}$$

由本例计算结果可以看出，$p_{cr}<p_{1/4}<p_u$。

5.6 地基承载力特征值的确定

5.6.1 基本要求

在设计地基基础时，需要知道地基承载力特征值。地基承载力特征值是指，由载荷试验测定的地基压力－变形曲线（即 $p-s$ 曲线）线性变形段内规定的变形所对应的压力值，其最大值为比例界限值。

《建筑地基基础设计规范》GB 50007—2011 规定，地基承载力特征值可由载荷试验或其他原位测试、公式计算，并结合工程实践经验等方法综合确定。

5.6.2 地基承载力特征值的确定

1. 按载荷载试验 $p-s$ 曲线确定

地基承载力特征值应符合下列要求：

(1) 当载荷试验 $p-s$ 曲线上有比例界限时，取该比例界限所对应的荷载值。

(2) 当极限荷载小于对应比例界限的荷载值的 2 倍时，取极限荷载值的一半。

(3) 当不能按上述要求确定时，若压板面积为 $0.25\sim0.50\text{mm}^2$，可取 $s/b=0.01\sim0.015$ 所对应的荷载，但其值不应大于最大加载值的一半。

(4) 同一层土参加统计的试验点不应少于三点，当试验实测值的极差不超过其平均值的 30%时，取此平均值作为该土层的地基承载力的特征值。

2. 按理论公式确定

当偏心距 e 小于或等于0.033倍基础底面宽度时，通过试验和统计得到土的抗剪强度指标标准值后，可按下式计算地基土承载力设计值：

$$f_a = M_b \gamma b + M_d \gamma_m d + M_c c_k \tag{5-24}$$

式中 f_a——由土的抗剪强度指标准值确定的地基承载力特征值（kN/m^2）；

γ——基础底面以下土的重度，地下水位以下取有效重度（kN/m^3）；

γ_m——基础底面以上土的加权平均重度，地下水位以下取有效重度（kN/m^3）；

M_b、M_d、M_c——承载力系数，按表5-2确定；

b——基底宽度，当基底宽度大于6m时按6m考虑，对于砂土小于3m时按3m考虑；

c_k——基底下一倍基础底面短边深度内土的黏聚力标准值 c_k 和 φ_k 的确定方法见附录B。

承载力系数 M_b、M_d、M_c **表5-2**

土的内摩擦角标准值 φ_k	M_b	M_d	M_c	土的内摩擦角标准值 φ_k	M_b	M_d	M_c
0°	0	1.00	3.14	22°	0.61	3.44	6.04
2°	0.03	1.12	3.32	24°	0.80	3.87	6.45
4°	0.06	1.25	3.51	26°	1.10	4.37	6.90
6°	0.10	1.39	3.71	28°	1.40	4.93	7.40
8°	0.14	1.55	3.93	30°	1.90	5.59	7.95
10°	0.18	1.73	4.17	32°	2.60	6.35	8.55
12°	0.23	1.94	4.42	34°	3.40	7.21	9.22
14°	0.29	2.17	4.69	36°	4.20	8.25	9.97
16°	0.36	2.43	5.00	38°	5.00	9.44	10.80
18°	0.43	2.72	5.31	40°	5.80	10.84	11.73
20°	0.51	3.06	5.66				

理论公式（5-24）是假定基底应力为均匀分布时导出的，但当受到较大水平荷载而使合力的偏心距过大时，地基反力就会很不均匀，为了使理论计算的地基承载力符合假设条件，《建筑地基基础设计规范》GB 50007—2011规定了式（5-24）的适用范围。

实际上，$e \leqslant 0.033b$ 的条件就是基底最小应力和最大应力的比值 $\xi = \dfrac{p_{k,min}}{p_{k,max}} \geqslant 0.667$ 的条件。如满足这一条件，则验算地基承载力时，偏心受压基础条件 $p_{max} \leqslant 1.2 f_a$ 将不起控制作用，而由中心受压基础条件 $p_k \leqslant f_a$ 起控制作用（参见第9章184页）。式（5-24）中的承载力系数 M_b、M_d、M_c 是以临界荷载 $p_{1/4}$ 理论公式（5-20）中的系数为基础确定的，考虑到内摩擦角大时理论值偏小的实际情况，因此对 M_b 一部分系数值作了调整。

【例题5-3】 某房屋墙下条形基础底面宽度 $b=1.20m$，基础埋置深度 $d=1.30m$，基础埋深范围内土的重度 $\gamma_m=18.0kN/m^3$。持力层为粉土，重度为 $\gamma=17.0kN/m^3$，对粉土取6组试样，每组取4个试样进行直剪试验，试验结果见表5-3。求粉土内摩擦角标准值 φ_k 和黏聚力标准值 c_k 并按式（5-24）确定地基承载力特征值。

实测水平剪力 τ（kPa）　　表 5-3

试样组别 \ 垂直压力 p（kPa）	100	200	300	400
1	96	150	200	250
2	97	146	194	248
3	98	148	195	249
4	100	150	202	251
5	95	145	201	247
6	100	152	207	254

【解】　(1) 求 φ_k 和 c_k

1）求每组试样内摩擦角 φ_i 和黏聚力 c_i[1]

$$\Sigma p = 100 + 200 + 300 + 400 = 1000\text{kPa}$$

$$p_m = \frac{\Sigma p}{k} = \frac{1000}{4} = 250\text{kPa}$$

$$(\Sigma p)^2 = 1000^2\text{kPa}$$

$$\Sigma p^2 = 100^2 + 200^2 + 300^2 + 400^3 = 3 \times 10^5\text{kPa}$$

$$\Delta = k\Sigma p^2 - (\Sigma p)^2 = (4 \times 3 \times 10^5 - 1000^2) = 2 \times 10^5\text{kPa}$$

第一组 φ_1 和 c_1 的计算

$$\Sigma\tau = 96 + 150 + 200 + 250 = 696\text{kPa}$$

$$\tau_m = \frac{\Sigma\tau}{k} = \frac{696}{4} = 174\text{kPa}$$

$$\Sigma p \cdot \Sigma\tau = 1000 \times 696 = 6.96 \times 10^5\text{kPa}$$

$$\Sigma p\tau = 100 \times 96 + 200 \times 150 + 300 \times 200 + 400 \times 250 = 2.00 \times 10^5\text{kPa}$$

$$\tan\varphi_1 = \frac{k\Sigma p\tau - \Sigma p \cdot \Sigma\tau}{\Delta} = \frac{4 \times 2 \times 10^5 - 6.96 \times 10^5}{2 \times 10^5} = 0.52$$

$$\varphi_1 = \arctan 0.52 = 27.47°$$

$$c_1 = \tau_m - p_m\tan\varphi_1 = 174 - 250 \times 0.52 = 44\text{kPa}$$

其余各组试样的 φ_1 和 c_i 计算结果见表 5-4。

各组内摩擦角 φ_i 和黏聚力 c_i 计算　　表 5-4

组别	$\Sigma\tau$ (kPa)	τ_m (kPa)	$\Sigma p \cdot \Sigma\tau$ ($\times 10^5$kPa)	$\Sigma p\tau$ ($\times 10^5$kPa)	$\tan\varphi_i = \frac{1}{\Delta} \times (k\Sigma p\tau - \Sigma p\Sigma\tau)$	φ_i	$c_i = \tau_m - p_m\tan\varphi_i$ (kPa)
1	696	174	6.96	2.000	0.520	27.47°	44.0
2	685	171	6.85	1.963	0.501	26.61°	45.8
3	690	173	6.90	1.975	0.500	26.56°	48.0
4	703	176	7.03	2.010	0.505	26.79°	49.75
5	688	172	6.88	1.976	0.512	27.11°	44.00
6	713	178	7.13	2.041	0.517	27.34°	48.75

[1] φ_i 和 c_i 的计算公式来源见附录 B。

2）计算 φ_m、c_m、σ_φ、σ_c、δ_φ、δ_c

$$\varphi_m=\frac{\Sigma\varphi_i}{n}=\frac{27.47°+26.61°+26.56°+26.79°+27.11°+27.34°}{6}$$

$$=26.98°$$

$$c_m=\frac{\Sigma c_i}{n}=\frac{44+45.8+48+49.75+44+48.75}{6}=46.72\text{kPa}$$

$$\sigma_\varphi=\sqrt{\frac{\sum_{i=1}^{n}\varphi_i^2-n\varphi_m^2}{n-1}}$$

$$=\sqrt{\frac{(27.47°)^2+(26.61°)^2+(26.56°)^2+(26.79°)^2+(27.11°)^2+(27.34°)^2-6\times(26.98°)^2}{6-1}}$$

$$=0.384°$$

$$\sigma_c=\sqrt{\frac{\sum_{i=1}^{n}c_i^2-nc_m^2}{n-1}}$$

$$=\sqrt{\frac{44^2+45.8^2+48^2+49.75^2+44^2+48.75^2-6\times 46.72^2}{6-1}}$$

$$=2.396\text{kPa}$$

$$\delta_\varphi=\frac{\sigma_\varphi}{\varphi_m}=\frac{0.384}{26.98}=0.0142$$

$$\delta_c=\frac{\sigma_c}{c_m}=\frac{2.396}{46.72}=0.0513$$

3）计算统计修正系数

$$\psi_\varphi=1-\left(\frac{1.704}{\sqrt{n}}+\frac{4.678}{n^2}\right)\delta_\varphi$$

$$=1-\left(\frac{1.704}{\sqrt{6}}+\frac{4.678}{6^2}\right)0.0142=0.998$$

$$\psi_c=1-\left(\frac{1.704}{\sqrt{n}}+\frac{4.678}{n^2}\right)\delta_c$$

$$=1-\left(\frac{1.704}{\sqrt{6}}+\frac{4.678}{6^2}\right)0.0513=0.958$$

4）计算抗剪强度指标标准值

$$\varphi_k=\psi_\varphi\varphi_m=0.998\times 26.98°=26.93°$$

$$c_k=\psi_c c_m=0.958\times 46.72=44.76$$

（2）计算地基承载力特征值

由表5-2查得：M_b=1.25、M_d=4.65和M_c=7.15，按式（5-24）算得

$$f_a=M_b\gamma b+M_d\gamma_m d+M_c c_k$$

$$=1.25\times 17\times 1.20+4.65\times 18\times 1.3+7.15\times 44.76$$

$$=454.3\text{kN/m}^2$$

3. 按89版《地基规范》表格确定[1]

(1) 根据野外鉴别结果确定

对于岩石和碎石土可根据野外鉴别结果，分别按表5-5和表5-6确定其承载力特征值。

岩石承载力特征值 f_{ak} (kPa) **表5-5**

风化程度 / 岩石类别	强风化	中等风化	微风化
硬质岩石	150～500	1500～2500	4000
软质岩石		550～1200	1500～2000

注：对于微风化的硬质岩石，其承载力如取用大于4000kPa时，应有工程实践经验。

碎石土承载力特征值 f_{ak} (kPa) **表5-6**

密实度 / 土的名称	稍密	中密	密实
卵石	300～500	500～800	800～1000
碎石	250～400	400～700	700～900
圆砾	200～300	300～500	500～700
角砾	200～250	200～400	400～600

注：1. 表中数值适用于骨架颗粒空隙全部由中砂、粗砂或硬塑、坚硬状态的黏性土或饱和度不大于0.5的粉土所充填；

2. 当粗颗粒为中等风化或强风化时，可按其风化程度适当降低承载力，当颗粒间呈半胶结状时，可适当提高承载力。

(2) 根据室内物理、力学指标平均值确定

当根据室内物理、力学指标平均值确定地基承载力特征值时，应首先按表5-7～表5-11查出其基本值 f_0。

粉土承载力基本值 f_0 (kPa) **表5-7**

第一指标孔隙比	第二指标含水量 w/%						
e	10	15	20	25	30	35	40
0.5	410	390	(365)				
0.6	310	300	280	(270)			
0.7	250	240	225	215	(205)		
0.8	200	190	180	170	(165)		
0.9	160	150	145	140	130	(125)	
1.0	130	125	120	115	110	105	(100)

注：1. 有括号者仅供内插用；

2. 折算系数 ζ 为0；

3. 在湖、塘、沟、谷与河漫滩地段，新近沉积的粉土工程性质一般较差，应根据当地实践经验取值。

---

[1] 新版《地基规范》没有收入按土的物理、力学指标确定土的承载力表，本教材编入仅供读者参考，不作设计和施工依据。

黏性土承载力基本值 f_0（kPa） **表 5-8**

第一指标孔隙比	第二指标液性指数 I_L					
e	0	0.25	0.50	0.75	1.00	1.20
0.5	475	430	390	(360)		
0.6	400	360	325	295	(265)	
0.7	325	295	265	240	210	170
0.8	275	240	220	200	170	135
0.9	230	210	190	170	135	105
1.0	200	180	160	135	115	
1.1		160	135	115	105	

注：1. 有括号者仅供内插用；

2. 折算系数 ζ 为 0.1；

3. 在湖、塘、沟、谷与河漫滩地段，新近沉积的黏性土工程性能一般较差。

沿海地区淤泥和淤泥质土承载力基本值 f_0（kPa） **表 5-9**

天然含水量 w/%	36	40	45	50	55	65	75
f_0	100	90	80	70	60	50	40

注：对于内陆淤泥和淤泥质土，可参照使用。

红黏土承载力基本值 f_0（kPa） **表 5-10**

土的名称	第二指标液塑比 $I_r=\frac{w_L}{w_P}$	第一指标含水比 $\alpha_w=\frac{w}{w_L}$					
		0.5	0.6	0.7	0.8	0.9	1.0
红黏土	≤1.7	380	270	210	180	150	140
	≥2.3	280	200	160	130	110	100
次生红黏土		250	190	150	130	110	100

注：1. 本表仅适用于定义范围内的红黏土；

2. $I_r=1.7\sim2.3$ 时，内插；

3. 折算系数 ζ 为 0.4。

素填土承载力基本值 f_0（kPa） **表 5-11**

压缩模量 E_{s1-2}/MPa	7	5	4	3	2
f_0	160	135	115	85	65

注：本表只适用于堆填时间超过十年的黏性土，以及堆填时间超过五年的粉土。

各类土的承载力基本值表是根据各地载荷试验资料、经回归分析建立的回归方程编制的。由于回归方程的方差、指示指标的变异性等因素的影响，因此，不能将承载力基本值直接用于工程设计，必须予以降低。《地基规范》建议按下式计算地基承载力特征值。

$$f_{ak}=\psi_f f_0 \tag{5-25}$$

式中 f_{ak}——地基承载力特征值；

f_0——地基承载力基本值；

ψ_f——回归修正系数，对于表 5-4～表 5-8 所列土类，ψ_f 值按下式计算

$$\psi_f = 1 - \left(\frac{2.884}{\sqrt{n}} + \frac{7.918}{n^2}\right)\delta \tag{5-26}$$

n——据此查表的土的性质指标参加统计的数据数，$n \geqslant 6$；

δ——变异系数。

当回归修正系数 $\psi_f < 0.75$ 时，应分析 δ 过大的原因，如分层是否合理，试验有无差错等，并应同时增加试验数量。

变异系数 δ 按下列规定计算：

1）当仅用一个指标来查表确定地基承载力基本值时，其变异系数按下式计算

$$\delta = \frac{\sigma}{\mu} \tag{5-27a}$$

式中 μ——土性指标平均值；

$$\mu = \frac{\sum_{i=1}^{n} \mu_i}{n} \tag{5-28}$$

σ——土性指标标准差

$$\sigma = \sqrt{\frac{\sum_{i=1}^{n} \mu_i^2 - n\mu^2}{n-1}} \tag{5-29}$$

2）当用两个指标查表确定地基承载力基本值时，应采用由该两个指标的变异系数折算后的综合变异系数

$$\delta = \delta_1 + \zeta\delta_2 \tag{5-27b}$$

式中 δ_1——第一指标变异系数；

δ_2——第二指标变异系数；

ζ——第二指标折算系数，参见下列有关承载力表的附注。

表 5-8 中，第四纪晚更新世（Q_3）及其以前沉积的老黏性土，其工程性能通常较好。这些土均应根据当地实践经验取值。

（3）根据标准贯入试验锤击数 N、轻便触探试验锤击数 N_{10} 确定

按这种方法确定地基承载力特征值时，应按下列方法进行：首先算出现场试验锤击数的平均值 μ 和标准差 σ，然后按下式确定锤击数特征值

$$N(\text{或 } N_{10}) = \mu - 1.645\sigma \tag{5-30}$$

计算值取至整数位。根据所求得的锤击数 N（或 N_{10}），即可由表 5-12～表 5-15 查得地基承载力特征值

砂土承载力特征值 f_{ak}（kPa） **表 5-12**

土类 \ N	10	15	30	50
中、粗砂	180	250	340	500
粉、细砂	140	180	250	340

黏性土承载力特征值 f_{ak}（kPa） **表 5-13**

N	3	5	7	9	11	13	15	17	19	21	23
f_{ak}	105	145	190	235	280	325	370	430	515	600	680

黏性土承载力特征值 f_{ak}（kPa） **表 5-14**

N_{10}	15	20	25	30
f_{ak}	105	145	190	230

素填土承载力特征值 f_{ak}（kPa） **表 5-15**

N_{10}	10	20	30	40
f_{ak}	85	115	135	160

注：本表只适用于黏性土与粉土组成的素填土。

当基础宽度大于 3m 或埋置深度大于 0.5m 时，从载荷试验或其他原位测试、物理力学指标查表等方法确定的地基承载力特征值，尚应按下式修正。

$$f_a = f_{ak} + \eta_b \gamma (b - 3) + \eta_d \gamma_m (d - 0.5) \tag{5-31}$$

式中 f_a——修正后地基承载力特征值，kN/m^2；

f_{ak}——地基承载力特征值，kN/m^2；

b——基础底面宽度，m。当基础宽度小于 3m 时按 3m 取值，大于 6m 时按 6m 取值；

d——基础埋置深度，m。一般自室外地面标高算起，在填方整平地区，可自填土地面标高算起，但填土在上部结构施工后完成时，应从天然地面标高算起，对于地下室如采用箱形基础或筏基时，基础埋置深度自室外地面标高算起，当采用独立基础或条形基础时，应从室内地面标高算起；

γ——基底以下土的重度，地下水位以下取有效重度，kN/m^3；

γ_m——基底以上土的加权平均重度，地下水位以下取有效重度，kN/m^3；

η_b、η_d——基础宽度和埋深的承载力修正系数，按基底下持力层土类查表 5-16 确定。

承载力修正系数 η_b、η_d **表 5-16**

土的类别		η_b	η_d
淤泥和淤泥质土		0	1.0
人工填土 e 或 I_L 大于等于 0.85 的黏性土		0	1.0
红黏土	含水比 $\alpha_w > 0.8$ 含水比 $\alpha_w \leqslant 0.8$	0 0.15	1.2 1.4
大面积压实填土	压实系数大于 0.95、粘粒含量 $\rho_c \geqslant 10\%$ 的粉土最大密度大于 2.1t/m³ 的级配砂石	0 0	1.5 2.0
粉土	黏粒含量 $\rho_c \geqslant 10\%$ 的粉土 黏粒含量 $\rho_c < 10\%$ 的粉土	0.3 0.5	1.5 2.0
e 及 I_L 均小于 0.85 的黏性土		0.3	1.6
粉砂、细砂（不包括很湿与饱和时的稍密状态）		2.0	3.0
中砂、粗砂、砾砂和碎石土		3.0	4.4

注：1. 强风化和全风化的岩石，可参照所风化成的相应土类取值，其他状态下的岩石不修正；

2. 地基承载力特征值按深层平板载荷试验确定时 η_d 取 0。

【例题 5-4】 柱基础底面尺寸 $bl=3.20\text{m}\times3.60\text{m}$，埋置深度 $d=2.20\text{m}$，埋深范围内有两层土，它们的厚度分别为 $h_1=1.00\text{m}$，$h_2=1.20\text{m}$，重度分别为 $\gamma_1=1.7\text{kN/m}^3$，$\gamma_2=16\text{kN/m}^3$，持力层为黏土（如图 5-17 所示），重度 $\gamma_3=19\text{kN/m}^3$，该土层的孔隙比 e 及液性指数 I_L 的试验数据参见表 5-17。计算地基承载力特征值。

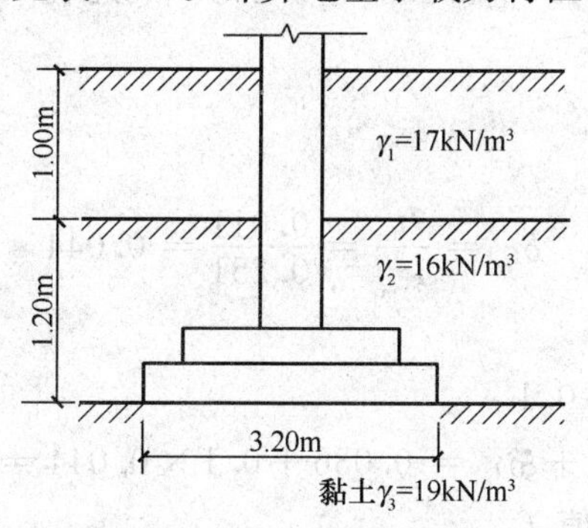

图 5-17 【例题 5-4】附图

【例题 5-4】附表 **表 5-17**

第一指标孔隙比 e	0.597	0.599	0.598	0.599	0.603	0.600
第二指标液性指数 I_L	0.252	0.249	0.250	0.258	0.246	0.252

【解】 （1）求第一指标孔隙比的变异系数 δ_0。孔隙比平均值

$$e_m=\frac{\sum_{i=1}^{n}e_i}{n}=\frac{0.597+0.599+0.598+0.599+0.603+0.600}{6}=0.599$$

孔隙比标准差

$$\sigma_e=\sqrt{\frac{\sum_{i=1}^{n}e_i^2-ne_m^2}{n-1}}$$

$$=\left[\frac{1}{6-1}(0.597^2+0.599^2+0.598^2+0.599^2+0.603^2+0.600^2-6\times0.599^2)\right]^{0.5}$$

$$=0.022$$

孔隙比变异系数

$$\delta_e=\frac{\sigma_e}{e_m}=\frac{0.022}{0.599}=0.036$$

（2）求第二指标液性指数变异系数 δ_{I_L}

液性指数平均值 I_{L_m}

$$I_{L_m}=\frac{\sum_{i=1}^{n}I_{L_i}}{n}=\frac{0.252+0.249+0.250+0.258+0.246+0.252}{6}=0.251$$

液性指数标准差 σ_{i_k}

$$\sigma_{I_L} = \sqrt{\frac{\sum_{i=1}^{n} I_{L_i}^2 - nI_{L_m}^2}{n-1}}$$

$$= \left[\frac{1}{6-1}(0.252^2 + 0.249^2 + 0.250^2 + 0.258^2 + 0.246^2 + 0.252^2 - 6 \times 0.251^2)\right]^{0.5}$$

$$= 0.011$$

液性指数变异系数 δ_{I_L}

$$\delta_{I_L} = \frac{\sigma_{I_L}}{I_{L_m}} = \frac{0.011}{0.251} = 0.044$$

（3）求综合变异系数 δ

由表5-8注2中查得 $\xi = 0.1$

则 $$\delta = \delta_e + \xi\delta_{I_L} = 0.036 + 0.1 \times 0.044 = 0.041$$

（4）求地基承载力基本值 f_0

据第二指标液性指数平均值 $I_{L_m} = 0.251$ 和第一指标孔隙比平均值 $e_m = 0.599$，由表5-7查得第三层土的地基承载力基本值 $f_0 = 360\text{kN/m}^2$。

（5）求地基承载力特征值 f_{ak}

由式（5-26）计算回归修正系数

$$\psi_f = 1 - \left(\frac{2.884}{\sqrt{n}} + \frac{7.916}{n^2}\right) \times \delta = 1 - \left(\frac{2.884}{\sqrt{6}} + \frac{7.916}{6^2}\right) \times 0.041 = 0.994$$

地基承载力特征值

$$f_{ak} = \psi_f \cdot f_0 = 0.994 \times 360 = 340(\text{kN/m}^2)$$

（6）求修正后的地基承载力特征值 f_a

基础底面以上土的加权平均重度 γ_m

$$\gamma_m = \frac{\gamma_1 h_1 + \gamma_2 h_2}{h_1 + h_2} = \frac{17 \times 1 + 16 \times 1.2}{1 + 1.2} = 16.45(\text{kN/m}^2)$$

根据持力层为黏土，由表5-16查出 $\eta_b = 0.3, \eta_d = 1.6$，于是

$$f_a = f_{ak} + \eta_b \gamma (b - 3) + \eta_d \gamma_m (d - 0.5)$$

$$= 340 + 0.3 \times 19 \times (3.2 - 3) + 1.6 \times 16.45 \times (2.2 - 0.5)$$

$$= 386(\text{kN/m}^2)$$

最后取承载力特征值 $f_a = 386\text{kN/m}^2$。

小　结

1. 土体在荷载作用下，土中应力将发生变化，当土中剪应力超过土的抗剪强度时，土体将沿某一滑裂面滑动，而呈现剪切破坏，使土体丧失稳定性。因此，土的强度实质上就是土的抗剪强度。

2. 土的极限平衡条件是：

$$\sigma_1 = \sigma_3 \tan^2\left(45° + \frac{\varphi}{2}\right) + 2c\tan\left(45 + \frac{\varphi}{2}\right)$$

或 $$\sigma_3=\sigma_1\tan^2\left(45°-\frac{\varphi}{2}\right)-2c\tan\left(45-\frac{\varphi}{2}\right)$$

3. 土的抗剪强度指标 c、φ，可采用原状土室内剪切试验或现场剪切试验测定。当采用室内剪切试验确定时，宜选择三轴剪切试验。三轴剪切试验较直剪试验有许多优点，所以《建筑地基基础设计规范》推荐采用此法，特别是对于甲级建筑物地基应予以采用。

3. 地基临塑压力、临界压力和极限压力是土力学中的重要理论内容，是确定地基承载力的理论依据，应熟悉它们的含义。

4. 地基承载力特征值可按下列方法确定：

1）按载荷试验 $p-s$ 曲线确定；2）按理论公式确定；3）按《建筑地基基础设计规范》GBJ 7—1989 查表确定。

思 考 题

5-1 何谓土的抗剪强度？何谓土的抗剪强度曲线？

5-2 黏性土和粉土的抗剪强度表达式由哪两部分组成？什么是土的抗剪强度指标？

5-3 为什么土粒愈粗，内摩擦角 φ 愈大，土粒愈细，黏聚力 c 愈大？土的密度和含水量对 c 与 φ 值影响如何？

5-4 土体发生剪切破坏的平面是否为剪应力最大的平面？在什么情况下，剪切破坏面与最大剪应力面一致？

5-5 什么是土的极限平衡状态？什么是土的弹性平衡状态？何谓土的极限平衡条件？写出它的表达式，并说明它是怎样推导出来的？

5-6 什么是临塑压力 p_{cr}、临界压力 $p_{1/4}$、极限压力 p_u？它们在工程上有何实用意义？在推导临塑压力 p_{cr} 时有何假定？

5-7 什么是地基承载力特征值？怎样确定？

5-8 地基承载力特征值与土的抗剪强度指标有何关系？

计 算 题

5-1 已知轴心受压条形基础宽度 $b=22$m，埋置深度 $d=2$m，基础埋深范围内土的重度 $\gamma_0=17.5\text{kN/m}^3$，基础底面下为比较厚的粉土质土，其重度 $\gamma=18\text{kN/m}^3$，内摩擦角 $\phi=25°$，黏聚力 $c=1\text{kN/m}^2$。试求：地基土的临塑压力 p_{cr}、临界压力 $p_{1/4}$ 和极限压力 p_u。

5-2 条件同计算题 5-1。试按《建筑地基基础设计规范》GB 50007—2011 推荐的公式计算地基承载力特征值。

第6章 挡土墙的土压力与边坡稳定

6.1 概 述

房屋建筑、铁路、公路和桥梁等土木工程中，为了防止土体坍塌，广泛采用挡土墙结构。图6-1（*a*）为支承房屋周围填土的挡土墙；图6-1（*b*）为地下室外墙；图6-1（*c*）为桥台；图6-1（*d*）为山区公路挡土墙。

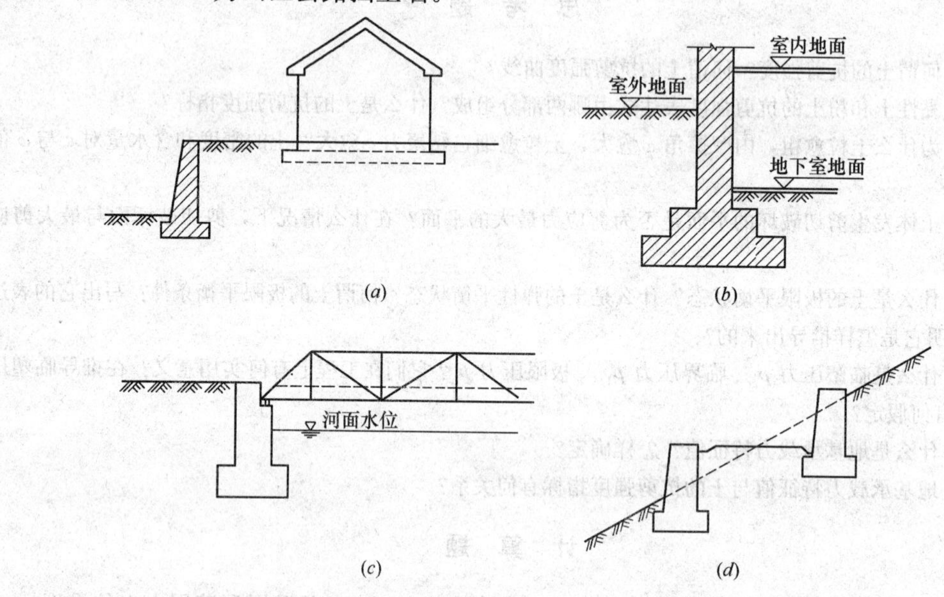

图6-1 挡土墙在土木工程中的应用
（*a*）支承房屋周围填土的挡土墙；（*b*）为地下室外墙；（*c*）桥台；（*d*）山区公路挡土墙

挡土墙按其结构图形式可分为重力式挡土墙和薄壁式挡土墙。前者常用砖、石和混凝土建造，而后者则用钢筋混凝土建造。

作用在挡土墙上的土压力，是指填土或填土及其上面的荷载对墙产生的侧向压力。它是作用在挡土墙上的主要荷载。因此，设计挡土墙时首先要计算土压力大小、方向和作用点。

房屋、地铁的基槽开挖和在土坡附近进行工程建设时，必须研究土坡的稳定性，以保证施工人员和地面建筑物的安全。因此，如何保证基槽、土坡的稳定性，防止塌方，便成为土木建筑工程中一个十分重要的课题。

6.2 土压力的分类

作用在挡土墙上的土压力，按挡土墙的位移的方向、大小及墙后填土所处的状态，可分为静止土压力、主动土压力和被动土压力三种类型。

6.2.1 静止土压力

挡土墙在土压力作用下，如果墙身不发生变形或任何位移（转动或移动），墙后填土处于弹性平衡状态（图 6-2*a*），则这时作用在挡土墙上的土压力称为静止土压力，以符号 E_0 表示。

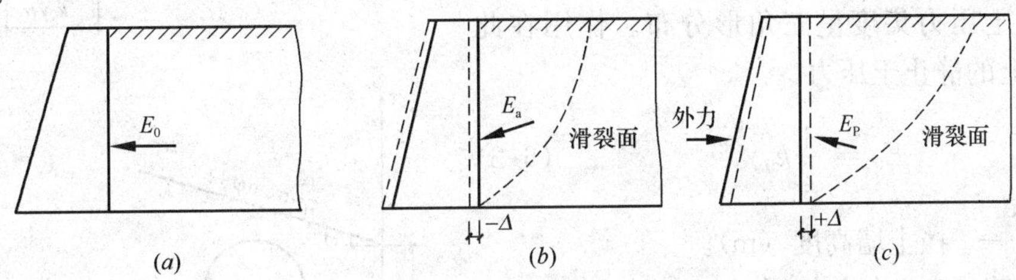

图 6-2 作用在挡土墙上的土压力的分类

(*a*) 静止土压力；(*b*) 主动土压力；(*c*) 被动土压力

6.2.2 主动土压力

挡土墙在土压力作用下，如果墙向离开填土方向发生位移（转动或移动），则墙随着位移的增大，墙后土压力将逐渐减小。由试验可知，当位移达到某一数值时［例如，密砂位移达到 $-\Delta=0.5\%h$；密实黏土达到 $-\Delta=(1\%\sim2\%)h$，其中 h 为墙高］，土体内将出现滑裂面，墙后填土达到位极限平衡状态（图 6-2*b*）。这时作用在挡土墙脚上的土压力就称为主动土压力，以符号 E_a 表示。

6.2.3 被动土压力

挡土墙在外力作用下（例如拱桥支座水平推力），如果墙向填土方向发生位移（转动或移动），则墙随着位移的增大，墙后土压力将逐渐增大。由试验可知，当位移达到某一数值（例如，密砂位移达到 $\Delta=5\%h$；密实黏土达到 $\Delta=0.1h$）时，土体内将出现滑裂面，墙后填土达到位极限平衡状态（图 6-2*c*）。这时作用在挡土墙脚上的土压力就称为被动土压力，以符号 E_p 表示。

由上面的分析可见，在墙高、填土的物理力学指标相同的情况下，主动土压力最小，被动土压力最大，而静止土压力居中，如图 6-3 所示，即

$$E_a\leqslant E_0\leqslant E_p$$

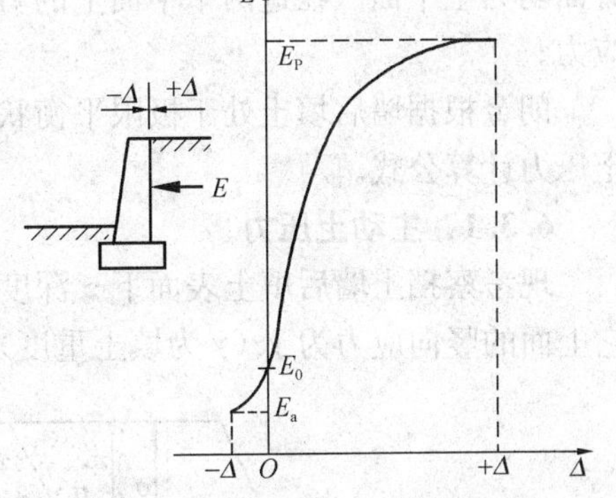

图 6-3 墙身位移与土压力的关系

建造在岩石地基上的重力式挡土墙，一般基础嵌入在岩石中，它在土压力作用下可认为不产生位移。当墙背竖直时，其受力情况与半无限土体在自重作用下相同。这时，墙后填土处于弹性平衡状态，故其上的土压力可按静止土压力计算，土内任一点的微分土体的应力圆位于抗剪强度线以下（图 6-4）。因此，在填土表面下深度 z 处的静止土压力集度可按式（6-1）计算：

$$p_0=k_0\gamma z \tag{6-1}$$

式中 p_0——静止土压力集度（kN/m^2）；

k_0 ——静止土压力集度系数，$k_0=\dfrac{\mu}{1-\mu}$；

μ ——泊松比，按表 4-3 采用；

γ ——填土的重度（kN/m³）

z ——计算土压力点的深度（m）。

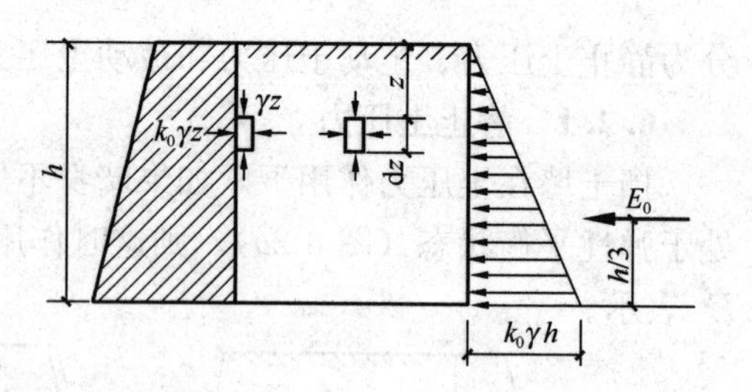

静止土压力集度呈三角形分布。作用在此 1m 墙长上的静止土压力

$$E_0=\frac{1}{2}k_0\gamma h^2 \tag{6-2}$$

式中　h ——挡土墙高度（m）。

其余符号意义与前相同。

静止土压力 E_0 作用点在距墙底 $\dfrac{1}{3}h$ 处（图 6-4）。

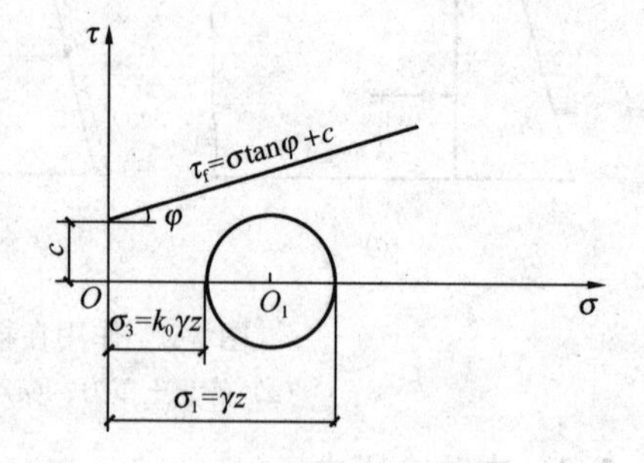

图 6-4　静止土压力的计算

主动土压力和被动土压力的计算，工程界多采用古典的朗金土压力理论和库伦土压力理论。

6.3　朗金土压力理论

朗金土压力理论由英国科学家朗金于 1857 年提出。他在建立土压力理论时，假定挡土墙墙背竖直、光滑、墙后填土地面水平，并无限延伸。因此，填土内任一水平面和墙的背面均为主平面（在这两个平面上的剪应力均为零），即作用在该平面上的正应力均为主应力。

朗金根据墙后填土处于极限平衡状态，应用极限平衡条件，推导出主动土压力和被动土压力计算公式。

6.3.1　主动土压力

现考察挡土墙后填土表面下 z 深度处的微分土体的应力状态（图 6-5a）。显然，作用它上面的竖向应力为 γz（γ 为填土重度）。若挡土墙不产生任何位移，则作用在它上面的水

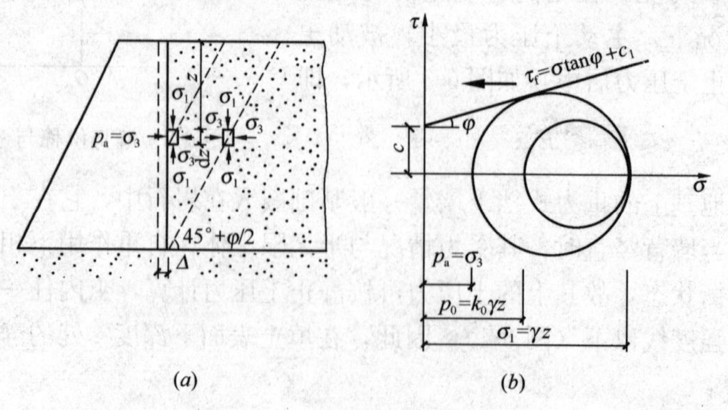

图 6-5　主动土压力 p_a 的计算

（a）墙后微分土体的应力状态；（b）墙后微分土体处于不同状态时的应力圆

平力为 $k_0\gamma z$，即静止土压力集度 p_0。这时，微分土体上的最大主应力为 $\sigma_1=\gamma z$，最小主应力为 $\sigma_3=k_0\gamma z$，应力圆在土的抗剪强度线下面不与其相切。墙后填土处于弹性平衡状态（图 6-5*b*）。设挡土墙在土压力作用下，离开填土方向向前逐渐移动或转动，这时作用在微分土体上的竖向应力为 γz 保持不变，而水平应力则逐渐减小，如墙继续移动或转动，最后，墙后填土就处于极限平衡状态，应力圆与土的抗剪强度线相切。这时，作用在微分土体上的最大主应力仍为 $\sigma_1=\gamma z$，而最小主应力 σ_3 则为作用在挡土墙上的主动土压力 p_a。

根据第 5 章土的极限平衡条件式（5-8b）和式（5-6b），作用在挡土墙上的土压力为：

砂类土

$$p_a=\gamma z\tan^2\left(45^\circ-\frac{\varphi}{2}\right)=\gamma zk_a \tag{6-3}$$

粉土、黏性土

$$p_a=\gamma z\tan^2\left(45^\circ-\frac{\varphi}{2}\right)-2c\tan\left(45^\circ-\frac{\varphi}{2}\right)=\gamma zk_a-2c\sqrt{k_a} \tag{6-4}$$

在式（6-3）和（6-4）中

p_a——主动土压力集度（kN/m^2）；

γ——填土的重度（kN/m^3）；

z——计算土压力点的深度（m）；

k_a——主动土压力系数，$k_a=\tan^2\left(45^\circ-\frac{\varphi}{2}\right)$，可由表 6-1 查得；

φ——填土的内摩擦角（°）；

c——填土的黏聚力（kN/m^2）。

发生主动土压力时，填土的滑裂面与水平面夹角为 $45^\circ+\frac{\varphi}{2}$（图 6-5*a*）。

由式（6-3）可知，砂土的主动土压力集度 p_a 与深度 z 成正比，沿墙高呈三角形分布，如图 6-6*a* 所示。作用在 1m 墙长上的土压力为

$$P_a=\frac{1}{2}\gamma h^2\tan^2\left(45^\circ-\frac{\varphi}{2}\right)=\frac{1}{2}\gamma h^2k_a \tag{6-5}$$

土压力作用线通过土压力强度分布图的形心，即距墙底 1/3 高度处。

土压力系数 **表 6-1**

φ	$\tan\left(45^\circ-\frac{\varphi}{2}\right)$	$\tan^2\left(45^\circ-\frac{\varphi}{2}\right)$	$\tan\left(45^\circ+\frac{\varphi}{2}\right)$	$\tan^2\left(45^\circ+\frac{\varphi}{2}\right)$
0°	1.000	1.000	1.000	1.000
2°	0.966	0.933	1.036	1.073
4°	0.933	0.870	1.072	1.149
6°	0.900	0.810	1.111	1.234
8°	0.869	0.755	1.150	1.322
10°	0.839	0.734	1.192	1.420
12°	0.810	0.656	1.235	1.525
14°	0.781	0.610	1.280	1.638
16°	0.754	0.568	1.327	1.761
18°	0.727	0.528	1.376	1.894

续表

φ	$\tan\left(45°-\frac{\varphi}{2}\right)$	$\tan^2\left(45°-\frac{\varphi}{2}\right)$	$\tan\left(45°+\frac{\varphi}{2}\right)$	$\tan^2\left(45°+\frac{\varphi}{2}\right)$
20°	0.700	0.490	1.428	2.040
22°	0.675	0.455	1.483	2.198
24°	0.649	0.422	1.540	2.371
26°	0.625	0.390	1.600	2.561
28°	0.601	0.361	1.664	2.770
30°	0.577	0.333	1.732	3.000
32°	0.554	0.307	1.804	3.255
34°	0.532	0.283	1.881	3.537
36°	0.510	0.260	1.963	3.852
38°	0.488	0.238	2.050	4.204
40°	0.466	0.217	2.145	4.599
42°	0.445	0.198	2.246	5.045
44°	0.424	0.180	2.356	5.550
46°	0.404	0.163	2.475	6.126
48°	0.384	0.147	2.605	6.876
50°	0.364	0.132	2.747	7.546

由式（6-4）可知，黏性土与粉土的土压力强度由两部分组成：一部分是由土自重引起的土压力强度 $\gamma\cdot z\tan^2\left(45°-\frac{\varphi}{2}\right)$；另一部分是由黏聚力 c 引起的负侧压力强度 $-2c\cdot\tan\left(45°-\frac{\varphi}{2}\right)$。两部分叠加后的土压力强度分布图，如图 6-6*b* 所示。其中用虚线表示的部分 *ade* 为负的土压力，即对墙背产生拉力。实际上，墙背与填土之间并不能承受拉力，应把它略去不计，故黏性土与粉土的主动土压力强度分布图应为绘有实线箭头的三角形部分 *abc*。填土表面至 *a* 点的距离 z_0，可令式（6-4）中 $p_a=0$ 求得，即

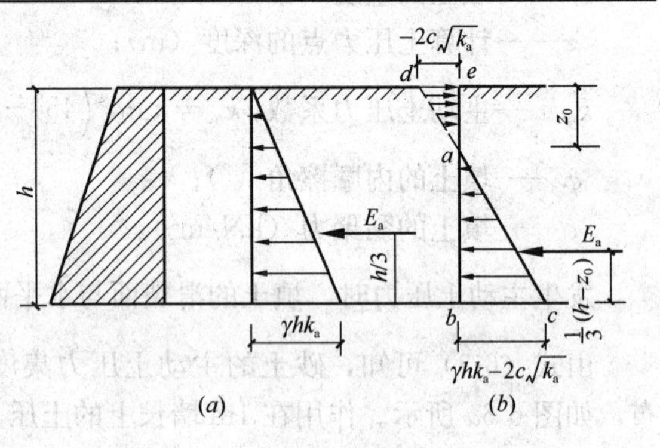

图 6-6　主动土压力强度分布图

（*a*）无黏性土；（*b*）黏性土与粉土

$$p_a=\gamma z\tan^2\left(45°-\frac{\varphi}{2}\right)-2c\cdot\tan\left(45°-\frac{\varphi}{2}\right)=0$$

解上式得

$$z_0=\frac{2c}{\gamma\tan\left(45°-\frac{\varphi}{2}\right)}=\frac{2c}{\gamma\sqrt{k_a}} \tag{6-6}$$

作用在 1m 长的挡土墙上的主动土压力为

$$E_a=\frac{1}{2}(h-z_0)\left[\gamma h\tan^2\left(45°-\frac{\varphi}{2}\right)-2c\cdot\tan\left(45°-\frac{\varphi}{2}\right)\right]$$

将式（6-6）代入上式，最后得

$$E_a=\frac{1}{2}\gamma h^2\tan^2\left(45°-\frac{\varphi}{2}\right)-2c\cdot h\tan\left(45°-\frac{\varphi}{2}\right)+\frac{2c^2}{\gamma} \tag{6-7}$$

这样，黏性土与粉土主动土压力 E_a 的作用线通过三角形 abc 的形心，即距墙底 $\frac{1}{3}(h-z_0)$ 处。

6.3.2　被动土压力

当挡土墙在外力作用下，向填土方向位移时（如图 6-7*a* 所示），墙后填土被压缩。这时作用在微分土体上的竖向应力 γz 不变，而水平应力则由静止土压力逐渐增大，如墙继续位移并达到某一数值时，则墙后填土就处于极限平衡状态，应力圆与抗剪强度线相切（如图 6-7*b* 所示）。这时，作用在微分土体上的 γz 变为最小主应力 σ_3，而水平应力则为最大主应力 σ_1，也就是作用在挡土墙上的被动土压力强度 p_p。

根据土的极限平衡条件式（5-8a）和式（5-6a），作用在挡土墙上的被动土压力强度为无黏性土

$$p_p = \gamma z \tan^2\left(45° + \frac{\varphi}{2}\right) = \gamma z k_p \tag{6-8}$$

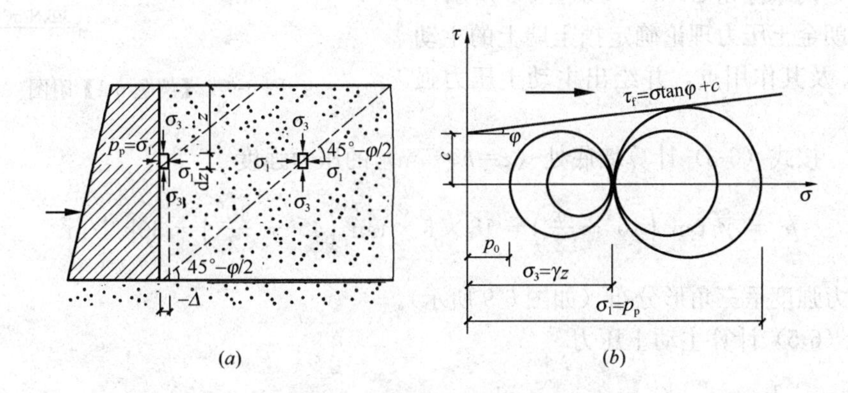

图 6-7　被动土压力的计算

（*a*）墙后填土微分土体的应力状态；（*b*）微分土体处于不同状态的应力圆

黏性土与粉土

$$p_p = \gamma z \tan^2\left(45° + \frac{\varphi}{2}\right) + 2c \cdot \tan\left(45° + \frac{\varphi}{2}\right) = \gamma z k_p + 2c\sqrt{k_p} \tag{6-9}$$

式中　p_p——被动土压力强度（kN/m²）；

k_p——被动土压力系数，$k_p = \tan^2\left(45° + \frac{\varphi}{2}\right)$，可由表 6-1 查得。

其余符号意义同前。

由式（6-8）和式（6-9）可知，无黏性土的被动土压力强度呈三角形分布（如图 6-8*a* 所示）；而黏性土与粉土的被动土压力强度呈梯形分布（如图 6-8*b* 所示）。

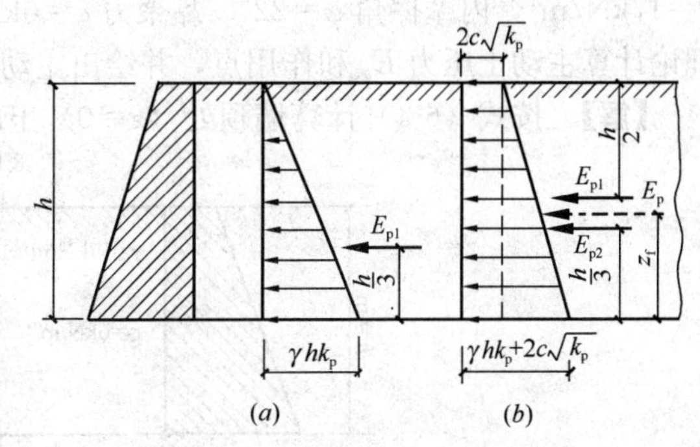

图 6-8　被动土压力强度分布图

（*a*）无黏性土；（*b*）黏性土与粉土

在被动土压力作用时的滑裂面与水平

线间夹角为$\left(45°-\dfrac{\varphi}{2}\right)$。

作用在1m墙长上的被动土压力为

无黏性土

$$E_{\mathrm{p}}=\frac{1}{2}\gamma h^{2}\tan^{2}\left(45°+\frac{\varphi}{2}\right)=\frac{1}{2}\gamma h^{2}k_{\mathrm{p}} \tag{6-10}$$

黏性土与粉土

$$E_{\mathrm{p}}=\frac{1}{2}\gamma h^{2}\tan^{2}\left(45°+\frac{\varphi}{2}\right)+2c\cdot h\tan\left(45°+\frac{\varphi}{2}\right)=\frac{1}{2}\gamma h^{2}k_{\mathrm{p}}+2ch\sqrt{k_{\mathrm{p}}} \tag{6-11}$$

被动土压力E_{p}的作用线通过土压力强度分布图的形心。

【例题6-1】 挡土墙高$h=5$m，墙背竖直、填土表面水平，填土为砂土，其重度$\gamma=18\mathrm{kN/m^3}$，内摩擦角$\varphi=30°$（如图6-9所示）。

试按朗金土压力理论确定挡土墙上的主动土压力E_{a}及其作用点，并绘出主动土压力强度分布图。

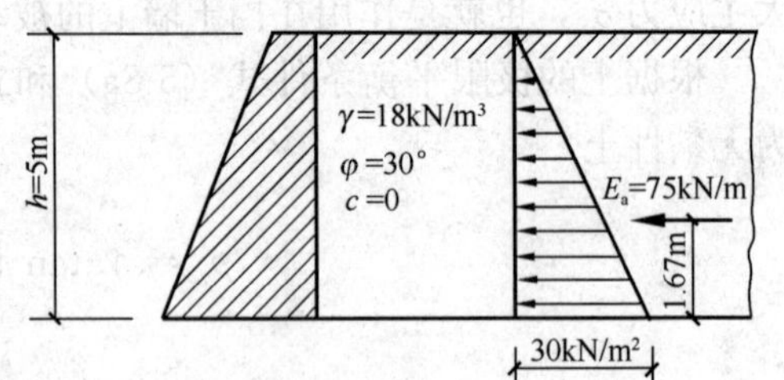

图6-9 【例题6-1】附图

【解】 按式（6-3）计算墙底处（$z=h=5$m）的压力强度

$$p_{\mathrm{a}}=\gamma h\tan^{2}\left(45°-\frac{\varphi}{2}\right)=18\times5\times\tan^{2}\left(45°-\frac{30°}{2}\right)=30\mathrm{kN/m^2}$$

主动土压力强度呈三角形分布（如图6-9所示）。

按式（6-5）计算主动土压力

$$E_{\mathrm{a}}=\frac{1}{2}\gamma h^{2}\tan^{2}\left(45°-\frac{\varphi}{2}\right)=\frac{1}{2}\times18\times5^{2}\times\tan^{2}\left(45°-\frac{30°}{2}\right)=75\mathrm{kN/m^2}$$

主动土压力作用点距离墙

$$z_{1}=\frac{1}{3}h=\frac{1}{3}\times5=1.67\mathrm{m}$$

【例题6-2】 某挡土墙高$h=4$m，墙背竖直，填土表面水平，填土为黏性土，其重度$\gamma=17\mathrm{kN/m^3}$，内摩擦角$\varphi=22°$，黏聚力$c=6\mathrm{kN/m^2}$（如图6-10所示）。试按朗金土压力理论计算主动土压力E_{a}和作用点，并绘出主动土压力强度分布图。

【解】 按式（6-4）计算墙顶处（$z=0$）土压力强度

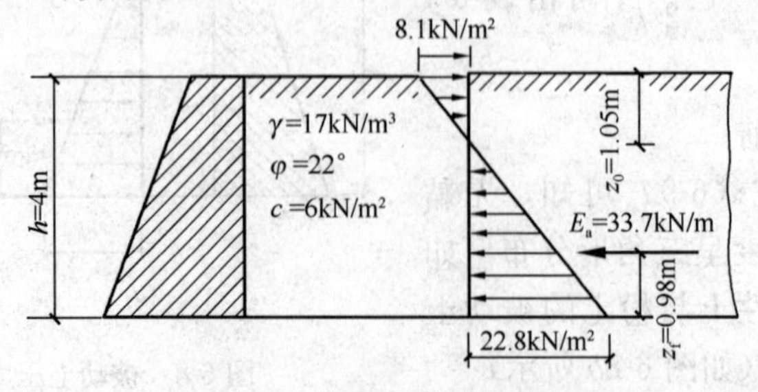

图6-10 【例题6-2】附图

$$p_{a0}=\gamma z\tan^2\left(45^\circ-\frac{\varphi}{2}\right)-2c\tan\left(45^\circ-\frac{\varphi}{2}\right)$$

$$=17\times 0\times \tan^2\left(45^\circ-\frac{22^\circ}{2}\right)-2\times 6\times \tan\left(45^\circ-\frac{22^\circ}{2}\right)$$

$$=-2\times 6\times 0.675=-8.1\text{kN/m}^2$$

在墙底外（$z=h=4$m）土压力强度

$$p_{ah}=17\times 4\times \tan^2\left(45^\circ-\frac{22^\circ}{2}\right)-2\times 6\times \tan\left(45^\circ-\frac{22^\circ}{2}\right)$$

$$=17\times 4\times 0.455-2\times 6\times 0.675=22.8\text{kN/m}^2$$

土压力强度分布图，如图 6-10 所示。

土压力为零处的深度 z_0 按式（6-6）计算：

$$z_0=\frac{2c}{\gamma\tan\left(45^\circ-\frac{\varphi}{2}\right)}=\frac{2\times 6}{17\times\tan\left(45^\circ-\frac{22^\circ}{2}\right)}=\frac{2\times 6}{17\times 0.675}=1.046\text{m}$$

主动土压力 E_a 可按主动土压力强度分布图的面积（深度 z_0 以下部分）确定：

$$E_a=\frac{1}{2}(h-z_0)p_{ah}=\frac{1}{2}(4-1.046)\times 22.8=33.7\text{kN/m}$$

E_a 的作用点距墙底 $\frac{1}{3}(h-z_0)=\frac{1}{3}\times(4-1.046)=0.98\text{m}$

6.4 库伦土压力理论

库伦土压力理论由法国著名科学家库伦于 1773 年发表。库伦在建立土压力理论时，曾做如下假定：

（1）挡土墙后填土为砂土。

（2）挡土墙产生主动土压力或被动土压力时，墙后填土形成滑动土楔，其滑裂面为通过墙踵的平面。

库伦土压力理论是根据滑动土楔处于极限平衡状态时的静力平衡条件求解主动土压力或被动土压力的。分析土压力时与朗金土压力理论一样，也按平面问题来考虑，即垂直纸面方向取 1m 进行分析。

6.4.1 主动土压力

设挡土墙高为 h，墙背俯斜并与垂线夹角为 ρ，墙后填土为砂土，填土表面与水平线成 β 角；墙背与土的摩擦角为 δ。挡土墙在土压力作用下将向前位移（平移或转动），当墙后填土处于极限平衡状态时，墙后填土形成一滑动土楔 ABC，其滑裂面为平面 BC，滑裂面与水平线成 θ 角（如图 6-11a 所示）。

为了求解主动土压力，我们取 1m 长的滑动土楔 ABC 为隔离体，现分析作用在滑动土楔上的力系：土楔体的自重 $G=\Delta ABC\cdot\gamma$（γ 为填土的重度），其方向竖直朝下；滑裂面 BC 上的反力 R，其大小是未知的，其方向与滑裂面 BC 的法线顺时针成 φ 角（φ 为土的内摩擦角）；墙背面对土楔的反力 E，当土楔下滑时，墙对土楔的阻力是向上的，E 在法线的下方，故其作用方向与墙背面法线逆时针成 δ 角（δ 角为墙背与填土之间的摩擦角）。显然反力 E 就是土楔对墙的土压力，但两者方向相反。

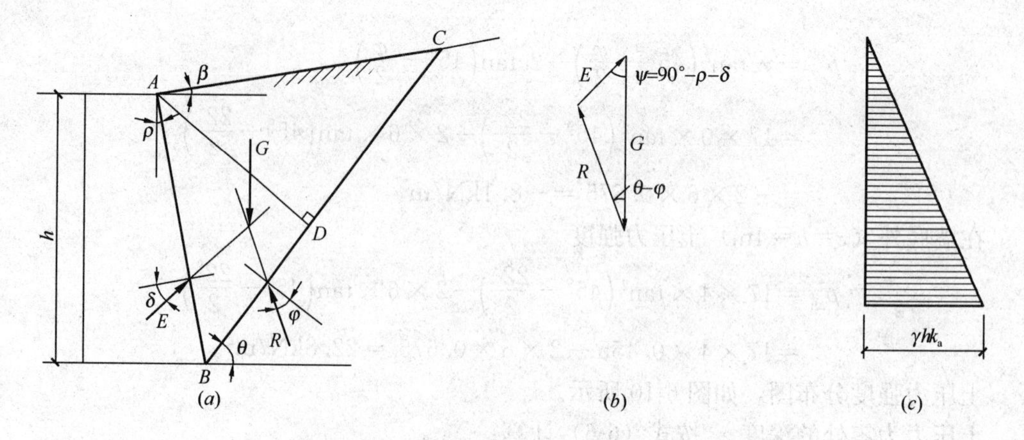

图 6-11　库伦主动土压力理论

(a) 挡土墙填土滑裂土楔；(b) 力三角形；(c) 主动土压力强度分布图

滑动土楔在 G、R 和 E 三力作用下处于平衡状态，因此，三力必形成一个封闭的力三角形（如图 6-11b 所示），由三角形边和角的关系（即正弦定律），可得

$$\frac{E}{\sin(\theta-\varphi)}=\frac{G}{\sin[180^\circ-(\theta-\varphi+\psi)]}=\frac{G}{\sin(\theta-\varphi+\psi)}$$

故

$$E=\frac{\sin(\theta-\varphi)}{\sin(\theta-\varphi+\psi)}G \tag{6-12}$$

式中　$\psi=90^\circ-\rho-\delta$

土楔体自重

$$G=\Delta ABC\cdot\gamma=\frac{1}{2}BC\cdot AD\cdot\gamma \tag{6-13}$$

在 ΔABC 中，利用正弦定律，可得

$$BC=AB\cdot\frac{\sin(90^\circ-\rho+\beta)}{\sin(\theta-\beta)}$$

因为

$$AB=\frac{h}{\cos\rho}$$

故

$$BC=h\frac{\cos(\rho-\beta)}{\cos\rho\cdot\sin(\theta-\beta)} \tag{6-14}$$

通过 A 点作 AD 线垂直于 BC，由 ΔABD 得

$$AD=AB\cdot\cos(\theta-\rho)=h\cdot\frac{\cos(\theta-\alpha)}{\cos\rho} \tag{6-15}$$

将式（6-14）和式（6-15）代入式（6-13）得

$$G=\frac{1}{2}\gamma h^2\frac{\cos(\rho-\beta)\cos(\theta-\rho)}{\cos^2\rho\cdot\sin(\theta-\beta)} \tag{6-16}$$

将式（6-16）代入（6-12）得 E 的表达式为

$$E=\frac{1}{2}\gamma h^2\frac{\cos(\rho-\beta)\cdot\cos(\theta-\rho)\cdot\sin(\theta-\varphi)}{\cos^2\rho\cdot\sin(\theta-\beta)\cdot\sin(\theta-\varphi+\psi)} \tag{6-17}$$

按式（6-17）确定的 E 值，在一般情况下，不是主动土压力 E_a，因为滑裂面 BC 是任意选定的，所以，它不一定是实际发生的滑裂面。由式（6-17）可知，在 γ、h、ρ、φ 和

ψ 给定的条件下，土压力 E 是滑裂面与水平线夹角 θ 的函数，E 与 θ 之间的关系，可用图 6-12 所示的曲线表示。当 $\theta=\varphi$，即滑裂面选在自然坡面上❶，显然这时 $E=0$，当 $\theta=90°+\rho$，即滑裂面选在墙背面上，这时土楔自重 $G=0$，故 E 值也等于零。当 θ 等于某一数值 θ_0 时，则可得最大土压力 E_{max}，这就是所要求的主动土压力 E_a，相应于 θ_0 的滑裂面，即为填土实际发生的滑裂面。

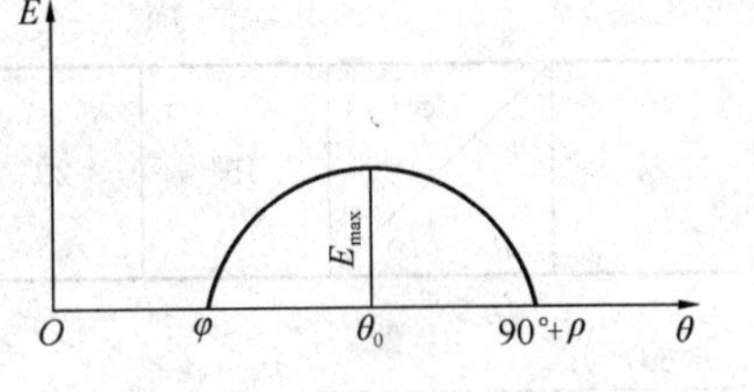

图 6-12　E 和 θ 之间关系曲线

为了确定最大的土压力 E_{max}，也就是主动土压力 E_a，令 $\frac{dE}{d\theta}=0$，由此求出最危险的滑裂面（即实际发生的）所对应的角 θ_0，再把它代入式（6-17），即可求出主动土压力

$$E_a=\frac{1}{2}\gamma h^2\frac{\cos^2(\varphi-\rho)}{\cos^2\rho\cos(\delta+\rho)\left[1+\sqrt{\frac{\sin(\delta+\varphi)\sin(\varphi-\beta)}{\cos(\delta+\rho)\cos(\rho-\beta)}}\right]^2} \tag{6-18}$$

令

$$k_a=\frac{\cos^2(\varphi-\rho)}{\cos^2\rho\cdot\cos(\delta+\rho)\left[1+\sqrt{\frac{\sin(\delta+\varphi)\sin(\varphi-\beta)}{\cos(\delta+\rho)\cos(\rho-\beta)}}\right]^2} \tag{6-19}$$

则式（6-18）可写成

$$E_a=\frac{1}{2}\gamma h^2 k_a \tag{6-20}$$

式中　γ、φ——填土的重度（kN/m^3）和内摩擦角（°）；

h——挡土墙高度（m）；

ρ——墙背面倾斜角（°），即墙背与垂线的夹角，反时针为正（称为俯斜）；顺时针为负（称为仰斜）；

β——墙后填土表面的倾斜角（°）；

δ——墙背与填土之间的摩擦角（°），其值应由试验确定，一般情况下可取表 6-2 数值；

k_a——主动土压力系数，可由表 6-3 查得。

土对挡土墙墙背的摩擦角 δ　　**表 6-2**

挡土墙情况	摩擦角 δ
墙背平滑，排水不良	（0～0.33）φ_k
墙背粗糙，排水良好	（0.33～0.5）φ_k
墙背很粗糙，排水良好	（0.5～0.67）φ_k
墙背与填土间不可能滑动	（0.67～1.0）φ_k

注：φ_k 为墙背填土的内摩擦角标准值。

❶ 自然坡面是指砂土在自重作用下保持稳定的坡面，根据试验知，这时斜面与水平面成 φ 角。

主动土压力系数 k_a 值 **表 6-3**

ρ	β \ φ	15°	20°	25°	30°	35°	40°	45°	50°
					$\delta=0°$				
0°	0°	0.589	0.490	0.406	0.333	0.271	0.217	0.172	0.132
	5°	0.635	0.524	0.431	0.352	0.284	0.227	0.178	0.137
	10°	0.704	0.569	0.462	0.374	0.300	0.238	0.186	0.142
	15°	0.933	0.639	0.505	0.402	0.319	0.251	0.194	0.147
	20°		0.883	0.573	0.441	0.344	0.267	0.204	0.154
	25°			0.821	0.505	0.379	0.288	0.217	0.162
	30°				0.750	0.436	0.318	0.235	0.172
	35°					0.671	0.369	0.260	0.186
	40°						0.587	0.303	0.206
	45°							0.500	0.242
	50°								0.413
10°	0°	0.652	0.560	0.478	0.407	0.343	0.288	0.238	0.194
	5°	0.705	0.601	0.510	0.431	0.362	0.302	0.249	0.202
	10°	0.784	0.655	0.550	0.461	0.384	0.318	0.261	0.211
	15°	1.039	0.737	0.603	0.498	0.411	0.337	0.274	0.221
	20°		1.015	0.685	0.548	0.444	0.360	0.291	0.231
	25°			0.977	0.628	0.491	0.391	0.311	0.245
	30°				0.925	0.566	0.433	0.337	0.262
	35°					0.860	0.502	0.374	0.284
	40°						0.785	0.437	0.316
	45°							0.703	0.371
	50°								0.614
20°	0°	0.736	0.648	0.569	0.498	0.434	0.375	0.322	0.274
	5°	0.801	0.700	0.611	0.532	0.461	0.397	0.340	0.288
	10°	0.896	0.768	0.663	0.572	0.492	0.421	0.358	0.302
	15°	1.196	0.868	0.730	0.621	0.529	0.450	0.380	0.318
	20°		1.205	0.834	0.688	0.576	0.484	0.405	0.337
	25°			1.196	0.791	0.639	0.527	0.435	0.358
	30°				1.169	0.740	0.586	0.474	0.385
	35°					1.124	0.683	0.529	0.420
	40°						1.064	0.620	0.469
	45°							0.990	0.552
	50°								0.904

续表

ρ	β \ φ	15°	20°	25°	30°	35°	40°	45°	50°
−10°	0°	0.540	0.433	0.344	0.270	0.209	0.158	0.117	0.083
	5°	0.581	0.461	0.364	0.284	0.218	0.164	0.120	0.085
	10°	0.644	0.500	0.389	0.301	0.229	0.171	0.125	0.088
	15°	0.860	0.562	0.425	0.322	0.243	0.180	0.130	0.090
	20°		0.785	0.482	0.353	0.261	0.190	0.136	0.094
	25°			0.703	0.405	0.287	0.205	0.144	0.098
	30°				0.614	0.331	0.226	0.155	0.104
	35°					0.523	0.263	0.171	0.111
	40°						0.433	0.200	0.123
	45°							0.344	0.145
	50°								0.262
−20°	0°	0.497	0.380	0.287	0.212	0.153	0.106	0.707	0.043
	5°	0.535	0.405	0.302	0.222	0.159	0.110	0.072	0.044
	10°	0.595	0.439	0.323	0.234	0.166	0.114	0.074	0.045
	15°	0.809	0.494	0.352	0.250	0.175	0.119	0.076	0.046
	20°		0.707	0.401	0.274	0.188	0.125	0.080	0.047
	25°			0.603	0.316	0.206	0.134	0.084	0.049
	30°				0.498	0.239	0.147	0.090	0.051
	35°					0.396	0.172	0.099	0.055
	40°						0.301	0.116	0.060
	45°							0.215	0.071
	50°								0.141
$\delta=5°$									
0°	0°	0.556	0.465	0.387	0.319	0.260	0.210	0.166	0.129
	5°	0.605	0.500	0.412	0.337	0.274	0.219	0.173	0.133
	10°	0.680	0.547	0.444	0.360	0.289	0.230	0.180	0.138
	15°	0.937	0.620	0.488	0.388	0.308	0.243	0.189	0.144
	20°		0.886	0.558	0.428	0.333	0.259	0.199	0.150
	25°			0.825	0.493	0.369	0.280	0.212	0.158
	30°				0.753	0.428	0.311	0.229	0.168
	35°					0.674	0.363	0.255	0.182
	40°						0.589	0.299	0.202
	45°							0.502	0.388
	50°								0.415

续表

ρ	β \ φ	15°	20°	25°	30°	35°	40°	45°	50°
10°	0°	0.622	0.536	0.460	0.393	0.333	0.280	0.233	0.191
	5°	0.680	0.579	0.493	0.418	0.352	0.294	0.243	0.199
	10°	0.767	0.636	0.534	0.448	0.374	0.311	0.255	0.207
	15°	1.060	0.725	0.589	0.486	0.401	0.330	0.269	0.217
	20°		1.035	0.676	0.538	0.436	0.354	0.286	0.228
	25°			0.996	0.622	0.484	0.385	0.306	0.242
	30°				0.943	0.563	0.428	0.333	0.259
	35°					0.877	0.500	0.371	0.281
	40°						0.801	0.436	0.314
	45°							0.716	0.371
	50°								0.626
20°	0°	0.709	0.627	0.553	0.485	0.424	0.368	0.318	0.271
	5°	0.781	0.682	0.597	0.520	0.452	0.391	0.335	0.285
	10°	0.887	0.755	0.650	0.562	0.484	0.416	0.355	0.300
	15°	1.240	0.866	0.723	0.614	0.523	0.445	0.376	0.316
	20°		1.250	0.835	0.684	0.571	0.480	0.402	0.335
	25°			1.240	0.794	0.639	0.525	0.434	0.357
	30°				1.212	0.746	0.587	0.474	0.385
	35°					1.166	0.689	0.532	0.421
	40°						1.103	0.627	0.472
	45°							1.026	0.559
	50°								0.937
−10°	0°	0.503	0.406	0.324	0.256	0.199	0.151	0.112	0.080
	5°	0.546	0.434	0.344	0.269	0.208	0.157	0.116	0.082
	10°	0.612	0.474	0.369	0.286	0.219	0.164	0.120	0.085
	15°	0.850	0.537	0.405	0.308	0.232	0.172	0.125	0.087
	20°		0.776	0.463	0.339	0.250	0.183	0.131	0.091
	25°			0.695	0.390	0.276	0.197	0.139	0.095
	30°				0.607	0.321	0.218	0.149	0.100
	35°					0.518	0.255	0.166	0.108
	40°						0.428	0.195	0.120
	45°							0.341	0.141
	50°								0.259

续表

ρ	β \ φ	15°	20°	25°	30°	35°	40°	45°	50°
−20°	0°	0.457	0.352	0.267	0.199	0.144	0.101	0.067	0.041
	5°	0.496	0.376	0.282	0.208	0.150	0.104	0.068	0.042
	10°	0.557	0.410	0.302	0.220	0.157	0.108	0.070	0.043
	15°	0.787	0.466	0.331	0.236	0.165	0.112	0.073	0.044
	20°		0.688	0.380	0.259	0.178	0.119	0.076	0.045
	25°			0.586	0.300	0.196	0.127	0.080	0.047
	30°				0.484	0.228	0.140	0.085	0.049
	35°					0.386	0.165	0.094	0.052
	40°						0.293	0.111	0.058
	45°							0.209	0.068
	50°								0.137
δ=10°									
0°	0°	0.533	0.447	0.373	0.309	0.253	0.204	0.163	0.127
	5°	0.585	0.483	0.398	0.327	0.266	0.214	0.169	0.131
	10°	0.664	0.531	0.431	0.350	0.282	0.225	0.177	0.136
	15°	0.947	0.609	0.476	0.379	0.301	0.238	0.185	0.141
	20°		0.897	0.549	0.420	0.326	0.254	0.195	0.148
	25°			0.834	0.487	0.363	0.275	0.209	0.156
	30°				0.762	0.423	0.306	0.226	0.166
	35°					0.681	0.359	0.252	0.180
	40°						0.596	0.297	0.201
	45°							0.508	0.238
	50°								0.420
10°	0°	0.603	0.520	0.448	0.384	0.326	0.275	0.230	0.189
	5°	0.665	0.566	0.482	0.409	0.346	0.290	0.240	0.197
	10°	0.759	0.626	0.524	0.440	0.369	0.307	0.253	0.026
	15°	1.089	0.721	0.582	0.480	0.396	0.326	0.267	0.216
	20°		1.064	0.674	0.534	0.432	0.351	0.284	0.227
	25°			1.024	0.622	0.482	0.382	0.304	0.241
	30°				0.969	0.564	0.427	0.332	0.258
	35°					0.901	0.503	0.371	0.281
	40°						0.823	0.438	0.315
	45°							0.736	0.874
	50°								0.644

续表

ρ	β \ φ	15°	20°	25°	30°	35°	40°	45°	50°
	0°	0.695	0.615	0.543	0.478	0.419	0.365	0.316	0.271
	5°	0.773	0.674	0.589	0.515	0.448	0.388	0.334	0.285
	10°	0.890	0.752	0.646	0.558	0.482	0.414	0.354	0.300
	15°	1.298	0.872	0.723	0.613	0.522	0.444	0.377	0.317
	20°		1.308	0.844	0.687	0.573	0.481	0.403	0.337
20°	25°			1.298	0.806	0.643	0.528	0.436	0.360
	30°				1.268	0.758	0.594	0.478	0.338
	35°					1.220	0.702	0.539	0.426
	40°						1.155	0.640	0.480
	45°							1.074	0.572
	50°								0.981
	0°	0.477	0.385	0.309	0.245	0.191	0.146	0.109	0.078
	5°	0.521	0.414	0.329	0.258	0.200	0.152	0.112	0.080
	10°	0.590	0.455	0.354	0.275	0.211	0.159	0.116	0.082
	15°	0.847	0.520	0.390	0.297	0.224	0.167	0.121	0.085
	20°		0.773	0.450	0.328	0.242	0.177	0.127	0.088
−10°	25°			0.692	0.380	0.268	0.191	0.135	0.093
	30°				0.605	0.313	0.212	0.146	0.098
	35°					0.516	0.249	0.162	0.106
	40°						0.426	0.191	0.117
	45°							0.339	0.139
	50°								0.258
	0°	0.427	0.330	0.252	0.188	0.137	0.096	0.064	0.039
	5°	0.466	0.354	0.267	0.197	0.143	0.099	0.066	0.040
	10°	0.529	0.388	0.286	0.209	0.149	0.103	0.068	0.041
	15°	0.772	0.445	0.315	0.225	0.158	0.108	0.070	0.042
	20°		0.675	0.364	0.248	0.170	0.114	0.073	0.044
−20°	25°			0.575	0.288	0.188	0.122	0.077	0.045
	30°				0.475	0.220	0.135	0.082	0.047
	35°					0.378	0.159	0.091	0.051
	40°						0.288	0.108	0.056
	45°							0.205	0.066
	50°								0.135

续表

ρ	β \ φ	15°	20°	25°	30°	35°	40°	45°	50°
$\delta=15°$									
0°	0°	0.518	0.434	0.363	0.301	0.248	0.201	0.160	0.125
	5°	0.571	0.471	0.389	0.320	0.261	0.211	0.167	0.130
	10°	0.656	0.522	0.423	0.343	0.277	0.222	0.174	0.135
	15°	0.966	0.603	0.470	0.373	0.297	0.235	0.183	0.140
	20°		0.914	0.546	0.415	0.323	0.251	0.194	0.147
	25°			0.850	0.485	0.360	0.273	0.207	0.155
	30°				0.777	0.422	0.305	0.225	0.165
	35°					0.695	0.395	0.251	0.179
	40°						0.608	0.298	0.200
	45°							0.518	0.238
	50°								0.428
10°	0°	0.592	0.511	0.441	0.378	0.323	0.273	0.228	0.189
	5°	0.658	0.559	0.476	0.405	0.343	0.288	0.240	0.197
	10°	0.760	0.623	0.520	0.437	0.366	0.305	0.252	0.206
	15°	1.129	0.723	0.581	0.478	0.395	0.325	0.267	0.216
	20°		1.103	0.679	0.535	0.432	0.351	0.284	0.228
	25°			1.062	0.628	0.484	0.383	0.305	0.242
	30°				1.005	0.571	0.430	0.334	0.260
	35°					0.935	0.509	0.375	0.284
	40°						0.853	0.445	0.419
	45°							0.763	0.380
	50°								0.668
20°	0°	0.690	0.611	0.540	0.476	0.419	0.366	0.317	0.273
	5°	0.774	0.673	0.588	0.514	0.449	0.389	0.336	0.287
	10°	0.904	0.757	0.649	0.560	0.484	0.416	0.357	0.303
	15°	1.372	0.889	0.731	0.618	0.526	0.448	0.380	0.321
	20°		1.383	0.862	0.697	0.579	0.486	0.408	0.341
	25°			1.372	0.825	0.655	0.536	0.442	0.365
	30°				1.341	0.778	0.606	0.487	0.395
	35°					1.290	0.722	0.551	0.435
	40°						1.221	0.659	0.492
	45°							1.136	0.590
	50°								1.037

续表

ρ	β \ φ	15°	20°	25°	30°	35°	40°	45°	50°
−10°	0°	0.458	0.371	0.298	0.237	0.186	0.142	0.106	0.076
	5°	0.503	0.400	0.318	0.251	0.195	0.148	0.110	0.078
	10°	0.576	0.442	0.344	0.267	0.205	0.155	0.114	0.081
	15°	0.850	0.509	0.380	0.289	0.219	0.163	0.119	0.084
	20°		0.776	0.441	0.320	0.237	0.174	0.125	0.087
	25°			0.695	0.374	0.263	0.188	0.133	0.091
	30°				0.607	0.308	0.209	0.143	0.097
	35°					0.518	0.246	0.159	0.104
	40°						0.428	0.189	0.116
	45							0.341	0.137
	50°								0.259
−20°	0°	0.405	0.314	0.240	0.180	0.132	0.093	0.062	0.038
	5°	0.445	0.338	0.255	0.189	0.137	0.096	0.064	0.039
	10°	0.509	0.372	0.275	0.201	0.144	0.100	0.066	0.040
	15°	0.763	0.429	0.303	0.216	0.152	0.104	0.068	0.041
	20°		0.667	0.352	0.239	0.164	0.110	0.071	0.042
	25°			0.568	0.280	0.182	0.119	0.075	0.044
	30°				0.470	0.214	0.131	0.080	0.046
	35°					0.374	0.155	0.089	0.049
	40°						0.284	0.105	0.055
	45°							0.203	0.065
	50°								0.133
$\delta=20°$									
0°	0°			0.357	0.297	0.245	0.199	0.160	0.125
	5°			0.384	0.317	0.259	0.209	0.166	0.130
	10°			0.419	0.340	0.275	0.220	0.174	0.135
	15°			0.467	0.371	0.295	0.234	0.183	0.140
	20°			0.547	0.414	0.322	0.251	0.193	0.147
	25°			0.874	0.487	0.360	0.273	0.207	0.155
	30°				0.798	0.425	0.306	0.225	0.166
	35°					0.714	0.362	0.252	0.180
	40°						0.625	0.300	0.202
	45°							0.532	0.241
	50°								0.440

续表

ρ	β \ φ	15°	20°	25°	30°	35°	40°	45°	50°
10°	0°			0.438	0.377	0.322	0.273	0.229	0.190
	5°			0.475	0.404	0.343	0.289	0.241	0.198
	10°			0.521	0.438	0.367	0.306	0.254	0.208
	15°			0.586	0.480	0.397	0.328	0.269	0.218
	20°			0.690	0.540	0.436	0.354	0.286	0.230
	25°			1.111	0.639	0.490	0.388	0.309	0.245
	30°				1.051	0.582	0.437	0.338	0.264
	35°					0.978	0.520	0.381	0.288
	40°						0.893	0.456	0.325
	45°							0.799	0.389
	50°								0.699
20°	0°			0.543	0.479	0.422	0.370	0.321	0.277
	5°			0.594	0.520	0.454	0.395	0.341	0.292
	10°			0.659	0.568	0.490	0.423	0.363	0.309
	15°			0.747	0.629	0.535	0.456	0.387	0.327
	20°			0.891	0.715	0.592	0.496	0.417	0.349
	25°			1.467	0.854	0.673	0.549	0.453	0.374
	30°				1.434	0.807	0.624	0.501	0.406
	35°					1.379	0.750	0.569	0.448
	40°						1.305	0.685	0.509
	45°							1.214	0.615
	50°								0.109
−10°	0°			0.291	0.232	0.182	0.140	0.105	0.076
	5°			0.311	0.245	0.191	0.146	0.108	0.078
	10°			0.337	0.262	0.202	0.153	0.113	0.080
	15°			0.374	0.284	0.215	0.161	0.117	0.083
	20°			0.437	0.316	0.233	0.171	0.124	0.086
	25°			0.703	0.371	0.260	0.186	0.131	0.090
	30°				0.614	0.306	0.207	0.142	0.096
	35°					0.524	0.245	0.158	0.103
	40°						0.433	0.188	0.115
	45°							0.344	0.137
	50°								0.262

续表

ρ	φ / β	15°	20°	25°	30°	35°	40°	45°	50°
−20°	0°			0.231	0.174	0.128	0.090	0.061	0.038
	5°			0.246	0.183	0.133	0.094	0.062	0.038
	10°			0.266	0.195	0.140	0.097	0.064	0.039
	15°			0.294	0.210	0.148	0.102	0.067	0.040
	20°			0.344	0.233	0.160	0.108	0.069	0.042
	25°			0.566	0.274	0.178	0.116	0.073	0.043
	30°				0.468	0.210	0.129	0.079	0.045
	35°					0.373	0.153	0.087	0.049
	40°						0.283	0.104	0.054
	45°							0.202	0.064
	50°								0.133
δ=25°									
0°	0°				0.296	0.245	0.199	0.160	0.126
	5°				0.316	0.259	0.209	0.167	0.130
	10°				0.340	0.275	0.221	0.175	0.136
	15°				0.372	0.296	0.235	0.184	0.141
	20°				0.417	0.324	0.252	0.195	0.148
	25°				0.494	0.363	0.275	0.209	0.157
	30°				0.824	0.432	0.309	0.228	0.168
	35°					0.741	0.368	0.256	0.183
	40°						0.647	0.306	0.205
	45°							0.552	0.246
	50°								0.456
10°	0°				0.379	0.325	0.276	0.232	0.193
	5°				0.408	0.346	0.292	0.244	0.201
	10°				0.443	0.371	0.311	0.258	0.211
	15°				0.488	0.403	0.333	0.273	0.222
	20°				0.551	0.443	0.360	0.292	0.235
	25°				0.658	0.502	0.396	0.315	0.250
	30°				1.112	0.600	0.448	0.346	0.270
	35°					1.034	0.537	0.392	0.295
	40°						0.944	0.471	0.335
	45°							0.845	0.403
	50°								0.739

续表

ρ	β \ φ	15°	20°	25°	30°	35°	40°	45°	50°
20°	0°				0.488	0.430	0.377	0.329	0.284
	5°				0.530	0.463	0.403	0.349	0.300
	10°				0.582	0.502	0.433	0.372	0.318
	15°				0.648	0.550	0.469	0.399	0.337
	20°				0.740	0.612	0.512	0.430	0.360
	25°				0.894	0.699	0.569	0.469	0.387
	30°				1.553	0.846	0.650	0.520	0.421
	35°					1.494	0.788	0.594	0.466
	40°						1.414	0.721	0.532
	45°							1.316	0.647
	50°								1.201
−10°	0°				0.228	0.180	0.139	0.104	0.075
	5°				0.242	0.189	0.145	0.108	0.078
	10°				0.259	0.200	0.151	0.112	0.080
	15°				0.281	0.213	0.160	0.117	0.083
	20°				0.314	0.232	0.170	0.123	0.086
	25°				0.371	0.259	0.185	0.131	0.090
	30°				0.620	0.307	0.207	0.142	0.096
	35°					0.534	0.246	0.159	0.104
	40°						0.441	0.189	0.116
	45°							0.351	0.138
	50°								0.267
−20°	0°				0.170	0.125	0.089	0.060	0.037
	5°				0.179	0.131	0.092	0.061	0.038
	10°				0.191	0.137	0.096	0.063	0.039
	15°				0.206	0.146	0.100	0.066	0.040
	20°				0.229	0.157	0.106	0.069	0.041
	25°				0.270	0.175	0.114	0.072	0.043
	30°				0.470	0.207	0.127	0.078	0.045
	35°					0.374	0.151	0.086	0.048
	40°						0.284	0.103	0.053
	45°							0.203	0.064
	50°								0.133

当墙背竖直（$\rho=0$）、光滑（$\delta=0$）、填土表面水平（$\beta=0$）时，式(6-18)变为式(6-5)

$$E_a=\frac{1}{2}\gamma h^2\tan^2\left(45^\circ-\frac{\varphi}{2}\right)$$

由此可见，在上述条件下，库伦土压力公式与朗金公式相同。

由于主动土压力 E_a 在数值上等于压力强度 p_a 分布图的面积，即

$$E_a=\int_0^h p_a \mathrm{d}z \tag{6-21}$$

而由式（6-18）可知，主动土压力 E_a 是墙高 h 的二次函数，故主动土压力强度 p_a 一定是所求压力强度处深度 z 的一次函数，即主动土压力强度分布图为三角形（如图 6-11c 所示）。而其方向与墙背法线逆时针成 δ 角。作用点距离底$\frac{1}{3}h$ 处。应当指出，图 6-11c 的主动土压力强度分布图只代表其大小，而不代表其作用方向。

6.4.2 被动土压力

挡土墙在外力作用下向填土方向移动或转动，直至使墙后填土沿某一滑裂面 BC 破坏，在发生破坏的瞬时，滑动土楔处于极限平衡状态。这时作用在隔离体 ABC 上仍为三个力：土楔自重 G、滑裂面 BC 上的反力 R 和墙背的反力 E（如图 6-13a 所示）。除 G 的作用方向为竖直外，E、R 的作用方向和相应法线夹角均与求主动土压力时相反，即均位于法线另一侧（如图 6-13b 所示）。按照求主动土压力的原理和方法，可求得被动土压力计算公式：

$$E_p=\frac{1}{2}\gamma h^2\frac{\cos^2(\varphi+\rho)}{\cos^2\rho\cos(\rho-\delta)\left[1-\sqrt{\frac{\sin(\varphi+\delta)\sin(\varphi+\beta)}{\cos(\rho-\delta)\cos(\rho-\beta)}}\right]^2} \tag{6-22}$$

或

$$E_p=\frac{1}{2}\gamma h^2 k_p \tag{6-23}$$

式中　k_p——被动土压力系数。

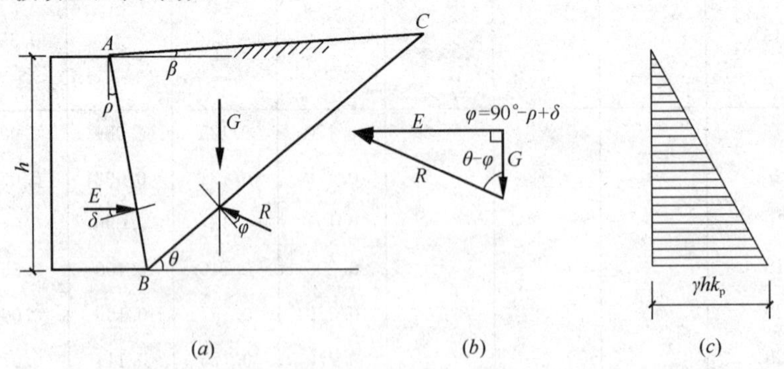

图 6-13　被动土压力的计算

（a）挡土墙后填土滑动土楔；（b）力三角形；（c）被动土压力强度分布图

如墙竖直（$\rho=0$），光滑（$\delta=0$）和填土表面水平（β=0），则式（6-22）变为式(6-10)

$$E_p=\frac{1}{2}\gamma h^2\tan^2\left(45^\circ+\frac{\varphi}{2}\right)$$

因此，在上述条件下，库伦被动土压力公式与朗金公式相同。

显而易见，被动土压力强度分布图也为三角形（如图 6-13c 所示），土压力 E_p 的作用点距墙底 $h/3$ 处，其方向与墙背法线顺时针成 δ 角。

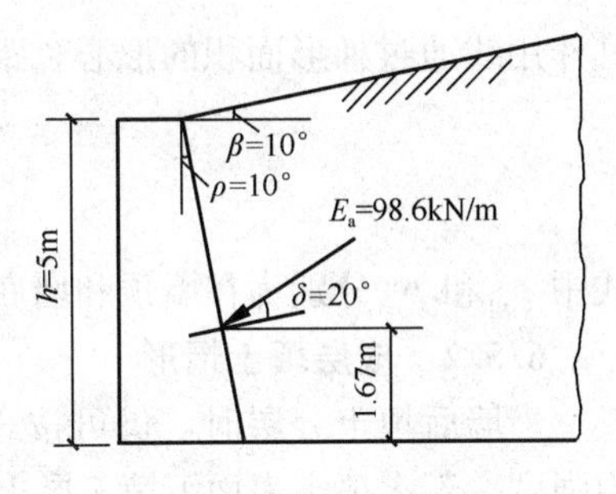

图 6-14 【例题 6-3】附图

【例题 6-3】 挡土墙高 $h=5\text{m}$，墙背倾斜角 $\rho=10°$（俯斜）。填土坡角 $\beta=10°$，填土重度 $\gamma=18\text{kN/m}^3$，$\varphi=30°$，$c=0$，填土与墙背摩擦角 $\delta=20°$。试按库伦土压力理论求主动土压力 E_a 及作用点。

【解】 根据 $\delta=20°$、$\rho=10°$、$\beta=10°$、$\varphi=30°$查表 6-3 得 $k_a=0.438$，由式（6-20）算得主动土压力

$$E_a=\frac{1}{2}\gamma h^2 k_a=\frac{1}{2}\times 18\times 5^2\times 0.438=98.6\text{kN/m}$$

作用点距墙底 $h/3=1/3\times 5=1.67\text{m}$（如图 6-14 所示）。

6.5 特殊情况下土压力的计算

6.5.1 填土表面有均布荷载[1]

在设计挡土墙时，通常要考虑填土表面有均布荷载 q（kN/m^2）作用（如图 6-15 所示），除有特殊要求外，在一般情况下，可按 $q=10\text{kN/m}^2$ 计算。今以朗金土压力理论为例，说明其计算方法。

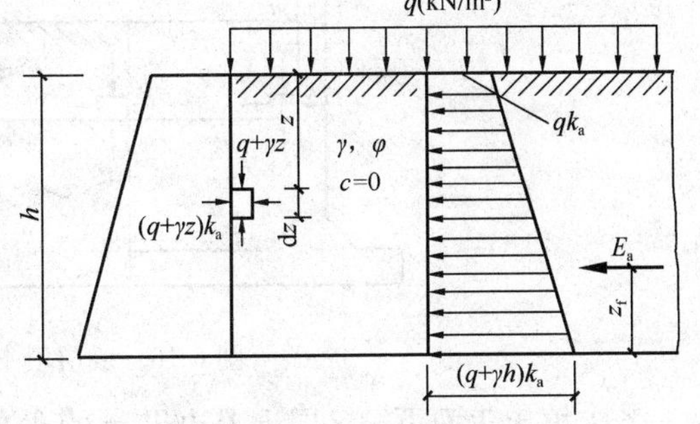

图 6-15 填土表面均布荷载作用时主动土压力计算

由式（6-3）可见，当土的黏聚力 $c=0$ 时，作用在填土表面下深度 z 处的主动土压力强度 p_a，等于该处土的竖向应力 γz 乘以主动土压力系数 $k_a=\tan^2\left(45°-\frac{\varphi}{2}\right)$。因此，在填土表面有均布荷载 q 时，该处的竖向应力变为 $(q+\gamma z)$。于是，所求点的主动土压力强度为：

$$p_a=(q+\gamma z)\tan^2\left(45°-\frac{\varphi}{2}\right)=(q+\gamma z)k_a \tag{6-24}$$

式中 q——作用在填土表面的均布荷载（kN/m^2）。

其余符号意义同前。

这时主动土压力强度呈梯形分布，如图 6-15 所示，主动土压力在数值上等于梯形的面积

$$E_a=\frac{1}{2}(p_{a0}+p_{ah})h \tag{6-25}$$

[1] 在计算被动土压力时，为安全计，不考虑填土表面有荷载作用。

其作用线通过梯形面积的形心，距墙底的距离

$$z_{\mathrm{f}}=\frac{1}{3}\frac{2p_{\mathrm{a0}}+p_{\mathrm{ah}}}{p_{\mathrm{a0}}+p_{\mathrm{ah}}}\cdot h \tag{6-26}$$

式中 p_{a0} 和 p_{ah} 分别为在墙顶和墙底处的主动土压力强度。

6.5.2 成层填土情形

当墙后填土分层时，仍可按式（6-3）、式（6-4）、式（6-8）或式（6-9）来计算土压力强度。若求填土表面下第 j 层土下边界 k 点处的主动土压力，并设该层土的抗剪强度指标为 c_j，φ_j（如图 6-16 所示）；则需先求出该处土的竖向应力 $\sum_{i=1}^{j}\gamma_i h_i$，然后乘以该土层的主动土压力系数 $k_{\mathrm{a}}=\tan^2\left(45°-\frac{\varphi_j}{2}\right)$，再减去 $2c_j\tan\left(45°-\frac{\varphi_j}{2}\right)$，即

$$p_{\mathrm{ak}}=\left(\sum_{i=1}^{j}\gamma_i h_i\right)\tan^2\left(45°-\frac{\varphi_j}{2}\right)-2c_j\tan\left(45°-\frac{\varphi_j}{2}\right) \tag{6-27}$$

式中 p_{ak}——第 j 层土下边界 k 点处主动土压力强度；

j——第 j 层土的序号（自填土表面起算）；

γ_i、h_i——第 i 层土的重度和土层厚度；

φ_j、c_j——第 j 层土的内摩擦角和黏聚力。

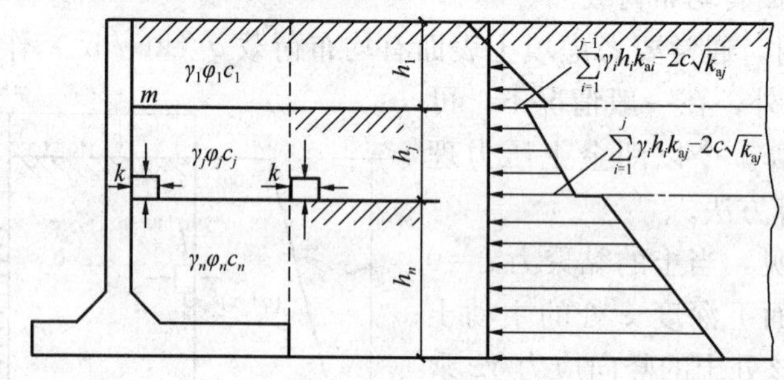

图 6-16 成层填土时土压力的计算

若求填土表面下第 j 层土上边界 m 点处的主动土压力，则需先求出该处土的竖向应力 $\sum_{i=1}^{j-1}\gamma_i h_i$，然后乘以该土层的主动土压力系数 $k_{\mathrm{aj}}=\tan^2\left(45°-\frac{\varphi_j}{2}\right)$，再减去 $2c_j\cdot\tan\left(45°-\frac{\varphi_j}{2}\right)$，即

$$p_{\mathrm{am}}=\left(\sum_{i=1}^{j-1}\gamma_i h_i\right)\tan^2\left(45°-\frac{\varphi_j}{2}\right)-2c_j\tan\left(45°-\frac{\varphi_j}{2}\right) \tag{6-28}$$

式中符号意义同前。

6.5.3 墙后有地下水情形

当墙后填土内有地下水时，水下土的重度应采用有效重度 γ' 代入公式。此外，尚需考虑水对墙产生的静水压力（如图 6-17 所示）。

【例题 6-4】 挡土墙高 5m，填土的物理力学性质指标如下：$\varphi=30°$，$c=0$，$\gamma=18\mathrm{kN/m^3}$，墙背竖直光滑，填土水平，作用有荷载 $q=10\mathrm{kN/m^2}$（如图 6-18 所示）。试求

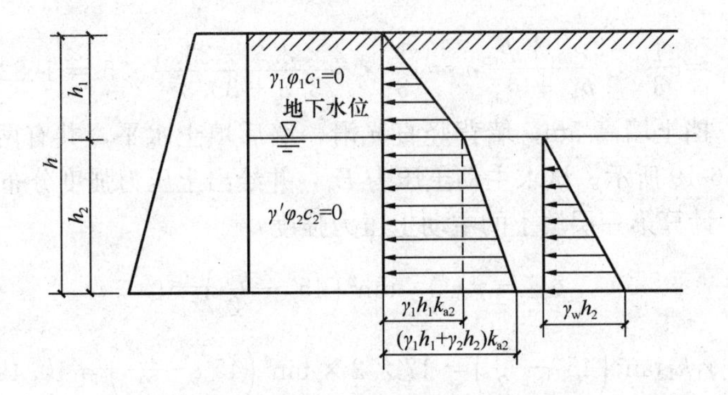

图 6-17　墙后有地下水时土压力的计算

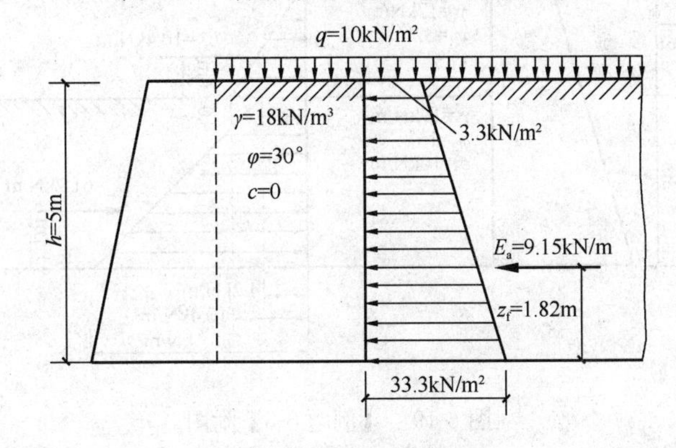

图 6-18　【例题 6-4】附图

主动土压力 E_a，并绘出主动土压力强度分布图。

【解】 将已知数据代入式（6-24），在填土表面处主动土压力强度

$$p_{a0} = (q+\gamma z)\tan^2\left(45^\circ - \frac{\varphi}{2}\right)$$

$$= (10+0)\tan^2\left(45^\circ - \frac{30^\circ}{2}\right)$$

$$= 3.3\text{kN/m}^2$$

在墙底处主动土压力强度

$$p_{a0} = (q+\gamma z)\tan^2\left(45^\circ - \frac{\varphi}{2}\right)$$

$$= (10+18\times 5)\tan^2\left(45^\circ - \frac{30^\circ}{2}\right)$$

$$= 33.3\text{kN/m}^2$$

主动土压力强度分布图为梯形（如图 6-18 所示）。

主动土压力在数值上等于压力图形的面积

$$E_a = \frac{1}{2}(p_{a0}+p_{ah})h = \frac{1}{2}(3.3+33.3)\times 5 = 91.5\text{kN/m}$$

作用线通过梯形压力分布图的形心，距墙底面的距离

$$z_f = \frac{1}{3} \times \frac{2p_{a0} + p_{ah}}{p_{a0} + p_{ah}} h = \frac{1}{3} \times \frac{2 \times 3.3 + 33.3}{3.3 + 33.3} \times 5 = 1.82\text{m}$$

【例题 6-5】 挡土墙高 5m，墙背竖直光滑，墙后填土水平，共有两层。各层土的物理力学指标如图 6-19 所示。试求主动土压力 E_a，并绘出土压力强度分布图。

【解】 (1) 计算第一层填土的主动土压力强度

$$p_{a0} = \gamma \cdot 0 \cdot \tan^2\left(45° - \frac{\varphi_1}{2}\right) = 0$$

$$p_{a1} = \gamma_1 h_1 \tan^2\left(45° - \frac{\varphi_1}{2}\right) = 17 \times 2 \times \tan^2\left(45° - \frac{32°}{2}\right) = 10.4\text{kN/m}^2$$

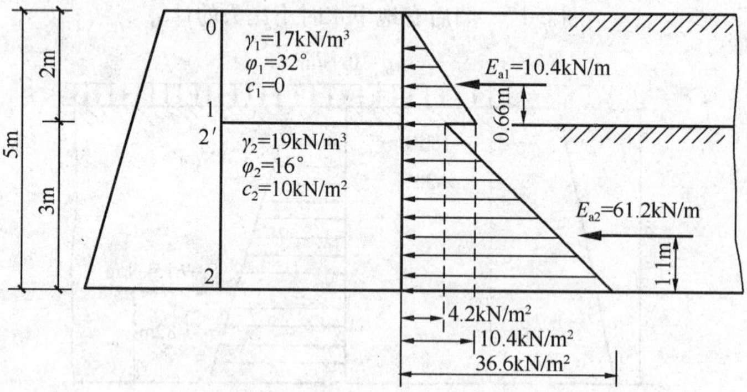

图 6-19 【例题 6-5】附图

(2) 计算第二层土的主动土压力强度

1) 在第二层上边界处 2′点主动土压力强度。该点（2′点）土的竖向应力为 $\gamma_1 h_1$，而 2′点已在第二层土内，其抗剪强度指标为 φ_2、c_2，故

$$\begin{aligned} p_{a2'} &= \gamma_1 h_1 \tan^2\left(45° - \frac{\varphi_2}{2}\right) - 2c_2 \tan\left(45° - \frac{\varphi_2}{2}\right) \\ &= 17 \times 2 \times \tan^2\left(45° - \frac{16°}{2}\right) - 2 \times 10 \times \tan\left(45° - \frac{16°}{2}\right) \\ &= 4.2\text{kN/m}^2 \end{aligned}$$

2) 在第二层土下边界处 2 点（即墙底）土压力强度。该点处土的竖向应力为 $(\gamma_1 h_1 + \gamma_2 h_2)$，于是

$$\begin{aligned} p_{a2} &= (\gamma_1 h_1 + \gamma_2 h_2) \tan^2\left(45° - \frac{\varphi_2}{2}\right) - 2c_2 \tan\left(45° - \frac{\varphi_2}{2}\right) \\ &= (17 \times 2 + 19 \times 3) \tan^2\left(45° - \frac{16°}{2}\right) - 2 \times 10 \times \tan\left(45° - \frac{16°}{2}\right) \\ &= 36.6\text{kN/m}^2 \end{aligned}$$

主动土压力为

$$E_0 = \frac{1}{2} \times 10.4 \times 2 + \frac{1}{2}(4.2 + 36.6) \times 3 = 71.6\text{kN/m}$$

主动土压力强度分布图如图 6-19 所示。

应当指出，在两层不同土的交界面上土压力值不连续。

6.6 按规范方法计算主动土压力

采用朗金土压力和库伦土压力理论计算主动土压力时，当墙后填土为砂土，朗金土压力比实测值偏大，可达20%左右，库伦土压力比实测值略偏小。计算被动土压力时，朗金土压力比实测值偏小，而库伦土压力则偏大很多，为安全计，一般按朗金土压力公式计算。若墙后填土为黏性土或粉土（即 $c\neq0$），且需用库伦土压力理论计算时，可将公式中的内摩擦角 φ 以等效摩擦角 φ' 代替，图6-20表示了这种等代关系。对于墙高 $h\leqslant5\text{m}$，地下水位以上的一般黏性土或粉土，可采用 $\varphi'=30°\sim35°$；而地下水位以下的一般黏性土或粉土，可采用 $\varphi'=25°\sim30°$。由于采用等效摩擦角的方法与实际情况有较大的差别，故使得在计算低墙的土压力时偏于安全，而在计算高墙的土压力时偏于危险。规范推荐下述按平面滑裂面假设，计算黏性土和粉土主动土压力的方法。

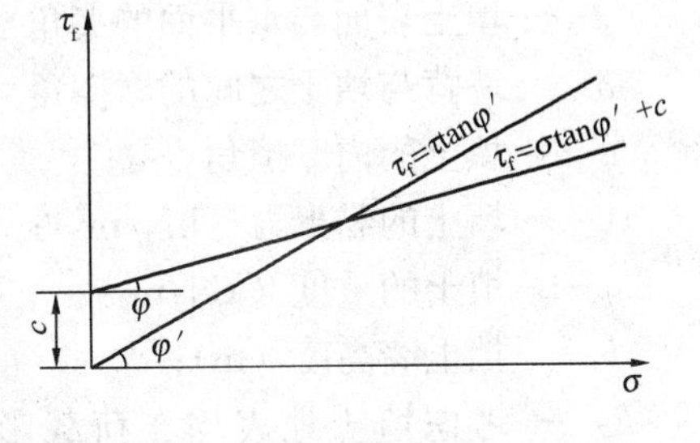

图6-20 等值内摩擦角

6.6.1 数解法

以平面滑裂面为基础的黏性土与粉土主动土压力数值计算方法，是库伦土压力理论一种改进方法（考虑土的粘聚力）。它适用于填土表面为一倾斜平面，其上作用有均布荷载 q 的一般情况。

当挡土墙在土压力作用下，离开填土向前产生位移时，墙后填土将沿某一平面滑裂面 BC 破坏，在发生破坏的瞬间滑动土楔体处于极限平衡状态（如图6-21所示）。这时作用在隔离体 ABC 上有以下几种力：土楔自重 G 及填土表面上的均布荷载的合力 F，其方向竖直向下；BC 平面滑裂面上的反力 R，其作用方向与 BC 滑裂面的法线顺时针成 φ 角；在滑裂面 BC 上的黏聚力 $c\cdot L_{BC}$，其方向与土楔下滑方向相反；墙背 AB 对土楔的反力 E'_a，其作用方向与墙背面法线逆时针成 δ 角。按照求库伦土压力的方法，可求得规范推荐的土压力计算公式：

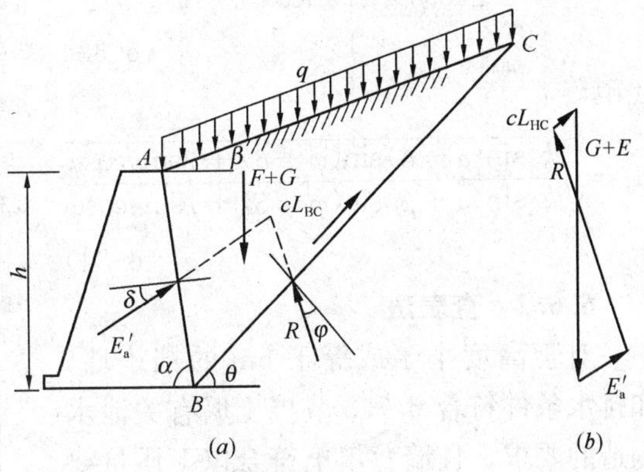

图6-21 按规范法求主动土压力示意图

(a) 挡土墙后填土滑动土楔体；(b) 力多边形

$$E_a=\frac{1}{2}\gamma h^2k_a \tag{6-29}$$

式中 k_a——主动土压力系数，按下式计算：

$$k_a=\frac{\sin(\alpha+\beta)}{\sin^2\alpha\cdot\sin^2(\alpha+\beta-\varphi-\delta)}\{k_q[\sin^2(\alpha+\beta)\sin(\alpha-\delta)+\sin(\varphi+\delta)\cdot\sin(\varphi-\beta)+$$
$$2\eta\sin\alpha\cdot\cos\varphi\cos(\alpha+\beta-\varphi-\delta)]-2[(k_q\sin(\alpha+\beta)\sin(\varphi-\beta)+$$

$$\eta \cdot \sin\alpha \cdot \cos\varphi)(k_q \sin(\alpha-\delta)\sin(\varphi+\delta)+\eta\sin\alpha\cos\varphi)]^{1/2}\} \tag{6-30}$$

$$\eta=\frac{2c}{\gamma h} \tag{6-31}$$

α——墙背与水平面的夹角（°）；

β——填土表面与水平面的夹角（°）；

δ——墙背与填土之间的摩擦角（°）；

φ——填土的内摩擦角（°）；

c——填土的黏聚力（kN/m^2）；

γ——填土的重度（kN/m^3）；

h——挡土墙高度（m）；

k_q——考虑填土地表均布荷载影响的系数；

$$k_q=1+\frac{2q}{\gamma h}\cdot\frac{\sin\alpha\cos\beta}{\sin(\alpha+\beta)} \tag{6-32}$$

q——填土地表均布荷载（以单位水平投影面上的荷载强度计）（kN/m^2）。

按公式（6-29）计算主动土压力时，破裂面与水平面的倾角为

$$\theta=\arctan\left[\frac{\sin\beta\cdot S_q+\sin(\alpha-\varphi-\delta)}{\cos\beta\cdot S_q-\cos(\alpha-\varphi-\delta)}\right] \tag{6-33}$$

式中

$$S_q=\sqrt{\frac{k_q\sin(\alpha-\delta)\sin(\varphi+\delta)+\eta\sin\alpha\cos\varphi}{k_q\sin(\alpha+\beta)\sin(\varphi-\beta)+\eta\sin\alpha\cos\varphi}} \tag{6-34}$$

6.6.2 查表法

对于高度小于或等于 5m 的挡土墙，如排水条件符合 6.7.3 节挡土墙有关泄水构造的要求，且墙背填土符合以下质量要求时，可根据填土的种类以及 β 角、α 角，从图 6-22～图 6-25 中直接查得主动土压力系数 k_a❶

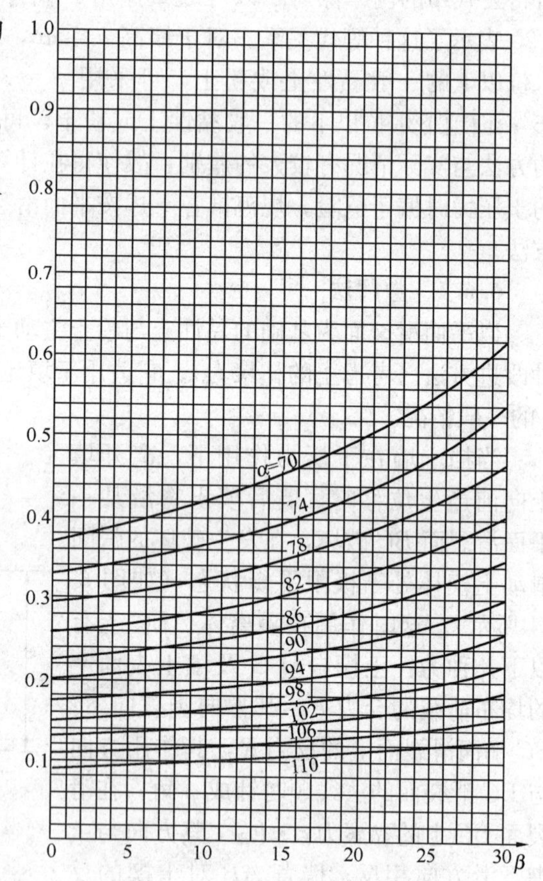

图 6-22 Ⅰ类土主动土压力系数 k_a

$\left(\delta=\frac{1}{2}\varphi, q=0, H\leqslant 5m\right)$

墙背各类填土的质量要求是：

对于Ⅰ类土，即碎石(填)土，密实度为中密，干密度 ρ_d 大于或等于 2.0t/m³；

对于Ⅱ类土，即砂（填）土，包括砾、粗、中砂，其密实度为中密，干密度 ρ_d 大于或等于 1.65t/m³；

❶ 系数 k_a 中内摩擦角的影响由各类填土的密实度来反映，故在图表中不再出现 φ 值。

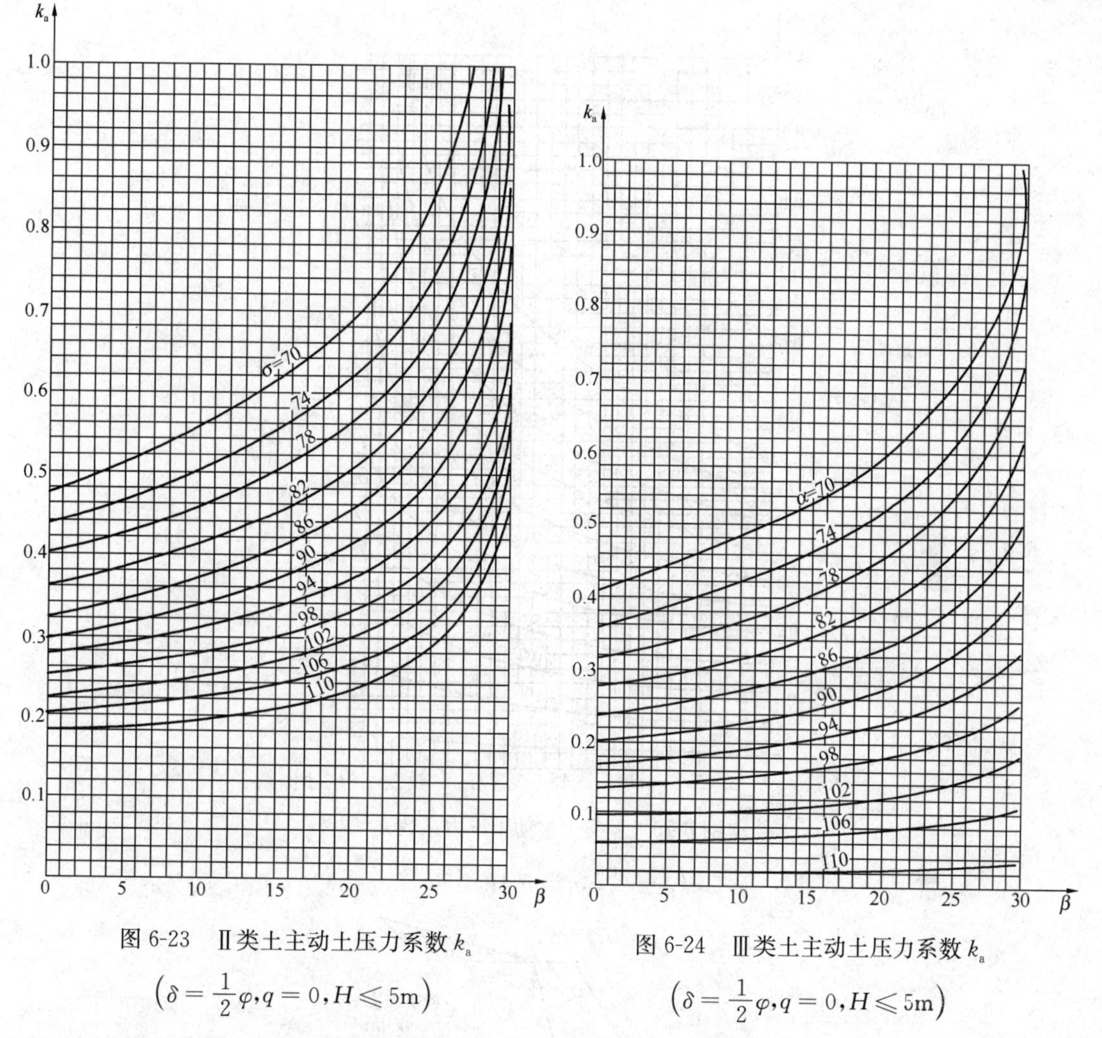

图 6-23 Ⅱ类土主动土压力系数 k_a

$\left(\delta=\frac{1}{2}\varphi, q=0, H\leqslant 5\text{m}\right)$

图 6-24 Ⅲ类土主动土压力系数 k_a

$\left(\delta=\frac{1}{2}\varphi, q=0, H\leqslant 5\text{m}\right)$

对于Ⅲ类土，即黏土夹块石（填）土，干密度 ρ_d 大于或等于 1.90t/m³；

对于Ⅳ类土，即粉质黏（填）土，干密度 ρ_d 大于或等于 1.65t/m³；

对于高度大于 5m 或具有地面超载的挡土墙，应按式（6-30）直接计算主动土压力系数。

【例题 6-6】 图 6-26 所示挡土墙高 $h=5$m，用毛石砌筑，墙背倾斜 $\alpha=106°$，墙背粗糙，排水条件良好，墙后填土倾斜 $\beta=14°$，填土表面无均布荷载，填料为粉质黏土，土的重度 $\gamma=19\text{kN/m}^3$，干密度 $\rho_d=1.67\text{t/m}^3$，抗剪强度指标：$c=19\text{kN/m}^2$，$\varphi=15°$。试按查表法计算主动土压力 E_a。

【解】 查表法

因为填土属Ⅳ类土，$\rho_d=1.67\text{t/m}^3>1.65\text{t/m}^3$ 可查图 6-25 曲线，由 $\beta=14°$，$\alpha=106°$，$q=0$，$\delta=\frac{1}{2}\varphi$，$h=5$m 查得 $k_a\approx 0.085$

于是

$$E_a=\frac{1}{2}\gamma h^2 k_a=\frac{1}{2}\times 19\times 5^2\times 0.085=20.2\text{kN/m}$$

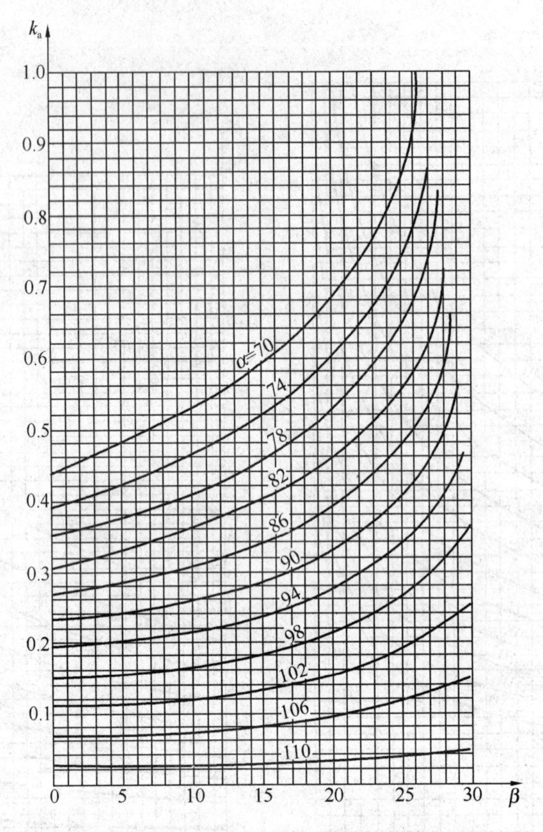

图 6-25　Ⅳ类土主动土压力系数 k_a

$\left(\delta=\frac{1}{2}\varphi, q=0, H\leqslant 5\text{m}\right)$

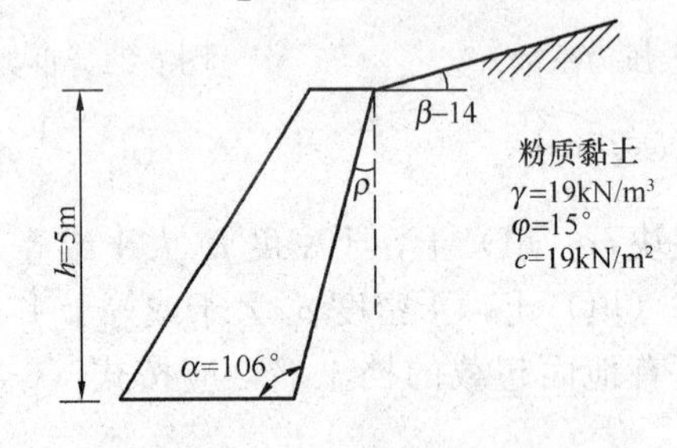

图 6-26　【例题 6-6】附图

6.7　挡 土 墙 设 计

6.7.1　挡土墙的类型与尺寸选择

挡土墙按其结构形式可分为以下两种主要类型。

1. 重力式挡土墙

这种挡土墙用砖、石或混凝土材料建造。它依靠墙体本身的重量保持其稳定。重力式挡土墙按墙背倾斜形式，分为仰斜式、竖直式和俯斜式三种（如图 6-27 所示）。仰斜式主动土压力最小，俯斜式主动土压力最大。所以，从减小土压力方面来考虑，宜优先采用仰

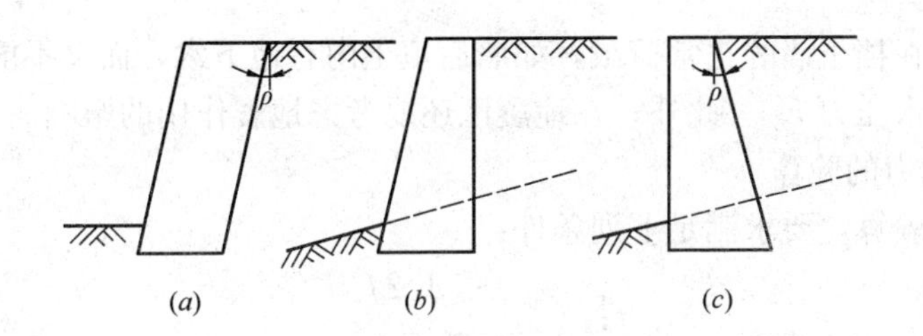

图 6-27 重力式挡土墙

(a) 仰斜式挡土墙；(b) 竖直式挡土墙；(c) 俯斜式挡土墙

斜式挡土墙。但填方时，如果采用这种挡土墙，则墙后填土夯实施工比较困难，这时采用竖直墙或俯倾墙就比较合理。重力式挡土墙的截面尺寸，一般按试算法确定，即根据经验或参照已有类似设计初步拟定截面尺寸。重力式挡土墙一般采用：顶宽约为 $\left(\frac{1}{8}\sim\frac{1}{12}\right)h$，底宽为 $\left(\frac{1}{2}\sim\frac{1}{3}\right)h$，然后进行验算。如不满足要求，则应改变截面尺寸或采取其他措施，直至满足要求为止。

重力式挡土墙具有结构简单、施工方便和就地取材等优点。因此，在土木建筑工程中应用颇为广泛。

2. 薄壁挡土墙

这种挡土墙用钢筋混凝土建造。它主要依靠墙后底板上面的土重来保持其稳定。薄壁挡土墙内拉力由钢筋承担，故这种挡土墙的悬壁和底板厚度可做得很薄。一般用于地基土强度较低，墙高较大的场合（如图 6-28 所示）。

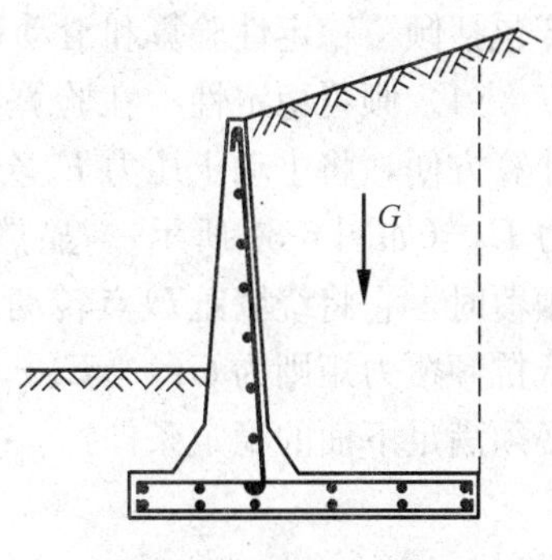

图 6-28 薄壁挡土墙

6.7.2 挡土墙计算

根据经验或已有类似设计初步确定挡土墙类型、截面形式和尺寸，然后按下列步骤进行验算。

1. 确定作用在挡土墙上的力

作用在挡土墙上的力（如图 6-29 所示），主要有以下几种。

(1) 土压力 它是作用在挡土墙上的主要荷载。当墙产生向前位移（转动或平移）时，在墙后作用有主动土压力 E_a；在墙前作用有被动土压力 E_p。但在实际计算中，为了安全起见，一般将被动土压力 E_p 忽略不计。

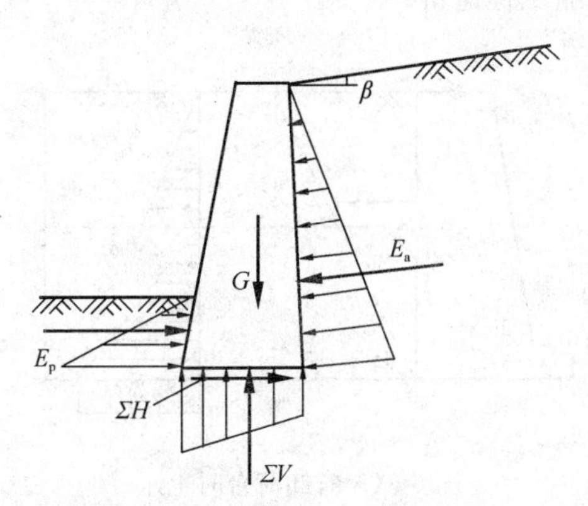

图 6-29 作用在挡土墙上的力

(2) 墙体自重 计算挡土墙自重时，常将挡土墙划分为几个简单几何图形（矩形和三角形），然后将每个图形的面积 A_i 乘以 1m（墙长），再乘墙体材料重度 γ_w，就得到相应部分的墙重 G_i，即 $G_i=A_i\times1\times\gamma_w$，$G_i$ 作用在每一部分的重心上，方向朝下。

(3) 基础底面反力 基底反力可分为竖直反力 ΣV 和水平反力 ΣH。

以上是作用在挡土墙的正常荷载，如墙后填土内有地下水，而又不能排除时，墙上的荷载尚应包括静水压力 E_w。此外，在地震区还要考虑地震作用的影响。

2. 地基承载力的验算

地基承载力验算，要求满足下列条件：

$$p_{max} \leqslant 1.2 f_a \tag{6-35}$$

$$p \leqslant f_a \tag{6-36}$$

式（6-36）和式（6-37）中

p_{max}——基底最大压应力（kN/m²）；

p——基底平均压应力（kN/m²）；

f_a——地基承载力特征值（kN/m²）。

3. 稳定性验算

挡土墙丧失稳定性通常有两种形式：一种是在土压力作用下绕 O 点外倾；另一种是在土压力的水平分力作用下沿基底滑移（如图 6-30 所示）。因此，挡土墙的稳定性验算包括倾覆稳定性验算和滑动稳定性验算，兹分述如下。

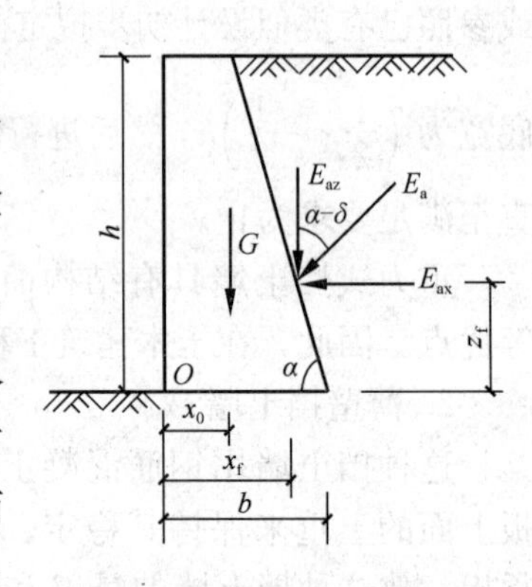

图 6-30　挡土墙稳定性验算

（1）倾覆稳定性　在验算挡土墙倾覆稳定性时，为了计算方便，将主动土压力 E_a 分解为水平分力 E_{ax} 和垂直分力 E_{ax}（如图 6-30 所示）。显然，当墙在土压力 E_{ax} 作用下倾覆时，它将绕墙趾 O 点转动。这时倾覆力矩为 $E_{ax}z_f$，而抵抗倾覆力矩则为 $Gx_0+E_{az}x_f$。为了保证挡土墙的稳定性，必须满足下面的稳定条件：

$$K_t=\frac{Gx_0+E_{ax}x_f}{E_{ax}z_f}\geqslant 1.6 \tag{6-37}$$

式中　K_f——抗倾覆安全系数；

G——挡土墙每延米的自重（kN/m）；

E_{ax}、E_{az}——主动土压力的水平分力（kN/m）和垂直分力（kN/m）；

z_f、x_0、x_f——E_{ax}、G 和 E_{az} 对墙趾 O 点的力臂（m）。

当不能满足式（6-37）的要求时，可采取下列措施：

1）墙加墙体自重，这将增加工程量，因而增加工程造价；

2）将墙背做成仰斜式、以减小土压力；

3）在挡土墙后做卸荷台。由于卸荷台以上土的自重应力传不到下面的土层上去，故土压力将减小（如图 6-31 所示）。

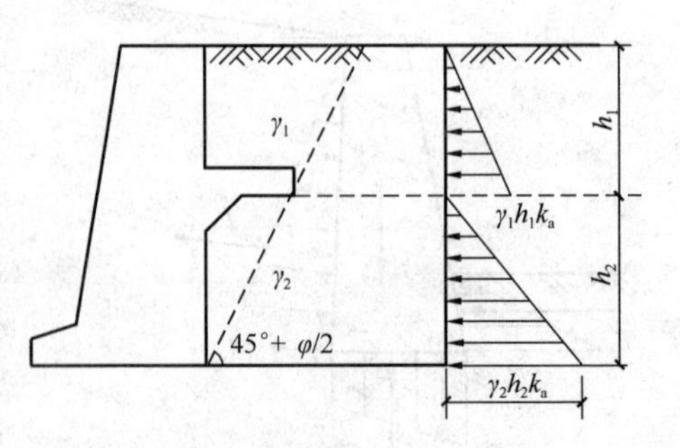

图 6-31　有卸荷台时土压力强度分布图

（2）滑动稳定性　作用在挡土墙上的主动土压力的水平分力 E_{ax} 使墙向前滑移，而抗滑动的力为 $(G+E_{az})\mu$，为保证挡土墙滑移的稳定性，应满足下列条件：

$$K_s=\frac{(G+E_{az})\mu}{E_{ax}}\geqslant 1.3 \tag{6-38}$$

式中 K_s——抗滑安全系数；

E_{ax}、E_{az}——主动土压力的水平和垂直分力（kN/m）；

μ——基底摩擦系数，可按表 6-4 采用。

当不能满足式（6-38）的要求时，可把挡土墙做成逆坡，以增大挡土墙的抗滑能力（如图 6-32 所示）。基底逆坡的坡度为 $1:n$，对于一般地基不宜大于 $1:0.1$，对于岩石地基不大于 $1:0.2$。

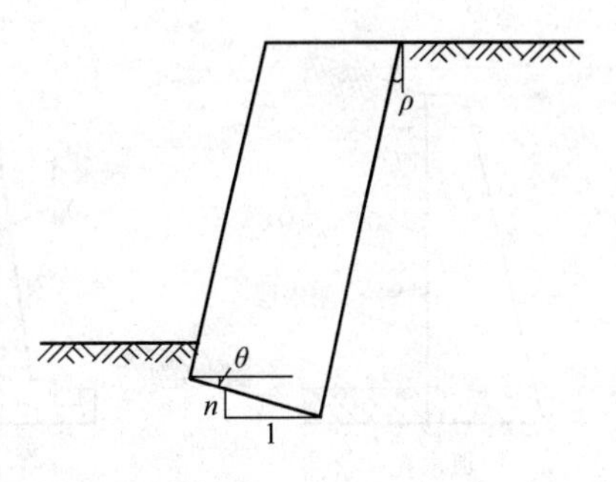

图 6-32　挡土墙基底逆坡

挡土墙的基底摩擦系数 μ 是抗滑验算的一个设计参数，一般宜由试验确定，也可按表 6-4 采用。

挡土墙基底对地基的摩擦系数 μ 值　　　　**表 6-4**

土岩的类别		摩擦系数 μ
黏性土	可塑	0.25～0.30
	硬塑	0.30～0.35
	坚硬	0.35～0.45
粉　土	$S_r \leqslant 0.5$	0.30～0.40
中砂，粗砂，砾砂		0.40～0.50
碎石土		0.40～0.60
软质岩石		0.40～0.60
表面粗糙的硬质岩石		0.65～0.75

注：1. 对易于风化的软质岩石和塑性指数 $I_p>22$ 的黏性土，基底摩擦系数应通过试验确定。
2. 对碎石土，可根据其密实度、填充物状况、风化程度等确定。

4. 墙身截面承载力验算

墙身截面承载力验算按有关结构设计规范进行。

6.7.3　墙后回填土料选择与排水

1. 墙后土料的选择

挡土墙后的填土土料应尽量选择透水性好的土，如砂土、砾石等，这些土的抗剪强度指标 φ 比较稳定，易于排水。当采用黏性土作为填料时宜掺入适量的块石。不应采用淤泥、膨胀土作填料。此外，在冬季施工时，填料中也不应夹有大的冻结土块。

填土应分层夯实。

2. 墙身排水

由于地面排水不畅，使大量雨水渗入填土。为了使水及时排出，在挡土墙的适当部位应设置排水孔，孔眼尺寸为 50mm×100mm，100mm×100mm，150mm×200mm 或不小于 ϕ100mm，外斜 5%，孔眼间距 2～3m。为了防止排水孔堵塞，应在其入口处以粗颗粒材料做反滤层和必要的排水沟。

为防止地面水渗入填土和一旦渗入填土中的水渗到墙下地基，应在地面和排水孔下部铺设黏土层，并进行夯实（如图 6-33 所示）以利隔水。当墙身后有山坡时，还应在坡下设置截水沟。

3. 伸缩缝及其他

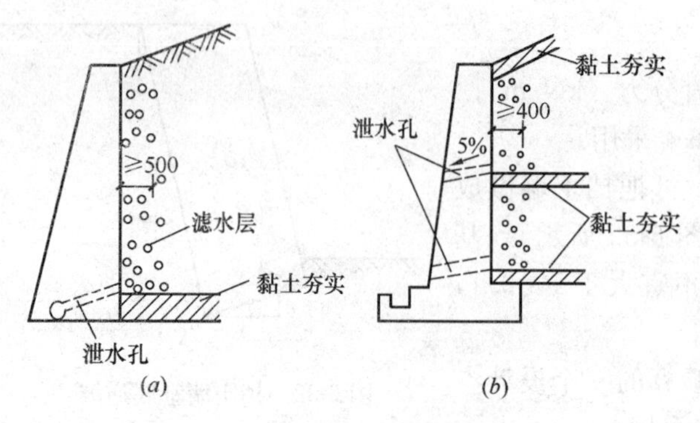

图 6-33 挡土墙的排水措施

挡土墙每隔 10～20m 应设置伸缩缝，当地基土质有变化时宜加设沉降缝，在拐角处应适当采取加强的构造措施。

【例题 6-7】 试设计一浆砌块石挡土墙。墙高 $h=5$m，墙背竖直光滑，墙后填土水平，土的物理力学指标：$\gamma=18\text{kN/m}^3$，$\varphi=38°$，$c=0$。基底摩擦系数 $\mu=0.6$，地基土承载力特征值 $f_a=200\text{kN/m}^2$。

【解】 (1) 挡土墙断面尺寸的选择

顶宽采用 0.6m，底宽取 $h=1.8$m（如图 6-34a 所示）

(2) 土压力计算

$$E_a=\frac{1}{2}\gamma h^2\tan^2\left(45°-\frac{\varphi}{2}\right)=\frac{1}{2}\times18\times5^2\times\tan^2\left(45°-\frac{38°}{2}\right)=53.5\text{kN/m}$$

土压力作用点距墙趾 $z_f=\frac{1}{3}h=\frac{1}{3}\times5=1.67$m

(3) 挡土墙自重及重心

将挡土墙的截面分成一个三角形和一个矩形（如图 6-34a 所示），它们的重量分别为

$$G_1=\frac{1}{2}\times1.2\times5\times22=66\text{kN/m}\quad G_2=0.6\times5\times22=66\text{kN/m}$$

（其中 22kN/m^3 为浆砌块石的重度）

G_1 和 G_2 作用点距墙趾 O 点的水平距离分别为

$$x_1=\frac{2}{3}\times1.2=0.8\text{m}\qquad x_2=1.2+\frac{1}{2}\times0.6=1.5\text{m}$$

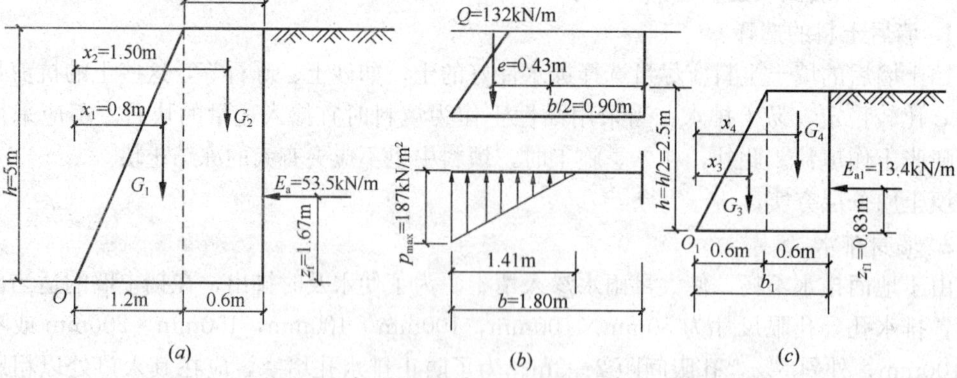

图 6-34 【例题 6-7】附图

(a) 稳定性验算简图；(b) 地基承载力验算简图；(c) 墙身强度验算简图

(4) 倾覆稳定性验算

$$K_t=\frac{G_1x_1+G_2x_2}{E_az_f}=\frac{66\times0.8+66\times1.5}{53.5\times1.67}=1.70>1.6$$

(5) 滑动稳定性验算

$$K_s=\frac{(G_1+G_2)\mu}{E_a}=\frac{(66+66)\times0.60}{53.5}=1.48>1.3$$

(6) 地基承载力验算(如图 6-34b 所示)

作用在基底的总竖向力 $Q=G_1+G_2=66+66=132\text{kN/m}$

合力作用点离 O 点距离

$$x_o=\frac{G_1x_1+G_2x_2-E_az_f}{Q}=\frac{66\times0.8+66\times1.5-53.5\times1.67}{132}=0.47\text{m}$$

偏心距 $$e=\frac{b}{2}-x_o=\frac{1.80}{2}-0.47=0.43(\text{m})>\frac{b}{6}=\frac{1.80}{6}=0.30\text{m}$$

$$p_{max}=\frac{2Q}{3\left(\frac{b}{2}-e\right)}=\frac{2\times132}{3\left(\frac{1.80}{2}-0.43\right)}=187\text{kN/m}^2<1.2f_a$$

$$=1.2\times200=240\text{kN/m}^2$$

$$p=\frac{1}{2}(p_{max}+p_{min})=\frac{1}{2}\times(187+0)=93.6\text{kN/m}^2<f_a=200\text{kN/m}^2$$

(7) 墙身截面承载力验算

采用 MU20 毛石,混合砂浆强度等级 M2.5,砌体抗压强度设计值 $f=440\text{kN/m}^2$。

验算挡土墙半高处截面(如图 6-34c 所示)的抗压强度

该截面的土压力

$$E_{a1}=\frac{1}{2}\gamma h_1^2\tan^2\left(45°-\frac{\varphi}{2}\right)=\frac{1}{2}\times18\times2.5^2\times\tan^2\left(45°-\frac{38°}{2}\right)=13.4\text{kN/m}$$

作用点距该截面的距离 $z_{f1}=\frac{1}{3}h_1=\frac{1}{3}\times2.5=0.83\text{m}$

截面以上挡土墙自重

$$G_3=\frac{1}{2}\times0.6\times2.5\times22=16.5\text{kN/m}\qquad G_4=0.6\times2.5\times22=33\text{kN/m}$$

G_3 和 G_4 作用点距 O_1 点的距离

$$x_3=\frac{2}{3}\times0.6=0.4\text{m}\qquad x_4=0.6+0.3=0.9\text{m}$$

截面上的轴向力标准值

$$N=G_3+G_4=16.5+33=49.5\text{kN}$$

N 作用点距 O_1 点的距离

$$x_{o_1}=\frac{G_3x_3+G_4x_4-E_{a1}z_{f1}}{N}=\frac{16.5\times0.4+33\times0.9-13.4\times0.83}{49.5}=0.509\text{m}$$

偏心距 $e_1=\frac{b_1}{2}-x_{o_1}=\frac{1.20}{2}-0.509=0.091\text{m}$

$\frac{e}{y_1}=\frac{e}{\frac{h}{2}}=\frac{0.091}{\frac{1.20}{2}}=0.152<0.6$ 符合要求。

高厚比 $\beta=\frac{H_0}{h}\gamma_\beta=\frac{2\times5}{1.2}\times1.5=12.5$

当 $f_2=2.5\text{MPa}$ 时，$\alpha=0.002$，于是承载力影响系数

$$\varphi=\frac{1}{1+12\left(\frac{e}{h}+\beta\sqrt{\frac{\alpha}{12}}\right)^2}=\frac{1}{1+12\left(\frac{0.091}{1.2}+12.5\sqrt{\frac{0.002}{12}}\right)^2}=0.60$$

截面承载力验算

$$\varphi fA=0.60\times0.44\times1200\times1000=316.8\times10^3\text{N}=316.8\text{kN}$$
$$>N=1.35\times49.5=66.83\text{kN}$$

6.8 边坡稳定的分析

在土木建筑工程中，土坡失去稳定性，造成塌方，这不仅影响工程进度，有时还会危及人的生命安全和造成工程失事。因此，确保土坡稳定问题在工程设计和施工中应引起足够的重视。

土坡稳定性分析的目的在于确定在给定条件下土坡的合理截面尺寸，或验算已拟定的土坡截面是否合理和稳定。

6.8.1 简单边坡的稳定性计算

所谓简单边坡是指由均质土组成、坡面单一、其顶面和底面均为水平，且长度为无限长的土坡。

1. 无黏性土简单边坡稳定计算

设在土坡表面取一个土粒 m 来分析（如图 6-35 所示），土粒自重为 G，其法向分为 $N=G\cdot\cos\theta$，切向分为 $F=G\cdot\sin\theta$，其中 θ 为坡角。显然，切向分为 F 将使土粒 m 下滑，是滑动力。而阻止土粒下滑的抗滑力，乃是法向分为 N 产生的摩擦力

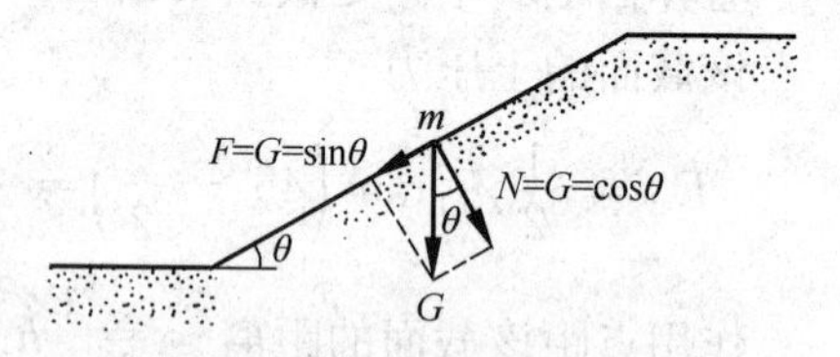

图 6-35 无黏性土边坡稳定分析

$$f=N\cdot\tan\varphi=G\cos\theta\tan\varphi$$

为了保证土坡的稳定，应满足下列条件：

$$K_s=\frac{f}{F}=\frac{G\cos\theta\tan\varphi}{G\sin\theta}=\frac{\tan\varphi}{\tan\theta}=1.1\sim1.5 \tag{6-39}$$

式中 K_s——稳定安全系数；

φ——土的内摩擦角；

θ——坡角。

由式（6-39）可见，当坡角 θ 小于土的内摩擦角 φ 时，土坡就是稳定的。自然坡面是指砂土在自重作用下保持稳定的斜面，根据试验得知，这时斜面与水平面成 φ 角，即 $\theta=\varphi$。为了使土坡具有足够的安全度，一般取 $K_s=1.1\sim1.5$。

2. 黏性土与粉土简单土坡稳定计算

黏性土与粉土土坡稳定的分析，可按图 6-36 进行。图中曲线的横坐标轴表示坡角 θ，纵坐标轴表示 $N=\frac{c}{\gamma h}$。其中 c、γ 分别为土的黏聚力和重度；h 为土坡高度。利用它可计算两类问题：

（1）已知 θ、φ、c 和 γ，求边坡最大高度 h。

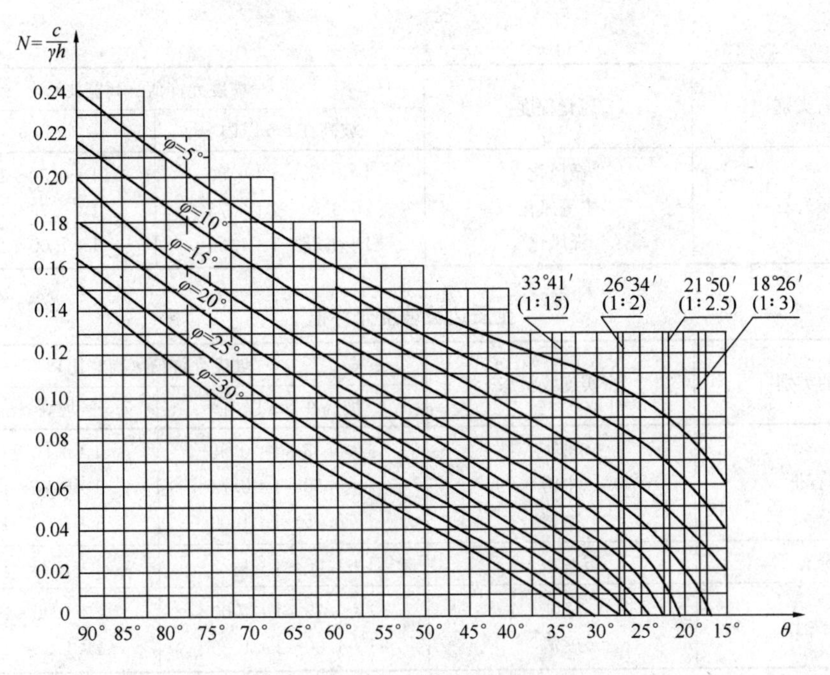

图 6-36　黏性土简单边坡计算图

根据 θ、φ 由图 6-36 查得系数 $N=\frac{c}{\gamma h}$，然后再从中解出 h。

（2）已知 c、φ、γ 和 h，求边坡稳定时的最大坡角 θ。

【例题 6-8】 某工程基坑开挖深度 6m，埋深范围内土的重度 $\gamma=18\text{kN/m}^3$，内摩擦角 $\varphi=20°$，黏聚力 $c=15\text{kN/m}^2$。求使基坑边坡稳定的最大坡角。

【解】 算得 $N=\frac{c}{\gamma h}=\frac{15}{18\times 6}=0.139$，由图 6-36 查得，当 $N=0.139$ 和 $\varphi=20°$时，坡角 $\theta=77°$。

6.8.2　边坡稳定措施

在房屋基槽开挖和在山坡附近进行工程建筑时，必须采取可靠的措施，防止边坡滑坡失稳。

首先，在设计边坡坡度时，应使设计边坡的坡度不超过表 6-5、表 6-6 中规定的边坡坡度允许值。边坡坡度是指坡高与坡宽之比，即 1∶m（如图 6-37 所示）。

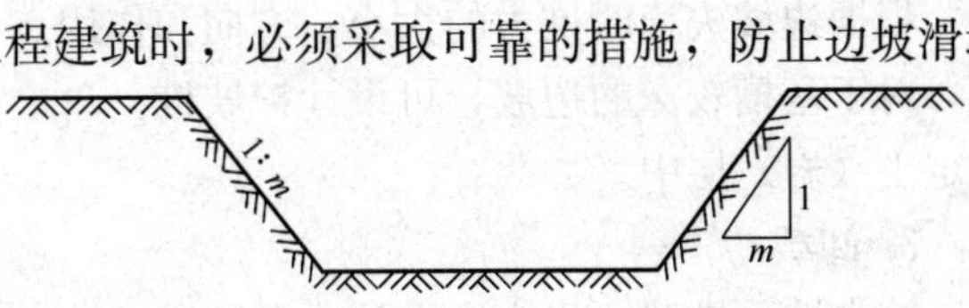

图 6-37　边坡坡度

岩石边坡坡度允许值　　**表 6-5**

岩石类别	风化程度	坡度允许值（高宽比）	
		坡高在 8m 以内	坡高 8～15m
硬质岩石	微风化	1∶0.10～1∶0.20	1∶0.20～1∶0.35
	中等风化	1∶0.20～1∶0.35	1∶0.35～1∶0.50
	强风化	1∶0.35～1∶0.50	1∶0.50～1∶0.75

续表

岩石类别	风化程度	坡度允许值（高宽比）	
		坡高在 8m 以内	坡高 8～15m
软质岩石	微风化	1：0.35～1：0.50	1：0.50～1：0.75
	中等风化	1：0.50～1：0.75	1：0.75～1：1.00
	强风化	1：0.75～1：1.00	1：1.00～1：1.25

土质边坡坡度允许值 **表 6-6**

土的类别	密实度或状态	坡度允许值（高宽比）	
		坡高在 5m 以内	坡高 5～10m
碎石土	密实	1：0.35～1：0.50	1：0.50～1：0.75
	中密	1：0.50～1：0.75	1：0.75～1：1.00
	稍密	1：0.75～1：1.00	1：1.00～1：1.25
粉土	$S_r \leqslant 0.5$	1：1.00～1：1.25	1：1.25～1：1.50
黏性土	坚硬	1：0.75～1：1.00	1：1.00～1：1.25
	硬塑	1：1.00～1：1.25	1：1.25～1：1.50

注：1. 表中碎石土的充填物为坚硬或硬塑状态的黏性土，或饱和度不大于 0.5 的粉土。

2. 对于砂土或充填物为砂土的碎石土，其边坡坡度允许值均按自然休止角确定。

其次，防止边坡失稳，山体滑坡，应根据工程地质、水文地质条件及施工影响因素，认真分析上坡可能失稳的原因，采取下列有关措施。

1. 排水

对地面水，应设置排水沟，防止地面水浸入容易产生滑坡地段，必要时应采取防渗措施，如坡面、坡脚的保护，不得在影响边坡稳定范围内积水。在地下水影响较大的情况下，应根据地质条件，做好地下排水工程或井点降水。

2. 支挡

根据边坡失稳时推力的大小、方向和作用点，对于山体滑坡可选重力式挡土墙、阻滑桩，对于基槽较深的边坡，可设计护坡桩。总之，各种支挡结构必须埋置于滑动面以下的稳定土（岩）层中。

3. 卸载

减少坡顶堆载，将边坡设计成台阶或缓坡，减小下滑土体的自重，也是保证边坡稳定的重要措施。

小　结

1. 房屋建筑、铁路、公路和桥梁等土木工程中，为了防止土体坍塌广泛采用挡土墙结构。常用的挡土墙有重力式挡土墙和薄壁挡土墙。作用在挡土墙上的土压力有静止土压力、主动土压力和被动土压力。

2. 主动土压力和被动土压力的计算，工程界多采用古典的朗金土压力理论和库伦土压力理论。

朗金土压力理论假定挡土墙墙背竖直、光滑、墙后填土地面水平，并无限延伸。因此，填土内任一水平面和墙的背面均为主平面（在这两个平面上的剪应力均为零），即作用在该平面上的正应力均为主应力。

朗金根据墙后填土处于极限平衡状态，应用极限平衡条件，推导出主动土压力和被动土压力计算公式。

库伦土压力理论假定（1）墙后填土为砂土；（2）墙后填土发生主动土压力或被动土压力时，墙后填土形成滑动土楔，其滑裂面为通过墙踵的平面。

库伦根据滑动土楔极限平衡状态时的静力平衡条件推导出主动土压力和被动土压力计算公式。

3. 挡土墙的设计包括：（1）计算作用在挡土墙上的土压力和其他外力（墙的自重、土重、水压力等）；（2）地基承载力验算；（3）挡土墙的稳定性验算；（4）墙身截面承载力验算。

思考题

6-1 什么是静止土压力、主动土压力、被动土压力？并比较它们的大小。

6-2 写出静止土压力、主动土压力、被动土压力的计算公式。

6-3 在计算主动土压力时如何考虑地下水和地面超载的影响？

6-4 如何验算挡土墙的稳定性和墙身的承载力？

计算题

6-1 挡土高 $h=4$m，墙背光滑铅直，填土表面水平，填土为砂土，内摩擦角 $\varphi=28°$，重度 $\gamma=18\text{kN/m}^3$。试按朗金理论计算作用在墙上的主动土压力大小和作用点，并绘出土压力集度分布图。

6-2 挡土高 $h=6$m，墙背倾角 $\rho=10°$（俯斜），填土坡角 $\beta=5°$，填土为砂土，内摩擦角 $\varphi=30°$，重度 $\gamma=17.5\text{kN/m}^3$。试按库伦理论计算作用在墙上的主动土压力大小和作用点。

6-3 挡土高 $h=4$m，墙背光滑铅直，填土表面水平，其上作用均布荷载 $q=10\text{kN/m}^2$，填土为砂土，内摩擦角 $\varphi=30°$，重度 $\gamma=18\text{kN/m}^3$。试按朗金理论计算作用在墙上的主动土压力大小和作用点，并绘出土压力集度分布图。

6-4 挡土高 $h=5$m，墙背光滑铅直，填土表面水平，填土为粉质黏土，内摩擦角 $\varphi=24°$，黏聚力 $c=5\text{kN/m}^2$，重度 $\gamma=18\text{kN/m}^3$。试按朗金理论计算作用在墙上的主动土压力大小和作用点，并绘出土压力集度分布图。

第7章 工 程 地 质 勘 察

7.1 工程地质勘察的目的和要求

工程地质勘察的目的在于，通过不同的勘察方法，取得建筑场地的工程地质资料，为工程设计和施工提供充分的依据，从而提高设计和施工质量。在建筑工程史上，由于没有进行工程地质勘察，而盲目进行设计和施工，造成工程事故的例子是不少的。因此，我国早就规定基本建设三个程序：勘察、设计、施工。没有勘察报告不能设计，没有设计图纸不能施工。

工程地质勘察应与工程设计阶段相配合，通常可分为以下三个阶段。

7.1.1 选择场址勘察

选择场址勘察阶段，应对拟选场址的稳定性和适应性作出工程地质评价。在这一阶段要搜集区域地质、地形地貌、地震、矿产和附近地区的工程地质资料及当地的经验。在搜集和分析已有资料的基础上，通过踏勘，了解场地的地层、构造、岩石和地的性质，不良地质现象以及地下水等情况。对工程地质条件复杂、已有资料不能符合要求而又拟选取的场地，应根据具体情况进行工程地质测绘及必要的勘察工作。

7.1.2 初步勘察

初步勘察阶段，应对场地内建筑地段的稳定性作出评价，并为确定建筑总平面布置、主要建筑物地基基础方案及对不良地质现象的防治工程方案提供工程地质资料。在这一勘察阶段，要初步查明地层、构造、岩石和土的物理力学性质，地下水埋藏条件及土的冰冻深度。查明场地不良地质现象的成因、分布范围、对场地稳定性的影响程度及发展趋势。对设防烈度6度及6度以上的建筑物应判断场地和地基地震效应。初步勘察时，尚应初步查明地下水对工程的影响，应调查地下水的类型、补给和排泄条件，实测地下水位，初步判定其变化幅度，并对地下水对基础的侵蚀性作出评价。

7.1.3 详细勘察阶段

详细勘察阶段，是与技术设计（即施工图设计）相配合的勘察阶段，所以，详细勘察也称为技术勘察（简称技勘）。在详细勘察阶段，应按单体建筑物或建筑群提出详细的岩土工程资料和设计、施工所需的参数；对建筑物地基做出岩土工程评价，并对地基类型、基础形式、地基处理、基坑支护、工程降水和不良地质作用的防治等提出建议。

详细勘察主要应进行下列工作：

（1）搜集附有坐标和地形的建筑总平面图，场区的地面整平标高、建筑物的性质、规模、荷载、结构特点、基础形式、埋置深度、地基允许变形等资料。

（2）查明不良地质作用的类型、成因、分布范围、发展趋势和危害程度，提出整治方案的建议。

（3）查明建筑范围内岩土层的类型、深度、工程特性、分析和评价地基的稳定性、均匀性和承载力。

(4) 对需进行沉降计算的建筑物，提供地基变形计算参数，预测建筑物的变形特征。

(5) 查明埋藏的河道、沟浜、墓穴、防空洞、孤石等对工程不利的埋藏物。

(6) 查明地下水的埋藏条件，提供地下水位及其变化幅度。

(7) 在季节性冻土地区，提供场地土的标准冻结深度。

(8) 判定水和土对建筑材料的腐蚀性。

详细勘察的手段，主要以勘探、原位测试和室内土工试验为主，必要时采取其他一些勘探方法。

详细勘察的勘探点布置，应符合下列规定：

(1) 对地基等级为一、二级的建筑勘探点宜按建筑物周边线和角点布置、对无特殊要求的其他建筑物可按建筑物或建筑群的范围布置。

(2) 同一建筑范围内的主要受力层或有影响的下卧层起伏变化较大时，应加密勘探点，查明其变化。

(3) 单独高层建筑勘探点的布置，应满足对地基均匀性评价的要求，且不应少于4个勘探点；对密集的高层建筑群，勘探点可适当减少，但每栋建筑物至少应有1个控制性勘探点。

(4) 重大设备基础应单独布置勘探点；重大的动力机器基础和高耸构筑物，勘探点不宜少于3个。

地基复杂程度，按表7-1分为三个地基等级。

地基复杂程度等级 **表7-1**

地基等级	地 基 特 征
一级（复杂）	岩土种类多，很不均匀，性质变化大，需特殊处理；严重湿陷、膨胀、盐渍、污染的特殊性岩土，以及其他情况复杂，需作专门处理的岩土
二级（中等复杂）	岩土种类较多，不均匀，性质变化较大；除复杂地基以外的特殊性岩土
三级（简单）	岩土种类单一，均匀，性质变化不大；无特殊性岩土

勘探点的间距根据地基等级按表7-2确定。

详细勘察勘探点的间距 **表7-2**

地基复杂程度等级	勘探点间距/m	地基复杂程度等级	勘探点间距/m
一级	10～15	三级	30～50
二级	15～30		

详细勘察的勘探深度自基础底面算起，应符合下列规定：

(1) 勘探孔深度应能控制地基主要受力层，当基础底面宽度不大于5m时，勘探孔的深度对条形基础不应小于基础底面宽度的3倍，对单独基础不应小于1.5倍，且不小于5m。

(2) 对高层建筑和需作变形验算的地基，控制性勘探孔的深度应超过地基变形计算深度；高层建筑的一般性勘探孔应达到基底下0.5～1.0倍的基础宽度，并深入稳定分布的地层。

（3）对仅有地下室的建筑或高层建筑的群房，当不能满足抗浮设计要求，需设置抗浮桩或锚杆时，勘探孔深度应满足抗拔承载力评价的要求。

（4）当有大面积地面堆载或软弱下卧层时，应适当加深控制性勘探孔的深度。

（5）在上述规定深度内遇有基岩或厚层碎石土等稳定土层时，勘探孔深度应根据情况进行调整。

（6）端承桩的控制性勘探孔深度应达到桩尖持力层以下不小于3m，一般勘探孔深度应达到桩尖持力层以下不小于1m。摩擦桩控制性勘探孔的深度应超过地基压缩层的计算深度以下1～2m，一般勘探孔深度应进入预计桩端持力层以下3m。

（7）大直径灌注桩(直径不小于0.80m，简称大直径桩)的控制性勘探孔的深度应达到持力层以下不少于3倍桩端直径，并不少于5m。一般勘探孔深度应达到桩端持力层以下2m。

7.2 勘 探 方 法

勘探的目的是为了查明地下土层分布、土的物理力学性质，以及地下水等情况，以取得必要的工程地质资料，为地基基础设计和施工提供充分的依据。

勘探按所采用的方法不同，可分为钻探、触探、槽探等。

7.2.1 钻探

钻探是用钻探机具由地层中钻孔，以鉴别和划分土层并采取原状土样，以供进行室内试验，确定土的物理力学指标。

图7-1为SH-30型钻机示意图。在鉴别和划分土层时，钻杆下端装置螺旋钻头，通过对每次提钻所携带上来的土样（扰动的），即可鉴别土的类别。这种仅为鉴别和划分土层的钻孔称为鉴别孔。若在钻杆下端换上取土器（如图7-2所示），便可在钻孔中取得原状土样，这样的钻孔称为技术钻孔。技术钻孔一般占钻孔总数的1/3～2/3，且每个场地不少于2个。

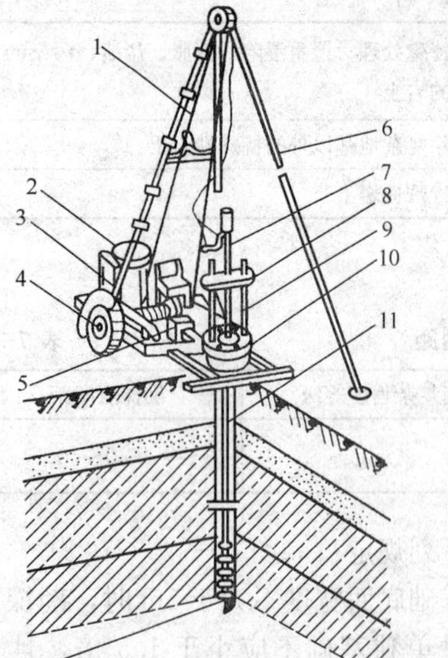

图7-1　SH-30型钻机

1—钢丝绳；2—汽油机；3—卷扬机；4—车轮；5—变速箱及操纵把；6—四腿支架；7—钻杆；8—钻杆夹；9—拨棍；10—转盘；11—钻孔；12—螺旋钻头

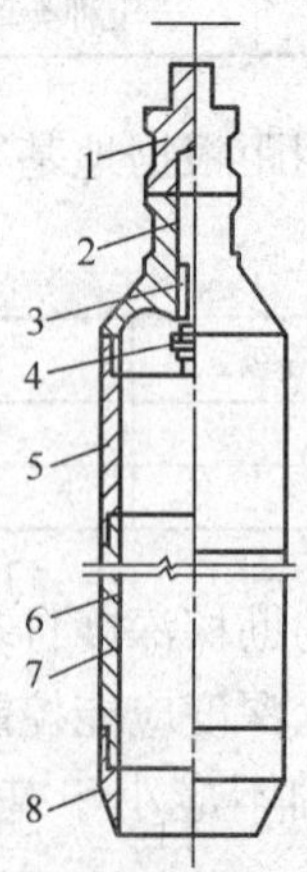

图7-2　上提活阀式取土器

1—接头；2—连接帽；3—操纵杆；4—活阀；5—余上管；6—衬筒；7—取土筒；8—筒靴

7.2.2 动力触探

动力触探是将一定重量的穿心锤，从一定高度自由下落，将贯入器靴打入土中，根据贯入一定深度所需的锤击数来鉴别土的性质。目前，在国内常用的动力触探设备有两种：标准贯入设备和轻便触探设备。在《建筑地基基础设计规范》GBJ 7—1989 中给出了采用标准贯入试验和轻便触探试验确定的地基承载力特征值表（见表 5-12～表 5-15)。

1. 标准贯入试验

标准贯入试验设备主要由标准贯入器、触探杆和穿心锤三部分组成（如图 A-1 所示)。触探杆一般用直径 42mm 的钻杆，穿心锤重 63.5kg。操作方法如下：

(1) 先用钻具钻至试验土层标高以上约 15cm 处，以避免下层土受到扰动。

(2) 贯入前，应检查触探杆的接头，不得松动。贯入时，穿心锤落距为 760mm，使其自由下落，将贯入器竖直打入土层中 150mm，以后每打入土层 300mm 的锤击数，即为实测锤击数，并记作 N'。

(3) 拔出贯入器，取出贯入器中的土样进行鉴别描述。

(4) 若需继续进行下一深度的贯入试验时，即重复上述操作步骤进行试验。

(5) 当钻杆长度大于 3m 时，锤击数应按下式进行钻杆长度修正。

$$N = \alpha N'$$

式中 N——标准贯入试验锤击数；

α——触探杆长度校正系数，可按表 7-3 确定。

触探杆长度校正系数 **表 7-3**

触探杆长度/m	≤3	6	9	12	15	18	21
α	1.00	0.92	0.86	0.81	0.77	0.73	0.70

2. 轻便触探试验

轻便触探试验设备主要由尖锤头、触探杆、穿心锤三部分组成（如图 A-2 所示)。触探杆是由直径 25mm 的金属管制成，每根杆长 1.0～1.5m，穿心锤重为 10kg。尖锥头直径 40mm，锥角 60°。操作方法如下：

(1) 先用轻便钻具钻至试验土层标高，然后对所需试验土层连续进行触探。

(2) 试验时，穿心锤落距为 500mm，使其自由下落，将触探杆竖直打入土层中，每打入土层 300mm 的锤击数用 N_{10} 表示。

(3) 若需描述土层情况时，可将触探杆拔出，取下尖锥头，换以轻便钻头，进行取样。

(4) 轻便触探试验一般用于贯入深度小于 4m 的土层。

7.2.3 槽探

在没有钻探设备或土层复杂，钻探有困难时，可采用槽探，即在现场开挖深槽直接观察土层情况。必要时，可从坑中取原状土样进行试验分析。

探槽的平面形状，一般采用 1.5m×1.0m 的矩形，或直径为 0.8～1.0m 的圆形，其深度一般不超过 3～4m。

槽探的优点是，可以直接观察土层的情况和取得原状土样，缺点是挖槽劳动强度大。需要时可挖探井，了解深层土层情况。挖探槽与探井应注意安全，必要时加支撑防塌方。

7.3 土的野外鉴别与描述

为了查明场地土层的变化情况，钻探取出的土样应随时加以鉴别和描述，并作好记录。

在野外鉴别土的名称时，对于无黏性土可参照表 7-4 进行；对于黏性土和粉土可按表 7-5 和表 7-6 进行，而对于特殊土可参照表 7-7 进行。在描述土的物理状态时，可分别按表 7-8 和表 7-9 进行。此外，对土的颜色、气味和含有物（如礓石、碎砖瓦、贝壳、植物根等）尚须加以描述。

无黏性土鉴别法 **表 7-4**

鉴别方法	碎石土		砂土				
	卵（碎）石	角砾	砾砂	粗砂	中砂	细砂	粉砂
观察颗粒组细	大部分（1/2 以上）颗粒超过 10mm（蚕豆粒大小）	大部分（1/2 以上）颗粒超过 2mm（小高粱粒大小）	约有 1/4 以上的颗粒超过 2mm（小高粱粒大小）	约有 1/2 以上的颗粒超过 0.5mm（细小米粒大小）	约有 1/2 以上的颗粒超过 0.25mm（鸡冠花籽粒大小）	颗粒粗细程度较精制食盐稍粗，与粗玉米粉近似	颗粒粗细程度较精制食盐稍细，与小米粉相似
干燥时的状态及强度	颗粒完全分散	颗粒完全分散	颗粒完全分散	颗粒完全分散，但有个别胶结一起	颗粒基本分散，但有局部胶结在一起（但一碰即散开）	颗粒大部分分散，少量胶结（胶结部分稍加碰撞即散）	颗粒小部分分散，大部分胶结在一起（稍加压力也可分散）
湿润时用手拍击	表面无变化	表面无变化	表面无变化	表面无变化	表面偶有水印	表面有水印（翻浆）	表面有显著翻浆现象
粘着程度	无粘着感觉	无粘着感觉	无粘着感觉	无粘着感觉	无粘着感觉	偶有轻微粘着感觉	有轻微粘着感觉

注：在观察颗粒粗细进行分类时，应将鉴别的土样从表中颗粒最粗类别逐级查对，当首先符合某一类土的条件时，即按该类土定名。

黏性土与粉土野外鉴别法 **表 7-5**

鉴别方法	黏土	粉质黏土			粉土	
		重的	中的	轻的	重的	轻的
用手捏摸时的感觉	湿土用手捏摸有滑腻感觉，当水分较大时极为粘手，但感觉不到有颗粒存在	仔细捏摸时稍感觉有极少的细颗粒存在，滑腻感觉比黏土差	仔细捏摸感觉有少量细颗粒，无滑腻感觉，仅稍有黏滞感觉	容易感觉到有颗粒存在，且数量较多，便仍然有黏滞感觉	用手捏摸很粗糙，类似粗面粉，感觉到细颗粒的存在，手捻时能听到声音	细砂粒特别多，很粗糙，颗粒不仅可以触觉，且能用眼识别出一部分，无黏滞感觉
湿土搓条情况	能搓成小于 0.5mm 的土条（长度至少不短于手掌），手持一端不致断裂	能搓成 0.5～1.0mm 的土条（长度至少 5cm），手持一端仍不断裂	能搓成 1～2mm 的土条（长度较小），手持一端常会断裂	能搓成 3mm 的土条（长度至少 3cm），手持一端常会断裂	能搓成 3mm 的土条，但容易断裂，故土条很短	搓条很困难，但可勉强滚成 3mm 的土条，很容易散裂

续表

鉴别方法	黏　土	粉质黏土			粉　土	
		重的	中的	轻的	重的	轻的
湿润时用刀切	有明显的光滑面，对刀刃有黏滞阻力，切面非常规则	有光滑面，切面规则	无光滑面，但切面仍平整	切面稍显粗糙	有显著的粗糙面	刀切即行碎裂，无黏滞阻力
天然土浸于水中	呈现一块滑腻的胶体，不易分散，土块表面的颗粒有少量分散，在水中呈悬浮状态，使水浑浊，且不能辨别出颗粒的存在	呈一块胶体，用力搅拌后，部分分散，使水浑浊，仔细观察偶能辨出个别颗粒	起初黏聚一起，但经历少许时间后略加搅拌即大部分分散，分散颗粒在水中有一部分可辨认	本来黏聚一起，但搅拌后即行分散，分散颗粒在水中大部分可以辨认	浸水后经历一定时间（约数分钟）自行分散，且绝大部分颗粒沉于水底，颗粒的存在容易识别	浸水后立即自行分散，绝大部分颗粒迅速沉于水底，颗粒的存在极易辨认
粘着程度	湿土极易粘着物体（包括金属与玻璃等），干燥后不易剥去，用水反复洗才能去掉	易粘着物体（包括金属等），干燥后较黏土易于剥掉	尚能粘着物体，但易于剥掉	常不能粘着物体（除非有很多粗糙面的东西）	不粘着物体，干后将土块击碎时呈散花状	不粘着物体，干后稍加碰动即行破碎
干燥后的强度	强度很大，呈坚硬固体类似陶器碎片，用力锤击方可打碎，用手不易折碎，其断口有棱角，尖锐刺手	强度较黏土小，用锤击散成块状，也有棱角，用手指很难压碎，但折断较易，断口有棱角，但不刺手	强度较黏土更小，锤击时成很多小块，稍有棱角，但较平钝，用手可以拧断	强度更差，锤击时有粉末出现，用手拧折易破碎，可用手指压捏一部分成粉末	强度很差，用手指可以捻成粉末、锤击时稍用微力即散成粉末	强度极小，一碰即碎，用手一捻即散成粉状

注：1. 这里的鉴别方法与标准，很多是基于几种土相互比较的，故当某地区仅有一两种土质出现时，应该使用全部的方法，从多方面加以验证，以求准确。

2. 这里的鉴别标准是指一般的正常土质（为黄、褐两色的混合颜色），至于含有特殊部分，如有机物质（呈黑灰色）等时，除以这些方法鉴别外，还应考虑其是否符合特殊土质的条件（详见表7-7）。

新近沉积黏性土和粉土的野外鉴别❶　　表7-6

沉积环境	颜　色	结构性	含有物
河滩及部分山前洪冲积扇（锥）的表层，古河道及已填塞的湖塘沟谷及河道泛滥区	颜色较深而暗呈褐栗、暗黄或灰色，含有机物较多时呈灰黑色	结构性差，用手扰动原状土样时极易显著变软，塑性较低的土还有振动液化现象	在完整的剖面中找不到淋滤或蒸发作用形成的粒状结构体，但可含有一定磨圆度的外来钙质结核体（如姜结石）及贝壳等。在城镇附近可能含有少量碎砖、瓦片、陶瓷及铜币、朽木等人类活动的遗物

❶ 在河漫滩、湖、塘、沟、谷等地段沉近年代较近的黏性土和粉土与一般黏性土工程性质不同，称它们为新近沉积黏性土和粉土。

特殊土的鉴别法 表 7-7

鉴别方法	灰砖填土	淤泥质土	黄土类土	腐殖土
观察颜色	灰黑色	灰黑色	黄褐两色的混合色	深灰或黑色
夹杂物质	砖瓦碎片、垃圾炉灰等	池沼中半腐朽的细小的动植物遗体，如草根小螺壳等	有白色的粉末出现在纹理之中	半腐朽的动植物遗体或其他污染物质（粪便等）
形状（构造）	夹杂物质显露于外，构造无规律	夹杂物质经仔细观察可以发觉，构造常呈层状，但有时不明显	夹杂物质常清晰显见，构造上有垂直大孔（肉眼可见），因而也有垂直纹理，在黄土地带出现垂直陡壁，屹立不动	夹杂物质有时可见，构造无规律
浸入水中的现象	浸水后大部分物质变为稀软的污泥，其余部分则为砖瓦炉灰渣在水中单独出现	由于淤泥质土在天然状态下的水分就很大，故在浸水后外观无显著变化，在水面出现气泡	浸水后即行崩散，而分成散的颗粒集团，在水面上出现很多白色液体	浸水后大部分物质变为稀软的污泥，其余部分为植物根、动物残体渣滓悬浮于水中
湿土搓条情况	一般情况下能搓成3mm的土条，但容易断裂，遇有灰砖杂质甚多时，即不能搓条	一般淤泥质土接近中轻砂质黏土，故能搓成3mm的土条（长度至少3cm），容易断裂	搓条情况与正常的亚黏土类似	一般情况下能搓成1～3mm的土条，但当动植物残渣甚多时，仅能搓成3mm以上的土条
干燥后的强度	干燥后部分杂质脱落，故无定形，稍微施加压力即行破碎	一般淤泥质土干燥后体积显著收缩，强度不大，锤击时呈粉末，用手指能捻散	一般黄土相当于重、中亚黏土干燥后的强度	干燥大量收缩，部分杂质脱落，故有时无定形

土的潮湿程度鉴别 表 7-8

土的潮湿程度	鉴 别 方 法
稍湿的	经过扰动的土不易捏成团，易碎成粉末，放在手中不湿手，但感觉凉，而且觉得是湿土
很湿的	经过扰动的土能捏成各种形状；放在手中会湿手，在土面上滴水能慢慢渗入土中
饱和的	滴水不能渗入水中，可以看出孔隙中的水发亮

黏性土和粉土的稠度鉴别 表 7-9

稠度状态	鉴 别 特 征
坚硬	人工小钻钻探时很费力，几乎钻不进去，钻头取出的土样用手捏不动，加力不能使土变形，只能碎裂
硬塑	人工小钻钻探时较费力，钻头取出的土样用手指捏时，要用较大的力才略有变形并即碎散
可塑	钻头取出的土样，手指用力不大就能按入土中；土可捏成各种形状
软塑	可以把土捏成各种形状，手指按入土中毫不费力，钻头取出的土样还能成形
流塑	钻进很容易，钻头不易取出土样，取出的土已不能成形，放在手中也不易成块

7.4 地 下 水

在地基勘察中，除了对地基土层的性质，分布情况进行描述外，对地下水埋藏条件、地下水位变化幅度，以及它对基础材料的侵蚀性，也要查明和评价。

7.4.1 地下水的埋藏条件

地下水按其埋藏条件可分为以下三种类型（如图 7-3 所示）。

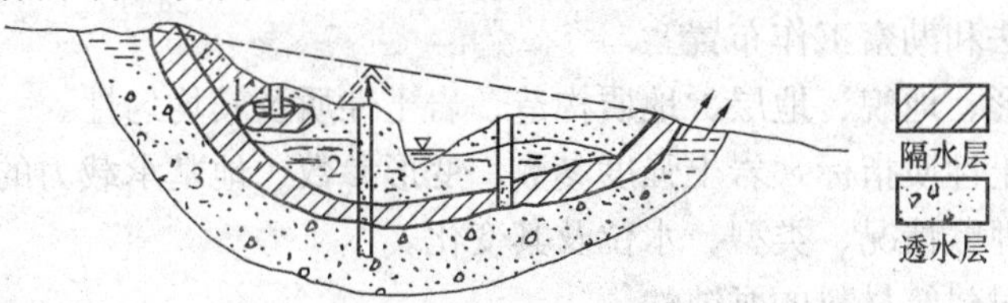

图 7-3 不同类型地下水位埋藏示意图

1—上层滞水；2—潜水；3—层间水

1. 上层滞水

是指地表水在浸入土层过程中，被阻隔在局部隔水透镜体的上部，且具有自由水面的地下水。它的分布范围有限。由于它主要由大气降水补给，因此，它的动态变化与气候、隔水透镜体的厚度及分布范围等因素有关。

2. 潜水

潜水的埋藏在地表下第一个隔水层上具有自由水面的重力水。它一般埋藏在第四纪松软沉积层中。潜水由地表雨水渗透或河流渗入土中得到补给，因此，它的分布与气候条件有关，在丰水季节潜水水位上升，枯水季节水位下降。潜水由高处向低处流动。

3. 层间水

它是埋藏于两个隔水层之间的地下水。当它完全充满两隔水层之间，且没有自由水面时，则称为层间承压水；当两隔水层之间未充满地下水，而具有自由水面时，则称无压层间水。

由于层间水埋藏区与补给区不一致，因此，它的动态变化受局部气候影响不明显。

7.4.2 地下水位及其变化幅度

在进行地基勘察时，要查明地下水的实测水位和历年最高水位。

实测水位是指勘察时实测的稳定地下水位。而历年最高水位是根据多年地下水位观测记录曲线确定的极大值。该曲线的极大值和极小值之差就是水位变化幅度。

在地基基础设计和施工时，就要考虑实测地下水位的高低和历年最高水位，以便综合确定基础埋置深度和施工是否需要采取排水措施等。特别是在地下室设计时，则要考虑历年最高水位，以确定是否需要采取防水措施。

7.4.3 地下水的侵蚀性

地下水含有各种化学成分，当某些成分含量超过一定限度时，水就会对混凝土等建筑材料产生侵蚀作用。因此，应对地下水水质进行化学分析，以确定是否对基础材料有侵蚀作用。

7.5 岩土工程勘察报告

7.5.1 勘察报告的编制

岩土工程勘察报告应根据任务要求、勘察阶段、工程特点和地质条件等具体情况编写，并应包括下列内容：

(1) 勘察目的、任务要求和依据的技术标准。

(2) 拟建工程概况。

(3) 勘察方法和勘察工作布置。

(4) 场地地形、地貌、地层、地质构造、岩土性质及其均匀性。

(5) 各项岩土性质指标，岩土强度参数、变形参数、地基承载力的建议值。

(6) 地下水埋藏情况、类型、水位及其变化。

(7) 土和水对建筑材料的腐蚀性。

(8) 可能影响工程稳定的不良地质作用的描述和对工程危害程度的评价。

(9) 场地稳定性、适宜性的评价。

(10) 地基基础方案的建议及注意事项。

岩土工程勘察报告是地基基础设计和施工的重要依据文件，所以，设计和施工人员必须仔细阅读，要熟悉和掌握它的内容，从而正确地使用勘察报告。

7.5.2 勘察报告实例

2006年12月，××建设勘察设计院（以下简称“勘察单位”）受××化工有限公司（以下简称“建设单位”）委托，承担了该公司生产基地厂房及附属一期工程的岩土工程技术勘察任务。

一、简介

1. 工程概况

场地位置：拟建场地位于××市××区××工业区，北临花园南街，西临平安路（如图7-4所示）。

2. 建筑结构设计条件

根据建设单位、设计单位所提供的技术委托书、设计文件等建筑设计资料，本工程为：1～2层框架结构厂房1栋，无地下室。

3. 岩土工程勘察的目的和要求

(1) 查明有无影响建筑场地稳定性的不良地质作用，并就其对工程的影响作出分析与评价。

(2) 查明拟建场区基础影响深度范围内的地层分布规律及各层岩土的物理力学性质。

(3) 查明拟建场区地下水埋藏条件和分布规律，分析其对建筑物基础设计和施工的影响，并就地下水水质对主要基础结构材料的腐蚀性进行评价。

(4) 提供与拟建场地、地基有关的建筑抗震设计基本参数。

(5) 提出在安全前提下经济合理的地基基础方案，提出对基础工程设计与施工方面的技术建议以及有关的岩土工程技术参数，并对可能遇到的地基基础工程问题进行分析和评价。

4. 岩土工程勘察工作的技术标准

(1) 中华人民共和国国家标准《岩土工程勘察规范》GB 50021—2001。

(2) 中华人民共和国北京市标准《北京地区建筑地基基础勘察设计规范》DBJ 01—501—1992。

(3) 中华人民共和国国家标准《建筑地基基础设计规范》GB 50007—2002。

(4) 中华人民共和国国家标准《建筑抗震设计规范》GB 50011—2001。

(5) 中华人民共和国国家标准《土工试验方法标准》GBT 50123—1999。

(6) 中华人民共和国行业标准《建筑地基处理技术规范》JGJ 79—2002。

5. 勘察进程及所完成的勘察工作内容

(1) 勘察方案的设计及实施情况　勘察单位接到委托后，根据所获得的建筑设计资料，在对主要地基基础工程问题预测分析基础上，依据上述技术标准确定本工程的岩土工程勘察方案。据此，于 2007 年 3 月 20 日开始组织人员进行踏勘及放线工作。并于 3 月 20 日至 3 月 25 日完成孔口地面标高测量、现场钻探、原位测试工作。在全部完成上述的钻探、测试工作以后，开始进行资料综合整理、岩土工程数据计算分析、成果图件绘制以及报告书编制工作，于 2007 年 4 月 2 日完成本报告的最终审定工作。

(2) 工作内容及工作量

1) 勘察钻孔的定位与测量　本次勘察共完成勘探钻孔 17 个，总进尺 120m。勘探钻孔孔位及孔口地面标高测量均由该院专业技术工程师现场测定（标高引测自拟建场地西北角路中 BM 点，标高为 47.72m）。勘探孔的平面位置如图 7-4 所示。

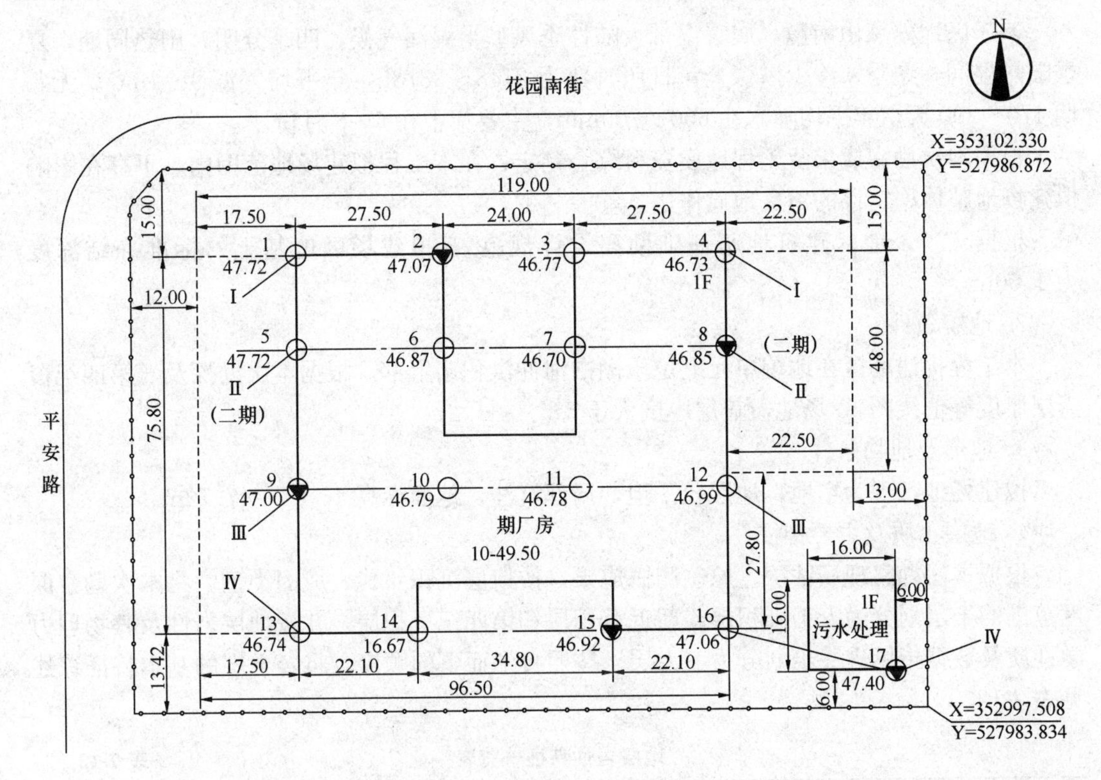

图 7-4　勘探点平面布置图

2) 现场钻探、取样与原位测试工作　本次勘探使用国产 SH30 型钻机钻探，所有的钻探与原位测试工作均由勘察单位专业技术工程师现场监督实施。所完成的钻探和原位测试的工作内容及工作量见表 7-10 和表 7-11。

钻探工作量一览表 **表 7-10**

<table>
<tr><th>钻孔性质</th><th>钻孔深度（m）</th><th>钻孔数量</th><th>孔号</th><th>主要目的</th></tr>
<tr><td>控制性勘探孔</td><td>8</td><td>5</td><td rowspan="3">见勘探点平面布置图</td><td>控制基础影响深度范围内地层，通过取样、原位测试，提供地基土变形、强度参数并为地基土的液化判别提供依据</td></tr>
<tr><td>一般性勘探孔</td><td>6</td><td>12</td><td rowspan="2">明确场区地层，查明拟建场区主要地层岩性变化规律</td></tr>
<tr><td>补充钻孔</td><td></td><td></td></tr>
</table>

原位测试工作量一览表 **表 7-11**

项目类别	完成数量	目的
标准贯入试验	6次	确定砂土密实度，进行液化判别，并为土的分类提供依据
重型动力触探试验	26次	确定碎石土的密实度

二、拟建场区的工程地质条件

1. 区域地质与气候条件

××市位于华北平原西北端，西、北、东北面三面环山，东、南及东南面为广阔的平原。

××区地处燕山南麓，属暖温带大陆性季风型半湿润气候，四季分明，雨热同期，夏季暖热湿润，冬季寒冷少雪。全年日照时数为2748～2878h，年平均气温9～13℃。无霜期170～200天。年平均降水在600～700mm，主要集中在6～8月份。

根据本次勘察成果及工程地质资料综合判定：在本工程拟建场地范围内，不存在影响拟建场地整体稳定性的不良地质作用。

根据《××地区建筑地基基础勘察设计规范》，拟建场区地基土的标准冻结深度为1.00m。

2. 地貌条件

本工程拟建场区在地貌单元上位于潮白河冲洪积扇上部。根据本次勘探及《第四纪覆盖层厚度等值线图》，场地覆盖层厚度大于5m。

3. 地形及地物条件

拟建场地，现为空地，地形较平坦，局部坑洼。地面标高46.67～47.72m。

4. 地层土质及主要特征

根据本次勘察现场钻探、原位测试成果，按地层沉积年代、成因类型，将本次勘察深度范围的土层划分为人工堆积层、新近沉积层和第四纪沉积层，并按地层岩性及其物理力学性质及数据指标进一步划分为三大层。按照自上而下的顺序，将各土层的基本特征综述见表7-12。

地层岩性特征一览表 **表 7-12**

成因类别	地层序号	岩性	压缩性及密实度
人工堆积层	①	粉质粉土填土	中密
新近沉积层	②	细砂	中密
第四纪沉积层	③	卵石	中上密-密实

注：表中各土层的分布及其物理力学性质指标如图7-5、图7-6所示，地层岩性及土的物理力学性质综合统计见表7-13。

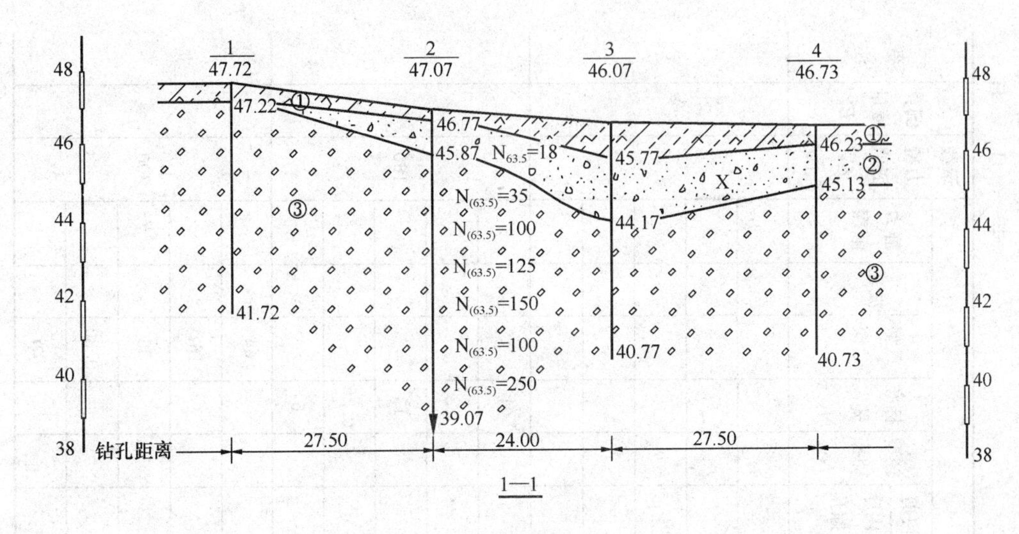

图 7-5　工程地质剖面图（一）

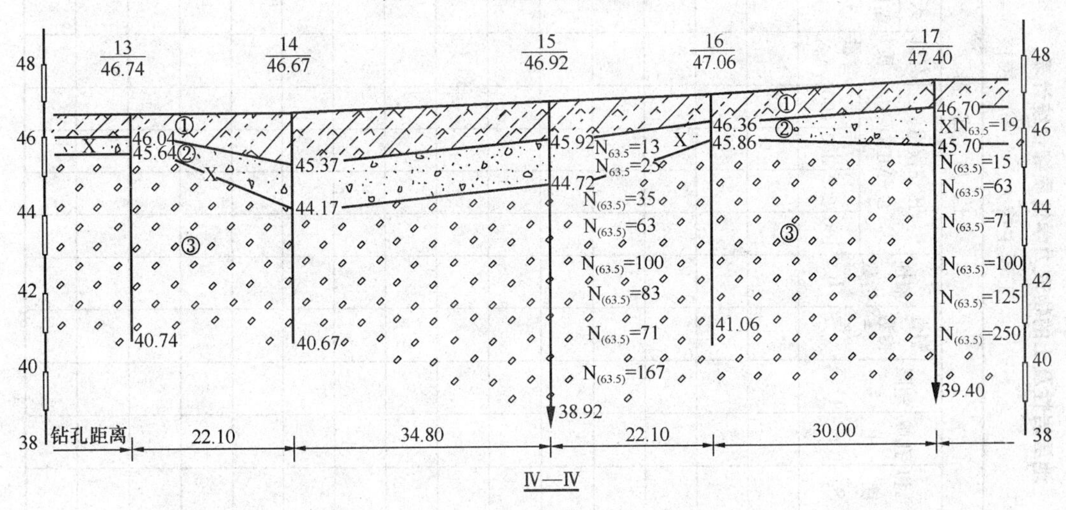

图 7-6　工程地质剖面图（二）

三、拟建场区的水文地质条件

1. 场区地下水分布

本次勘探，钻孔深达地面下 8.00m，标高 38.85m，未见地下水。

2. 拟建场区历年最高水位记录

根据开发区内水井资料，1997 年测得地下水静止水位埋深 15m，2002 年为 18.5m，呈逐年下降趋势。

3. 场区地下水水质分析及腐蚀性评价

因地下水埋藏较深，可不考虑地下水水质的腐蚀性。

四、场地与地基的建筑抗震设计基本条件

1. 地震影响基本参数

根据《建筑抗震设计规范》GB 50011—2010，拟建场地：抗震设防烈度为 7 度，设计基本地震加速度值为 0.15g，设计地震分组为第一组。

地层岩性及土的物理力学性质综合统计表 **表 7-13**

工程名称××化工有限公司厂房　　勘察编号　　工程主持人　　校核　　年　月　日

成因年代	土层编号	野外描述						综合统计指标	土质数据																			承载力特征值 f_{ak} (kPa)	倒算模量 E'_s	备注
		岩性	色味	密度	湿度	稠度	断面状态与含有物		含水量 w (%)	天然密度 ρ (g/cm³)	饱和度 S_r	孔隙比 e	塑限 w_p (%)	塑性指数 I_p (%)	液性指数 I_L	压缩模量 E_s(MPa) 100	200	300	400	有机质含量 (%)	天然快剪 黏聚力 c	内摩擦角 ϕ	轻型动探 N_{10}	标准贯入 $N_{63.5}$	重型动探 $N_{(63.5)}$	波速 v_s	静力触探 p_s			
人工堆积层	①	黏质粉土填土	黄褐	中密	稍湿		草根、卵砾石	平均值																						
								最大值																						
								最小值																						
								变异系数																						
								样本数																						
新近沉积层	②	细砂	褐黄	中密	稍湿		云母、氧化铁，含少量卵石	平均值																21				160		
								最大值																28						
								最小值																13						
								变异系数																0.26						
								样本数																6						
第四纪沉积层	③	卵石	杂	中上密—密实	稍湿		最大粒径 12cm，一般 3～5cm，级配较好，含中粗砂 20%～30%	平均值																	93			300		
								最大值																	167					
								最小值																	35					
								变异系数																	0.30					
								样本数																	26					

2. 建筑场地类别

根据场区内 15m 钻孔地层资料，按《建筑抗震设计规范》式（4.1.5-1）、式（4.1.5-2）推算，拟建场地 20m 深度内等效剪切波速值 $v_{sc}=322.5\text{m/s}$，根据《建筑抗震设计规范》GB 50011—2010 表 4.1.3 判定，场地土类型为中硬土。根据本次勘探及《第四纪覆盖层厚度等值线图》，场地覆盖层厚度大于 5m，依据《建筑抗震设计规范》GB 50011—2001 表 4.1.6 判定：建筑场地类别为Ⅱ类。

3. 地基土层的地震液化判定

根据本次勘察、测试所取得的地层资料及数据，依据《建筑抗震设计规范》GB 50011—2001 式（4.3.3-2）判定，在地震基本烈度为 7 度时，拟建场区内可不考虑地基土液化问题。

五、地基方案及相关建议

1. 地层岩性评价

根据野外钻探和测试资料综合分析，拟建场地勘察深度内各土层分布比较均匀。

2. 地基方案

（1）采用天然地基方案。

（2）基础砌置标高：基础埋置深度 44.70～45.70m，挖至卵石③层即可。此标高以下局部细砂②层及粉土夹层须挖除。3 号、14 号孔附近细砂②层较深，层底标高 44.17m 左右，须挖除，将柱基下落至卵石③层。

（3）地基持力层土质为卵石③层。

（4）地基承载力特征值 $f_{ak}=300\text{kPa}$。

六、有关施工的建议

1. 基槽开挖问题

基槽开挖过程中，若机械开挖施工时，建议在设计基底标高以上余留 0.20m 土层，用人工清除，以免破坏地基土的天然结构，影响其承载力和压缩性。

2. 基槽土质检验

基槽开挖至设计标高后，须及时通知勘察单位配合设计单位、建设单位及监理单位进行基槽检验工作。

3. 其他建议及说明

当最终建筑物基底标高或建筑荷载及地基持力层与本报告建议不同或有其他未尽事宜，请及时与勘察单位联系，协商解决。

小　　结

1. 工程地质勘察的目的是，通过不同的勘察方法取得建筑场地的工程地质资料，为工程设计和施工提供充分的依据，从而提高设计和施工质量。

2. 工程地质勘察应与工程设计阶段相配合，一般分为三个阶段：选择场址勘察、初步勘察和详细勘察。

3. 勘探是地基勘察过程中查明地下地质情况的一种必要手段，它是在地面的工程地质测绘和调查所取得的各项定性资料的基础上，进一步对场地的工程地质条件进行定量的评价。一般勘探工作包括：钻探、触探和槽探等。

4. 地下水按其埋藏条件可分为：上层滞水、潜水和层间水。

思 考 题

7-1 工程地质勘察的目的是什么？工程地质勘察一般分为哪几个阶段？

7-2 一般勘探工作都采用哪些方法？简述它们的内容。

7-3 地下水按其埋藏条件分为哪三类？

7-4 简述勘察报告所包含的内容。

第 8 章　建筑地基基础设计原则

8.1　地基基础设计等级

根据地基复杂程度、建筑物规模和功能特征以及由于地基问题可能造成建筑物破坏或影响正常使用的程度，将地基基础设计分为三个设计等级，设计时应根据具体情况，按表8-1选用。

地基基础设计等级　　**表 8-1**

设计等级	建筑和地基类型
甲级	重要的工业与民用建筑物 30层以上的高层建筑 体型复杂、层数相差超过10层的高低层连成一体建筑物 大面积的多层地下建筑物（如地下车库、商场、运动场等） 对地基变形有特殊要求的建筑物 复杂地质条件下的边坡上的建筑物（包括高边坡） 对原有工程影响较大的新建建筑物 场地和地基条件复杂的一般建筑物 位于复杂地质条件及软土地区的二层及二层以上地下室的基坑工程 开挖深度大于15m的基坑工程 周边环境条件复杂、环境保护要求高的基坑工程
乙级	除甲级、丙级以外的工业与民用建筑物 除甲级、丙级以外的基坑工程
丙级	场地和地基条件简单、荷载分布比较均匀的七层或七层以下民用建筑及一般工业建筑；次要的轻型建筑物 非软土地区且场地条件简单、基坑周边环境条件简单、环境保护要求不高且开挖深度小于5.0m的基坑工程

8.2　地　基　计　算

在正常的情况下，建筑物的结构与构件在预期内均应满足预定的功能要求，以保证建筑物所必须具有的可靠性。《建筑结构可靠度设计统一标准》GB 50068—2001规定，建筑结构应满足以下功能要求。

（1）安全性：建筑结构应能承受在正常施工和正常使用过程中可能出现的各种作用，在偶然事件发生时及发生后，仍能保持必需的整体稳定性；

（2）适用性：建筑结构在使用过程中应具有良好的工作性能；

（3）耐久性：建筑结构在正常维护条件下，应能完好地使用到设计所规定的年限。

建筑物地基承受上部结构及基础传来的全部荷载。因此，地基计算的基本原则应从保证上部结构的安全性、适用性和耐久性来考虑。

实践和理论分析表明，为了保证上部结构的承载能力和正常使用，地基计算应按下列要求进行。

8.2.1 按承载力计算

在进行地基承载力计算时，传至基础底面上的荷载效应应采用荷载效应的标准组合。土体自重，按实际重力密度计算。相应的抗力应采用地基承载力特征值。

地基按承载力计算应满足下列条件：

（1）轴心受压基础

$$p_k \leqslant f_a \tag{8-1}$$

式中 p_k——相应于荷载效应的标准组合时，基础底面处的平均压力值（kN/m^2）；

f_a——修正后的地基承载力特征值（kN/m^2）。

（2）偏心受压基础

除符合式（8-1）要求外，尚应符合下式要求：

$$p_{kmax} \leqslant 1.2f_a \tag{8-2}$$

式中 p_{kmax}——相应于荷载效应的标准组合时，基础底面边缘的最大压力值（kN/m^2）。

8.2.2 按变形计算

地基在建筑物荷载作用下要产生变形，变形过大会危及建筑物的安全和正常使用。为了防止出现这种情况，地基尚应按变形计算，即应满足下列条件：

$$s \leqslant w \tag{8-3}$$

式中 s——地基最终变形值；

w——地基允许变形值。

计算地基变形时，传至基础底面上的荷载效应应按正常使用极限状态下荷载效应的准永久组合，不应计入风荷载及地震作用。

8.2.3 按稳定性计算

对经常承受水平荷载的高层建筑、高耸结构和挡土墙等，以及建造在斜坡上或边坡附近的建筑物和构筑物，应验算地基的稳定性。

8.3 地基变形的分类

不同类型的建筑物，对地基变形的适应性是不同的。因此，应用公式（8-3）验算地基变形时，要考虑不同建筑物采用不同的地基变形特征来进行比较与控制。

《建筑地基基础设计规范》GB 50007—2011 将地基变形依其特征分为以下四种：

（1）沉降量：指单独基础中心的沉降值（如图 8-1 所示）。

对于单层排架结构柱基和高耸结构基础须计算沉降量，并使其小于允许沉降值。

（2）沉降差：指两相邻单独基础沉降量之差（如图 8-2 所示）。

对于建筑物地基不均匀，有相邻荷载影响和荷载差异较大的框架结构、单层排架结构，需验算基础沉降差，并把它控制在允许值以内。

（3）倾斜：指单独基础在倾斜方向上两端点的沉降差与其距离之比（如图 8-3 所示）。

当地基不均匀或有相邻荷载影响的多层和高层建筑基础及高耸结构基础，须验算基础的倾斜。

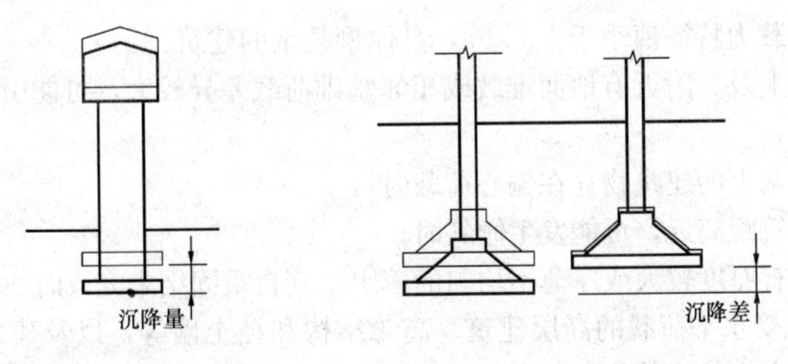

图 8-1　基础沉降量图　　　图 8-2　基础沉降差

(4) 局部倾斜：指砌体承重结构沿纵墙 6～10m 内基础两点的沉降差与其距离之比(如图 8-4 所示)。

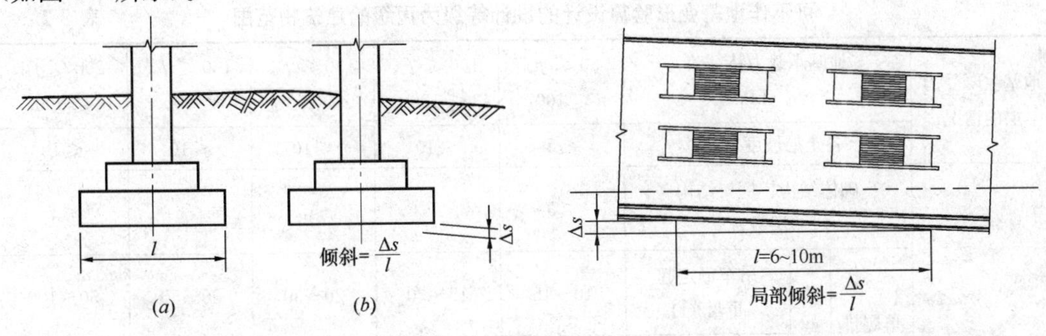

图 8-3　基础倾斜

(a) 倾斜前；(b) 倾斜后

图 8-4　墙身局部倾斜

根据调查分析，砌体结构墙身开裂，大多数情况下都是由于墙身局部倾斜超过允许值所致。所以，当地基不均匀、荷载差异较大、建筑体型（平面形状，建筑长高比）复杂时，就需要验算墙身的倾斜。

在地基计算中，有时需要分别预估房屋和结构物在施工期间与使用期间地基的变形值，以便预留房屋和结构物有关部分之间的净空，考虑连接方法及施工顺序。此时，一般建筑物在施工期间完成的沉降量，对于砂土可认为其最终沉降量已基本完成；对于低压缩性粉土和黏性土可认为已完成最终沉降量的 50％～80％；对于中压缩性粉土和黏性土可认为已完成 20％～50％；对于高压缩性的粉土和黏土可认为已完成最终沉降量的5％～20％。

8.4　地基基础设计的规定

根据建筑物地基基础设计等级及长期荷载作用下地基变形对上部结构的影响程度地基基础设计应符合下列规定：

1. 所有建筑物的地基计算均应满足承载力计算的要关规定；

2. 设计等级为甲、乙级建筑物，均应按地基变形计算；

3. 表 8-2 所列范围内设计等级为丙级建筑物可不作变形验算，但有下列情况之一时仍应作变形验算：

（1）地基承载力特征值小于130kPa，且体型复杂的建筑；

（2）要基础上及其附近有地面堆载或相邻基础荷载差异较大，可能引起地基产生过大的不均匀沉降时；

（3）软弱地基上的建筑物存在偏心荷载时；

（4）相邻建筑距离近，可能发生倾斜时；

（5）地基内有厚度较大或厚薄不均匀的填土，其自重固结未完成时。

4. 对经常承受水平荷载的高层建筑、高耸结构和挡土墙等，以及建造在斜坡上或边坡附近的建筑物尚应验算其稳定性；

5. 基坑工程应进行稳定性验算；

6. 建筑地下室或地下构筑物存在上浮问题时，尚应进行抗浮验算。

可不作地基变形验算设计的设计等级为丙级的建筑物范围　　表 8-2

地基主要受力层的情况	地基承载力特征值 f_{ak}（kPa）			$80 \leqslant f_{ak} \leqslant 100$	$100 \leqslant f_{ak} \leqslant 130$	$130 \leqslant f_{ak} \leqslant 160$	$160 \leqslant f_{ak} \leqslant 200$	$200 \leqslant f_{ak} \leqslant 300$
	各土层坡度（%）			≤5	≤10	≤10	≤10	≤10
建筑类型	砌体结构、框架结构（层数）			≤5	≤5	≤5	≤6	≤7
	单层排架结构（6m柱距）	单跨	吊车额定起重量（t）	10～15	15～20	20～30	30～50	50～100
			厂房跨度（m）	≤18	≤24	≤30	≤30	≤30
		多跨	吊车额定起重量（t）	5～10	10～15	15～20	20～30	30～75
			厂房跨度（m）	≤18	≤24	≤30	≤30	≤30
	烟囱		高度（m）	≤40	≤50	≤75	≤75	≤100
	水塔		高度（m）	≤20	≤30	≤30	≤30	≤30
			容积（m³）	50～100	100～200	200～300	300～500	500～1000

注：1. 地基主要受力层是指条形基础底面下深度为 $3b$（b 为基础底面宽度），独立基础底面下为 $1.5b$，且厚度均不小于5m的范围（二层以下一般的民用建筑除外）；

2. 地基主要受力层中，如有地基承载力小于130kPa的土地层，表中的砌体承重结构的设计，应符合软土地基的有关规定层数；

3. 表中砌体承重结构和框架承重结构均指民用建筑，对工业建筑可按厂房高度、荷载情况折合成与其相当的民用建筑；

4. 表中吊车额定起重量、烟囱高度和水塔容积的数值系指最大值。

8.5　地基允许变形值

一般建筑物的地基允许变形值可按表8-3规定采用。表中数值是根据大量常见建筑物系统沉降观测资料统计分析得出的。对于表中未包括的其他建筑物的地基允许变形值，可根据上部结构对地基变形的适应性和使用上的要求确定。

建筑物的地基变形允许值表 **表 8-3**

变形特征	地基土类别	
	中、低压缩性土	高压缩性土
砌体承重结构基础的局部倾斜	0.002	0.003
工业与民用建筑相邻柱基的沉降差 (1) 框架结构 (2) 砖石墙填充的边排柱 (3) 当基础不均匀沉降时不产生附加应力的结构	 $0.002l$ $0.0007l$ $0.005l$	 $0.003l$ $0.001l$ $0.005l$
单层排架结构(柱距为 6m)柱基的沉降量(mm)	(120)	200
桥式吊车轨面的倾斜(按不调整轨道考虑) 纵向 横向	 0.004 0.003	
多层和高层建筑基础的倾斜 $H_g \leqslant 24$ $24 < H_g \leqslant 60$ $60 < H_g \leqslant 100$ $H_g > 100$	0.004 0.003 0.0025 0.0020	
体型简单的高层建筑基础的平均沉降量(mm)	200	
高耸结构基础的倾斜 $H_g \leqslant 20$ $20 < H_g \leqslant 50$ $50 < H_g \leqslant 100$ $100 < H_g \leqslant 150$ $150 < H_g \leqslant 200$ $200 < H_g \leqslant 250$	0.008 0.006 0.005 0.004 0.003 0.002	
高耸结构基础的沉降量(mm) $H_g \leqslant 100$ $100 < H_g \leqslant 200$ $200 < H_g \leqslant 250$	400 300 200	

注:1. 有括号者仅适用于中压缩性土。

2. l 为相邻柱基的中心距离(mm);H_g 为自室外地面起算的建筑物高度(m)。

小　　结

1. 实践和理论分析表明,为了保证建筑结构的承载能力和正常使用,地基应按下列规定进行计算:按承载力计算、按变形计算和按稳定性计算。

2. 地基设计根据地基复杂程度、建筑物规模和功能特征以及由于地基问题可能造成建筑物破坏或影响正常使用的程度,分为甲、乙、丙三个设计等级。

根据建筑物地基基础的设计等级及长期荷载作用下地基变形对上部结构的影响程度,地基基础设计应符合下列规定:

1) 所有建筑物的地基计算均应满足承载力的要求;

2) 设计等级为甲、乙级的建筑物,均应按地基变形设计;

3) 设计等级为丙级的建筑物,在规定的情况下也应按地基变形设计;

4) 对经常受水平荷载作用的高层建筑,高耸结构和挡土墙等,以及建造在斜坡上或边坡附近的建筑物和构筑物,尚应验算其稳定性;

5) 基坑工程应进行稳定性验算;

6）建筑地下室或地下构筑物存在上浮问题时，尚应进行抗浮验算。

3.《建筑地基基础设计规范》GB 50007—2011将地基变形依其变形特征分为：沉降量、沉降差、倾斜和局部倾斜。并要求地基变形不得超过允许值。

思考题

8-1 为了保证上部结构的承载力和正常使用，对地基计算有何要求？

8-2 什么是基础沉降量、沉降差、倾斜和局部倾斜？

8-3 地基基础设计等级是怎样划分的？其意义何在？

第9章 天然地基基础设计

9.1 地基基础设计步骤

天然地基上的基础，一般是指建造在未经过人工处理的地基上的基础。它比桩基础和人工地基施工简单，不需要复杂的施工设备，因此可以缩短工期、降低工程造价。所以，在设计地基基础时，应当首先考虑采用天然地基基础的设计方案。

在一般情况下，进行地基基础设计时，需具备下列资料：

（1）建筑场地的地形图；

（2）建筑场地的工程地质勘察资料；

（3）建筑的平面、立面、剖面图，作用在基础上的荷载、设备基础以及各种设备管道的布置及标高；

（4）建筑材料的供应情况，以及施工单位的设备和技术力量。

天然地基浅基础的设计应根据上述资料和建筑物的类型、结构特点，按下列步骤进行：

（1）选择基础的材料和构造型式；

（2）确定基础的埋置深度；

（3）确定地基土的承载力设计值；

（4）按照地基土承载力设计值确定基础的底面尺寸；

（5）验算地基的变形（须作变形验算的建筑物）；

（6）验算地基的稳定性（建筑在斜坡上的建筑物）；

（7）确定基础剖面尺寸，如为钢筋混凝土基础时应进行配筋计算；

（8）绘制施工图，并编制施工说明。

9.2 基础的类型

基础可按照基础材料、构造类型和受力特点分类。分类的目的是为了更好地了解各种类型基础的特点及其适用范围，以便在基础设计时合理地选择基础的类型。

9.2.1 按材料分类

1. 砖基础

砖基础施工简便。其剖面一般都做成阶梯形，这个阶梯形通常称为大放脚。大放脚从垫层上开始砌筑，为保证大放脚的强度应为两皮一收或一皮一收与两皮一收相间（基底必须保证两皮），一皮即一层砖，标注尺寸为60mm。每收一次两边各收1/4砖长（如图9-1所示）。

砖基础所用材料的最低强度等级应符合表9-1要求。

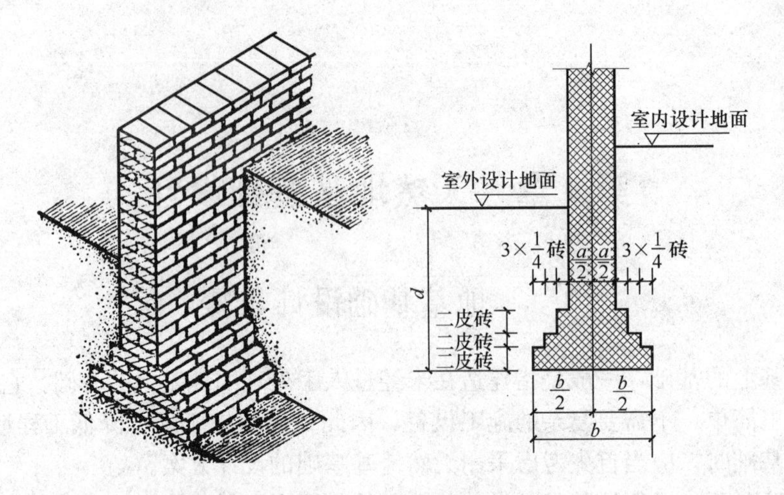

图 9-1　砖基础

地面以下或防潮层以下的砌体所用材料最低强度等级　　　　**表 9-1**

地基土的潮湿程度	烧结普通砖、蒸压灰砂砖		混凝土砌块	石　材	水泥砂浆
	严寒地区	一般地区			
稍湿的	MU10	MU10	MU7.5	MU30	M5
很湿的	MU15	MU10	MU7.5	MU30	M7.5
饱和的	MU20	MU15	MU10	MU40	M10

注：1. 在冻胀地区，地面以下或防潮层以下的砌体，不宜采用多孔砖。如采用，其孔洞应用水泥砂浆灌实。当采用混凝土砌块砌体时，其孔洞应采用强度等级不低于 C20 的混凝土灌实；

2. 对安全等级为一级或设计使用年限大于 50 年的房屋，表中材料强度等级应至少提高一级。

2. 毛石基础

这种基础用毛石砌成，毛石是指未经加工整平的石料（如图 9-2 所示）。由于毛石尺寸差别较大，为了便于砌筑和保证砌筑质量，毛石基础台阶高度和基础墙厚不宜小于 400mm，石块应错缝搭砌，缝内砂浆应饱满。

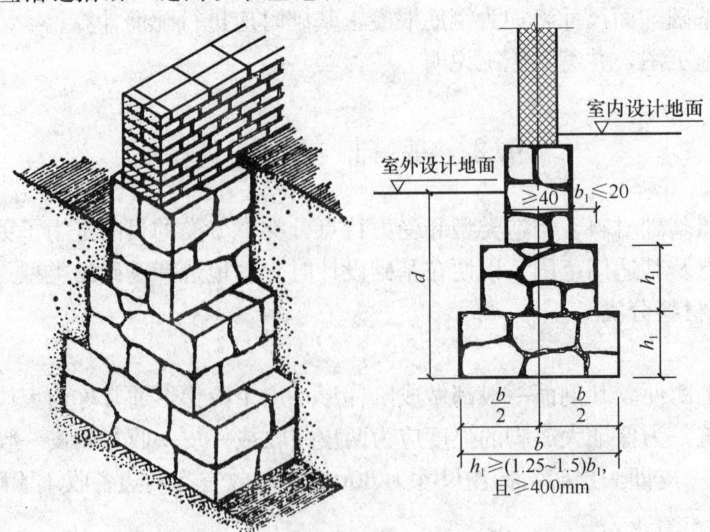

图 9-2　毛石基础

毛石和砂浆的强度等级应不低于表 9-1 所规定的要求。

3. 灰土基础

为了节约砖石材料，常在砖石大放脚下面做一层灰土垫层，这个垫层习惯上称为灰土基础。灰土是用经过消解后的石灰粉和黏性土按一定比例加适量的水拌和夯实而成（如图 9-3 所示）。其配合比为 3∶7 或 2∶8，一般多采用 3∶7，即 3 分石灰粉 7 分黏性土（体积比），通常称“三七灰土”。

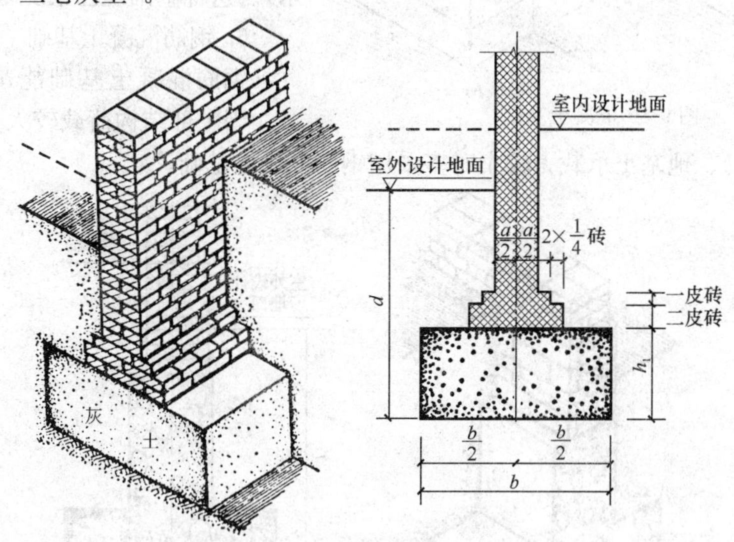

图 9-3　灰土基础

灰土基础适用于六层和六层以下，地下水位比较低的混合结构房屋和墙承重的轻型厂房。根据建筑经验，三层以及三层以上的混合结构和轻型厂房多采用三步灰土，厚 450mm（灰土需分层夯实，每层夯实后为 150mm 厚，通称一步）；三层以下混合结构房屋多采用两步，厚 300mm。灰土基础的优点是施工简便、造价便宜，可以节约水泥和砖石材料。它的缺点是地下水位较高的地基不宜采用，此外，灰土的抗冻性能较差，所以灰土基础应设置在冰冻线以下。

灰土施工时，应适当控制其含水量。工地鉴定方法以用手紧握成团，两指轻捏即碎为宜。如土料水分过多或不足时，可以晾干或洒水润湿。

4. 灰浆碎砖三合土基础

这种基础是用石灰砂浆与碎砖经过充分拌和，均匀铺入基槽内，并分层夯实而成（虚铺 220mm，夯至 150mm）。然后在它上面砌大放脚。灰浆碎砖三合土的配合比为 1∶2∶4 或 1∶3∶6（石灰∶砂∶碎砖）。三合土铺至设计标高后，在最后一遍夯实时，宜浇浓灰浆。待表面灰浆略微风干后，再铺上薄薄一层砂子，最后整平夯实。

灰浆碎砖三合土基础在我国南方地区应用较为广泛，它的优点是施工简单，造价低廉。但其强度较低，故这种基础不宜用于超过四层的一般混合结构房屋和墙承重的轻型厂房。

5. 混凝土和毛石混凝土基础

混凝土基础是用水泥、砂和石子加水拌和浇筑而成的（如图 9-4 所示）。如果地下水的水质对普通硅酸盐水泥有侵蚀作用时，则应采用矿渣水泥或火山灰水泥拌制混

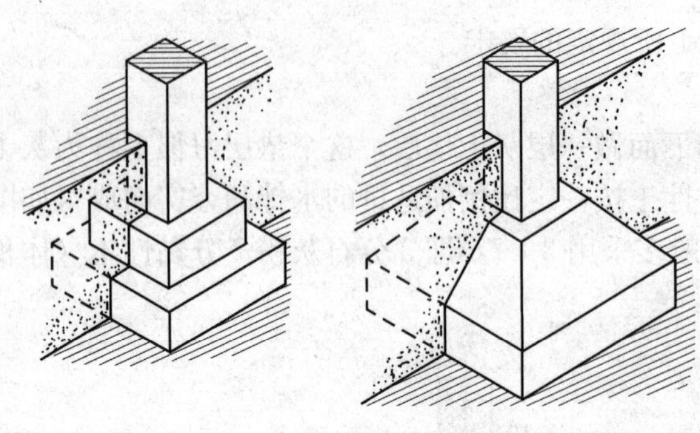

图 9-4　混凝土基础

凝土。

为了节约水泥用量，在混凝土内掺入一些毛石，就称为毛石混凝土基础。毛石尺寸不宜超过 300mm，其体积可达基础体积的 25%～30%（如图 9-5 所示）。这种基础现已很少采用。

6. 钢筋混凝土基础

钢筋混凝土基础能承受较大的荷载。当上部结构荷载较大（例如层数较多的公共建筑）、地基土承载力较小时多采用钢筋混凝土基础。

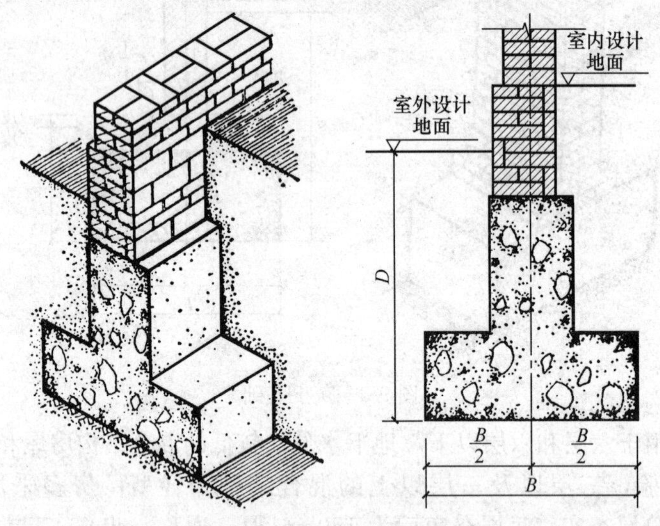

图 9-5　毛石混凝土基础

9.2.2　按构造类型分类

1. 条形基础

这种基础是指长度远大于宽度的基础，例如墙下基础多属这类基础（如图 9-6 所示），这种基础通常用灰土、毛石、三合土或混凝土等材料建造。地基土承载力较小，荷载较大

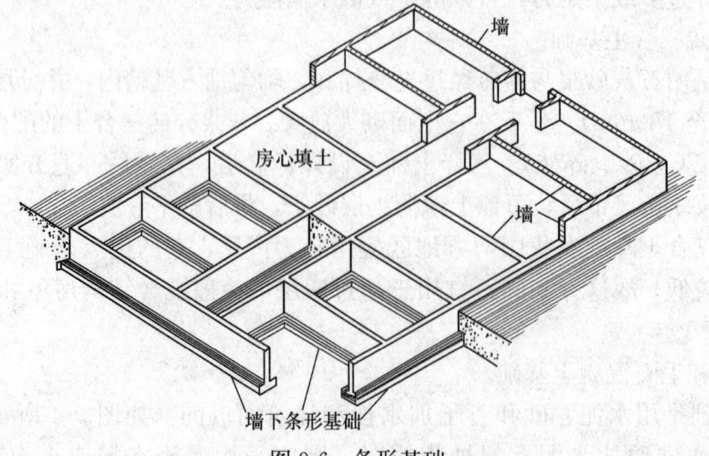

图 9-6　条形基础

的一些建筑物的基础也常采用钢筋混凝土建造。

2. 独立基础

这种基础是柱基础的主要类型。独立基础所用材料依柱的材料和荷载大小而定。通常采用灰土、混凝土和钢筋混凝土等。

如采用装配式钢筋混凝土柱时，在基础中应预留安放柱子的孔洞，孔洞尺寸要比柱子断面尺寸大一些。柱子放入孔洞后，柱子周围用细石混凝土（比基础混凝土强度等级高一级）浇筑。这种基础称为杯口基础（如图 9-7 所示）。

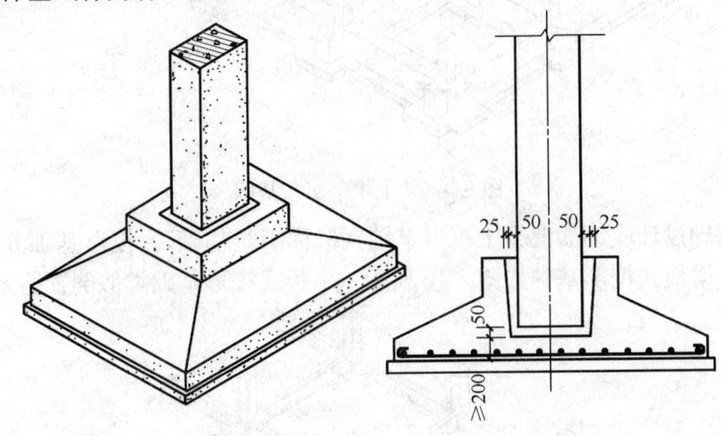

图 9-7　杯口基础

3. 联合基础

（1）柱下条形基础：当荷载较大，地基较软，所需各独立基础底面积很大，各个基础非常接近，以致基础之间空隙很小，这时就可将各个独立基础连接起来设计成柱下条形基础（如图 9-8 所示）。

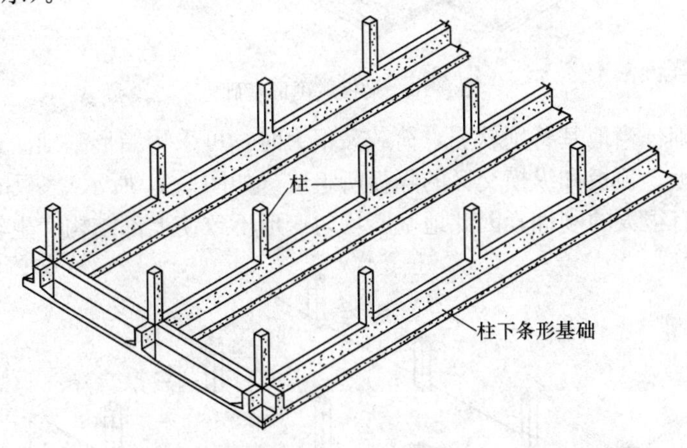

图 9-8　柱下条形基础

（2）柱下十字交叉基础：建筑在高压缩性地基上、荷载较大的高层框架结构房屋，为了增加房屋的整体性，减小基础的不均匀沉降，常将基础设计成十字交叉基础。其形式如图 9-9 所示。

（3）筏形基础：如果地基特别软，而上部结构的荷载又十分大时，特别是带有地下室的高层建筑物，如设计成十字交叉基础仍不能满足变形条件要求，而又不宜采用桩基或人工

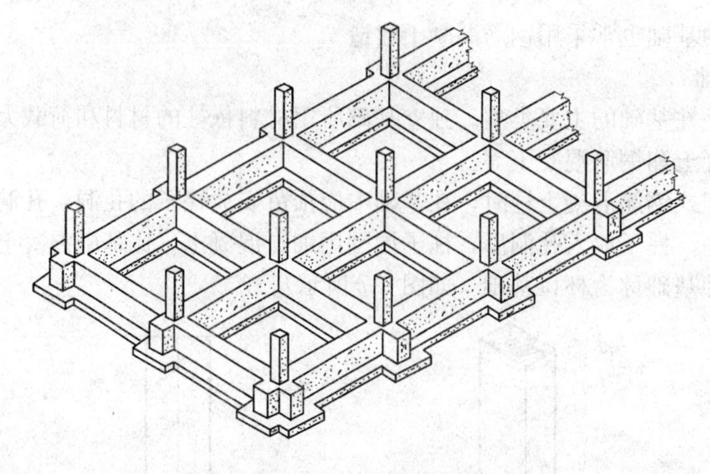

图 9-9　柱下十字交叉基础

地基时，可将基础设计成钢筋混凝土筏形基础（俗称满堂基础）。筏形基础分为梁板式和平板式两种类型，梁板式筏形基础如图 9-10 所示，平板式筏形基础类似倒置的无梁楼盖。

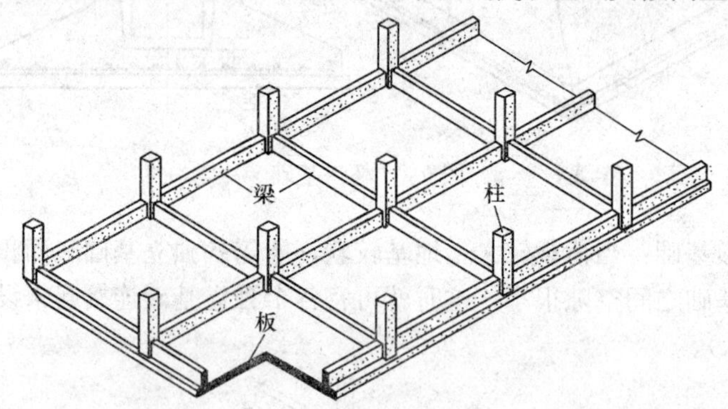

图 9-10　梁板式筏形基础

（4）箱形基础：当地基特别软弱，荷载又很大时，可采用箱形基础。这种基础是由钢筋混凝土整片底板、顶板和纵横交叉的隔板所组成（如图 9-11 所示）。板的厚度由计算决定。箱形基础具有很大的刚性，因此地基不均匀变形不致使上部结构产生较大的弯曲而造

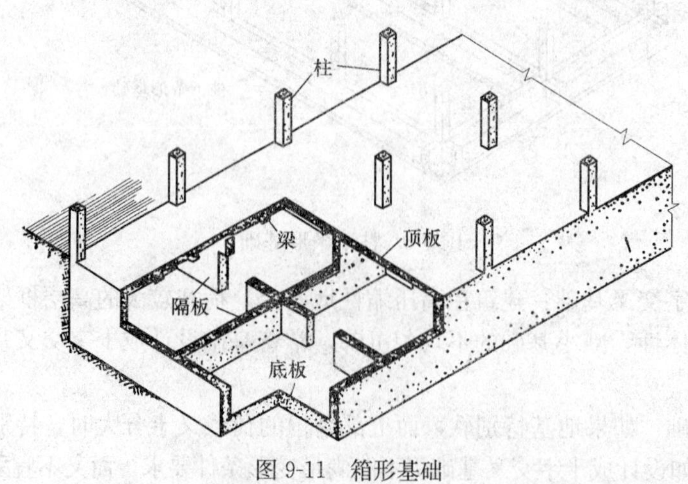

图 9-11　箱形基础

成开裂。近年来，我国新建的一些高层建筑，其中不少都采用了箱形基础。

联合基础均用钢筋混凝土建造。

9.2.3 按受力性能分类

基础按受力性能分为无筋扩展基础和配筋扩展基础。

1. 无筋扩展基础

无筋扩展基础是指用受压极限强度比较大，而受弯、受拉极限强度较小的材料建造的基础。如砖、灰土、混凝土基础等都属这类基础。无筋扩展基础旧称刚性基础。

2. 配筋扩展基础

用钢筋混凝土建造的基础称为配筋扩展基础（简称扩展基础）。由于钢筋混凝土抗弯、抗拉的能力都很大，所以这种基础适用地基比较软、上部结构荷载比较大的情况。当采用无筋扩展基础不能满足要求或不经济时，常采用配筋扩展基础柔性基础。配筋扩展基础旧称柔性基础。

9.3 基础埋置深度的确定

从设计地面到基础底面的距离称为基础埋置深度。

基础埋置深度的大小，对建筑物的造价、施工技术措施、施工期限以及房屋正常使用等都有很大影响。基础埋得太深，不但会增加房屋造价，而且在有些情况下，还可能增大房屋的沉降；而埋得太浅，常又不能保证房屋的稳定性。因此，在地基基础设计中，合理地确定基础埋置深度是一个十分重要的问题。

确定基础埋深的原则是：在满足地基稳定和变形要求的前提下，基础应尽量浅埋，除岩石地基外，一般不宜小于 0.5m。另外，基础顶面应低于设计地面 100mm 以上，以避免基础外露。

在确定基础埋置深度时，应当考虑的条件如下。

9.3.1 建筑场地土的性质和建筑物的类型

由于地基土形成的地质环境不同，每个地区的地基土的性质也就不会相同，即使在同一地区，性质也有很大变化。因此，在确定基础埋置深度时，应详细地分析地基勘察资料，在安全可靠和最经济条件下，确定合理的基础埋置深度。以下列五种典型地基为例（如图 9-12 所示），说明地基埋深的确定原则。

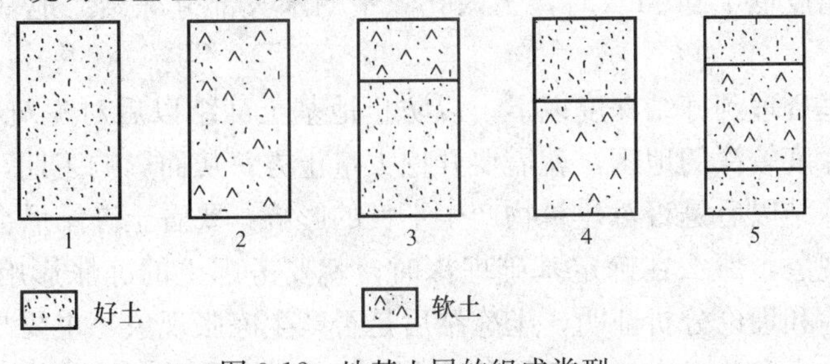

图 9-12 地基土层的组成类型

第 1 种情况：地基压缩层范围内由均匀的压缩性较小的土层构成。这种基础埋置深度由地基土的冻胀性、房屋用途、作用在地基上的荷载以及基础最小埋置深度等条件确定。

第 2 种情况：地基压缩层范围内土层由均匀的高压缩性软土构成。如果对任何类型建筑物，地基均不能满足变形条件要求时，则需采用人工地基，必要时加强上部结构的刚度。这时，基础埋置深度仍由地基土的冻胀性、房屋用途、作用在地基上的荷载以及基础最小埋置深度条件确定。

第3种情况：地基压缩层范围内由两层土构成，上层是压缩性较大的软土，而下层是压缩性较小的好土。在这种情况下，基础埋置深度应根据上层软土厚度和建筑物的类型综合考虑确定：

(1) 如果软土厚度在2m以内，这时，宜将基础埋到下面的好土层上面。

(2) 如果软土厚度在2m至5m之间，对于低层轻型建筑物，可将基础做在表层的软土内，以避免开挖大量的土方，延长工期和增加工程造价。至于具体埋深，应根据决定基础埋深的其他条件综合考虑决定。如有必要时，可加强上部结构的刚度或采用人工地基。对于三至五层的一般砖混结构房屋和无吊车设备的单层工业厂房，是否需要将基础做到下面的好土层上面，应视具体情况而定。而对于高层建筑物和有地下室的一般混合结构房屋，则应将基础埋到下面的好土层上面。

(3) 如果软弱土层厚度大于5m，对于低层轻型建筑和三至五层的一般混合结构房屋以及无吊车设备的单层工业厂房，应以利用表土为主，必要时加强上部结构的刚度或采用人工地基。而对于有地下室的厂房和高层建筑是否将基础做到下面的好土层上面，或采用桩基、人工地基，则应根据表土的具体厚度和施工设备等条件而定。

第4种情况：地基仍由两层构成，但上层是压缩性较小的好土，而下面是压缩性较大的软土。在这种情况下，应根据表土的厚薄来确定埋深。如果表土层有足够的厚度时，那么就将基础尽可能地埋浅一些，以减小压缩层范围内软土层的厚度。如有必要，可将室外设计地面提高到天然地面以上（即在天然地面上填土）；如果表土层的好土很薄，按其他条件确定的埋置深度下面好土层厚度所剩无几，那么就应按第2种情况的地基考虑。

第5种情况：地基由若干层交替的好土和软土构成。这时基础埋深应视各层土的厚度和压缩性质，根据减小基础沉降的原则，按上述情况来决定。

此外，在同一栋建筑物内，如果基础间的荷载相差悬殊，或地基土压缩性沿水平方向变化很大时，尚需注意根据减小沉降差与局部倾斜等，争取均匀沉降的原则来考虑各段基础的埋置深度。

9.3.2 地基土的冻胀性

当地基土的温度低于0～1℃时，土内孔隙中的水大部分冻结。地基土冻结的极限深度称为冻结深度。

过去都是将基础埋到冻结深度以下，以防止地基土冻结以后对建筑物造成不良影响。这样，对于冻结深度较深的地区，就需要开挖大量土方，从而影响工期，增加工程造价。

实际上，土冻结以后是否对建筑物产生不良的影响，要看土冻结后会不会产生冻胀现象。如果有冻胀现象，那么在确定基础埋深时，就要考虑土的冻胀影响，否则就不必考虑。根据建筑经验和理论分析证明，土冻结后是否产生冻胀现象，主要与地基土颗粒的粗细程度、含水量大小和地下水位高低等条件有关。土的冻胀将对建筑物产生严重危害，在设计中应注意要保证基础有相应的最小埋置深度，并采取其他措施，以减小或消除冻胀力。因此，按照土的冻胀性来确定基础埋深时，须根据土的种类、含水量和地下水位高低，进行全面的分析，最后正确地确定基础埋深。

我国《建筑地基基础设计规范》GB 50007—2011 根据冻土层的平均冻胀率 η 大小，将地基土的冻胀性划分为五类：不冻胀、弱冻胀、冻胀、强冻胀和特强冻胀（见表 9-2）。

地基土的冻胀性分类 **表 9-2**

<table>
<tr><th>土的名称</th><th>冻前天然含水量 w（%）</th><th>冻结期间地下水位距冻结面的最小距离 h_w（m）</th><th>平均冻胀率 η（%）</th><th>冻胀等级</th><th>冻胀类别</th></tr>
<tr><td rowspan="6">碎（卵）石、砾、粗、中砂（粒径小于 0.075mm 的颗粒含量大于 15%），细砂（粒径小于 0.075mm 的颗粒含量大于 10%）</td><td rowspan="2">$w \leqslant 12$</td><td>>1.0</td><td>$\eta \leqslant 1$</td><td>Ⅰ</td><td>不冻胀</td></tr>
<tr><td>$\leqslant 1.0$</td><td rowspan="2">$1 < \eta \leqslant 3.5$</td><td rowspan="2">Ⅱ</td><td rowspan="2">弱冻胀</td></tr>
<tr><td rowspan="2">$12 < w \leqslant 18$</td><td>>1.0</td></tr>
<tr><td>$\leqslant 1.0$</td><td rowspan="2">$3.5 < \eta \leqslant 6$</td><td rowspan="2">Ⅲ</td><td rowspan="2">冻　胀</td></tr>
<tr><td rowspan="2">$w > 18$</td><td>>0.5</td></tr>
<tr><td>$\leqslant 0.5$</td><td>$6 < \eta \leqslant 12$</td><td>Ⅳ</td><td>强冻胀</td></tr>
<tr><td rowspan="7">粉　砂</td><td rowspan="2">$w \leqslant 14$</td><td>>1.0</td><td>$\eta \leqslant 1$</td><td>Ⅰ</td><td>不冻胀</td></tr>
<tr><td>$\leqslant 1.0$</td><td rowspan="2">$1 < \eta \leqslant 3.5$</td><td rowspan="2">Ⅱ</td><td rowspan="2">弱冻胀</td></tr>
<tr><td rowspan="2">$14 < w \leqslant 19$</td><td>>1.0</td></tr>
<tr><td>$\leqslant 1.0$</td><td rowspan="2">$3.5 < \eta \leqslant 6$</td><td rowspan="2">Ⅲ</td><td rowspan="2">冻　胀</td></tr>
<tr><td rowspan="2">$19 < w \leqslant 23$</td><td>>1.0</td></tr>
<tr><td>$\leqslant 1.0$</td><td>$6 < \eta \leqslant 12$</td><td>Ⅳ</td><td>强冻胀</td></tr>
<tr><td>$w > 23$</td><td>不考虑</td><td>$\eta > 12$</td><td>Ⅴ</td><td>特强冻胀</td></tr>
<tr><td rowspan="9">粉　土</td><td rowspan="2">$w \leqslant 19$</td><td>>1.5</td><td>$\eta \leqslant 1$</td><td>Ⅰ</td><td>不冻胀</td></tr>
<tr><td>$\leqslant 1.5$</td><td>$1 < \eta \leqslant 3.5$</td><td>Ⅱ</td><td>弱冻胀</td></tr>
<tr><td rowspan="2">$19 < w \leqslant 22$</td><td>>1.5</td><td>$1 < \eta \leqslant 3.5$</td><td>Ⅱ</td><td>弱冻胀</td></tr>
<tr><td>$\leqslant 1.5$</td><td rowspan="2">$3.5 < \eta \leqslant 6$</td><td rowspan="2">Ⅲ</td><td rowspan="2">冻　胀</td></tr>
<tr><td rowspan="2">$22 < w \leqslant 26$</td><td>>1.5</td></tr>
<tr><td>$\leqslant 1.5$</td><td rowspan="2">$6 < \eta \leqslant 12$</td><td rowspan="2">Ⅳ</td><td rowspan="2">强冻胀</td></tr>
<tr><td rowspan="2">$26 < w \leqslant 30$</td><td>>1.5</td></tr>
<tr><td>$\leqslant 1.5$</td><td rowspan="2">$\eta > 12$</td><td rowspan="2">Ⅴ</td><td rowspan="2">特强冻胀</td></tr>
<tr><td>$w > 30$</td><td>不考虑</td></tr>
<tr><td rowspan="9">黏性土</td><td rowspan="2">$w \leqslant w_p + 2$</td><td>>2.0</td><td>$\eta \leqslant 1$</td><td>Ⅰ</td><td>不冻胀</td></tr>
<tr><td>$\leqslant 2.0$</td><td rowspan="2">$1 < \eta \leqslant 3.5$</td><td rowspan="2">Ⅱ</td><td rowspan="2">弱冻胀</td></tr>
<tr><td rowspan="2">$w_p + 2 < w \leqslant w_p + 5$</td><td>$>2.0$</td></tr>
<tr><td>$\leqslant 2.0$</td><td rowspan="2">$3.5 < \eta \leqslant 6$</td><td rowspan="2">Ⅲ</td><td rowspan="2">冻　胀</td></tr>
<tr><td rowspan="2">$w_p + 5 < w \leqslant w_p + 9$</td><td>$>2.0$</td></tr>
<tr><td>$\leqslant 2.0$</td><td rowspan="2">$6 < \eta \leqslant 12$</td><td rowspan="2">Ⅳ</td><td rowspan="2">强冻胀</td></tr>
<tr><td rowspan="2">$w_p + 9 < w \leqslant w_p + 15$</td><td>$>2.0$</td></tr>
<tr><td>$\leqslant 2.0$</td><td rowspan="2">$\eta > 12$</td><td rowspan="2">Ⅴ</td><td rowspan="2">特强冻胀</td></tr>
<tr><td>$w > w_p + 15$</td><td>不考虑</td></tr>
</table>

注：1. w_p——塑限含水量（%）；
　　w——在冻土层内冻前天然含水量的平均值（%）。
2. 盐渍化冻土不在表列。
3. 塑性指数大于 22 时，冻胀性降低一级。
4. 粒径小于 0.005mm 的颗粒含量大于 60%时，为不冻胀土。
5. 碎石类土当充填物大于全部质量的 40%时，其冻胀性按充填物土的类别判断。
6. 碎石土、砾砂、粗砂、中砂（粒径小于 0.075mm 的颗粒含量不大于 15%）、细砂（粒径小于 0.075mm 的颗粒含量不大于 10%）均按不冻胀考虑。

季节性冻土地基的场地冻结深度 z_d 应按下式设计：

$$z_d = z_0 \psi_{zs} \psi_{zw} \psi_{ze} \tag{9-1}$$

式中 z_d——场地冻结深度；若当地有多年实测资料时，也可按 $z_d = h' - \Delta z$ 计算，h' 和 Δz 分别为实测冻土层厚度和地表冻胀量；

z_0——标准冻深；系采用在地表平坦、裸露、城市之外的空旷场地中不少于 10 年实测最大冻深的平均值；当无实测资料时，按《建筑地基基础设计规范》附录 F 采用；

ψ_{zs}——土的类别对冻深的影响系数，按表 9-3 采用；

ψ_{zw}——土的冻胀性对冻深的影响系数，按表 9-4 采用；

ψ_{ze}——环境对冻深的影响系数，按表 9-5 采用。

土的类别对冻深的影响系数 **表 9-3**

土的类别	影响系数 ψ_{zs}	土的类别	影响系数 ψ_{zs}
黏性土	1.00	中、粗、砾砂	1.30
细砂、粉砂、粉土	1.20	大块碎石土	1.40

土的冻胀性对冻深的影响系数 **表 9-4**

冻胀性	影响系数 ψ_{zw}	冻胀性	影响系数 ψ_{zw}
不冻胀	1.00	强冻胀	0.85
弱冻胀	0.95	特强冻胀	0.80
冻　胀	0.90		

环境对冻深的影响系数 **表 9-5**

周围环境	影响系数 ψ_{ze}	周围环境	影响系数 ψ_{ze}
村、镇、旷野	1.00	城市市区	0.90
城市近郊	0.95		

注：环境影响系数一项，当城市市区人口为 20 万～50 万时，按城市近郊取值；当城市市区人口大于 50 万小于或等于 100 万时，只计入市区影响；当城市市区人口超过 100 万时，除计入市区影响外，尚应考虑 5km 以内的郊区近郊影响系数。

季节性冻土地区基础埋置深度宜大于场地冻结深度。对于深厚季节性冻土地区，当建筑基础底面土层为不冻胀、弱冻胀、冻胀土时，基础埋置深度可以小于场地冻结深度，基础底面下允许冻土层最大厚度应根据当地经验确定。没有地区经验时可按表 9-2 采用。此时，基础最小埋置深度 d_{min} 可按下式计算：

$$d_{min} = z_d - h_{min} \tag{9-2}$$

式中 h_{min}——基础底面下允许冻土层最大厚度（m），按表 9-6 采用。

在冻胀、强冻胀、特强冻胀地基上采用防冻害措施时应符合下列规定：

(1) 对在地下水位以上的基础，基础侧表面应回填不冻胀的中砂或粗砂，其厚度不应

建筑基础底面下允许冻土层最大厚度（m）　　表 9-6

冻胀性	基础形式	采暖情况	基底平均压力（kPa）					
			110	130	150	170	190	210
弱冻胀土	方形基础	采暖	0.90	0.95	1.00	1.10	1.15	1.20
		不采暖	0.70	0.80	0.95	1.00	1.05	>1.10
	条形基础	采暖	>2.50	>2.50	>2.50	>2.50	>2.50	>2.50
		不采暖	2.20	2.50	>2.50	>2.50	>2.50	>2.50
冻胀土	方形基础	采暖	0.65	0.70	0.75	0.80	0.85	—
		不采暖	0.55	0.60	0.65	0.70	0.75	—
	条形基础	采暖	1.55	1.80	2.00	2.20	2.50	—
		不采暖	1.15	1.35	1.55	1.75	1.95	—

注：1. 本表只计算法向冻胀力，如基侧存在切向冻胀力，应采取防切向力措施；
2. 基础宽度小于 0.6m 时不适用，矩形基础取短边尺寸按正方形基础计算；
3. 表中数据不适用于淤泥、淤泥质土和欠固结土；
4. 计算基底平均压力时取永久作用的标准组合值乘以 0.9，可以内插。

小于 200mm。对在地下水位以下的基础，可采用桩基础、保温性基础、自锚式基础（冻土层下有扩大板或扩底短桩）也可将独立基础或条形基础做成梯形的斜面基础。

（2）宜选择地势高、地下水位低、地表排水良好的建筑场地。对低洼场地，宜在建筑物的室外地坪至少高出自然地面 300～500mm。其范围不宜小于建筑四周向外各一倍冻深距离的范围。

（3）防止雨水、地表水、生产废水、生活污水浸入建筑地基，应设置排水设施。在山区应设截水沟或在建筑物下设置暗沟，以排走地表水和潜水流。

（4）在强冻胀性和特强冻胀性地基上，其基础结构应设置钢筋混凝土圈梁和基础梁，并控制建筑的长高比。

（5）当独立基础连系梁下或桩基础承台下有冻土时，应在梁或承台下留有相当于该土层冻胀量的空隙。

（6）外门斗、室外台阶和散水坡等部位宜与主体结构断开，散水坡分段不宜超过 1.5m，坡度不宜小于 3%，其下宜填入非冻胀性材料。

（7）对跨年度施工的建筑，入冬前应对地基采取相应的防护措施，按采暖设计的建筑物，当冬季不能正常采暖，也应对地基采取保温措施。

9.3.3　相邻房屋和构筑物基础埋深的影响

如拟建房屋的邻近有其他建筑物时，除应根据上述条件决定基础埋深外，还应该注意新建房屋基础对原有的建筑物的影响。如拟建房屋和原有的建筑物相距很近时，则拟建房屋的基础埋深最好采取小于或等于原有的建筑物的埋深，以免在施工期间影响原有建筑物的安全和正常使用。如果必须将拟建房屋基础做到原有建筑物基础底面以下时，则需满足下列条件

$$\frac{\Delta H}{l} \leqslant 0.5 \sim 1^{❶} \tag{9-3}$$

式中 ΔH——相邻两建筑物基础底面标高之差（m）；

l——相邻两建筑物基础边缘的最小距离（m），参见图 9-13。

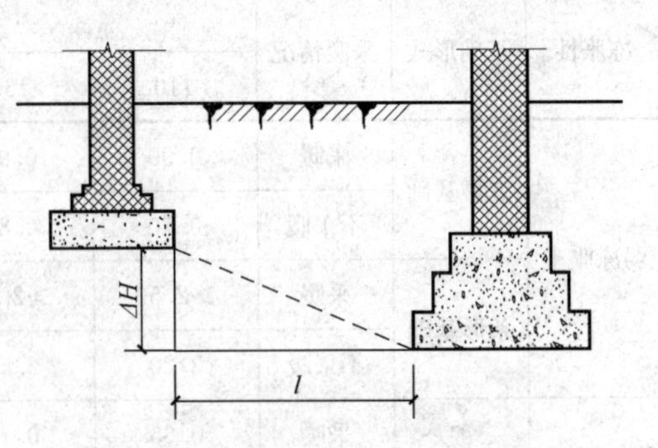

图 9-13 新基础底面标高低于原有基础时，两基础应保持一定净距

如上述要求不能满足时，应采取分段施工，设临时加固支撑，打板桩等施工措施。

9.3.4 地下水的情况

基础最好埋在地下水位以上，这样，可以避免施工时排水，同时，还可以防止或减轻地基土的冻胀。

9.4 基础底面尺寸的确定

在确定基础底面尺寸时，应首先算出作用在基础上的总荷载。作用在结构上的荷载按其性质分为恒载和活载两类。恒载是作用在结构上的永久荷载，如梁、板、柱和墙的自重；活载是作用在结构上的可变荷载，如屋面雪载、楼面使用荷载（人、家具的自重等）等。

计算作用在基础上的总荷载时，应从建筑物的屋顶开始计算：首先算出屋顶的自重和活载，其次算出由上至下各层结构（如梁、板）自重及楼面活载，然后再算出墙和柱的自重。这些荷载在墙和柱的承载面积（墙或柱应该负担荷载的范围称为承载面积）以内的总和，就是作用在基础上的上部结构荷载（外墙和外柱算至室内设计地面与室外设计地面平均标高处）；内墙和内柱算至室内设计地面标高处（如图 9-14 所示），再加上基础自重和基础台阶上的回填土重，便是作用在基础底面上的全部荷载。

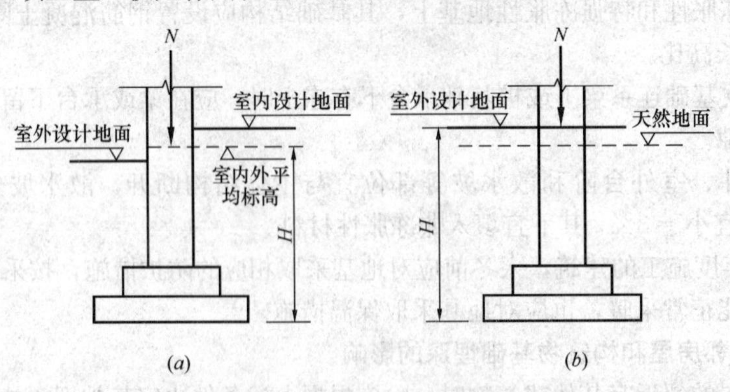

图 9-14 基础上的荷载计算

（a）外墙或外柱；（b）内墙或内柱

❶ 当原有建筑物层数较少、荷载较小且土质较好时，ΔH 取 1，否则取 $\Delta H < 1$ 的数。

基础按受力情况分为轴心受压基础和偏心受压基础。

9.4.1　轴心受压基础

1. 墙下条形基础

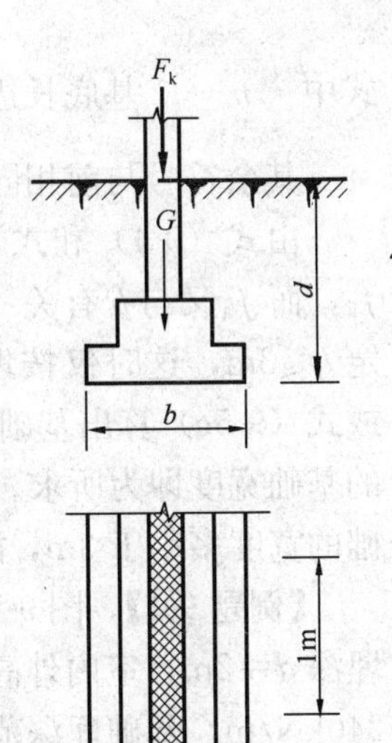

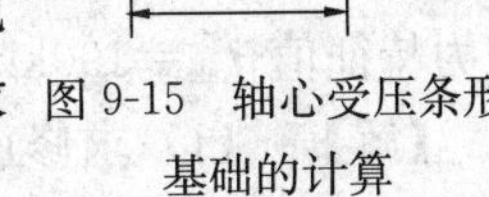

图 9-15　轴心受压条形基础的计算

计算条形基础时，取 1m 长的墙体进行计算（如计算带有窗洞口的墙下基础时，荷载应取相邻窗洞中心线间的总荷载除以窗洞中心线间的距离）。图 9-15 所示中心受压条形基础，作用在它上面的荷载有：

（1）上部结构的荷载标准值 F_k（kN/m）《建筑地基基础设计规范》GB 50007—2011 规定，按地基承载力确定基础底面积时，传至基础上的荷载采用荷载标准值。

（2）基础自重和回填土重标准值，可近似取 $G=bH\overline{\gamma}$（其中 b 为基础底面宽度；H 为基础自重计算高度，外墙基础应从室内设计地面与室外设计地面平均标高处算起；内墙基础应从室内设计地面标高处算起；$\overline{\gamma}$ 为基础和基础台阶上的回填土的平均重度，$\overline{\gamma}$ 一般取＝20kN/m^3）。

根据作用在基础底面的压力小于或等于地基土承载力特征值的条件，确定基础底面宽度。即

$$p_k=\frac{F_k+bH\overline{\gamma}}{b}\leqslant f_a$$

从而得到基础宽度

$$b\geqslant\frac{F_k}{f_a-\overline{\gamma}H} \tag{9-4}$$

2. 柱下独立基础

作用在基础上的荷载有（如图 9-16 所示）：

（1）柱子传来的上部结构荷载标准值 F_k（kN）；

（2）基础自重和回填土重标准值 $G_k=AH\overline{\gamma}$（式中 A 为基础底面积）（kN）。

根据作用在基础底面的压力标准值小于或等于地基土承载力特征值的条件，确定基础底面尺寸，即

$$p_k=\frac{F_k+AH\overline{\gamma}}{A}\leqslant f_a$$

从而得到基础底面积

$$A\geqslant\frac{F_k}{f_a-\overline{\gamma}H} \tag{9-5a}$$

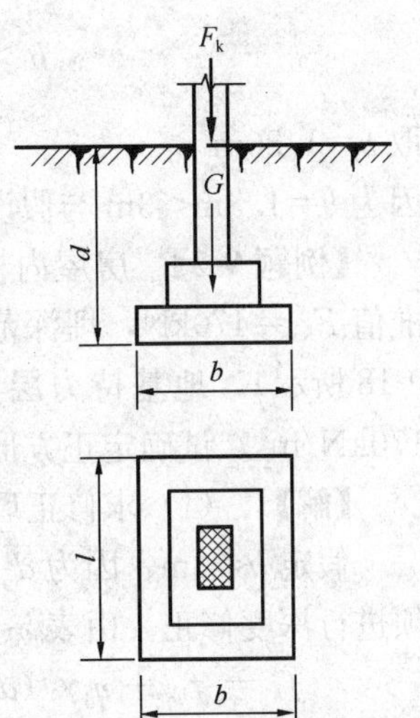

图 9-16　中心受压独立基础的计算

对于正方形基础

$$l=b=\sqrt{A}=\sqrt{\frac{F_k}{f_a-\overline{\gamma}H}} \tag{9-5b}$$

对于矩形基础

$$b=\sqrt{\frac{F}{n(f_a-\overline{\gamma}H)}} \tag{9-5c}$$

式中　n——基底长边与短边之比，即 $n=\frac{l}{b}$。

其余符号与前相同。

由式（9-4）和式（9-5c）可以看出，求基础底面宽度 b 需要知道地基土承载力特征值 f_a，而 f_a 又与 b 有关［参见式（5-24）］。因此，一般说来，应当采用试算法计算，即先假定 $b \leqslant 3$m，这时仅按埋深确定承载力特征值，然后按式（9-4）或式（9-5c）算出基础宽度 b。如 $b \leqslant 3$m，表示假设正确，算得的基础宽度即为所求。否则需重新计算 b，但工业与民用建筑基础的宽度多小于 3m，故大多数情况下不需再进行第二次计算。

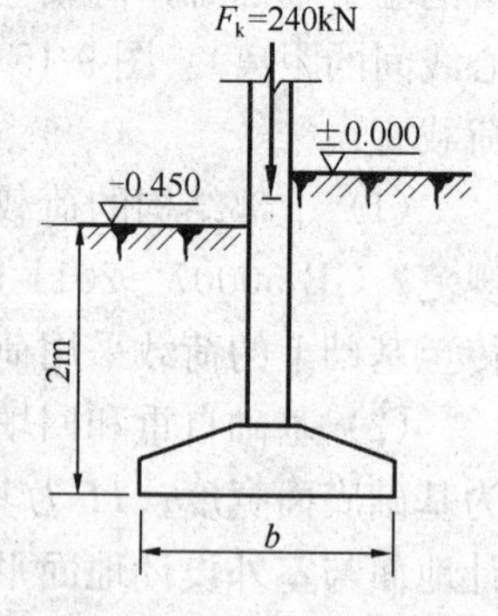

图 9-17　【例题 9-1】附图

【例题 9-1】 图 9-17 所示为某办公楼外墙基础剖面图。基础埋深 $d=2$m，室内外高差为 0.45m。上部结构荷载标准值 $F_k=240$kN/m，基础埋深范围内土的重度 $\gamma_0=18$kN/m³，地基持力层为粉质黏土，孔隙比 $e=0.8$，液性指数 $I_L=0.833$，地基土承载力特征值 $f_{ak}=190$kN/m²。试确定基础底面宽度。

【解】　(1) 求修正后的地基土承载力特征值

假定基础宽度 $b<3$m，因为 $d=2\text{m}>0.5$m，故地基土承载力特征值需进行深度修正，由表 5-15 查得 $\eta_d=1.6$，于是

$$f_a=f_{ak}+\eta_d\gamma_0(d-0.5)=190+1.6\times18\times(2-0.5)=233.2\text{kN/m}^2$$

(2) 求基础宽度

因为室内外高差为 0.45m，故基础自重计算高度

$$H=2+0.45\times\frac{1}{2}=2.23\text{m}$$

$$b\geqslant\frac{F_k}{f_a-\bar{\gamma}H}=\frac{240}{233.2-20\times2.25}=1.27\text{m}$$

取 $b=1.30$m

因为 $b=1.3\text{m}<3$m 与假设相符，故 $b=1.30$m 即为所求。

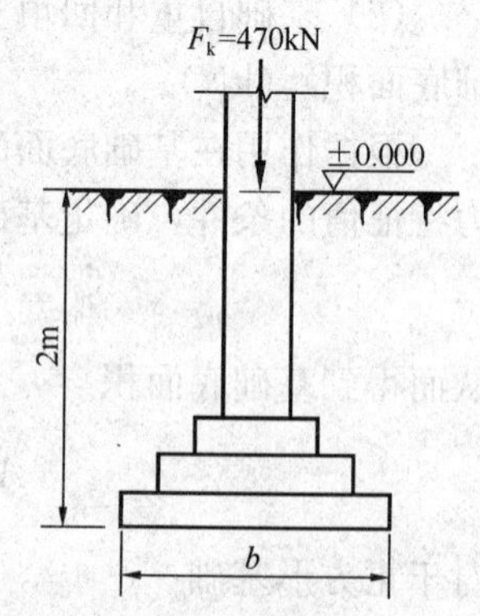

图 9-18　【例题 9-2】附图

【例题 9-2】 房屋内柱基础埋深 $d=2$m，上部结构荷载标准值 $F_k=470$kN，埋深范围内土的重度 $\gamma_0=19$kN/m³（如图 9-18 所示），地基持力层为中砂，地基土承载力特征值 $f_{ak}=170$kN/m²。试确定正方形基础底面的尺寸。

【解】　(1) 求修正后的地基土承载力特征值

假定 $b<3$m，因为 $d=2\text{m}>0.5$m，故计算承载力特征值时须进行深度修正。由表 5-15 查得 $\eta_d=4.4$，于是

$$f_a=f_{ak}+\eta_d\gamma_0(d-0.5)$$
$$=170+4.4\times19\times(2-0.5)-295.4\text{kN/m}^2$$

(2) 求基础底面尺寸

按式（9-5b）计算

$$l=b=\sqrt{A}=\sqrt{\frac{F_k}{f_a-\bar{\gamma}H}}=\sqrt{\frac{470}{295.4-20\times2}}=1.36\text{m}$$

取 $l=b=1.4\text{m}$。

应当指出，只有符合表 6－3 中规定的可不作地基变形计算的丙级建筑物，按式（9-4）和式（9-5c）所求得的基础底面尺寸，才是最后的尺寸，否则尚应进行地基变形验算。

按式（9-4）或式（9-5c）确定基础底面尺寸时，如果在压缩层范围内持力层以下有软弱下卧层时，尚须按下式验算下卧层的地基承载力。

$$p_z + p_{cz} \leqslant f_{az} \tag{9-6}$$

式中 p_z——相应于作用的标准组合时，软弱下卧层顶面处的附加压力值（kN/m^2）；

p_{cz}——软弱下卧层顶面处土的自重应力（kN/m^2）；

f_{az}——软弱下卧层顶面处经深度修正后地基承载力特征值（kN/m^2）。

当上层土与下卧层软弱土的压缩模量比值 $\alpha \geqslant 3$ 时，对条形基础和矩形基础可用压力扩散角方法求土中附加应力。该方法是假设基底处的附加应力 p_0 按某一扩散角 θ 向下扩散，在任意深度的同一水平面上的附加应力均匀分布（如图 9-19 所示）。根据应力扩散前后总压力相等的条件可得深度为 z 处的附加应力：

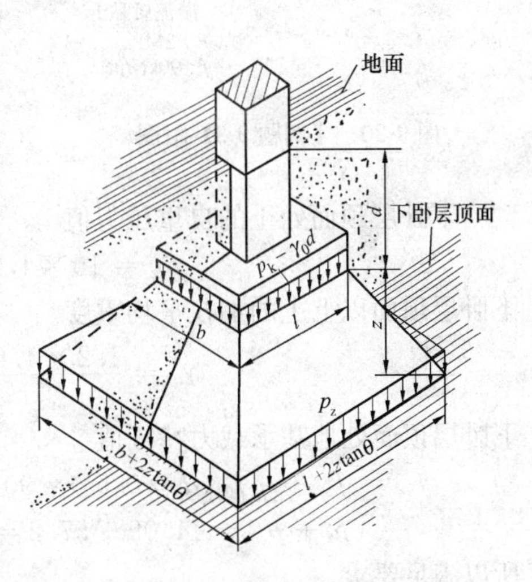

图 9-19 压力扩散角法计算土中附加应力

条形基础 $$p_z = \frac{bp_0}{b+2z\tan\theta} \tag{9-7a}$$

矩形基础 $$p_z = \frac{blp_0}{(b+2z\tan\theta)(l+2z\tan\theta)} \tag{9-7b}$$

式中 p_0——相应于作用的标准组合时的基底附加应力，$p_0 = p_k - \gamma_0 d$；

b——矩形基础或条形基础底边的宽度；

l——矩形基础底边的长度；

z——基础底面至软弱下卧层顶面的距离；

θ——地基的压力扩散角（压力扩散线与垂直线的夹角），可按表 9-7 采用。

地基压力扩散角 θ **表 9-7**

$\frac{E_{s1}}{E_{s2}}$	z/b		$\frac{E_{s1}}{E_{s2}}$	z/b	
	0.25	0.50		0.25	0.50
3	6°	23°	10	20°	30°
5	10°	25°			

注：1. E_{s1}、E_{s2} 分别为持力层和软弱下卧层土的压缩模量；

2. $z \leqslant 0.25b$ 时，取 $\theta=0$；必要时，宜由试验确定；$z \geqslant 0.5b$ 时，θ 不变。

【例题 9-3】 某轴心受压矩形基础，基础底面尺寸为 3m×2m，相应于作用的标准组合时，上部结构传来轴向力 $F_k=800\text{kN}$，地质剖面见图 9-20 所示。试验算下卧层承载力。

【解】 基底压力

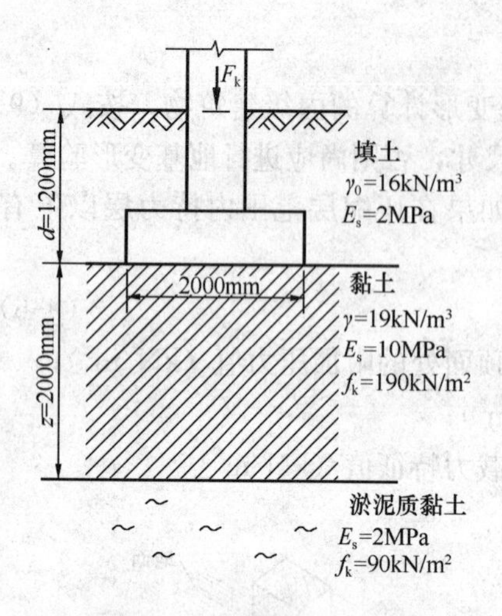

图 9-20 【例题 9-3】附图

$$p_k = \frac{F_k + \bar{\gamma} HA}{A} = \frac{800 + 20 \times 1.2 \times 3 \times 2}{3 \times 2}$$

$$= 157.3\text{kN/m}^2$$

基底附加应力

$$p_0 = p_k - \gamma d = 157.3 - 16 \times 1.2 = 138.1\text{kN/m}^2$$

由于 $z=2\text{m}>0.5b=0.5\times2=1\text{m}$，$\frac{E_{s1}}{E_{s2}} = \frac{10}{2} = 5$，由表 9-7 查得 $\theta=25°$，$\tan25=0.466°$。

下卧层顶面处的附加压力

$$p_z = \frac{blp_0}{(b+2z\tan\theta)(l+2z\tan\theta)}$$

$$= \frac{3\times2\times132.1}{(2+2\times2\times0.466)(3+2\times20.466)}$$

$$= 44.09\text{kN/m}^2$$

下卧层顶面处土的自重压力值

$$p_{cz} = 16\times1.2+19\times2 = 57.2\text{kN/m}^2$$

下卧层顶面以上土的加权平均重度

$$\gamma_0 = \frac{1.2\times1.6+2\times19}{1.2+2} = 17.88\text{kN/m}^3$$

下卧层顶面处地基承载力特征值

$$f_{az} = f_{ak} + \eta_d \gamma_0 (d-0.5) = 90+1.0\times17.88(3.2-0.5) = 138.3\text{kN/m}^2$$

$$p_z + p_{cz} = 44.09+57.2 = 101.29\text{kN/m}^2 < f_{az} = 138.3\text{kN/m}^2$$

所以满足要求。

9.4.2 偏心受压基础

考虑水平荷载作用的柱基，地下室墙基础以及工业厂房的柱基都是偏心受压基础的例子。确定这种基础底面尺寸时，其计算步骤如下：

第一步：按轴心受压确定出底面尺寸，即按式（9-4）或式（9-5a）求出 b 或 A。

第二步：根据偏心距的大小，把基底面积 A（或基底宽 b）提高 10%～40%，即 $A_1 = (1.1\sim14)A$。

第三步：按假定的基础底面积 A_1，用下述公式进行验算：

1. 单向偏心受压基础

$$p_{max} = \frac{F_k+G_k}{A_1} + \frac{M_k}{W} \leqslant 1.2f_a \tag{9-8a}$$

和

$$p_k = \frac{P_k+G_k}{A_1} \leqslant f_a \tag{9-8b}$$

如果需要限制基础的偏心程度，尚应满足下列条件

$$\xi = \frac{p_{kmax}}{p_{kmin}} \geqslant [\xi] \tag{9-9}$$

当偏心荷载允许作用在基础底面核心以外 $\left(e \geqslant \frac{l}{6}\right)$ 时，条件（9-8a）、(9-9) 应改为

$$p_{kmax} = \frac{2(F_k+G_k)}{\rho db} \leqslant 1.2f_a \tag{9-10}$$

$$\rho=\frac{l'}{l}\geqslant[\rho] \tag{9-11}$$

式中　M_k——相应于作用的标准组合时，作用于基础底面的力矩值（kN·m）；

W——基础底面的抵抗矩（m^3），对于矩形基础，$W=bl^2/6$，对于条形基础（l 取 1m 长），$W=b^2/6$；

ξ、$[\xi]$——基础底面边缘的最小应力与最大应力之比及其允许值；

ρ、$[\rho]$——基础底面受压宽度与基础宽度之比及其容许值。

2. 双向偏心受压基础

当偏心荷载作用在基础底面核心以内 $\left(e_x\leqslant\frac{l}{6},e_y\leqslant\frac{b}{6}\right)$ 时，

$$p_{max}=\frac{F_k+G_k}{A_1}+\frac{M_{xk}}{W_x}+\frac{M_{yk}}{W_y}\leqslant 1.2f_a \tag{9-12}$$

同时要满足式（9-8b）的要求，即

$$p_k=\frac{P_k+G_k}{A_1}\leqslant f_a$$

如需限制基础的偏心程度，尚应满足式（9-9）的要求，即

$$\xi=\frac{p_{kmax}}{p_{kmin}}\geqslant[\xi]$$

其中

$$p_{min}=\frac{F_k+G_k}{A_1}-\frac{M_{xk}}{W_x}-\frac{M_{yk}}{W_y} \tag{9-13}$$

式中　M_{xk}、M_{yk}——作用在基底的偏心荷载对 x 轴及 y 轴产生的力矩标准值（kN·m）；

W_x、W_y——基础底面对 x 轴及 y 轴的抵抗矩（m^3）。

其余符号意义同前。

如不满足上述要求，需重新假设一个基底尺寸，再进行验算，直至满足要求为止。

【例题 9-4】 设有某内柱独立基础，其设计资料如图 9-21 所示。已知基础埋深 $d=1.5$m，$f_a=180$kN/m²（已进行深度修正），求基底面积。

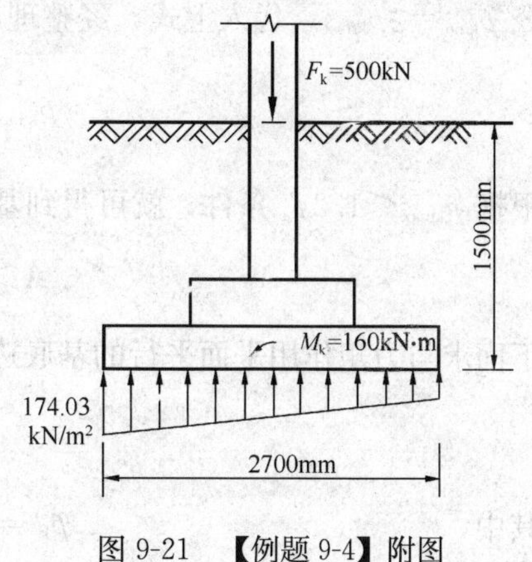

图 9-21　【例题 9-4】附图

【解】 设 $b\leqslant3$m，故 $f_a=180$kN/m²；

（1）按轴心受压初步估算基底面积

$$A\geqslant\frac{F_k}{f_a-\gamma H}=\frac{500}{180-20\times1.5}=3.33\text{m}^2$$

（2）将初估底面积提高 40%

$$A_1=1.4A=1.4\times3.33=4.66\text{m}^2$$

设 $n=\dfrac{l}{b}=1.5$ 则

$$lb=1.5b^2=4.66\text{m}^2$$

得 $b=1.76$m，取 $b=1.8$m，于是

$$l=1.5b=1.5\times1.8=2.7\text{m}$$

$$A_1=2.7\times1.8=4.86\text{m}^2$$

（3）承载力验算

$$F_k+G_k=500+1.8\times2.7\times1.5\times20=645.8\text{kN}$$

$$W=\frac{bl^2}{6}=\frac{1.8\times2.7^2}{6}=2.19\text{m}^3$$

$$p_{\max}=\frac{F_k+G_k}{A_1}+\frac{M_k}{W}=\frac{645.8}{480}+\frac{160}{2.19}$$
$$=206.04\text{kN/m}^2<1.2f_a=216\text{kN/m}^2$$

$$p_k=\frac{P_k+G_k}{A_1}=\frac{645.8}{4.86}=132.88\text{kN/m}^2<f_a=180\text{kN/m}^2$$

故所求基底尺寸满足要求。

由上可见，试算法的结果较为粗略，不易求得经济合理的基底尺寸，特别是对于要求控制基础的偏心程度时，采用试算法更显得繁琐。为了克服这一缺点，可采用偏心受压基底尺寸直接计算法。

9.4.3 单向偏心柱下独立基础直接计算法❶

1. 当偏心荷载作用在基底核心以内时

基底边缘的最大和最小应力可分别按下列公式计算

$$p_{\max}=\frac{F_k}{A}+\bar{\gamma}H+\frac{M_k}{W} \tag{9-14}$$

$$p_{\min}=\frac{F_k}{A}+\bar{\gamma}H-\frac{M_k}{W} \tag{9-15}$$

式中符号意义与前相同。

将式（9-14）与式（9-15）相加得

$$p_{k\max}=2\left(\frac{F_k}{A}+\bar{\gamma}H\right)-P_{k\min}$$

令 $p_{k\min}=\xi p_{k\max}$，代入上式，经整理后得

$$p_{k\max}=2\left(\frac{F_k}{A}+\bar{\gamma}H\right)\frac{1}{1+\xi} \tag{9-16}$$

根据 $p_{k\max}\leqslant1.2f_a$ 条件，就可得到基础底面积计算公式

$$A\geqslant\frac{F_k}{0.6(1+\xi)f_a-\gamma H} \tag{9-17}$$

下面求与力矩作用平面平行的基底边长，由力矩所引起的基底应力

$$p_{k\max}-p_k=\frac{M_k}{W} \tag{9-18}$$

其中 $$p_k=\frac{p_{k\max}(1+\xi)}{2};W=\frac{bl^2}{6}$$

将上列公式代入式（9-18），可得到基底边缘的最大应力的另一个表达式

$$p_{k\max}=\frac{12M_k}{(1-\xi)lA}$$

令 $p_{k\max}\leqslant1.2f_a$，经整理后，就得到与力矩作用平面平行的基础边长的计算公式

❶ 墙下条形偏心基础直接计算法见参考文献［16］。

$$l \geqslant \frac{10M_k}{(1-\xi)Af_a} \tag{9-19}$$

令 $n=\frac{l}{b}$，则 $A=lb=\frac{l^2}{n}$。其中 b 为与力矩作用平面垂直的基底边长。

将式（9-17）和式（9-19）代入关系式 $A=\frac{l^2}{n}$，经简单变换后

$$\frac{100e_0^2 f_a}{nF_k}=\frac{(1-\xi)^2}{[0.6(1+\xi)-\Delta]^3} \tag{9-20}$$

式中 $e_0=\frac{M_k}{F_k}$；$\Delta=\frac{\bar{\gamma}H}{f_a}$。

由公式（9-20）可见，当给定 ξ 和 Δ 不同数值时，就可算出等号右边对应的数值，并令其等于 Ω。表 9-8 给出了 $\xi=0\sim0.66$ 和 $\Delta=0.10\sim0.5$ 的 Ω 值表。另一方面，Ω 又等于 $\frac{100e_0^2 f_a}{nF_k}$，所以，如果不要求控制基础的偏心程度，即不限制 ξ 值时，就可根据已知的 e_0、f_a、n、F_k 和 $\bar{\gamma}$、H 分别求出 Ω 值和 Δ 值，然后根据 Ω 和 Δ 值从表 9-8 中查得对应的 ξ 值。这样，就可根据公式（9-17）算出基础底面积 A，最后再算出基底的边长和短边尺寸

$$l=\sqrt{nA} \tag{9-21}$$

$$b=\frac{l}{n} \tag{9-22}$$

式中　n——基底的长边与短边之比，一般取 $n=1\sim2$。

如果需要控制基础的偏心程度时，则可根据所确定的 ξ 值和按公式算出的 Δ 值，由表 9-8 中查得 Ω 值，并按下式算出。

$$n=\frac{100e_0 f_a}{\Omega F_k} \tag{9-23}$$

然后再分别按式（9-17）、式（9-21）和式（9-22）算出 A、l 和 b。

此外，也可以根据所确定的 ξ 值，直接按式（9-17）和式（9-19）计算 A 和 l 值，然后再计算 b 值。

Ω 值表　　**表 9-8**

$\Delta=0.10\sim0.22$									
e	$\xi=\frac{p_{kmin}}{p_{kmax}}$	$\rho=\frac{l'}{l}$	$\Delta=\frac{\bar{\gamma}H}{f_a}$						
			0.100	0.120	0.140	0.160	0.180	0.200	0.220
纵向力在基础底面核心以内	0.66	—	0.161	0.172	0.184	0.198	0.213	0.229	0.241
	0.64	—	0.188	0.210	0.216	0.232	0.249	0.269	0.201
	0.62	—	0.218	0.233	0.251	0.210	0.291	0.314	0.340
	0.60	—	0.252	0.270	0.290	0.312	0.337	0.364	0.395
	0.58	—	0.289	0.311	0.334	0.361	0.389	0.421	0.457
	0.56	—	0.331	0.356	0.384	0.414	0.448	0.486	0.527
	0.54	—	0.378	0.407	0.439	0.474	0.514	0.558	0.606
	0.52	—	0.430	0.464	0.501	0.542	0.587	0.638	0.695
	0.50	—	0.488	0.527	0.570	0.617	0.670	0.729	0.795

续表

e	$\xi=\frac{p_{kmin}}{p_{kmax}}$	$\rho=\frac{l'}{l}$	$\Delta=0.10\sim0.22$ $\Delta=\frac{\bar{\gamma}H}{f_a}$						
			0.100	0.120	0.140	0.160	0.180	0.200	0.220
纵向力在基础底面核心以内	0.48	—	0.553	0.597	0.646	0.701	0.762	0.830	0.907
	0.46	—	0.624	0.675	0.731	0.774	0.865	0.944	1.033
	0.44	—	0.703	0.761	0.826	0.899	0.980	1.071	1.174
	0.42	—	0.791	0.858	0.932	1.015	1.109	1.214	1.333
	0.40	—	0.888	0.965	1.050	1.145	1.252	1.373	1.511
	0.38	—	0.996	0.053	1.180	1.290	1.413	1.552	1.710
	0.36	—	1.116	1.215	1.326	1.451	1.592	1.752	1.935
	0.34	—	1.248	1.361	1.488	1.631	1.793	1.977	2.187
	0.32	—	1.395	1.524	1.668	1.832	2.017	2.229	2.414
	0.30	—	1.558	1.704	1.869	2.056	2.269	2.511	2.790
	0.28	—	1.739	1.905	2.093	2.307	2.550	2.829	3.150
	0.26	—	1.940	2.129	2.343	2.587	2.865	3.387	3.556
	0.24	—	2.163	2.377	2.621	2.900	3.220	3.588	4.015
	0.22	—	2.410	2.654	2.932	3.251	3.617	4.041	4.533
	0.20	—	2.685	2.963	2.280	3.644	4.064	4.552	5.120
	0.18	—	2.992	3.307	3.669	4.086	4.568	5.129	5.786
	0.16	—	3.333	3.692	3.105	4.582	5.136	5.782	6.542
	0.14	—	3.713	4.122	4.594	5.140	5.777	6.523	7.404
	0.12	—	4.138	4.604	4.143	5.770	6.502	7.364	8.386
	0.10	—	4.612	5.144	5.761	6.480	7.324	8.322	9.509
	0.08	—	5.143	5.750	5.456	7.283	8.257	9.413	10.796
	0.06	—	5.738	6.431	7.241	8.193	9.319	10.661	12.274
	0.04	—	6.405	7.199	8.128	9.225	10.529	12.091	13.976
	0.02	—	7.156	8.064	9.133	10.400	11.912	13.733	15.944
	0.00	—	8.000	9.042	10.274	11.739	13.497	15.625	18.224
纵向力在基础底面核心以外	—	1.00	8.000	9.042	10.274	11.739	13.497	15.625	18.224
	—	0.99	8.458	9.575	10.897	12.474	14.370	16.672	19.492
	—	0.98	8.938	10.134	11.553	13.249	15.295	17.784	20.844
	—	0.97	9.941	10.721	12.243	14.068	16.273	18.966	22.286
	—	0.96	9.967	11.337	12.970	14.932	17.310	20.222	23.825
	—	0.95	10.518	11.984	13.735	15.845	18.409	21.559	25.470
	—	0.94	11.095	12.663	14.541	16.809	19.575	22.982	27.228
	—	0.93	11.700	13.377	15.390	17.829	20.811	24.493	29.109
	—	0.92	12.333	14.127	16.285	18.907	22.124	26.113	31.123
	—	0.91	12.997	14.915	17.229	20.049	23.518	27.837	33.281
	—	0.90	13.693	15.743	18.225	21.257	25.000	29.676	35.596
	—	0.89	14.422	16.615	19.276	22.536	26.576	31.642	38.081
	—	0.88	15.187	17.532	20.835	23.893	28.253	33.743	40.753
	—	0.87	15.990	18.497	21.557	25.331	30.040	35.992	43.627
	—	0.86	16.832	19.513	22.796	26.858	31.945	38.402	46.724
	—	0.85	17.716	20.584	24.106	28.479	33.977	40.986	50.065

续表

$\Delta=0.10\sim0.22$

e	$\xi=\frac{p_{kmin}}{p_{kmax}}$	$\rho=\frac{l'}{l}$	$\Delta=\frac{\bar{\gamma}H}{f_a}$						
			0.100	0.120	0.140	0.160	0.180	0.200	0.220
纵向力在基础底面核心以外	—	0.84	18.645	21.713	25.492	30.202	36.147	43.761	53.672
	—	0.83	19.621	22.903	26.960	32.034	38.467	46.743	57.575
	—	0.82	20.647	24.159	28.515	33.985	40.949	49.952	61.801
	—	0.81	21.725	25.485	30.165	36.064	43.608	53.411	66.387
	—	0.80	22.860	26.886	31.915	38.281	46.459	57.143	71.370
	—	0.79	24.056	28.367	33.775	40.648	49.521	61.176	76.794
	—	0.78	25.315	29.935	35.751	43.178	52.812	65.540	82.710
	—	0.77	26.642	31.594	37.855	45.885	56.356	70.272	89.175
	—	0.76	28.041	33.353	40.095	48.784	60.176	75.410	96.259
	—	0.75	29.519	35.218	42.483	51.893	64.300	81.000	104.021

$\Delta=0.24\sim0.36$

e	$\xi=\frac{p_{kmin}}{p_{kmax}}$	$\rho=\frac{l'}{l}$	$\Delta=\frac{\bar{\gamma}H}{f_a}$						
			0.240	0.260	0.280	0.300	0.320	0.340	0.360
纵向力在基础底面核心以内	0.66	—	0.268	0.290	0.315	0.343	0.374	0.409	0.449
	0.64	—	0.315	0.341	0.371	0.405	0.443	0.485	0.533
	0.62	—	0.368	0.400	0.436	0.476	0.521	0.572	0.630
	0.60	—	0.429	0.466	0.509	0.557	0.610	0.671	0.741
	0.58	—	0.497	0.524	0.529	0.648	0.712	0.785	0.868
	0.56	—	0.574	0.627	0.686	0.753	0.828	0.914	1.013
	0.54	—	0.661	0.723	0.792	0.871	0.960	1.062	1.179
	0.52	—	0.759	0.831	0.913	1.005	1.110	1.231	1.370
	0.50	—	0.870	0.954	1.049	1.157	1.281	1.424	1.588
	0.48	—	0.994	1.092	1.203	1.300	1.476	1.643	1.837
	0.46	—	1.133	1.248	1.377	1.526	1.697	1.804	2.122
	0.44	—	1.291	1.423	1.574	1.748	1.948	2.180	2.450
	0.42	—	1.468	1.621	1.797	2.000	2.234	2.506	2.825
	0.40	—	1.667	1.845	2.050	2.286	2.560	2.880	3.255
	0.38	—	1.891	2.098	2.336	2.611	2.932	3.308	3.750
	0.36	—	2.143	2.383	2.660	2.981	3.357	3.798	4.320
	0.34	—	2.428	2.706	3.028	3.402	3.842	4.360	4.977
	0.32	—	2.749	3.071	3.445	3.883	4.397	5.007	5.735
	0.30	—	3.112	3.485	3.920	4.431	5.034	5.752	6.614
	0.28	—	3.522	3.954	4.461	5.075	5.765	6.612	7.633
	0.26	—	3.986	4.488	5.077	5.775	6.607	7.606	8.818
	0.24	—	4.512	5.094	5.782	6.599	7.578	8.760	10.201
	0.22	—	5.109	5.786	6.588	7.546	8.700	10.100	11.818
	0.20	—	5.787	6.575	7.513	8.638	10.000	11.663	13.717
	0.18	—	6.560	7.478	8.576	9.900	11.512	13.492	15.955
	0.16	—	7.442	8.513	9.801	11.362	13.274	15.639	18.601
	0.14	—	8.450	9.703	11.216	13.062	15.335	18.169	21.745
	0.12	—	9.605	11.073	12.856	15.043	17.756	21.162	25.498
	0.10	—	10.933	12.656	14.762	17.361	20.609	24.719	30.000
	0.08	—	12.462	14.490	16.984	20.083	23.986	28.968	35.432
	0.06	—	14.229	16.622	19.584	23.294	28.002	34.071	42.027
	0.04	—	16.276	19.109	22.639	27.096	32.804	40.233	50.083
	0.02	—	18.656	22.020	26.244	31.622	38.575	47.725	60.014
	0.00	—	21.433	25.443	30.518	37.034	45.554	56.896	72.338

续表

e	$\xi=\frac{p_{kmin}}{p_{kmax}}$	$\rho=\frac{l'}{l}$	$\Delta=0.24\sim0.36$ $\Delta=\frac{\overline{\gamma}H}{f_a}$						
			0.240	0.260	0.280	0.300	0.320	0.340	0.360
纵向力在基础底面核心以外	—	1.00	21.433	25.443	30.518	37.037	45.554	56.896	72.338
	—	0.99	22.986	27.367	32.937	40.126	49.570	62.226	79.584
	—	0.98	24.648	29.437	35.552	43.485	53.965	68.103	87.642
	—	0.97	26.429	31.666	38.383	47.142	58.783	74.595	96.627
	—	0.96	28.338	34.067	41.449	51.128	64.072	81.781	106.667
	—	0.95	30.387	36.656	44.775	55.481	69.890	89.753	117.917
	—	0.94	32.588	39.452	48.388	60.239	76.300	98.616	130.557
	—	0.93	34.954	42.474	52.317	65.451	83.377	108.494	144.804
	—	0.92	37.500	45.745	56.596	71.169	91.207	119.532	160.912
	—	0.91	40.242	49.289	61.264	77.454	99.890	131.900	179.188
	—	0.90	43.200	53.134	66.363	84.375	109.542	145.800	200.000
	—	0.89	46.394	57.312	71.945	92.014	120.298	161.471	223.796
	—	0.88	49.846	61.859	78.064	100.463	132.318	179.199	251.120
	—	0.87	53.584	66.815	84.788	109.830	145.389	199.326	282.640
	—	0.86	57.635	72.227	92.189	120.242	160.934	222.269	319.185
	—	0.85	62.034	78.146	100.355	131.846	178.018	248.529	361.785
	—	0.84	66.818	84.632	109.386	144.816	197.357	278.724	411.736
	—	0.83	72.039	91.756	119.398	159.357	219.334	313.613	470.983
	—	0.82	77.715	99.596	130.526	175.712	244.411	354.140	540.735
	—	0.81	83.931	108.244	142.931	194.173	273.152	401.485	624.622
	—	0.80	90.741	117.806	156.800	215.089	306.250	452.143	725.925
	—	0.79	98.216	128.407	172.356	238.882	344.563	523.018	849.408
	—	0.78	116.441	140.192	189.363	266.064	389.161	601.567	—
	—	0.77	115.512	153.332	209.639	297.264	441.389	695.996	—
	—	0.76	125.542	168.028	232.067	333.255	502.961	810.544	—
	—	0.75	136.662	184.520	257.607	375.000	676.070	950.883	—

e	$\xi=\frac{p_{kmin}}{p_{kmax}}$	$\rho=\frac{l'}{l}$	$\Delta=0.38\sim0.50$ $\Delta=\frac{\overline{\gamma}H}{f_a}$						
			0.380	0.400	0.420	0.440	0.460	0.480	0.500
纵向力在基础底面核心以内	0.66	—	0.495	0.546	0.605	0.673	0.751	0.841	0.947
	0.64	—	0.588	0.651	0.722	0.805	0.901	1.012	1.143
	0.62	—	0.696	0.772	0.859	0.959	1.076	1.212	1.373
	0.60	—	0.820	0.911	1.016	1.138	1.280	1.447	1.644
	0.58	—	0.963	1.072	1.198	1.346	1.518	1.721	1.962
	0.56	—	1.126	1.257	1.409	1.587	1.795	2.042	2.336
	0.54	—	1.314	1.471	1.653	1.866	2.118	2.417	2.776
	0.52	—	1.530	1.717	1.935	2.191	2.495	2.858	3.295
	0.50	—	1.778	2.000	2.261	2.568	2.935	3.374	3.906

续表

e	$\xi=\frac{p_{kmin}}{p_{kmax}}$	$\rho=\frac{l'}{l}$	Δ=0.38～0.50 $\Delta=\frac{\bar{\gamma}H}{f_a}$						
			0.380	0.400	0.420	0.440	0.460	0.480	0.500
纵向力在基础底面核心以内	0.48	—	2.063	2.327	2.638	3.007	3.449	3.981	4.629
	0.46	—	2.390	2.704	3.075	3.518	4.050	4.696	5.486
	0.44	—	2.766	3.139	3.588	4.114	4.756	5.538	6.502
	0.42	—	3.199	3.643	4.173	4.810	3.585	6.535	7.713
	0.40	—	3.699	4.226	4.859	5.625	6.561	7.716	9.159
	0.38	—	4.275	4.903	5.660	6.581	7.713	9.121	10.893
	0.36	—	4.942	5.690	6.596	7.705	9.078	10.798	12.985
	0.34	—	5.715	6.606	7.693	9.032	10.701	12.807	15.505
	0.32	—	6.612	7.676	8.982	10.602	12.827	15.225	18.572
	0.30	—	7.656	8.930	10.502	12.467	14.954	18.148	22.321
	0.28	—	8.875	10.402	12.301	14.691	17.742	21.701	26.931
	0.26	—	10.301	12.137	14.436	17.354	21.115	26.046	32.639
	0.24	—	11.976	14.189	16.982	20.559	25.216	31.392	39.761
	0.22	—	13.950	16.625	20.032	24.437	30.233	38.018	48.722
	0.20	—	16.283	19.031	23.704	29.154	36.413	46.296	60.105
	0.18	—	19.005	23.013	28.148	34.932	44.083	56.731	74.720
	0.16	—	22.361	27.207	33.561	42.057	53.681	70.016	93.711
	0.14	—	26.325	32.288	40.196	50.913	65.804	87.118	118.725
	0.12	—	31.104	38.482	48.391	62.016	81.275	109.411	152.188
	0.10	—	36.899	46.086	58.594	76.071	101.250	138.889	197.754
	0.08	—	43.971	55.491	71.412	94.056	127.380	178.504	261.090
	0.06	—	52.667	67.223	87.679	117.351	162.075	232.746	351.268
	0.04	—	63.441	81.997	108.555	147.941	208.935	308.642	483.367
	0.02	—	70.911	100.706	135.690	188.741	278.477	417.571	683.593
	0.00		93.914	125.000	171.468	244.140	364.431	578.703	999.994
纵向力在基础底面核心以外	—	1.00	93.914	125.000	171.468	244.141	364.432	578.706	999.998
	—	0.99	104.047	139.658	193.563	279.196	423.795	688.270	
	—	0.98	115.433	156.331	219.074	320.431	495.324	824.012	
	—	0.97	128.263	175.364	248.662	369.224	582.204	996.219	
	—	0.96	142.765	197.175	283.150	427.340	688.676		
	—	0.95	159.211	222.273	323.563	497.054	820.454		
	—	0.94	177.926	251.281	271.197	581.336	985.352		
	—	0.93	199.304	284.973	427.699	684.117			
	—	0.92	223.824	324.310	495.188	810.658			
	—	0.91	252.071	370.500	576.414	968.121			
	—	0.90	284.766	425.073	675.000				

续表

e	$\xi=\frac{p_{kmin}}{p_{kmax}}$	$\rho=\frac{l'}{l}$	Δ=0.38～0.50						
			$\Delta=\frac{\bar{\gamma}H}{f_a}$						
			0.380	0.400	0.420	0.440	0.460	0.480	0.500
纵向力在基础底面核心以外	—	0.89	322.803	489.988	795.765				
	—	0.88	367.302	567.779	945.230				
	—	0.87	419.676	661.758					
	—	0.86	481.725	776.323					
	—	0.85	555.769	917.374					
	—	0.84	644.824						
	—	0.83	752.868						
	—	0.82	885.223						

如上所述，计算偏心受压基础时，应该同时满足式（9-8a）和式（9-8b）。目前在计算时，一般是按式（9-8a）试算求出基底尺寸，然后再按式（9-8b）复核。为了简化计算起见，这里给出一个判别条件，应用这个判别条件，可以直接确定出控制基底尺寸的相应公式。

下面介绍判别条件的确定方法：

按式（9-16）写出基底边缘最大应力控制条件

$$p_{kmax}=2\left(\frac{F_k}{A}+\bar{\gamma}H\right)\frac{1}{1+\xi}\leqslant 1.2f_a \tag{9-24}$$

而基底平均应力控制条件

$$p_k=\frac{F_k}{A}+\bar{\gamma}H\leqslant f_a \tag{9-25}$$

为了便于比较式（9-24）和式（9-25），将式（9-24）改写成如下形式

$$\frac{1}{0.6(1+\xi)}\left(\frac{F_k}{A}+\bar{\gamma}H\right)\leqslant f_a \tag{9-26}$$

比较式（9-25）和式（9-26）可知，当

$$\frac{F_k}{A}+\bar{\gamma}H>\frac{1}{0.6(1+\xi)}\left(\frac{F_k}{A}+\bar{\gamma}H\right)$$

即

$$\xi>0.67$$

时，基底尺寸应由条件式（9-8b）控制。也就是说，当 $\xi>0.67$ 时，偏心受压基础应按轴心受压基础相应公式计算；而当 $\xi<0.67$ 时，应按偏心受压基础计算。

2. 当偏心荷载作用在基底核心以外时

当偏心距 $e>\frac{l}{6}$ 时，基底与地基之间将有一部分脱开，这时基底压力呈三角形分布（图 9-22），基底边缘最大应力应按下式计算

$$p_{kmax}=\frac{2(F_k+G_k)}{\rho lb} \tag{9-27}$$

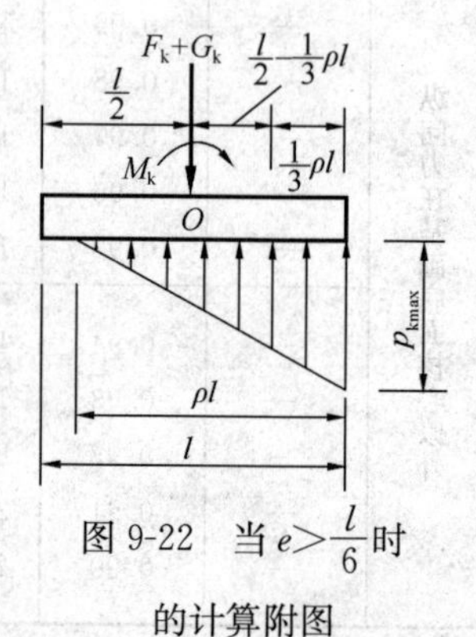

图 9-22 当 $e>\frac{l}{6}$ 时的计算附图

根据 $p_{\mathrm{kmax}} \leqslant 1.2 f_a$ 条件，即可求出基底面积

$$A \geqslant \frac{F_k}{0.6 \rho f_a - \bar{\gamma} H} \tag{9-28}$$

为了求出与力矩作用平面平行的基底边长，我们对基底中心线上 O 点取矩，并令其等于零，即

$$\Sigma M_O = 0, \frac{p_{\mathrm{kmax}} \rho l b}{2} \left(\frac{l}{2} - \frac{1}{3} \rho l \right) - M_k = 0 \tag{9-29a}$$

令 $p_{\mathrm{kmax}} \leqslant 1.2 f_a$，并代入上式，经整理后得：

$$l \geqslant \frac{M_k}{(0.3 - 0.2\rho) \rho A f_a} \tag{9-29b}$$

同理，令 $n = \frac{l}{b}$，则

$$A = lb = \frac{l}{n}$$

将式（9-28）、式（9-29）代入上式，经整理后得

$$\frac{100 e_0 f_a}{n F_k} = \frac{100(0.3 - 0.2\rho)^2 \rho^2}{[0.6\rho - \Delta]^3} \tag{9-30}$$

比较式（9-30）和式（9-20）可见，两式左端相同，而右端 ρ 和 ξ 相当，故可采用前述方法算出 Ω 值，表 9-8 给出了 ρ=0.75～1.00 和 Δ=0.10～0.50 的 Ω 值，以供查用。

【例题 9-5】 图 9-23 所示矩形基础，上部结构荷载标准值 F_k=2000kN，作用在基底地面上的力矩标准值 M_k=1000kN·m，基础自重计算高度 H=3.4m，地基承载力特征值 f_a=340kN/m²，基础和基础上的覆土平均重度 $\bar{\gamma}$=20kN/m³，不限制基础的偏心程度。试确定基础底面尺寸。

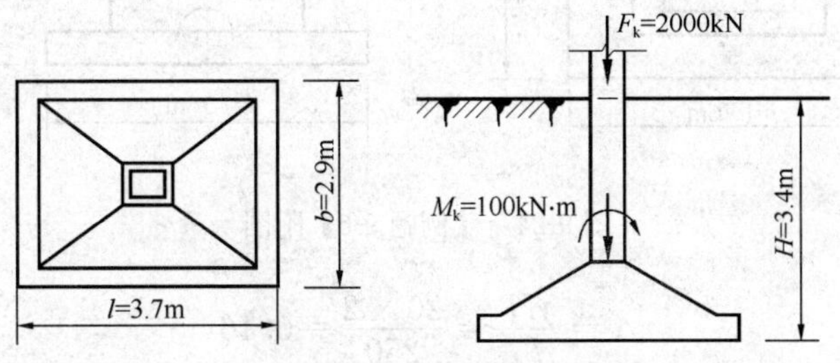

图 9-23 【例题 9-5】附图

【解】 （1）计算 Ω 值

$$e_0 = \frac{M_k}{F_k} = \frac{1000}{2000} = 0.5, \text{设选取 } n = 1.25$$

$$\Omega = \frac{100 e_0 f_a}{n F_k} = \frac{100 \times 0.5^2 \times 340}{1.25 \times 2000} = 3.40$$

（2）计算 Δ 值

$$\Delta = \frac{\bar{\gamma} H}{f_a} = \frac{20 \times 3.4}{340} = 0.20$$

根据 Ω=3.40 和 Δ=0.20 由表 9-8 查得 ξ=0.25。

（3）计算基底面积和边长

$$A \geqslant \frac{F_k}{0.6(1+\xi)f_a-\gamma H}=\frac{2000}{0.6(1+0.25)340-20\times 3.4}=10.7\text{m}^2$$

$$l=\sqrt{nA}=\sqrt{1.25\times 10.70}=3.65\text{m}$$

$$b=\frac{l}{n}=\frac{3.65}{1.25}=2.93\text{m}$$

验算

$$p_{\max}=\frac{F_k}{A}+\bar{\gamma}H+\frac{M_k}{W}=\frac{2000}{10.7}+20\times 3.4+\frac{1000}{\frac{1}{6}\times 2.93\times 3.65^2}$$

$$=186.9+68+154=409\text{kN/m}^2\approx 1.2f_a=1.2\times 340=408\text{kN/m}^2$$

$$p_{\min}=\frac{F_k}{A}+\bar{\gamma}H-\frac{M_k}{W}=186.9+68-154=100.9\text{kN/m}^2\text{（无误）}$$

$$\xi=\frac{p_{k\min}}{p_{k\max}}=\frac{100.9}{409}=0.247\approx 0.25\text{（无误）}$$

最后取 lb＝3.70m×2.90m。

【例题 9-6】 已知 F_k＝250kN，M_k＝100kN·m，f_a＝250kN/m²，$\bar{\gamma}$＝20kN/m³，H＝2m（如图 9-24 所示），要求 ξ＝0。求基础底面尺寸。

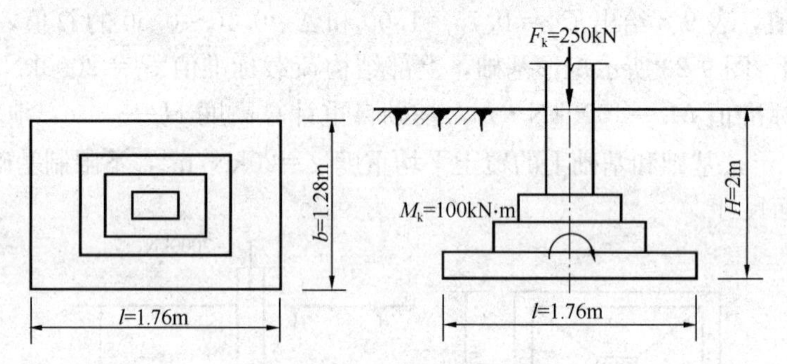

图 9-24 【例题 9-6】附图

【解】

$$\Delta=\frac{\bar{\gamma}H}{f_a}=\frac{20\times 2}{250}=0.16$$

由表 9-8 查得，当 ξ＝0 和 Δ＝0.16 时，Ω＝11.7。

$$e_0=\frac{M_k}{G_k}=\frac{100}{250}=0.4$$

$$n=\frac{100e_0^2f_a}{\Omega F_k}=\frac{100\times 0.4^2\times 250}{11.7\times 250}=1.37$$

$$A \geqslant \frac{F_k}{0.6(1+\xi)f_a-\gamma H}=\frac{250}{0.6\times 250-20\times 2}=2.27\text{m}^2$$

$$l=\sqrt{nA}=\sqrt{1.37\times 2.27}=1.76\text{m}$$

$$b=\frac{l}{n}=\frac{1.76}{1.37}=1.28\text{m}$$

验算

$$p_{max}=\frac{F_k}{A}+\bar{\gamma}H+\frac{M_k}{W}=\frac{250}{2.27}+20\times2+\frac{100}{\frac{1}{6}\times1.28\times1.76^2}$$

$$=110.1+40+151.3=301.4\text{kN/m}^2\approx1.2f_a=1.2\times250=300\text{kN/m}^2\text{(无误)}$$

$$p_{min}=\frac{F_k}{A}+\bar{\gamma}H-\frac{M_k}{W}=110.1+40-151.3\approx0\text{kN/m}^2$$

故 $\xi\approx0$.（无误）

最后取 $lb=18.0\text{m}\times1.30\text{m}$。

【例题 9-7】 已知 $F_k=250\text{kN}$，$M_k=125\text{kN}\cdot\text{m}$，$H=0.9\text{m}$，$\bar{\gamma}=20\text{kN/m}^3$，$f_a=180\text{kN/m}^2$，不限制基础的偏心程度。试确定基底尺寸。

【解】

$$\Delta=\frac{\bar{\gamma}H}{f_a}=\frac{20\times0.9}{180}=0.1$$

$$e_0=\frac{M_k}{F_k}=\frac{125}{250}=0.5\text{ m}，设 n=1.9$$

$$\Omega=\frac{100e_0^2f_a}{nF_k}=\frac{100\times0.5^2\times180}{1.9\times250}=9.44$$

由表 9-8 查得，当 $\Omega=9.44$ 和 $\Delta=0.1$ 时，$\rho=0.97$

基底面积

$$A\geqslant\frac{F_k}{0.6\rho f_a-\bar{\gamma}H}=\frac{250}{0.6\times0.97\times180-20\times0.9}=2.88\text{m}^2$$

$$l=\sqrt{n\cdot A}=\sqrt{1.9\times2.88}=2.34\text{m}$$

$$b=\frac{l}{n}=\frac{2.35}{1.9}=1.23\text{m}$$

验算：

竖向荷载 $F_k+G_k=250+2.88\times09\times20=302\text{kN}$

竖向荷载的偏心距

$$e=\frac{M_k}{F_k+G_k}=\frac{125}{302}=0.414>\frac{l}{6}=\frac{2.35}{6}=0.39\text{m}$$

基础受压宽度

$$l'=3\left(\frac{l}{2}-e\right)=3\left(\frac{2.35}{2}-0.414\right)=2.283\text{m}\approx\rho l=0.97\times2.35=2.28\text{m(无误)}$$

基底最大应力

$$p_{kmax}=\frac{2(F_k+G_k)}{\rho lb}=\frac{2\times302}{0.97\times2.35\times1.23}=216\text{kN/m}^2=1.2f_a$$

$$=1.2\times180=216\text{kN/m}^2\text{(无误)}$$

3. 几个问题的讨论

(1) 关于在控制基础偏心程度的计算中出现 $n<1$ 的问题

按式（9-23）确定 n 值时，有时会出现 $n<1$ 的情形。产生这种情形的原因是由于在题设条件下，本来基础的偏心程度较小，即基础底面最小应力和最大应力的比值 ξ 较大，而在计算中，由于选择［ξ］不当（太小），致使基础出现较大的偏心，这样就出现了 $n<1$ 的情形。在控制基础偏心程度的计算中，如果出现 $n<1$ 时，则说明所选择的［ξ］是

不合理的。遇到这种情形，应按不考虑控制基础偏心程度的计算方法计算。显然，计算结果必然满足 $\xi >[\xi]$ 条件的要求。

（2）关于控制基础偏心程度计算中出现 $n>2$ 的问题

在确定基础底面尺寸时，在控制基础偏心程度计算中，有时会出现 $n>2$ 的情形。为了说明产生这种情形的原因，我们来分析公式 $n=\dfrac{100e_0^2 f_a}{\Omega F_k}$。由式中可见，造成 $n>2$ 的原因是因为 F_k 较小，而 e_0、f_a 和 $[\xi]$ 值较大[1]所致。在基础设计中竖向荷载和偏心距是给定的，不能改变，所以要使 $n<2$，我们在计算中可采用较小的 f_a 值的办法来解决。这时地基承载力将不能充分利用。在这种情形下，基底尺寸则由基础的偏心程度条件 $\xi \geqslant [\xi]$ 控制，而地基承载力条件 $p_{kmax} \leqslant 1.2f_a$ 将必定满足。因此，在遇到 $n>2$ 的情形时，可按 $\xi \geqslant [\xi]$ 条件来确定基底尺寸。下面分两种情形来讨论：

当 $e \leqslant \dfrac{l}{6}$ 时：

令 $l=\alpha_1 e_0$，并注意到 $n=\dfrac{l}{b}, W=\dfrac{bl^2}{6}$，则基底边缘最大和最小应力可分别按下式计算

$$p_{kmax}=\left[\frac{1}{\Omega_0}\left(\frac{1}{\alpha_1^2}+\frac{1}{\alpha_1^3}\right)+1\right]\bar{\gamma}H \tag{9-31}$$

$$p_{kmin}=\left[\frac{1}{\Omega_0}\left(\frac{1}{\alpha_1^2}-\frac{1}{\alpha_1^3}\right)+1\right]\bar{\gamma}H \tag{9-32}$$

其中

$$\Omega_0=\frac{e_0^2\bar{\gamma}H}{nF_k} \tag{9-33}$$

而

$$p_{kmax}[\xi]=p_{min}$$

将式（9-31）和式（9-32）代入上式，并经整理后得

$$\alpha_1^3+b_0\alpha_1-c_0=0 \tag{9-34}$$

式中

$$b_0=\frac{1}{\Omega_0} \tag{9-35a}$$

$$c_0=\frac{1+[\xi]}{1-[\xi]}\times\frac{6}{\Omega_0} \tag{9-35b}$$

解方程（9-34）得实根

$$\alpha_1=u+v \tag{9-36}$$

其中

$$u=\sqrt[3]{\frac{c_0}{2}+r}$$

$$v=\frac{b_0}{3u} \tag{9-37}$$

$$r=\sqrt{\left(\frac{c_0}{2}\right)^2+\left(\frac{b_0}{3}\right)^3} \tag{9-38}$$

基础底面尺寸

$$l=\alpha_1 e_0 \tag{9-39a}$$

---

[1] 当 $\Delta=\dfrac{\bar{\gamma}H}{f_a}$ 不变时，Ω 值随 $[\xi]$ 值增大而减小。

$$b = \frac{l}{n} \tag{9-39b}$$

为了简化计算，式（9-34）中的 α_1 可直接根据 Ω_0 和［ξ］值由表 9-9 查得。

当 $e > \frac{b}{6}$ 时：

当偏心荷载作用在基底核心以外时，为了求得基底尺寸，将式（9-27）代入式（9-29a），经整理后得：

$$\alpha_2^3 + b_0\alpha_2 - c_0 = 0 \tag{9-40}$$

式中

$$b_0 = \frac{1}{\Omega_0} \tag{9-41}$$

$$c_0 = \frac{0.6}{(0.3 - 0.2\rho)\Omega_0} \tag{9-42}$$

按式（9-34）的解法求得 α_2 后，就可按式（9-39）求得基底尺寸 l 和 b。

为了简化计算，式（9-40）中的 α_2 可直接根据 Ω_0 和［ρ］值由表 9-10 查得。

α_1 值 表 表 9-9

ξ \ Ω_0	0.010	0.012	0.014	0.016	0.018	0.020	0.022	0.024
0.66	12.003	11.420	10.944	10.543	10.199	9.898	9.632	9.395
0.64	11.625	11.067	10.610	10.226	9.895	9.606	9.350	9.121
0.62	11.269	10.735	10.296	9.927	9.609	9.331	9.085	8.864
0.60	10.933	10.421	10.000	9.645	9.339	9.071	8.834	8.621
0.58	10.614	10.123	9.719	9.377	9.083	8.825	8.596	8.391
0.56	10.311	9.840	9.452	9.123	8.840	8.591	8.370	8.173
0.54	10.022	9.570	9.197	8.881	8.608	8.368	8.155	7.964
0.52	9.745	9.312	8.953	8.649	8.386	8.155	7.949	7.765
0.50	9.480	9.064	8.719	8.427	8.173	7.950	7.752	7.574
0.48	9.225	8.826	8.495	8.213	7.969	7.754	7.562	7.390
0.46	8.980	8.597	8.279	8.007	7.772	7.565	7.380	7.214
0.44	8.744	8.376	8.070	7.809	7.582	7.382	7.204	7.043
0.42	8.515	8.163	7.869	7.617	7.399	7.206	7.034	6.879
0.40	8.294	7.956	7.674	7.432	7.221	7.035	6.869	6.719
0.38	8.080	7.756	7.485	7.252	7.049	6.870	6.710	6.565
0.36	7.872	7.562	7.301	7.078	6.882	6.709	6.555	6.415
0.34	7.670	7.373	7.123	6.908	6.720	6.553	6.404	6.269
0.32	7.473	7.189	6.949	6.743	6.562	6.401	6.257	6.127
0.30	7.282	7.010	6.780	6.581	6.408	6.253	6.114	5.989
0.28	7.095	6.835	6.615	6.424	6.257	6.108	5.975	5.853
0.26	6.913	6.664	6.453	6.271	6.110	5.967	5.838	5.721
0.24	6.735	6.498	6.296	6.121	5.966	5.829	5.705	5.592
0.22	6.561	6.334	6.142	5.974	5.826	5.693	5.574	5.466
0.20	6.390	6.175	5.990	5.830	5.688	5.561	5.446	5.342

续表

Ω_0 / ξ	0.010	0.012	0.014	0.016	0.018	0.020	0.022	0.024
0.18	6.224	6.018	5.842	5.689	5.553	5.431	5.321	5.220
0.16	6.060	5.865	5.697	5.550	5.420	5.303	5.197	5.101
0.14	5.900	5.714	5.554	5.414	5.290	5.178	5.076	4.983
0.12	5.743	5.567	5.414	5.281	5.161	5.054	4.957	4.868
0.10	5.588	5.421	5.277	5.149	5.035	4.933	4.840	4.754
0.08	5.437	5.279	5.141	5.020	4.911	4.813	4.724	4.642
0.06	5.288	5.138	5.008	4.892	4.789	4.695	4.610	4.532
0.04	5.141	5.000	4.876	4.767	4.669	4.579	4.498	4.423
0.02	4.997	4.864	4.747	4.643	4.550	4.465	4.387	4.316
0.00	4.855	4.730	4.620	4.521	4.432	4.352	4.278	4.210

Ω_0 / ξ	0.026	0.028	0.030	0.032	0.034	0.036	0.038	0.040
0.66	9.180	8.985	8.806	8.642	8.490	8.348	8.216	8.093
0.64	8.914	8.726	8.554	8.396	8.249	8.113	7.985	7.866
0.62	8.665	8.483	8.317	8.164	8.023	7.891	7.768	7.653
0.60	8.429	8.254	8.094	7.946	7.809	7.682	7.563	7.451
0.58	8.206	8.037	7.882	7.739	7.607	7.484	7.369	7.261
0.56	7.993	7.830	7.681	7.542	7.414	7.295	7.184	7.080
0.54	7.791	7.633	7.489	7.355	7.231	7.116	7.008	6.907
0.52	7.598	7.445	7.305	7.176	7.056	6.944	6.840	6.742
0.50	7.412	7.265	7.129	7.004	6.888	6.780	6.679	6.584
0.48	7.234	7.091	6.960	6.839	6.727	6.622	6.524	6.432
0.46	7.063	6.925	6.798	6.681	6.572	6.470	6.375	6.286
0.44	6.897	6.764	6.641	6.528	6.422	6.324	6.232	6.145
0.42	6.738	6.609	6.490	6.380	6.278	6.182	6.093	6.009
0.40	6.583	6.458	6.343	6.237	6.138	6.046	5.959	5.878
0.38	6.433	6.312	6.201	6.098	6.002	5.913	5.829	5.750
0.36	6.287	6.171	6.063	5.963	5.871	5.784	5.703	5.626
0.34	6.146	6.033	5.929	5.833	5.743	5.659	5.580	5.506
0.32	6.008	5.899	5.798	5.705	5.618	5.537	5.460	5.389
0.30	5.874	5.768	5.671	5.581	5.497	5.418	5.344	5.274
0.28	5.743	5.641	5.547	5.459	5.378	5.302	5.230	5.163
0.26	5.615	5.516	5.425	5.341	5.262	5.188	5.119	5.054
0.24	5.489	5.394	5.307	5.225	5.149	5.077	5.010	4.947
0.22	5.366	5.275	5.190	5.111	5.038	4.969	4.904	4.842
0.20	5.246	5.158	5.076	5.000	4.929	4.862	4.799	4.740

续表

Ω_0 / ξ	0.026	0.028	0.030	0.032	0.034	0.036	0.038	0.040
0.18	5.128	5.043	4.964	4.891	4.822	4.758	4.697	4.640
0.16	5.012	4.930	4.854	4.783	4.717	4.655	4.596	4.541
0.14	4.898	4.819	4.746	4.678	4.614	4.554	4.497	4.444
0.12	4.786	4.710	4.640	4.574	4.512	4.454	4.400	4.348
0.10	4.676	4.603	4.535	4.472	4.412	4.357	4.304	4.254
0.08	4.567	4.497	4.432	4.371	4.314	4.260	4.209	4.161
0.06	4.460	4.393	4.330	4.272	4.217	4.165	4.116	4.070
0.04	4.354	4.290	4.230	4.174	4.121	4.071	4.024	3.979
0.02	4.250	4.188	4.131	4.077	4.026	3.978	3.933	3.890
0.00	4.146	4.088	4.033	3.981	3.932	3.887	3.843	3.802

Ω_0 / ξ	0.042	0.044	0.046	0.048	0.050	0.052	0.054	0.056
0.66	7.977	7.867	7.764	7.666	7.574	7.485	7.401	7.321
0.64	7.754	7.648	7.548	7.454	7.364	7.279	7.198	7.120
0.62	7.544	7.442	7.346	7.254	7.168	7.085	7.006	6.931
0.60	7.347	7.248	7.154	7.066	6.982	6.902	6.826	6.753
0.58	7.159	7.064	6.973	6.888	6.806	6.729	6.655	6.585
0.56	6.981	6.889	6.801	6.718	6.639	6.564	6.493	6.424
0.54	6.812	6.722	6.637	6.557	6.480	6.407	6.338	6.272
0.52	6.650	6.563	6.481	6.402	6.328	6.258	6.190	6.126
0.50	6.495	6.410	6.330	6.255	6.183	6.114	6.049	5.986
0.48	6.346	6.264	6.186	6.113	6.043	5.976	5.913	5.852
0.46	6.202	6.123	6.048	5.976	5.909	5.844	5.782	5.723
0.44	6.064	5.987	5.914	5.845	5.779	5.716	5.656	5.599
0.42	5.930	5.856	5.785	5.718	5.654	5.593	5.535	5.479
0.40	5.801	5.729	5.660	5.595	5.533	5.473	5.417	5.363
0.38	5.676	5.605	5.539	5.475	5.415	5.358	5.303	5.250
0.36	5.554	5.486	5.421	5.360	5.301	5.245	5.192	5.141
0.34	5.436	5.370	5.307	5.247	5.190	5.136	5.084	5.035
0.32	5.321	5.256	5.196	5.138	5.083	5.030	4.980	4.931
0.30	5.208	5.146	5.087	5.031	4.977	4.926	4.877	4.831
0.28	5.099	5.039	4.981	4.927	4.875	4.825	4.778	4.732
0.26	4.992	4.933	4.878	4.825	4.774	4.726	4.680	4.636
0.24	4.887	4.830	4.777	4.725	4.676	4.630	4.585	4.542
0.22	4.785	4.730	4.677	4.628	4.580	4.535	4.492	4.450
0.20	4.684	4.631	4.580	4.532	4.486	4.442	4.400	4.360

续表

Ω_0 / ξ	0.042	0.044	0.046	0.048	0.050	0.052	0.054	0.056
0.18	4.585	4.534	4.485	4.438	4.394	4.351	4.310	4.271
0.16	4.488	4.438	4.391	4.346	4.303	4.261	4.222	4.184
0.14	4.393	4.345	4.299	4.255	4.213	4.173	4.135	4.098
0.12	4.299	4.253	4.208	4.166	4.126	4.087	4.050	4.014
0.10	4.207	4.162	4.119	4.078	4.039	4.002	3.966	3.931
0.08	4.116	4.072	4.031	3.991	3.954	3.917	3.883	3.849
0.06	4.026	3.984	3.944	3.906	3.869	3.834	3.801	3.769
0.04	3.937	3.897	3.858	3.821	3.786	3.752	3.720	3.689
0.02	3.849	3.810	3.773	3.738	3.704	3.671	3.640	3.610
0.00	3.763	3.725	3.690	3.655	3.623	3.591	3.561	3.532

Ω_0 / ξ	0.058	0.060	0.062	0.064	0.066	0.068	0.070	0.072
0.66	7.244	7.171	7.100	7.033	6.968	6.905	6.845	6.787
0.64	7.046	6.975	6.907	6.841	6.778	6.718	6.659	6.603
0.62	6.859	6.791	6.725	6.661	6.600	6.542	6.485	6.431
0.60	6.684	6.617	6.553	6.492	6.433	6.376	6.321	6.268
0.58	6.517	6.453	6.391	6.331	6.274	6.219	6.165	6.114
0.56	6.359	6.296	6.236	6.178	6.123	6.069	6.018	5.968
0.54	6.208	6.147	6.089	6.033	5.979	5.927	5.877	5.829
0.52	6.064	6.005	5.949	5.894	5.842	5.791	5.743	5.696
0.50	5.927	5.869	5.814	5.761	5.710	5.661	5.614	5.568
0.48	5.794	5.739	5.685	5.634	5.584	5.537	5.491	5.446
0.46	5.667	5.613	5.561	5.511	5.463	5.416	5.372	5.329
0.44	5.544	5.492	5.441	5.393	5.346	5.301	5.257	5.215
0.42	5.426	5.375	5.325	5.278	5.233	5.189	5.147	5.106
0.40	5.311	5.261	5.214	5.168	5.123	5.081	5.040	5.000
0.38	5.200	5.152	5.105	5.061	5.018	4.976	4.936	4.897
0.36	5.092	5.045	5.000	4.957	4.915	4.874	4.836	4.798
0.34	4.987	4.942	4.898	4.856	4.815	4.776	4.738	4.701
0.32	4.885	4.841	4.798	4.757	4.718	4.679	4.643	4.607
0.30	4.786	4.743	4.701	4.661	4.623	4.586	4.550	4.515
0.28	4.689	4.647	4.606	4.568	4.530	4.494	4.459	4.426
0.26	4.594	4.553	4.514	4.476	4.440	4.405	4.371	4.338
0.24	4.501	4.461	4.423	4.387	4.351	4.317	4.284	4.253
0.22	4.410	4.372	4.335	4.299	4.265	4.232	4.200	4.169
0.20	4.321	4.284	4.248	4.213	4.180	4.148	4.117	4.087

续表

ξ \ Ω_0	0.058	0.060	0.062	0.064	0.066	0.068	0.070	0.072
0.18	4.233	4.197	4.163	4.129	4.097	4.065	4.035	4.006
0.16	4.148	4.113	4.079	4.046	4.015	3.984	3.955	3.927
0.14	4.063	4.029	3.996	3.965	3.934	3.905	3.876	3.849
0.12	3.980	3.947	3.915	3.885	3.855	3.826	3.799	3.772
0.10	3.898	3.866	3.835	3.806	3.777	3.749	3.723	3.697
0.08	3.817	3.786	3.757	3.728	3.700	3.673	3.647	3.622
0.06	3.738	3.708	3.679	3.651	3.624	3.598	3.573	3.549
0.04	3.659	3.630	3.602	3.575	3.549	3.524	3.500	3.476
0.02	3.581	3.553	3.526	3.500	3.475	3.451	3.427	3.404
0.00	3.504	3.477	3.451	3.426	3.402	3.378	3.355	3.333

ξ \ Ω_0	0.074	0.076	0.078	0.080	0.082	0.084	0.086	0.088
0.66	6.731	6.676	6.624	6.573	6.524	6.476	6.430	6.385
0.64	6.549	6.496	6.446	6.396	6.349	6.303	6.258	6.214
0.62	6.378	6.327	6.278	6.230	6.184	6.140	6.096	6.054
0.60	6.217	6.168	6.120	6.074	6.029	5.986	5.944	5.903
0.58	6.065	6.017	5.971	5.926	5.882	5.840	5.799	5.759
0.56	5.920	5.873	5.829	5.785	5.743	5.702	5.662	5.623
0.54	5.782	5.737	5.693	5.651	5.610	5.570	5.531	5.494
0.52	5.650	5.607	5.564	5.523	5.483	5.444	5.407	5.370
0.50	5.524	5.482	5.440	5.400	5.362	5.324	5.287	5.252
0.48	5.403	5.362	5.322	5.283	5.245	5.208	5.173	5.138
0.46	5.287	5.247	5.207	5.170	5.133	5.097	5.063	5.029
0.44	5.175	5.135	5.097	5.061	5.025	4.990	4.957	4.924
0.42	5.066	5.028	4.991	4.955	4.921	4.887	4.854	4.822
0.40	4.962	4.924	4.888	4.853	4.820	4.787	4.755	4.724
0.38	4.860	4.824	4.789	4.755	4.722	4.690	4.659	4.629
0.36	4.762	4.726	4.692	4.659	4.627	4.596	4.566	4.536
0.34	4.666	4.631	4.598	4.566	4.535	4.504	4.475	4.446
0.32	4.573	4.539	4.507	4.475	4.445	4.416	4.387	4.359
0.30	4.482	4.449	4.418	4.387	4.358	4.329	4.301	4.274
0.28	4.393	4.361	4.331	4.301	4.272	4.244	4.217	4.191
0.26	4.306	4.276	4.246	4.217	4.189	4.162	4.135	4.109
0.24	4.222	4.192	4.163	4.135	4.107	4.081	4.055	4.030
0.22	4.139	4.110	4.081	4.054	4.028	4.002	3.977	3.952
0.20	4.057	4.029	4.002	3.975	3.949	3.924	3.900	3.876

续表

Ω_0 / ξ	0.074	0.076	0.078	0.080	0.082	0.084	0.086	0.088
0.18	3.978	3.950	3.923	3.898	3.872	3.848	3.824	3.801
0.16	3.899	3.872	3.847	3.821	3.797	3.773	3.750	3.728
0.14	3.822	3.796	3.771	3.747	3.723	3.700	3.677	3.655
0.12	3.746	3.721	3.697	3.673	3.650	3.627	3.606	3.584
0.10	3.671	3.647	3.623	3.600	3.578	3.556	3.535	3.514
0.08	3.598	3.574	3.551	3.529	3.507	3.486	3.465	3.445
0.06	3.525	3.502	3.480	3.458	3.437	3.416	3.396	3.377
0.04	3.453	3.431	3.409	3.388	3.368	3.348	3.329	3.310
0.02	3.382	3.361	3.340	3.319	3.299	3.280	3.261	3.243
0.00	3.312	3.291	3.271	3.251	3.232	3.213	3.195	3.177

Ω_0 / ξ	0.090	0.092	0.094	0.096	0.098	0.100	0.102	0.104
0.66	6.342	6.299	6.258	6.218	6.179	6.141	6.103	6.067
0.64	6.172	6.131	6.091	6.052	6.014	5.977	5.941	5.906
0.62	6.013	5.973	5.934	5.897	5.860	5.824	5.789	5.755
0.60	5.863	5.824	5.787	5.750	5.714	5.680	5.646	5.613
0.58	5.721	5.683	5.647	5.611	5.577	5.543	5.510	5.478
0.56	5.586	5.549	5.514	5.479	5.446	5.413	5.381	5.350
0.54	5.458	5.422	5.388	5.354	5.321	5.289	5.258	5.228
0.52	5.335	5.300	5.267	5.234	5.202	5.171	5.141	5.111
0.50	5.217	5.184	5.151	5.119	5.088	5.058	5.029	5.000
0.48	5.105	5.072	5.040	5.009	4.979	4.950	4.921	4.893
0.46	4.996	4.965	4.934	4.904	4.874	4.846	4.818	4.790
0.44	4.892	4.861	4.831	4.802	4.773	4.745	4.718	4.691
0.42	4.791	4.761	4.732	4.703	4.675	4.648	4.622	4.596
0.40	4.694	4.664	4.636	4.608	4.581	4.554	4.528	4.503
0.38	4.599	4.571	4.543	4.516	4.489	4.463	4.438	4.414
0.36	4.508	4.480	4.453	4.426	4.400	4.375	4.351	4.327
0.34	4.418	4.391	4.365	4.339	4.314	4.289	4.266	4.242
0.32	4.332	4.305	4.280	4.254	4.230	4.206	4.183	4.160
0.30	4.247	4.222	4.196	4.172	4.148	4.125	4.102	4.080
0.28	4.165	4.140	4.115	4.091	4.068	4.046	4.023	4.002
0.26	4.084	4.060	4.036	4.013	3.990	3.968	3.947	3.925
0.24	4.006	3.982	3.959	3.936	3.914	3.892	3.871	3.851
0.22	3.928	3.905	3.883	3.861	3.839	3.818	3.798	3.778
0.20	3.853	3.830	3.808	3.787	3.766	3.746	3.726	3.706

续表

Ω_0 / ξ	0.090	0.092	0.094	0.096	0.098	0.100	0.102	0.104
0.18	3.779	3.757	3.735	3.714	3.694	3.674	3.655	3.636
0.16	3.706	3.684	3.664	3.643	3.623	3.604	3.585	3.567
0.14	3.634	3.613	3.593	3.573	3.554	3.535	3.517	3.499
0.12	3.564	3.543	3.524	3.504	3.486	3.467	3.450	3.432
0.10	3.494	3.474	3.455	3.437	3.418	3.401	3.383	3.366
0.08	3.426	3.407	3.388	3.370	3.352	3.335	3.318	3.301
0.06	3.358	3.340	3.321	3.304	3.287	3.270	3.253	3.237
0.04	3.291	3.273	3.256	3.239	3.222	3.206	3.190	3.174
0.02	3.225	3.208	3.191	3.174	3.158	3.142	3.127	3.112
0.00	3.160	3.143	3.127	3.111	3.095	3.080	3.065	3.050

α_2 值表

表 9-10

Ω_0 / ρ	0.010	0.012	0.014	0.016	0.018	0.020	0.022	0.024
1.00	4.855	4.730	4.620	4.521	4.432	4.352	4.278	4.210
0.99	4.786	4.664	4.557	4.461	4.375	4.296	4.224	4.158
0.98	4.719	4.601	4.496	4.403	4.319	4.242	4.172	4.107
0.97	4.653	4.539	4.437	4.347	4.264	4.190	4.121	4.057
0.96	4.589	4.478	4.380	4.291	4.211	4.138	4.071	4.009
0.95	4.527	4.419	4.323	4.237	4.159	4.088	4.023	3.962
0.94	4.466	4.362	4.268	4.185	4.109	4.039	3.975	3.916
0.93	4.407	4.305	4.215	4.133	4.059	3.991	3.929	3.871
0.92	4.350	4.251	4.163	4.083	4.011	3.945	3.884	3.827
0.91	4.293	4.197	4.112	4.034	3.964	3.899	3.840	3.784
0.90	4.239	4.145	4.062	3.986	3.918	3.855	3.796	3.742
0.89	4.185	4.094	4.013	3.940	3.873	3.811	3.754	3.701
0.88	4.133	4.045	3.966	3.894	3.829	3.768	3.713	3.661
0.87	4.082	3.996	3.919	3.849	3.785	3.727	3.672	3.622
0.86	4.032	3.949	3.874	3.806	3.743	3.686	3.633	3.583
0.85	3.983	3.902	3.829	3.763	3.702	3.646	3.594	3.546
0.84	3.936	3.857	3.786	3.721	3.662	3.607	3.556	3.509
0.83	3.889	3.813	3.743	3.680	3.622	3.569	3.519	3.473
0.82	3.844	3.769	3.702	3.640	3.583	3.531	3.483	3.437
0.81	3.799	3.727	3.661	3.601	3.546	3.494	3.447	3.402
0.80	3.756	3.685	3.621	3.562	3.508	3.458	3.412	3.368

续表

ρ \ Ω_0	0.010	0.012	0.014	0.016	0.018	0.020	0.022	0.024
0.79	3.713	3.644	3.582	3.525	3.472	3.423	3.378	3.335
0.78	3.672	3.605	3.544	3.488	3.436	3.389	3.344	3.302
0.77	3.631	3.566	3.506	3.452	3.401	3.355	3.311	3.270
0.76	3.591	3.527	3.469	3.416	3.367	3.321	3.279	3.239
0.75	3.552	3.490	3.433	3.381	3.333	3.289	3.247	3.208

ρ \ Ω_0	0.026	0.028	0.030	0.032	0.034	0.036	0.038	0.040
1.00	4.146	4.088	4.033	3.981	3.932	3.827	3.843	3.802
0.99	4.096	4.038	3.985	3.934	3.886	3.842	3.799	3.759
0.98	4.047	3.990	3.938	3.888	3.842	3.798	3.756	3.716
0.97	3.998	3.943	3.892	3.843	3.798	3.755	3.714	3.675
0.96	3.951	3.898	3.847	3.800	3.755	3.713	3.673	3.635
0.95	3.906	3.853	3.804	3.757	3.713	3.672	3.633	3.595
0.94	3.861	3.809	3.761	3.716	3.673	3.632	3.594	3.557
0.93	3.817	3.767	3.719	3.675	3.633	3.593	3.555	3.519
0.92	3.774	3.725	3.679	3.635	3.594	3.555	3.518	3.483
0.91	3.733	3.684	3.639	3.596	3.556	3.518	3.481	3.447
0.90	3.692	3.645	3.600	3.558	3.519	3.481	3.446	3.412
0.89	3.652	3.606	3.562	3.521	3.482	3.446	3.411	3.377
0.88	3.613	3.567	3.525	3.485	3.447	3.411	3.376	3.344
0.87	3.574	3.530	3.488	3.449	3.412	3.376	3.343	3.311
0.86	3.537	3.494	3.453	3.414	3.378	3.343	3.310	3.278
0.85	3.500	3.458	3.418	3.380	3.344	3.310	3.278	3.247
0.84	3.464	3.423	3.383	3.346	3.311	3.278	3.246	3.216
0.83	3.429	3.388	3.350	3.313	3.279	3.246	3.215	3.185
0.82	3.395	3.355	3.317	3.281	3.247	3.215	3.185	3.155
0.81	3.361	3.322	3.285	3.250	3.216	3.185	3.155	3.126
0.80	3.328	3.289	3.253	3.219	3.186	3.155	3.125	3.097
0.79	3.295	3.257	3.222	3.188	3.156	3.126	3.097	3.069
0.78	3.263	3.226	3.191	3.158	3.127	3.097	3.069	3.041
0.77	3.232	3.196	3.162	3.129	3.098	3.069	3.041	3.014
0.76	3.201	3.166	3.132	3.100	3.070	3.041	3.014	2.987
0.75	3.171	3.136	3.103	3.072	3.042	3.014	2.987	2.961

续表

Ω_0 / ρ	0.042	0.044	0.046	0.048	0.050	0.052	0.054	0.056
1.00	3.763	3.725	3.690	3.655	3.623	3.591	3.561	3.532
0.99	3.720	3.683	3.648	3.615	3.583	3.552	3.522	3.494
0.98	3.679	3.643	3.608	3.575	3.544	3.514	3.485	3.457
0.97	3.638	3.603	3.569	3.537	3.506	3.476	3.448	3.420
0.96	3.598	3.564	3.531	3.499	3.469	3.440	3.412	3.384
0.95	3.560	3.526	3.493	3.462	3.432	3.404	3.376	3.350
0.94	3.522	3.489	3.457	3.426	3.397	3.369	3.342	3.316
0.93	3.485	3.452	3.421	3.391	3.362	3.335	3.308	3.283
0.92	3.449	3.417	3.386	3.357	3.329	3.301	3.275	3.250
0.91	3.414	3.382	3.352	3.323	3.295	3.269	3.243	3.218
0.90	3.379	3.348	3.319	3.290	3.263	3.237	3.211	3.187
0.89	3.345	3.315	3.286	3.258	3.231	3.205	3.181	3.157
0.88	3.312	3.283	3.254	3.226	3.200	3.175	3.150	3.127
0.87	3.280	3.251	3.223	3.196	3.170	3.145	3.121	3.098
0.86	3.248	5.219	3.192	3.165	3.140	3.115	3.092	3.069
0.85	3.217	3.189	3.162	3.136	3.111	3.086	3.063	3.041
0.84	3.187	3.159	3.132	3.106	3.082	3.058	3.035	3.013
0.83	3.157	3.129	3.103	3.078	3.054	3.030	3.008	2.986
0.82	3.127	3.100	3.075	3.050	3.026	3.003	2.981	2.960
0.81	3.098	3.072	3.047	3.022	2.999	2.977	2.955	2.934
0.80	3.070	3.044	3.019	2.996	2.973	2.950	2.929	2.908
0.79	3.042	3.017	2.993	2.969	2.946	2.925	2.904	2.883
0.78	3.015	2.990	2.966	2.943	2.921	2.899	2.879	2.859
0.77	2.989	2.964	2.940	2.918	2.896	2.875	2.854	2.834
0.76	2.962	2.938	2.915	2.892	2.871	2.850	2.830	2.811
0.75	2.936	2.913	2.890	2.868	2.847	2.826	2.806	2.787

Ω_0 / ρ	0.058	0.060	0.062	0.064	0.066	0.068	0.070	0.072
1.00	3.504	3.477	3.451	3.426	3.402	3.378	3.355	3.333
0.99	3.466	3.440	3.414	3.390	3.366	3.343	3.320	3.298
0.98	3.430	3.404	3.378	3.354	3.331	3.308	3.286	3.264
0.97	3.394	3.368	3.343	3.319	3.296	3.274	3.252	3.231
0.96	3.358	3.333	3.309	3.286	3.263	3.241	3.220	3.199
0.95	3.324	3.299	3.276	3.252	3.230	3.209	3.188	3.167

续表

Ω_0 / ρ	0.058	0.060	0.062	0.064	0.066	0.068	0.070	0.072
0.94	3.291	3.266	3.243	3.220	3.198	3.177	3.156	3.136
0.93	3.258	3.234	3.211	3.189	3.167	3.146	3.126	3.106
0.92	3.226	3.202	3.180	3.158	3.136	3.116	3.096	3.076
0.91	3.194	3.171	3.149	3.127	3.106	3.086	3.066	3.047
0.90	3.164	3.141	3.119	3.098	3.077	3.057	3.038	3.019
0.89	3.134	3.111	3.090	3.069	3.048	3.029	3.010	2.991
0.88	3.104	3.082	3.061	3.040	3.020	3.001	2.982	2.964
0.87	3.075	3.054	3.033	3.012	2.993	2.974	2.955	2.937
0.86	3.047	3.026	3.005	2.985	2.966	2.947	2.929	2.911
0.85	3.019	2.998	2.978	2.958	2.939	2.921	2.903	2.886
0.84	2.992	2.971	2.951	2.932	2.913	2.895	2.878	2.860
0.83	2.965	2.945	2.925	2.906	2.888	2.870	2.853	2.836
0.82	2.939	2.919	2.900	2.881	2.863	2.845	2.828	2.812
0.81	2.913	2.894	2.875	2.856	2.838	2.821	2.804	2.788
0.80	2.888	2.869	2.850	2.832	2.814	2.797	2.781	2.765
0.79	2.864	2.844	2.826	2.808	2.791	2.774	2.758	2.742
0.78	2.839	2.820	2.802	2.785	2.768	2.751	2.735	2.719
0.77	2.815	2.797	2.779	2.762	2.745	2.728	2.713	2.697
0.76	2.792	2.774	2.756	2.739	2.722	2.706	2.691	2.675
0.75	2.769	2.751	2.734	2.717	2.700	2.684	2.669	2.654

Ω_0 / ρ	0.074	0.076	0.078	0.080	0.082	0.084	0.086	0.088
1.00	3.312	3.291	3.271	3.251	3.232	3.213	3.195	3.177
0.99	3.277	3.257	3.237	3.218	3.199	3.180	3.162	3.145
0.98	3.244	3.224	3.204	3.185	3.166	3.148	3.131	3.113
0.97	3.211	3.191	3.172	3.153	3.135	3.117	3.100	3.083
0.96	3.179	3.159	3.140	3.122	3.104	3.086	3.069	3.053
0.95	3.147	3.128	3.109	3.091	3.074	3.056	3.040	3.023
0.94	3.117	3.098	3.079	3.062	3.044	3.027	3.011	2.994
0.93	3.087	3.068	3.050	3.032	3.015	2.999	2.982	2.966
0.92	3.057	3.039	3.021	3.004	2.987	2.971	2.954	2.939
0.91	3.029	3.011	2.993	2.976	2.959	2.943	2.927	2.912
0.90	3.001	2.983	2.966	2.949	2.932	2.916	2.901	2.886
0.89	2.973	2.956	2.939	2.922	2.906	2.890	2.875	2.860
0.88	2.946	2.929	2.912	2.896	2.880	2.864	2.849	2.835
0.87	2.920	2.903	2.886	2.870	2.855	2.839	2.824	2.810
0.86	2.894	2.877	2.861	2.845	2.830	2.815	2.800	2.786
0.85	2.869	2.852	2.836	2.820	2.805	2.790	2.776	2.762

续表

Ω_0 / ρ	0.074	0.076	0.078	0.080	0.082	0.084	0.086	0.088
0.84	2.844	2.827	2.812	2.796	2.781	2.767	2.752	2.738
0.83	2.819	2.803	2.788	2.773	2.758	2.743	2.729	2.716
0.82	2.795	2.780	2.764	2.749	2.735	2.720	2.707	2.693
0.81	2.772	2.756	2.741	2.726	2.712	2.698	2.684	2.671
0.80	2.749	2.733	2.719	2.704	2.690	2.676	2.663	2.649
0.79	2.726	2.711	2.696	2.682	2.668	2.654	2.641	2.628
0.78	2.704	2.689	2.674	2.660	2.647	2.633	2.620	2.607
0.77	2.682	2.667	2.653	2.639	2.626	2.612	2.599	2.587
0.76	2.661	2.646	2.632	2.618	2.605	2.592	2.579	2.566
0.75	2.639	2.625	2.611	2.598	2.584	2.572	2.559	2.547

Ω_0 / ρ	0.090	0.092	0.094	0.096	0.098	0.100	0.102	0.104
1.00	3.160	3.143	3.127	3.111	3.095	3.080	3.065	3.050
0.99	3.128	3.111	3.095	3.079	3.064	3.049	3.034	3.019
0.98	3.097	3.080	3.064	3.049	3.034	3.019	3.004	2.990
0.97	3.066	3.050	3.034	3.019	3.004	2.989	2.975	2.961
0.96	3.036	3.020	3.005	2.990	2.975	2.961	2.946	2.933
0.95	3.007	2.992	2.976	2.961	2.947	2.933	2.919	2.905
0.94	2.979	2.963	2.948	2.934	2.919	2.905	2.891	2.878
0.93	2.951	2.936	2.921	2.906	2.892	2.878	2.865	2.852
0.92	2.924	2.909	2.894	2.880	2.866	2.852	2.839	2.826
0.91	2.897	2.882	2.868	2.854	2.840	2.827	2.813	2.801
0.90	2.871	2.856	2.842	2.828	2.815	2.801	2.788	2.776
0.89	2.845	2.831	2.817	2.803	2.790	2.777	2.764	2.752
0.88	2.820	2.806	2.792	2.779	2.766	2.753	2.740	2.728
0.87	2.796	2.782	2.768	2.755	2.742	2.729	2.717	2.705
0.86	2.772	2.758	2.744	2.731	2.719	2.706	2.694	2.682
0.85	2.748	2.734	2.721	2.708	2.696	2.683	2.671	2.659
0.84	2.725	2.711	2.698	2.686	2.673	2.661	2.649	2.637
0.83	2.702	2.689	2.676	2.664	2.651	2.639	2.627	2.616
0.82	2.680	2.667	2.654	2.642	2.630	2.618	2.606	2.595
0.81	2.658	2.645	2.633	2.620	2.608	2.597	2.585	2.574
0.80	2.636	2.624	2.612	2.599	2.588	2.576	2.565	2.554
0.79	2.615	2.603	2.591	2.579	2.567	2.556	2.545	2.534
0.78	2.595	2.582	2.570	2.559	2.547	2.536	2.525	2.514
0.77	2.574	2.562	2.550	2.539	2.527	2.516	2.505	2.495
0.76	2.554	2.542	2.531	2.519	2.508	2.497	2.486	2.476
0.75	2.535	2.523	2.511	2.500	2.489	2.478	2.468	2.457

【例题 9-8】 条件与例题 9-6 相同：$F_k=250kN$，$M_k=100kN \cdot m$，$f_a=250kN/m^2$，$\overline{\gamma}=20kN/m^3$，$H=2m$。但要求 $[\xi]=0.25$。求基础底面尺寸。

【解】 根据 $\Delta=0.16$（见例题 9-6）和 $[\xi]=0.25$，由表 9-8 查得 $\Omega=2.7$。

按式（9-23）算出

$$n=\frac{100e_0^2 f_a}{\Omega F_k}=\frac{100\times 0.4^2\times 250}{2.7\times 250}=5.93>2$$

取 $n=2$，按式（9-33）算出

$$\Omega_0=\frac{e_0^2\overline{\gamma}H}{nF_k}=\frac{0.4^2\times 20\times 2}{2.\times 250}=0.0128$$

根据 $\Omega_0=0.0128$ 和 $[\xi]=0.25$ 由表 9-9 查得 $\alpha_1=6.48$

基底尺寸

$$l=\alpha_1 e_0=6.48\times 0.4=2.59m$$

$$b=\frac{l}{n}=\frac{2.59}{2}=1.30m$$

验算：

$$p_{max}=\frac{F_k}{A}+\overline{\gamma}H+\frac{M_k}{W}=\frac{250}{2.59\times 1.30}+20\times 2+\frac{100}{\frac{1}{6}\times 1.30\times 2.59^2}$$

$$=74.25+40+68.82=183.07kN/m^2$$

$$p_{max}=\frac{F_k}{A}+\overline{\gamma}H+\frac{M_k}{W}=74.25+40-68.82=45.43kN/m^2$$

$$\xi=\frac{p_{kmax}}{p_{kmin}}=\frac{45.43}{183.07}=0.248\approx 0.25(\text{无误})$$

【例题 9-9】 已知矩形基础，$F_k=220kN$，$M_k=200kN \cdot m$，$f_a=200kN/m^2$，$\overline{\gamma}=20kN/m^3$，$H=1m$。要求 $[\rho]=0.94$。求基础底面尺寸。

【解】

$$\Delta=\frac{\overline{\gamma}H}{f_a}=\frac{20\times 1}{200}=0.10$$

$$e_0=\frac{M_k}{F_k}=\frac{200}{220}=0.91$$

根据 $\Delta=0.10$ 和 $[\rho]=0.94$ 由表 9-8 查得 $\Omega=11.095\approx 11.10$

按式（9-23）算出

$$n=\frac{100e_0^2 f_a}{\Omega F_k}=\frac{100\times 0.91^2\times 200}{11.10\times 220}=6.79>2$$

取 $n=2$，按式（9-33）算出

$$\Omega_0=\frac{e_0^2\overline{\gamma}H}{nF_k}=\frac{0.91^2\times 20\times 1}{2.\times 220}=0.0376$$

根据 $\Omega_0=0.0376$ 和 $[\rho]=0.94$ 由表 9-9 查得 $\alpha_2=3.602$，于是基底尺寸为

$$l=\alpha_2 e_0=3.602\times 0.91=3.277m$$

$$b=\frac{l}{n}=\frac{3.277}{2}=1.639m$$

验算：

$$F_k + G_k = 220 + 1.639 \times 3.277 \times 1 \times 20 = 327.4\text{kN}$$

$$e = \frac{M_k}{F_k + G_k} = \frac{200}{327.4} = 0.611\text{m} > \frac{l}{6} = \frac{3.277}{6} = 0.546\text{m}$$

$$l' = 3\left(\frac{l}{2} - e\right) = 3\left(\frac{3.277}{2} - 0.611\right) = 3.083\text{m}$$

$$\rho = \frac{l'}{l} = \frac{3.083}{3.277} = 0.941 \approx [\rho] = 0.94\text{(无误)}$$

$$p_{\text{kmax}} = \frac{2(F_k + G_k)}{\rho l b} = \frac{2 \times 327.4}{0.94 \times 3.277 \times 1.639} = 129.6 < 1.2 f_a$$

$$= 1.2 \times 200 = 240\text{kN/m}^2\text{(无误)}$$

单向偏心受压柱矩形基础底面尺寸计算流程图，如图 9-25 所示。

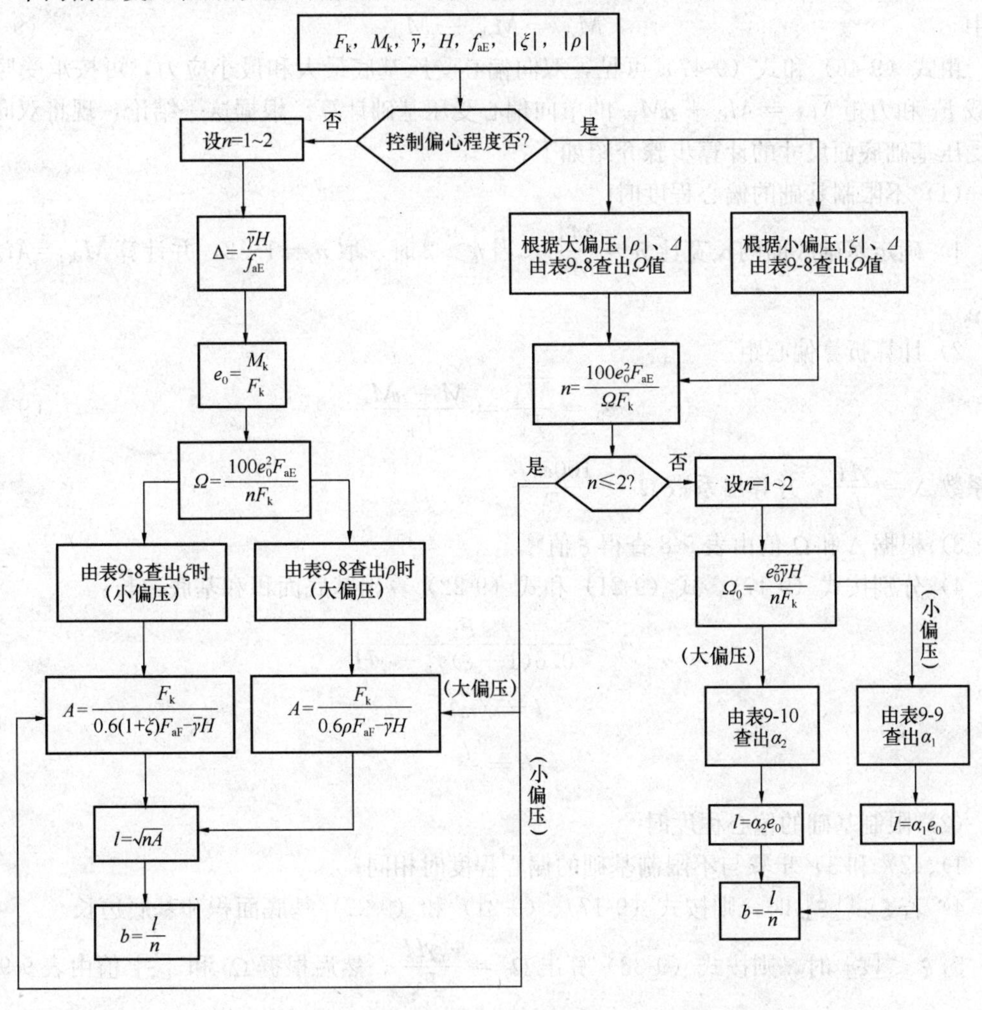

图 9-25　单向偏心受压柱基础底面尺寸计算流程图

9.4.4　双向偏心受压基础直接计算法

1. 计算公式

当纵向偏心荷载作用在基底核心以内时，基底最大和最小应力分别按下式计算

$$p_{max} = \frac{F_k}{A_1} + \bar{\gamma}H + \frac{M_{xk}}{W_x} + \frac{M_{yk}}{W_y} \tag{9-43}$$

$$p_{min} = \frac{F_k}{A_1} + \bar{\gamma}H - \frac{M_{xk}}{W_x} - \frac{M_{yk}}{W_y} \tag{9-44}$$

设

$$n = \frac{W_x}{W_y} = \frac{l}{b} \tag{9-45}$$

将式（9-45）代入式（9-43）和式（9-44）经简化后，得

$$p_{max} = \frac{F_k}{A_1} + \bar{\gamma}H + \frac{\overline{M}_{xk}}{W_x} \tag{9-46}$$

$$p_{min} = \frac{F_k}{A_1} + \bar{\gamma}H - \frac{\overline{M}_{xk}}{W_x} \tag{9-47}$$

式中

$$\overline{M}_{xk} = M_{xk} + nM_{yk} \tag{9-48}$$

由式（9-46）和式（9-47）可见，双向偏心受压基底最大和最小应力，可按承受竖向荷载 F_k 和力矩 $\overline{M}_{xk} = M_{xk} + nM_{yk}$ 的单向偏心受压基础计算。根据这一结论，现将双向偏心受压基础底面尺寸的计算步骤介绍如下：

（1）不限制基础的偏心程度时

1）确定基础底面的长宽比 $n = \frac{M_{xk}}{M_{yk}}$，当 $n > 2$ 时，取 $n = 1 \sim 2$，并计算 $\overline{M}_{xk} = M_{xk} + nM_{yk}$。

2）计算折算偏心距

$$e_0 = \frac{\overline{M}_{xk}}{F_k} = \frac{M + nM}{F_k} \tag{9-49}$$

和系数 $\Delta = \frac{\bar{\gamma}H}{f_a}$，并算出系数 $\Omega = \frac{100e_0^2 f_a}{F_k}$。

3）根据 Δ 和 Ω 值由表 9-8 查得 ξ 值[1]。

4）分别按式（9-17）、式（9-21）和式（9-22）算出基底面积和基底边长：

$$A \geqslant \frac{F_k}{0.6(1+\xi)f_a - \gamma H}$$

$$l = \sqrt{nA}$$

$$b = \frac{l}{n}$$

（2）限制基础的偏心程度时

1）、2）和 3）步骤与不限制基础的偏心程度时相同；

4）若 $\xi \geqslant [\xi]$ 时，则按式（9-17）、（9-21）和（9-22）基底面积和基底边长。

5）$\xi < [\xi]$ 时，则按式（9-33）算出 $\Omega_0 = \frac{e_0^2 \bar{\gamma}H}{nF_k}$，然后根据 Ω_0 和 $[\xi]$ 值由表 9-9 查得 α_1。

6）最后算出基础底面尺寸：

$$l = \alpha_1 e_0$$

---

[1] 若查不到 ξ 值，可任选 $\xi \geqslant 0$ 值计算。

$$b = \frac{l}{n}$$

双向偏心受压基础底面尺寸计算步骤参见图 9-26。

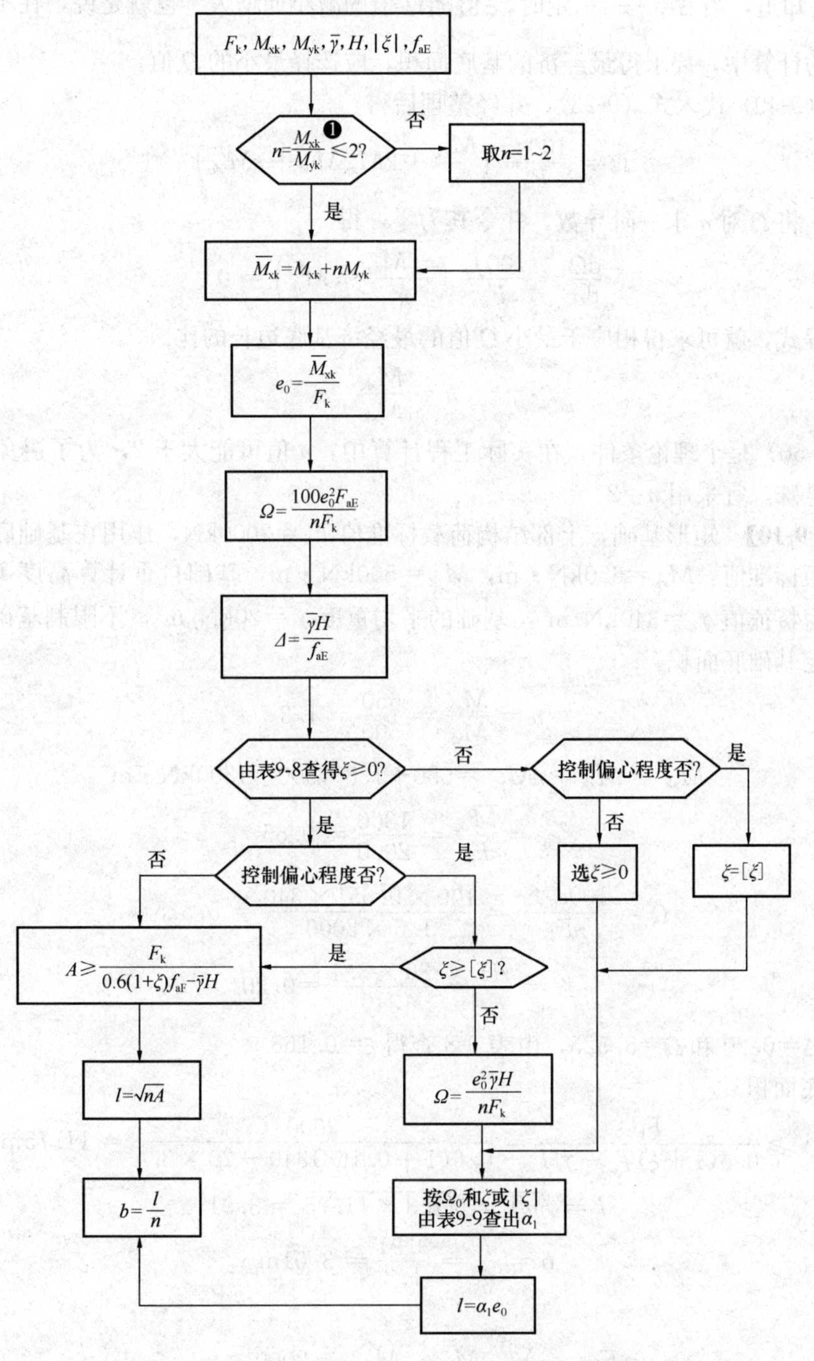

图 9-26 双向偏心受压柱基础底面尺寸计算流程图

❶ 取 $n=\frac{M_{xk}}{M_{yk}}$时，基础底面积为最小。

2. 最经济的基底尺寸条件

由式（9-17）可见，在其他条件不变的情况下，ξ 值愈大，则基础底面积 A 愈小，分析表 9-8 又知道，当 $\Delta=\frac{\bar{\gamma}H}{f_{a}}$ 一定时，ξ 值随 Ω 值的减小而增大。也就是说，在不限制基础偏心程度的计算中，要求得最经济的基底面积，应选择最小的 Ω 值。

将式（9-49）代入式（9-23），并经整理后得

$$\Omega=\frac{100f_{a}}{F_{k}}\left(\frac{M_{kx}^{2}}{n}+2M_{xk}M_{yk}+nM_{yk}^{2}\right) \tag{9-50}$$

在上式中，将 Ω 对 n 求一阶导数，并令其为零，得

$$\frac{d\Omega}{dn}=\frac{100f_{a}}{F_{k}}\left(\frac{-M_{kx}^{2}}{n^{2}}+M_{yk}^{2}\right)=0$$

解上面方程式，就可求得相应于最小 Ω 值的最经济基底边长的比。

$$n=\frac{M_{xk}}{M_{yk}} \tag{9-51}$$

式（9-50）是个理论条件，在实际工程计算中，n 值可能大于 2，为了避免基底边长相差过分悬殊，宜采用 $n=2$。

【例题 9-10】 矩形基础，上部结构荷载标准值 $F_{k}=2000\text{kN}$，作用在基础底面处两个方向的力矩标准值：$M_{xk}=650\text{kN}\cdot\text{m}$，$M_{yk}=500\text{kN}\cdot\text{m}$，基础自重计算高度 $H=3.4\text{m}$，地基承载力特征值 $f_{a}=340\text{kN/m}^{2}$，基础的平均重度 $\bar{\gamma}=20\text{kN/m}^{3}$，不限制基础的偏心程度。试确定基础底面积。

【解】

$$n=\frac{M_{xk}}{M_{yk}}=\frac{650}{500}=1.3$$

$$\overline{M}_{xk}=M_{xk}+nM_{yk}=650+1.3\times500=1300\text{kN}\cdot\text{m}$$

$$e_{0}=\frac{\overline{M}_{xk}}{F_{k}}=\frac{1300}{2000}=0.65$$

$$\Omega=\frac{100e_{0}^{2}f_{a}}{nF_{k}}=\frac{100\times0.65^{2}\times340}{1.3\times2000}=5.525$$

$$\Delta=\frac{\bar{\gamma}H}{f_{a}}=\frac{20\times3.4}{340}=0.20$$

根据 $\Delta=0.20$ 和 $\Omega=5.525$，由表 9-8 查得 $\xi=0.168$

基础底面积

$$A\geqslant\frac{F_{k}}{0.6(1+\xi)f_{a}-\gamma H}=\frac{2000}{0.6(1+0.168)340-20\times3.4}=11.75\text{m}^{2}$$

$$l=\sqrt{nA}=\sqrt{1.3\times11.75}=3.91$$

$$b=\frac{l}{n}=\frac{3.91}{1.3}=3.01\text{m}$$

验算：

$$p_{max}=\frac{F_{k}}{A_{1}}+\bar{\gamma}H+\frac{M_{xk}}{W_{x}}+\frac{M_{yk}}{W_{y}}=\frac{2000}{11.75}+20\times3.4$$

$$+\frac{650}{\frac{1}{6}\times11.75\times3.91}+\frac{500}{\frac{1}{6}\times11.75\times3.01}$$

$$=238.23+170.03=408.26\text{kN/m}^2$$

$$\approx 1.2f_a=1.2\times 340=408\text{kN/m}^2$$

$$p_{\min}=\frac{F_k}{A_1}+\bar{\gamma}H-\frac{M_{xk}}{W_x}-\frac{M_{yk}}{W_y}$$

$$=238.23-170.03=68.2\text{kN/m}^2$$

$$\xi=\frac{68.2}{408.26}=0.167\approx 0.168\text{(无误)}$$

【例题 9-11】 已知 $F_k=2100\text{kN}$，$M_{xk}=276\text{kN}\cdot\text{m}$，$M_{yk}=147\text{kN}\cdot\text{m}$，$H=2\text{m}$，$\bar{\gamma}=20\text{kN/m}^3$，$f_a=250\text{kN/m}^2$，要求 $[\xi]=0$。求基底尺寸。

【解】

$$n=\frac{M_{xk}}{M_{yk}}=\frac{276}{1470}=1.88$$

$$\overline{M}_{xk}=M_{xk}+nM_{yk}=276+1.88\times 147=552.36\ \text{kN}\cdot\text{m}$$

$$e_0=\frac{\overline{M}_{xk}}{F_k}=\frac{552.36}{2100}=0.263\ \text{m}$$

$$\Omega=\frac{100e_0^2f_a}{nF_k}=\frac{100\times 0.263^2\times 250}{1.88\times 2100}=0.438$$

$$\Delta=\frac{\bar{\gamma}H}{f_a}=\frac{20\times 2}{250}=0.16$$

根据 $\Delta=0.16$ 和 $\Omega=0.438$，由表 9-8 查得 $\xi=0.552>[\xi]=0$，故按式 (9-17) 算出基底面积：

$$A\geqslant\frac{F_k}{0.6(1+\xi)f_a-\gamma H}=\frac{2100}{0.6(1+0.552)250-20\times 2}=10.89\text{m}^2$$

$$l=\sqrt{nA}=\sqrt{1.88\times 10.89}=4.525\text{m}$$

$$b=\frac{l}{n}=\frac{4.525}{1.88}=2.407\text{m}$$

验算：

$$p_{\max}=\frac{F_k}{A_1}+\bar{\gamma}H+\frac{\overline{M}_{xk}}{W_x}$$

$$=\frac{2100}{10.89}+20\times 2+\frac{552.36}{\frac{1}{6}\times 10.89\times 4.525}$$

$$=192.83+40+67.36=300.1\text{kN/m}^2$$

$$\approx 1.2f_a=1.2\times 250=300\text{kN/m}^2\text{（无误）}$$

$$p_{\min}=\frac{F_k}{A_1}+\bar{\gamma}H-\frac{\overline{M}_{xk}}{W_x}=192.83+40-67.36=165.57\ \text{kN/m}^2$$

$$\xi=\frac{p_{k\min}}{p_{k\max}}=\frac{165.57}{300}=0.5517\approx 0.552\text{（无误）}$$

【例题 9-12】 已知 $F_k=799\text{kN}$，$M_{xk}=633\text{kN}\cdot\text{m}$，$M_{yk}=50\text{kN}\cdot\text{m}$，$H=1.65\text{m}$，$\bar{\gamma}=20\text{kN/m}^3$，$f_a=150\text{kN/m}^2$，要求 $[\xi]=0.24$。求基底尺寸。

【解】 $n=\dfrac{M_{xk}}{M_{yk}}=\dfrac{633}{750}=12.66>2$，取 $n=2$

$$\bar{M}_{xk}=M_{xk}+nM_{yk}=276+1.88\times147=733\ \text{kN}\cdot\text{m}$$

$$e_0=\frac{\bar{M}_{xk}}{F_k}=\frac{733}{799}=0.917\text{m}$$

$$\Omega=\frac{100e_0^2f_a}{nF_k}=\frac{100\times0.917^2\times150}{2\times799}=7.90$$

$$\Delta=\frac{\bar{\gamma}H}{f_a}=\frac{20\times1.65}{150}=0.22$$

根据 $\Delta=0.22$ 和 $\Omega=7.90$，由表 9-8 查得 $\xi=0.13<[\xi]=0.24$，故按条件 $\xi\geqslant[\xi]$ 计算基底面积。按式(9-33)计算：

$$\Omega_0=\frac{e_0^2\bar{\gamma}H}{nF_k}=\frac{0.917^2\times20\times1.65}{2.\times799}=0.0174$$

根据 $\Omega_0=0.0174$ 和 $[\rho]=0.24$ 由表 9-9 查得 $\alpha_1=6.043$，于是基底尺寸为

$$l=\alpha_2e_0=6.043\times0.917=5.54\ \text{m}$$

$$b=\frac{l}{n}=\frac{5.54}{2}=2.77\text{m}$$

验算：

$$p_{max}=\frac{F_k}{A_1}+\bar{\gamma}H+\frac{\bar{M}_{xk}}{W_x}$$

$$=\frac{799}{2.77\times5.54}+20\times1.65+\frac{733}{\frac{1}{6}\times12.77\times5.54^2}$$

$$=52.07+20\times1.65+51.73=136.8\text{kN/m}^2$$

$$\approx1.2f_a=1.2\times150=180\text{kN/m}^2$$

$$p_{min}=\frac{F_k}{A_1}+\bar{\gamma}H-\frac{\bar{M}_{xk}}{W_x}$$

$$=52.07+20\times1.65=51.73=33.34\ \text{kN/m}^2$$

$$\xi=\frac{p_{kmin}}{p_{kmax}}=\frac{33.34}{136.8}=0.243\approx[0.24]$$

计算无误。

9.5 无筋扩展基础截面设计

如前所述，混凝土、毛石、砖与灰土基础均属于无筋扩展基础，它们可用于六层和六层以下（三合土基础不宜超过四层）的一般民用建筑和墙承重的轻型厂房。

图 9-27 所示的基础实线轮廓表示刚性基础的设计剖面。由图可见，基础 abc 部分在反力（即基础底面压力）p 作用下有向上弯曲的趋势，如果弯曲过大，基础沿 ca 就会有

裂开的可能。显然，p 和 b_1/h 的数值愈大，则基础愈容易破坏。根据实验研究和建筑实践证明，当基础材料的强度和基础底面反力 p 确定后，只要 b_1/h 小于某一允许比值 $[b_1/h]$，就可以保证基础不会破坏。b_1/h 的数值也可以用基础斜面 ab 与铅直线的夹角 α 来表示。与 $[b_1/h]$ 相对应的角度 $[\alpha]$ 称为基础的刚性角。为了方便施工，基础通常做成台阶状剖面。如图9-27虚线轮廓所示。每一台阶的宽度与高度之比也应小于允许比值 $[b_1/h]$ 的要求。刚性基础台阶宽高比的允许值见表 9-11。为了保证基础的质量，基础台阶的尺寸除满足表中所规定的数值外，尚需满足构造要求。

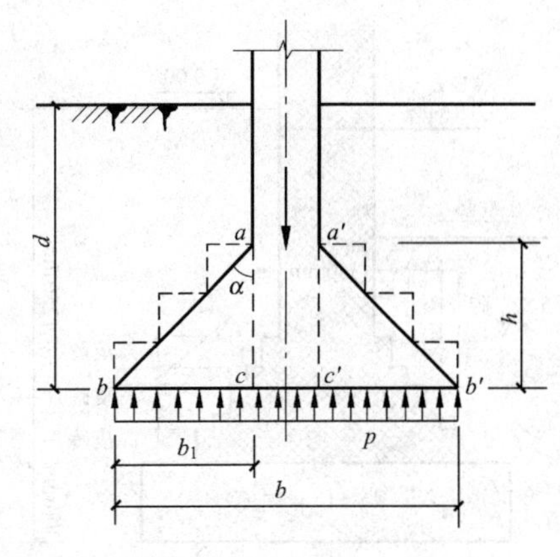

图 9-27 无筋扩展基础的计算

刚性基础台阶宽高比的允许值 **表 9-11**

基础材料	质量要求	台阶宽高比的允许值		
		$p_k \leqslant 100$	$100 < p_k \leqslant 200$	$200 < p_k \leqslant 300$
混凝土基础	C15 混凝土	1∶1.00	1∶1.00	1∶1.25
毛石混凝土基础	C15 混凝土	1∶1.00	1∶1.25	1∶1.50
砖基础	砖不低于 MU10、砂浆不低于 M5	1∶1.50	1∶1.50	1∶1.50
毛石基础	砂浆不低于 M5	1∶1.25	1∶1.50	—
灰土基础	体积比为 3∶7 或 2∶8 的灰土，其最小干密度： 粉土 $1.55t/m^3$ 粉质黏土 $1.50t/m^3$ 黏土 $1.45t/m^3$	1∶1.25	1∶1.50	—
三合土基础	体积比 1∶2∶4～1∶3∶6（石灰∶砂∶骨料），每层约虚铺 220mm，夯至 150mm	1∶1.50	1∶2.00	—

注：1. p_k 为作用的标准组合时基础底面处的平均压力值（kPa）。
2. 阶梯形毛石基础的每阶伸出宽度，不宜大于 200mm。
3. 当基础由不同材料叠合组成时，应对接触部分作抗压验算。
4. 基础底面处的平均压力值超过 300kPa 的混凝土基础，尚应进行抗剪验算。

【例题 9-13】 某办公楼外墙厚度 360mm，从室内设计地面起算的埋深 1.55m，上部结构荷载标准值 F_k＝88kN/m（如图 9-28 所示）。地基土经深度修正后的承载力特征值 f_a＝90kN/m²，室内外高差为 0.45m。试设计计算此外墙基础。

【解】 设采用两步灰土基础。基础自重计算高度

$$H = 1.55 - \frac{0.45}{2} = 1.32\text{m}$$

按公式（9-3）算出基底宽度

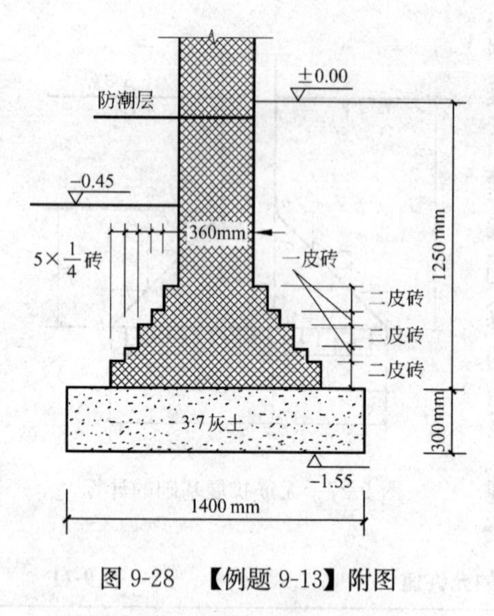

图 9-28 【例题 9-13】附图

$$b \geqslant \frac{F_k}{f_a - \bar{\gamma} H} = \frac{500}{90 - 20 \times 1.32} = 1.38\text{m},$$

取 $b=1.40$m

基础大放脚采用两皮一收与一皮一收相间的作法，每收一次其两边各收 1/4 砖长。大放脚每边台阶数目可按下式计算

$$n \geqslant \left(\frac{b}{2} - \frac{a}{2} - b_1\right) \times \frac{1}{6} \tag{9-52}$$

式中 b——基础宽度（mm）；

a——墙厚（mm）；

b_1——灰土基础的最大允许悬挑长度(mm)。

在本例中：$b = 1400$mm，$a = 360$mm，$b_1 = 240$mm

$$n \geqslant \left(\frac{b}{2} - \frac{a}{2} - b_1\right) \times \frac{1}{6} = \left(\frac{1400}{2} - \frac{360}{2} - 240\right)\frac{1}{6} = 4.67,\text{取 } n=5$$

其中 $b_1 = 240$mm 计算过程：由表 9-9 查得，当基底应力 $p_k \leqslant 100\text{kN/m}^2$（在本例中 $p_k = f_a = 90\text{kN/m}^2$）时，灰土基础台阶宽高比允许值［$b_1/h$］$=1/1.25$。本例灰土采用两步，即厚 300mm，于是最大允许悬挑长度 $b_1 = \frac{1}{1.25}h = \frac{1}{1.25} \times 300 = 240$mm。

9.6 配筋扩展基础截面设计

配筋扩展基础系指墙下钢筋混凝土条形基础和柱下钢筋混凝土独立基础。

9.6.1 配筋扩展基础构造要求

1. 现浇墙下条形基础

（1）剖面形式

现浇墙下条形基础剖面形式分为：锥形（图 9-29*a*）、平板形（图 9-29*b*）、带肋锥形（图 9-29*c*）和带肋平板形（图 9-29*d*）。剖面高度由计算确定。带肋条形基础适用于荷载沿墙长分布不均匀或地基中有局部软弱土层时。

（2）底板配筋

底板受力钢筋面积由计算确定。钢筋的最小直径不宜小于 10mm，间距不宜大于 200mm，也不宜小于 100mm。墙下钢筋混凝土条形基础纵向分布钢筋的直径不小于 8mm；间距不大于 300mm；每延米分布钢筋的面积应不小于受力钢筋面积的 1/10（图 9-30*a*、*b*、*c*）。当有垫层时钢筋保护层的厚度不小于 40mm，当无垫层时不小于 70mm。

钢筋混凝土条形基础底板在十字形及 T 形交接处，底板横向受力钢筋仅沿一个主要受力方向通长布置，另一方向的横向受力钢筋可布置到主要受力方向底板宽度的 1/4 处（图 9-30*a*、*b*）；在拐角处底板横向受力钢筋应沿两个方向布置（图 9-30*c*）。

（3）混凝土强度等级

基础的混凝土强度等级不应低于 C20；垫层一般采用 C15。

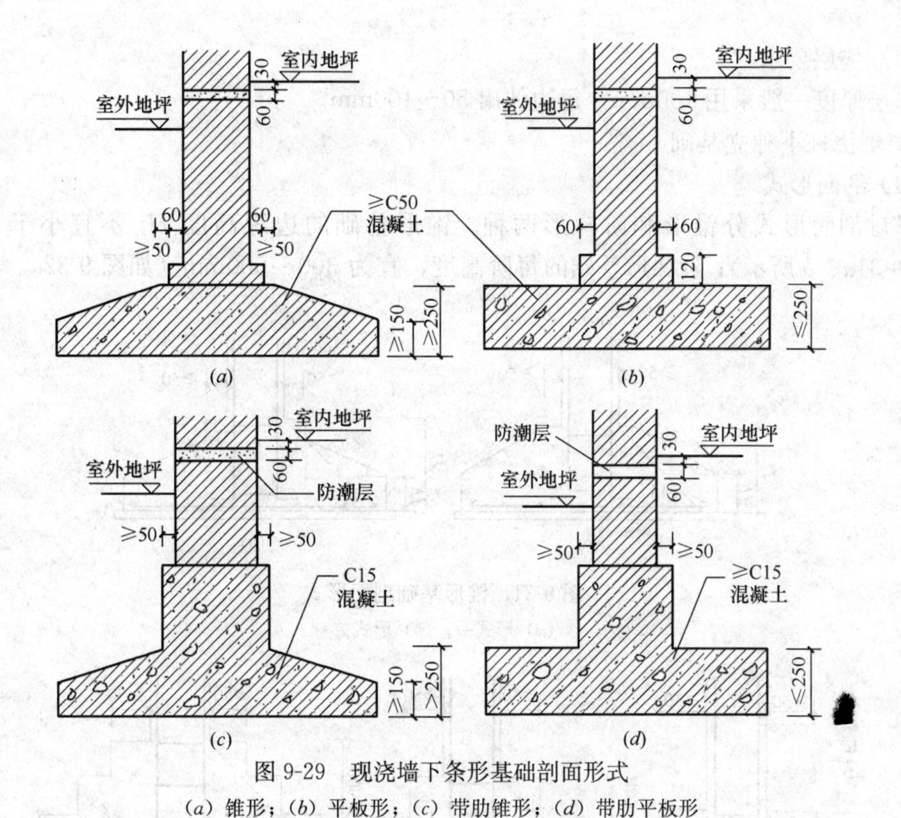

图 9-29　现浇墙下条形基础剖面形式

（*a*）锥形；（*b*）平板形；（*c*）带肋锥形；（*d*）带肋平板形

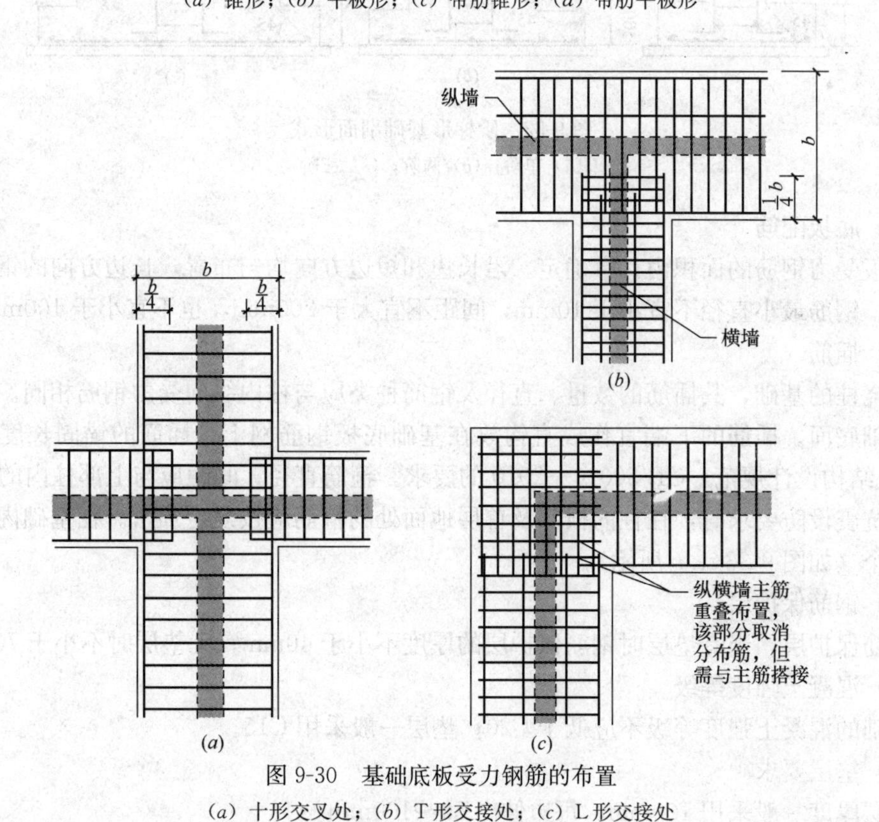

图 9-30　基础底板受力钢筋的布置

（*a*）十形交叉处；（*b*）T 形交接处；（*c*）L 形交接处

（4）垫层要求

垫层厚度一般采用 100mm，每边伸出 50～100mm。

2. 现浇柱下独立基础

（1）剖面形式

基础剖面形式分锥形和阶梯形两种。锥形基础的边缘高度 H_1 不宜小于 200mm（如图9-31a、b 所示）；阶梯形基础的每阶高度，宜为 300～500mm（如图 9-32a、b、c 所示）。

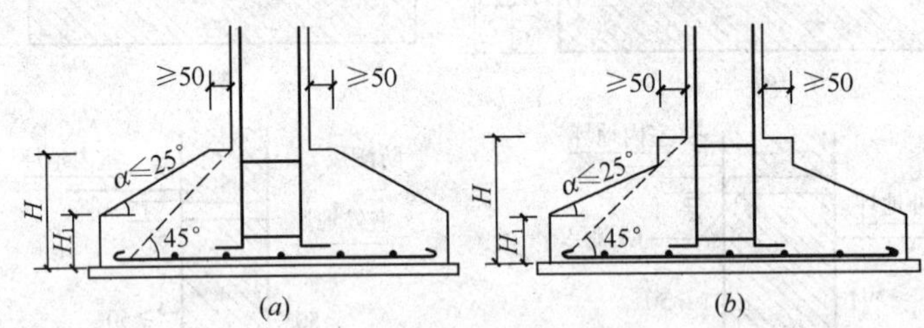

图 9-31　锥形基础剖面形式

（a）形式一；（b）形式二

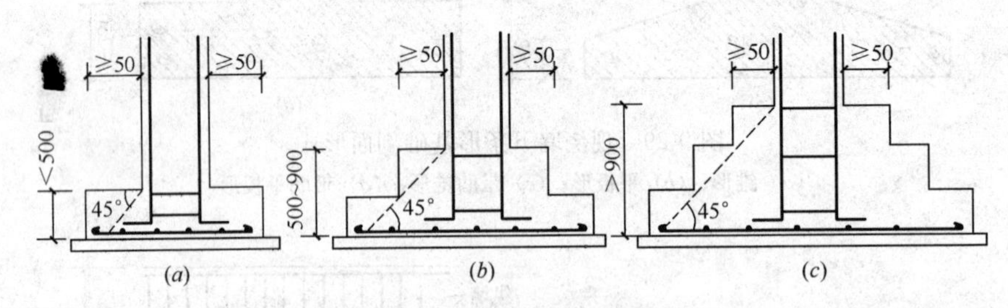

图 9-32　阶梯形基础剖面形式

（a）单阶；（b）两阶；（c）三阶

（2）底板配筋

底板受力钢筋的面积由计算确定。沿长边和短边方向均匀布置，长边方向的钢筋设置在下排。钢筋最小直径不宜小于 10mm，间距不宜大于 200mm，也不宜小于 100mm。

（3）插筋

现浇柱的基础，其插筋的数量、直径及钢筋种类应与柱内纵向受力钢筋相同。一般应伸至基础底面。插筋的下端宜作成直钩放在基础底板钢筋网上。插筋的锚固长度应符合《混凝土结构设计规范》GB 50010—2010 的要求。箍筋直径、间距应与上部柱内的箍筋相同，有抗震设防要求时，在柱的根部及首层地面处的箍筋应按规定加密。在基础内箍筋不少于两个（如图 9-33a、b 所示）。

（4）钢筋保护层

钢筋保护层，当有垫层时钢筋保护层的厚度不小于 40mm；无垫层时不小于 70mm。

（5）混凝土强度等级

基础的混凝土强度等级不应低于 C20；垫层一般采用 C15。

（6）垫层要求

垫层厚度一般采用 100mm，每边伸出 50～100mm。

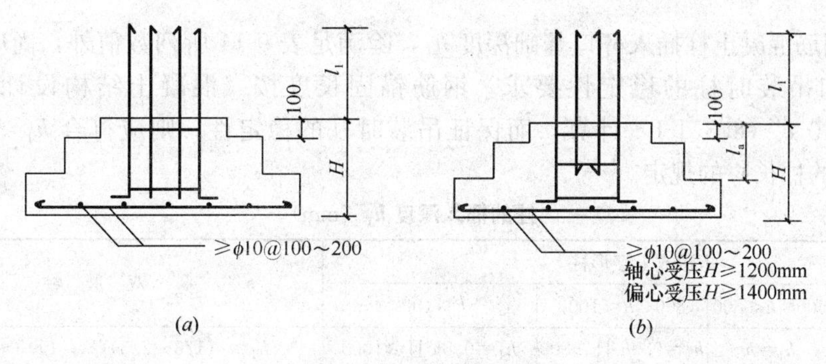

图 9-33　插筋构造

(a) 一般基础一；(b) 一般基础二

3. 预制钢筋混凝土柱杯口基础

杯口基础的剖面如图 9-34 所示。杯口基础的杯底厚度和杯壁厚度，可按表 9-12 选用。杯底配筋由计算决定。而杯壁配筋，当柱为中心或小偏心受压，且 $0.5 \leqslant \frac{t}{h_2} < 0.65$ 时，可按表 9-13 选用。杯壁内配筋如图 9-34 所示。当柱为中心或小偏心受压，且 $\frac{t}{h_2} \geqslant 0.65$，或大偏心受压且 $\frac{t}{h_2} \geqslant 0.75$ 时，杯壁内一般不配筋。其他情况下，应按计算配筋。

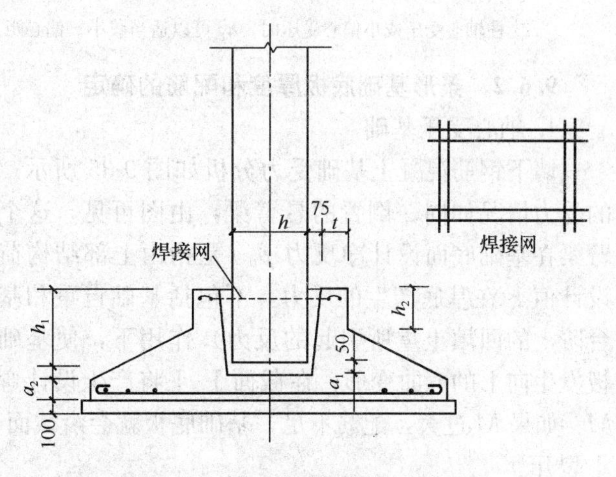

图 9-34　杯口基础剖面图 ($a_2 \geqslant a_1$)

基础的杯底厚度和杯壁厚度（mm）　　**表 9-12**

柱截面长边尺寸 h	杯底厚度 a_1	杯壁厚度 t
$h<500$	≥150	150～200
$500 \leqslant h<800$	≥200	≥200
$800 \leqslant h<1000$	≥200	≥300
$1000 \leqslant h<1500$	≥250	≥350
$1500 \leqslant h<2000$	≥300	≥400

注：1. 双肢柱的 a_1 值，可适当加大。

2. 当有基础梁时，基础梁下的杯壁厚度应满足其支承宽度的要求。

3. 柱子插入杯口部分的表面，应尽量凿毛。柱子与杯口之间的空隙，应用细石混凝土（比基础混凝土强度等级高一级）密实充填；其强度达到基础设计强度的 70%以上（或采取其他相应措施）时，方能进行上部吊装。

杯 壁 构 造 配 筋　　**表 9-13**

柱截面长边尺寸 h(mm)	$h<1000$	$1000 \leqslant h<1500$	$1500 \leqslant h \leqslant 2000$
钢筋网直径 ϕ(mm)	8～10	10～12	12～16

注：表中钢筋置于杯口顶部，每边两根(图 9-32)。

预制钢筋混凝土柱插入杯口基础深度 h_1，除满足表 9-14 所列数值外，尚应满足钢筋锚固长度和吊装时柱的稳定性要求。钢筋锚固长度按《混凝土结构设计规范》GB 50010—2010 式（8.3.1-1）计算，而保证吊装时柱的稳定性，则应符合 $h_1 \geqslant 0.05$ 柱长（指吊装时的柱长）的规定。

柱的插入深度 h_1（mm） **表 9-14**

矩形或工字形柱				双肢柱
$h<500$	$500 \leqslant h<800$	$800 \leqslant h<1000$	$h>1000$	
$h_1=h \sim 1.2h$	$h_1=h$	$h_1=0.9h$ 且 $\geqslant 800$	$h_1=0.8h$ 且 $\geqslant 1000$	$h_1=(1/3 \sim 2/3)\ h_a$；$(1.5 \sim 1.8)\ h_b$

注：1. h 为柱截面长边尺寸；d 为管柱的外直径；h_a 为双肢柱整个截面长边尺寸；h_b 为双肢柱整个截面短边尺寸。

2. 柱轴心受压或小偏心受压时，h_1 可以适当减小；偏心距 $e_0>2h$ 时，h_1 应适当加大。

9.6.2 条形基础底板厚度和配筋的确定

1. 轴心受压基础

墙下钢筋混凝土基础受力分析如图 9-35 所示。它的受力情况如同一倒置的悬臂梁，由图可见，这个悬臂梁在基础底面设计净反力 p_n（是指由上部结构荷载设计值 F 在基底产生的反力，不包括基础自重和基础台阶上的回填土重所引起的反力）作用下，使基础底板发生向上的弯曲变形，在截面Ⅰ-Ⅰ将产生设计弯矩 M。如果 M 过大，配筋不足，基础底板就会沿截面Ⅰ-Ⅰ裂开。

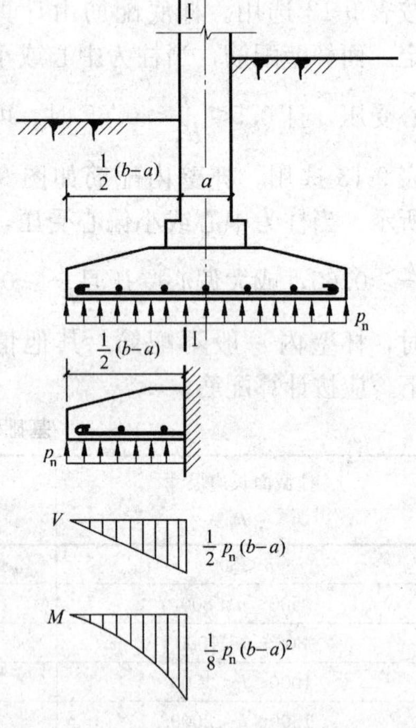

图 9-35 墙下钢筋混凝土基础受力分析

此外，在基底净反力作用下，还使截面Ⅰ-Ⅰ左边这段基础板发生向上错动的趋势，在截面Ⅰ-Ⅰ将产生剪力 V。试验和理论分析证明，底板在剪力 V 作用下，如果基础板厚度不够，将使底板发生斜的裂缝。

根据上面的分析，为了防止基础板破坏，基础板应具有足够的厚度和配筋。

（1）基础底面厚度的确定

沿墙的长度方向取 1m 的基础板来分析，设相应于作用的基本组合时，上部结构传至基础顶面的竖向力设计值为 F（kN/m），则基底净反力设计值为

$$p_n = \frac{F}{b \times 1} = \frac{F}{B} \tag{9-53}$$

截面Ⅰ-Ⅰ剪力设计值为

$$V = \frac{1}{2} p\ (b-a) \tag{9-54}$$

式中 a——墙的厚度；

b——基础宽度。

根据实验知道，当满足下列条件时，基础板在剪力设计值 V 作用下，不会产生斜裂缝破坏：

$$h_0 = \frac{1}{700} \times \frac{V}{\beta_{hs} f_t} \tag{9-55a}$$

$$\beta_{hs} = \left(\frac{800}{h_0}\right)^{\frac{1}{4}} \tag{9-55b}$$

式中 h_0——底板有效高度 $h_0 = h - 45\text{mm}$（有垫层）或 $h_0 = h - 75\text{ mm}$（无垫层）；

f_t——混凝土轴心抗拉强度设计值（N/mm^2）；

β_{hs}——截面高度影响系数，当 $h_0 \leqslant 800\text{mm}$ 时，h_0 取 800mm；当 $h_0 \geqslant 2000\text{mm}$ 时，h_0 取 2000mm。

（2）基础板配筋的计算

截面Ⅰ-Ⅰ的弯矩设计值

$$M = \frac{1}{8} p_n (b - a)^2 \tag{9-56}$$

基础底板内受力钢筋面积按下式确定

$$A_s = \frac{M}{0.9 h_0 f_y} \tag{9-57}$$

式中 A_s——基础底板受力钢筋面积（mm^2）；

f_y——钢筋抗拉强度设计值（N/mm^2）。

其余符号意义同前。

【例题 9-14】 试设计某教学楼外墙钢筋混凝土基础（如图 9-36 所示）。上部结构荷载标准值 $F_k = 240\text{kN/m}$，设计值 $F = 300\text{kN}$。室内外高差 0.45m，基础埋深 1.30m（从室外地面算起），地基承载力特征值 $f_a = 155\text{kN/m}^2$，混凝土强度等级 C20，$f_t = 1.1\text{N/mm}^2$，采用 HRB335 级钢筋，$f_y = 300\text{N/mm}^2$。

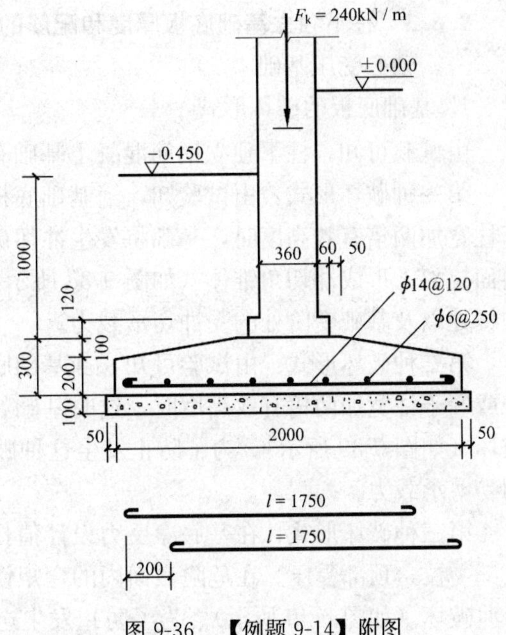

图 9-36 【例题 9-14】附图

【解】（1）求基础宽度

$$b \geqslant \frac{F_k}{f_a - \bar{\gamma} H} = \frac{240}{155 - 20 \times 1.53} = 1.93\text{m},$$

取 $b = 2000\text{mm}$

（2）确定基础板厚度

按式（9-53）计算基底净反力设计值

$$p_n = \frac{F}{B} = \frac{300}{2} = 150\text{kN/m}$$

按式（9-54）计算截面Ⅰ-Ⅰ（参见图 9-33）的剪力设计值

$$V = \frac{1}{2} p_n (b - a) = \frac{1}{2} \times 150\ (2 - 0.36) = 123\text{kN}$$

按式（9-55a）算出底板有效高度

$$h_0 = \frac{1}{700} \times \frac{V}{\beta_{hs} f_t} = \frac{1}{700} \times \frac{123}{1 \times 1.1} = 160\text{mm}$$

底板厚度（采用 100mm 厚垫层）

$h=h_0+45=160+45=205\text{mm}$，取 $h=250\text{mm}$。这时，$h_0=250-45=205\text{mm}$

(3) 底板内配筋计算

按式 (9-56) 计算截面Ⅰ-Ⅰ的弯矩

$$M=\frac{1}{8}p_n(b-a)^2=\frac{1}{8}150(2-0.36)^2$$

$$=50.43\text{kN}\cdot\text{m}=50.43\times10^6\ \text{N}\cdot\text{mm}$$

按式 (9-57) 算出受力钢筋面积

$$A_s=\frac{M}{0.9h_0f_y}=\frac{50.43\times10^6}{0.9\times205\times300}=911\text{mm}^2$$

选用 12 @120 ($A_s=942>911\text{mm}^2$)，分布筋选 6@250。

2. 偏心受压基础

偏心受压基础底板厚度和配筋计算与轴心受压基础基本相同，但式 (9-54) 和式(9-56)中的 p_n 应分别以基底边缘最大净反力 p_{nmax} 和截面Ⅰ-Ⅰ处的净反力 $p_{nⅠ-Ⅰ}$ 的平均值（如图 9-37 所示）代换。

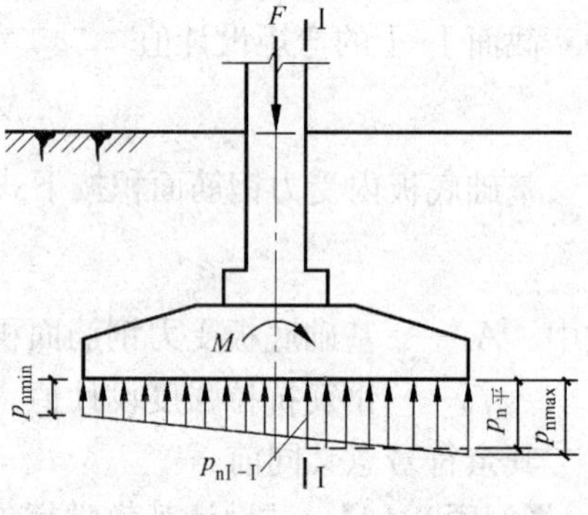

图 9-37　偏心受压柔性基础的计算

9.6.3　柱下独立基础底板厚度和配筋的计算

一、轴心受压基础

1. 基础底板的破坏形式

由试验可知，柱下独立钢筋混凝土基础有三种破坏形式：

第一种破坏形式：由试验知，当基础底板尺寸较大而厚度较薄时，且基底短边尺寸大于柱宽加两倍有效高度时，基础将发生冲切破坏。即基础从柱的周边或变阶处开始沿 45°斜面拉裂，形成冲切角锥体（如图 9-38 所示）。为了防止发生这种破坏，应验算柱与基础交接处以及基础变阶处的受冲切承载力。

第二种破坏形式：由试验可知，当基础底板尺寸较大而厚度较薄，且基底短边尺寸小于或等于柱宽加两倍有效高度时，这时基础如同梁一样，将从柱边或变阶处发生斜面剪切破坏（如图 9-39 所示）。为了防止发生这种破坏，应验算柱与基础交接处以及基础变阶处的受剪承载力。

第三种破坏形式：在基底净反力设计值作用下，基础板在两个方向均发生向上弯曲，底部受拉，顶部受压。在危险截面内的弯矩设计值超过底板的受弯承载力时，底板将发生弯曲破坏（如图 9-40 所示）。为了防止发生这种破坏，应验算基础底板受弯承载力。

2. 受冲切承载力的验算

柱下独立基础受冲切承载力应按下列公式验算：

$$F_l\leqslant0.7\beta_{hp}f_tA_m \tag{9-58}$$

式中　F_l——相应于作用的基本组合时作用于基础底面上的冲切力设计值 (kN)；

β_{hp}——截面高度影响系数，当 $h\leqslant800\text{mm}$ 时，$\beta_{hp}=1.0$；当 $h\geqslant2000\text{mm}$ 时，$\beta_{hp}=0.9$，其间按线性内插法取用。

f_t——混凝土抗拉强度设计值 (kPa)；

A_m——冲切验算时取用的计算基底面积（即冲切斜面水平投影面积）(m^2)。

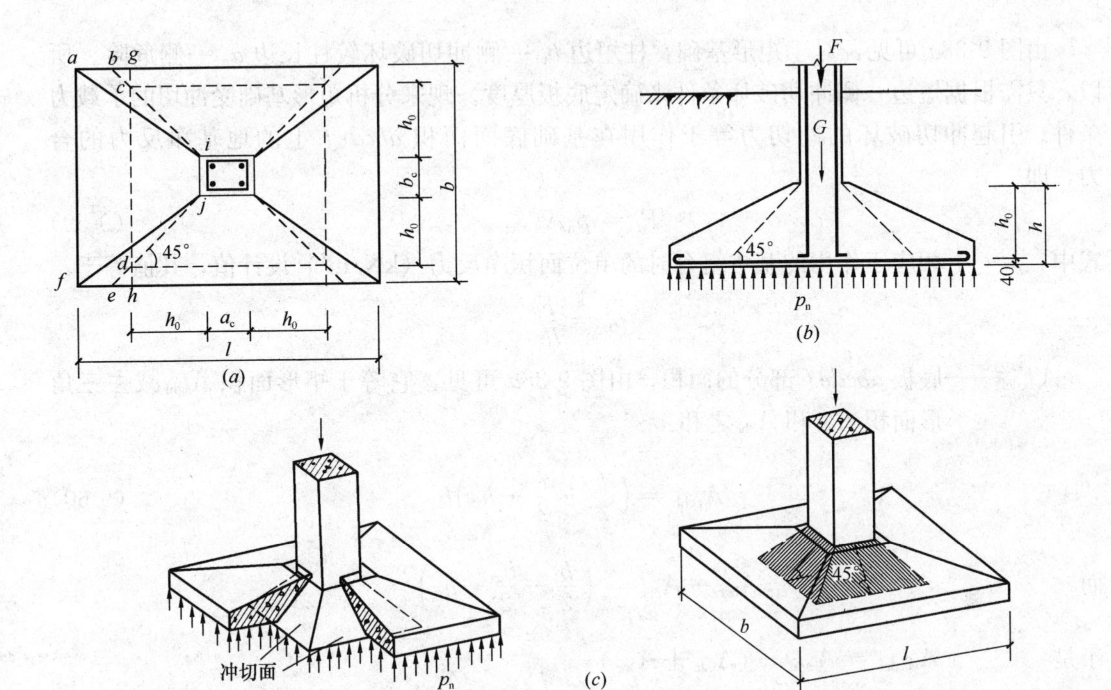

图 9-38　钢筋混凝土独立基础发生冲切破坏

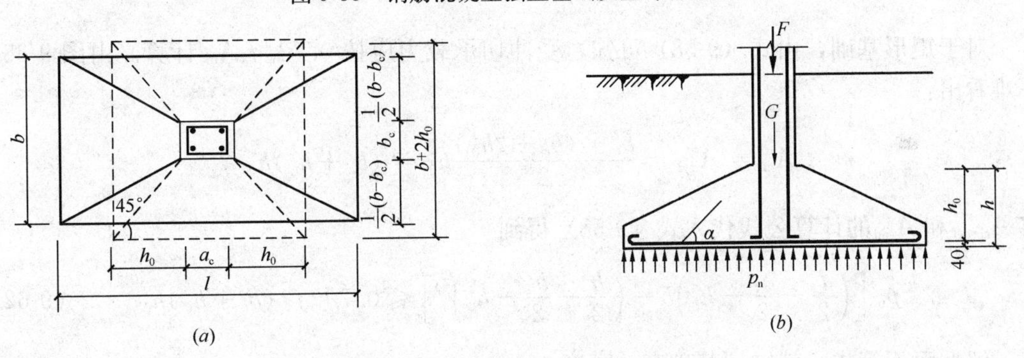

图 9-39　钢筋混凝土独立基础发生剪切破坏

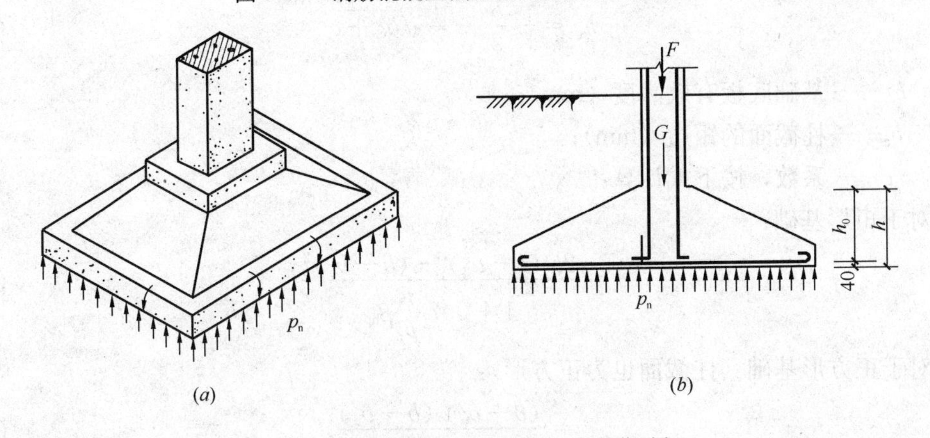

图 9-40　钢筋混凝土独立基础发生弯曲破坏

由图 9-38a 可见，对于矩形基础，柱短边 b_c 一侧冲切破坏较柱长边 a_c 一侧危险。所以，只需根据短边一侧冲切破坏条件来确定底板厚度。现来分析矩形基础受冲切的承载力条件。引起冲切破坏的冲切力等于作用在基础底面面积 $abcdef$ 上的地基净反力的合力，即

$$F_l = p_n A_{abcdef} \tag{9-59}$$

式中 p_n——相应于作用的基本组合时的单位面积净反力（kN/m^2）设计值，其值等于：

$$p_n = \frac{F}{lb}$$

A_{abcdef}——底板 $abcdef$ 部分的面积，由图 9-38a 可见，它等于矩形面积 A_{aghf}减去三角形面积 A_{bgc}和 A_{dhe}之和：

$$A_{aghf} = \left(\frac{l}{2} - \frac{a_c}{2} - h_0\right)b \tag{9-60}$$

而
$$A_{bgc} + A_{dhe} = \left(\frac{b}{2} - \frac{b_c}{2} - h_0\right)^2$$

于是
$$A_{abcdef} = A_{aghf} - (A_{bgc} + A_{dhc})$$

$$= \left(\frac{l}{2} - \frac{a_c}{2} - h\right)b - \left(\frac{b}{2} - \frac{b_c}{2} - h_0\right)^2 \tag{9-61}$$

对于矩形基础，由式（9-58）可知，受冲切承载力应按 $0.7\beta_{hp} f_t A_m$ 计算。由图 9-38a 不难看出：

$$A_m = A_{cijd} = \frac{b_c + (b_c + 2h_0)}{2} h_0 = (b_c + h_0) h_0$$

将 A_{abcdef}和 A_{cijd}的计算公式代入式（9-58）得到

$$p_n \left[\left(\frac{l}{2} - \frac{a_c}{2} - h_0\right)b - \left(\frac{b}{2} - \frac{b_c}{2} - h_0\right)^2\right] \leqslant 0.7\beta_{hp} f_t\ (b_c + h_0) h_0 \tag{9-62}$$

解上面不等式，就得到基础有效高度

$$h_0 = -\frac{b}{2} + \frac{1}{2}\sqrt{b_c^2 + c} \tag{9-63}$$

式中 h_0——基础底板有效高度（mm）；

b_c——柱截面的短边（mm）；

c——系数，按下式计算：

对于矩形基础：

$$c = \frac{2b\ (l - a_c) - (b - b_c)^2}{1 + 0.7\dfrac{f_t}{p_n}\beta_{hp}} \tag{9-64}$$

对于正方形基础（柱截面也为正方形）：

$$c = \frac{(b + b_c)\ (b - b_c)}{1 + 0.7\dfrac{f_t}{p_n}\beta_{hp}} \tag{9-65}$$

式中符号意义同前。

算出有效高度 h_0 后，即可求得基础底板厚度：

有垫层时，$h=h_0+45\text{mm}$；

无垫层时，$h=h_0+75\text{mm}$。

当基础剖面为阶梯形时（如图 9-41 所示），除可能在柱子周边开始沿 45°斜面拉裂形成冲切角锥体外，还可能从变阶处开始沿 45°斜面拉裂。因此，还应验算变阶处的有效高度 h_{01}。验算方法与上述基本相同。仅需将式（9-63）、式（9-64）和式（9-65）中的 b_c 和 a_c 分别换成变阶处台阶尺寸 b_1 和 a_1 即可。

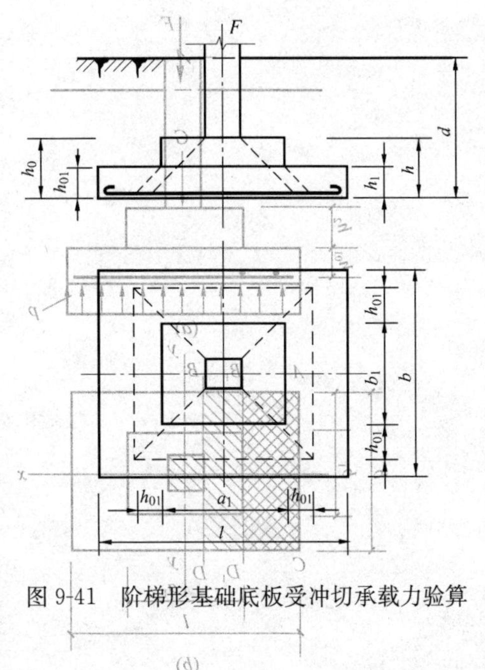

图 9-41　阶梯形基础底板受冲切承载力验算

3. 受剪承载力的验算

当基础底面短边尺寸小于或等于柱宽加两倍基础有效高度时，应按下列公式验算柱与基础交接处和变阶处斜截面受剪承载力：

$$V_s \leqslant 0.7\beta_{hs} f_t A_0 \tag{9-66}$$

$$\beta_{hs}=\left(\frac{800}{h_0}\right)^{1/4} \tag{9-67}$$

式中　V_s——相应于作用的基本组合时，柱与基础交接处或变阶处的剪力设计值（kN），其值等于图中阴影面积 $ABCD$ 或 AB_1CD_1 乘以基底平均净反力；

β_{hs}——受剪承载力截面高度影响系数，当 $h_0\leqslant 800\text{mm}$ 时，取 $h_0=800\text{mm}$；当 $h_0\geqslant 2000\text{mm}$ 时，取 $h_0=2000\text{mm}$；

A_0——验算截面处基础有效截面面积（m^2）。当验算截面为阶形或锥形时，可将其截面折算成矩形截面。

（1）阶梯形基础

对于阶形基础，应分别在柱边 $B-D$ 和变阶处 B_1-D_1 截面进行斜截面受剪承载力验算（图 9-42），并应符合下列规定：

1）计算柱边截面 $B-D$ 处的斜截面受剪承载力时，其截面有效高度为 $h_{01}+h_2$，截面计算宽度按下式计算：

$$b_{y0}=\frac{bh_{01}+b_1h_2}{h_{01}+h_2} \tag{9-68}$$

2）计算变阶处截面 B_1-D_1 处的斜截面受剪承载力时，其截面有效高度为 h_{01}，截面的计算宽度为 b。

（2）锥形基础

对于锥形基础，应对 $B-D$ 处的截面进行受剪承载力验算（如图 9-43 所示），截面有效高度为 h_0，截面的计算宽度按下式进行计算：

$$b_{y0}=\left[1-0.5\frac{h_1}{h_0}\left(1-\frac{b_1}{b}\right)\right]b \tag{9-69}$$

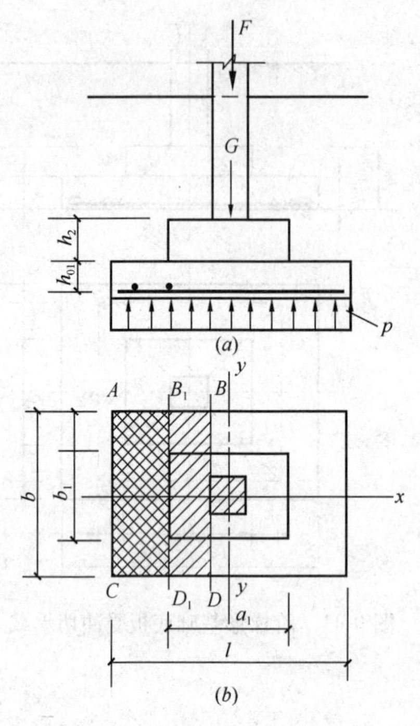

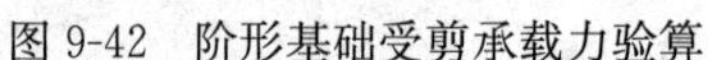

图 9-42 阶形基础受剪承载力验算

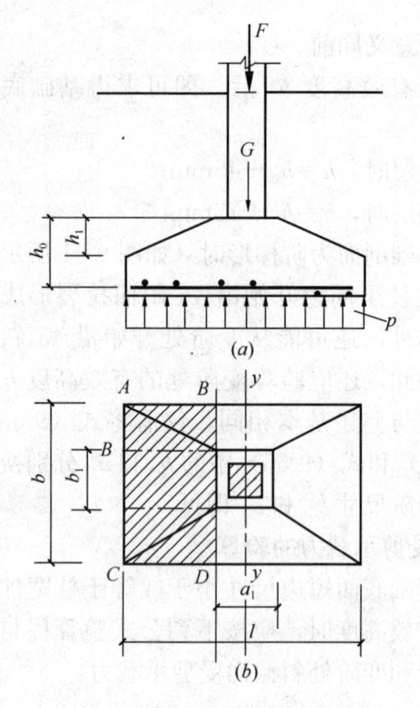

图 9-43 锥形基础受剪承载力验算

4. 基础底板配筋计算

由于底板在基底净反力设计值作用下，在两个方向均发生弯曲，所以两个方向都要配置受力钢筋。钢筋面积按两个方向的最大弯矩分别计算（如图 9-44 所示）。

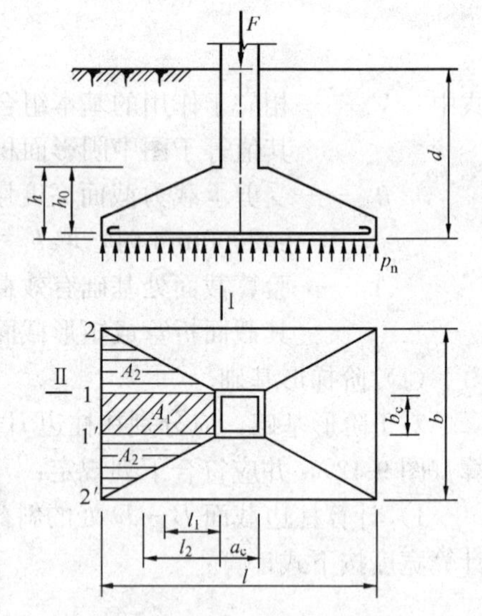

图 9-44 轴心受压柱基础配筋的计算

当台阶的宽高比小于或等于 2.5 且偏心距小于或等于 1/6 基础宽度时，控制截面的弯矩可按式 (9-70) ～式 (9-71) 计算。

Ⅰ-Ⅰ截面

将该截面左侧基底面积划分为 A_1 和 A_2，并将其基底反力的合力对截面 Ⅰ-Ⅰ 取矩，经简化后，得：

$$M_{\mathrm{I}} = \frac{p_n}{24}(l - a_c)^2 (2b + b_c) \tag{9-70}$$

配筋面积按下式计算：

$$A_{s\mathrm{I}} = \frac{M_{\mathrm{I}}}{0.9 h_0 f_y}$$

式中 h_0——截面Ⅰ-Ⅰ的有效高度；

f_y——钢筋抗拉强度设计值。

Ⅱ-Ⅱ截面

$$M_{\mathrm{II}} = \frac{p_n}{24}(b - b_c)^2 (2l + a_c) \tag{9-71}$$

$$A_{s\mathrm{II}} = \frac{M_{\mathrm{II}}}{0.9h_0 f_y}$$

当基础为阶梯形时（如图 9-45 所示），除按截面Ⅰ-Ⅰ和Ⅱ-Ⅱ的弯矩分别计算钢筋面积 $A_{s\mathrm{I}}$ 和 $A_{s\mathrm{II}}$ 外，尚应按截面Ⅲ-Ⅲ和Ⅳ-Ⅳ的弯矩设计值计算变阶处的钢筋面积 $A_{s\mathrm{III}}$ 和 $A_{s\mathrm{IV}}$。

Ⅲ-Ⅲ截面
$$M_{\mathrm{III}} = \frac{p_n}{24}(l-a_1)^2(2b+a_1) \tag{9-72}$$

$$A_{s\mathrm{III}} = \frac{M_{\mathrm{III}}}{0.9h_0 f_y}$$

Ⅳ-Ⅳ截面
$$M_{\mathrm{IV}} = \frac{p_n}{24}(b-b_1)^2(2l+a_1) \tag{9-73}$$

$$A_{s\mathrm{IV}} = \frac{M_{\mathrm{IV}}}{0.9h_0 f_y}$$

最后，分别按两个方向较大者配筋。

《建筑地基基础设计规范》50007—2011 规定，当柱下独立柱基础底面长短边之比 ω 在范围：$2 \leqslant \omega = l/b \leqslant 3$ 时，基础底板短向钢筋应按下述方法布置：将短向全部钢筋面积乘以系数 λ 后求得的钢筋，均匀分布在与柱中心线重合的宽度等于基础短边 b 的中间带宽范围内（如图 9-46 所示），其余的短向钢筋则均匀布置在中间带宽的两侧。长向钢筋应均匀分布在基础全宽范围内。λ 按下式计算：

$$\lambda = 1 - \frac{\omega}{6} \tag{9-74}$$

规范这一规定是基于基础底面长边与短边之比在上述规定范围内时考虑的。基础底板仍具有双向受力作用，但长向的两端区域对底板短向受弯承载力的作用相对较小，因此，在布置短向钢筋时应考虑各区域钢筋受力分布情况。

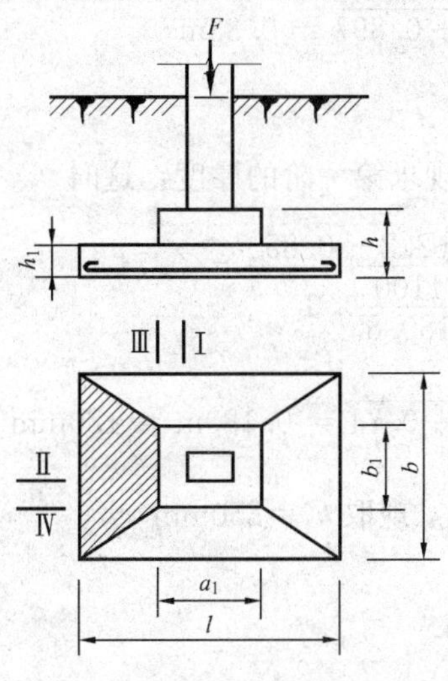

图 9-45　阶梯形基础配筋计算

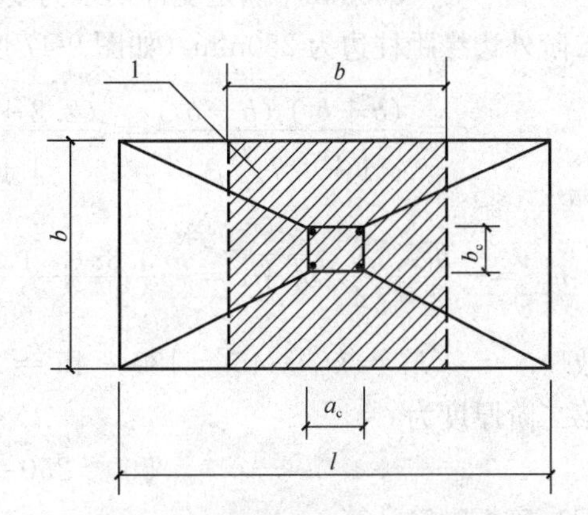

图 9-46　基础底板短向钢筋布置

1—λ 倍短向全部钢筋面积均匀分布在阴影范围内

【例题 9-15】　试设计钢筋混凝土内柱基础。上部结构荷载标准值 $F_k = 700\mathrm{kN}$，设计

值 F＝875kN。柱截面尺寸 350mm×350mm，基础埋深 1.8m（从室内设计地面起算），地基土承载力特征值 f_a＝180kN/m²。基础采用 HPB300 级钢筋，f_y＝270N/mm² 混凝土强度等级 C20，f_t＝1.10N/mm²（如图 9-47 所示）。

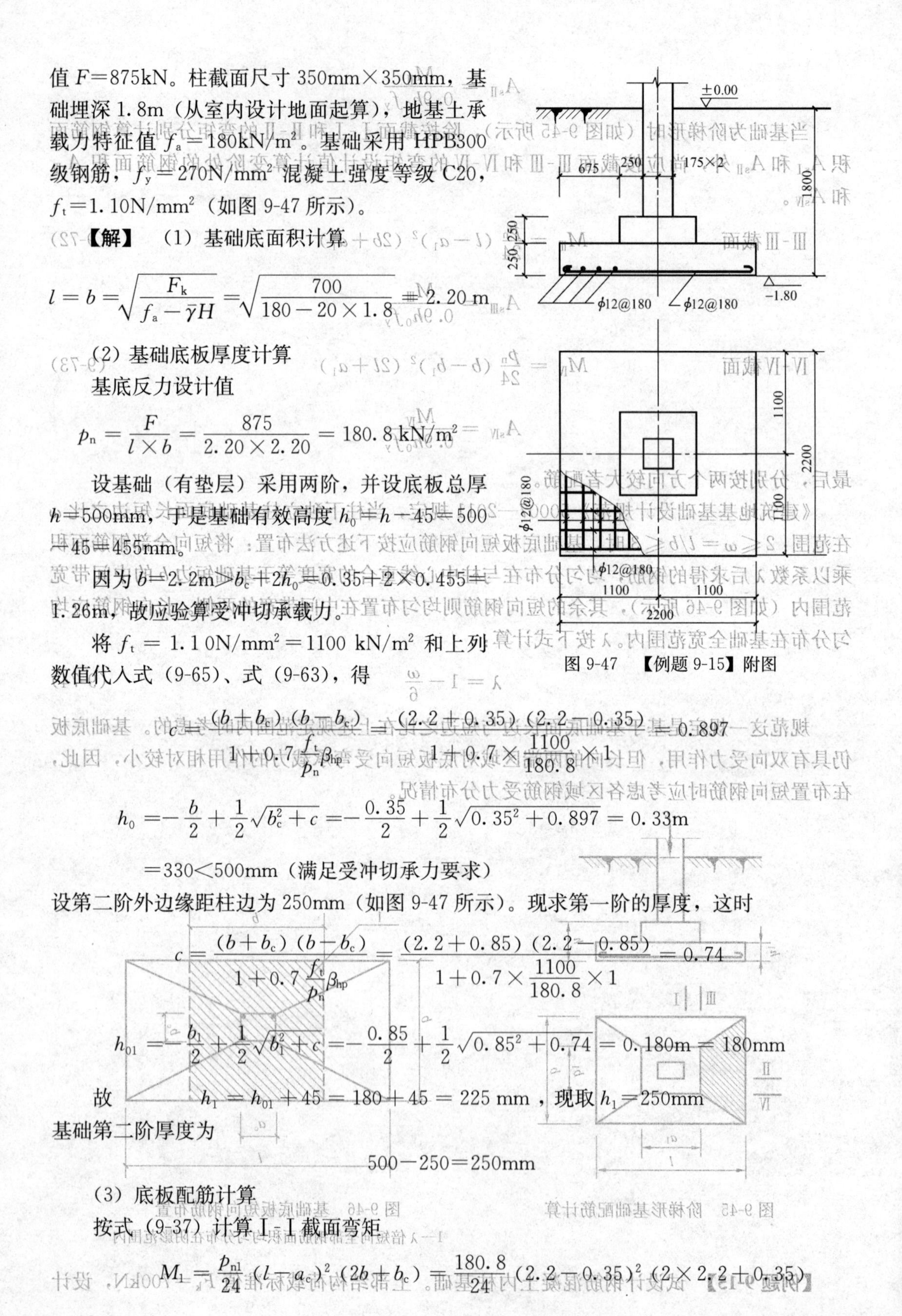

图 9-47 【例题 9-15】附图

【解】 (1) 基础底面积计算

$$l=b=\sqrt{\frac{F_k}{f_a-\bar{\gamma}H}}=\sqrt{\frac{700}{180-20\times1.8}}=2.20\text{ m}$$

(2) 基础底板厚度计算

基底反力设计值

$$p_n=\frac{F}{l\times b}=\frac{875}{2.20\times2.20}=180.8\text{ kN/m}^2$$

设基础（有垫层）采用两阶，并设底板总厚 h＝500mm，于是基础有效高度 $h_0=h-45=500-45=455$mm。

因为 $b=2.2\text{m}>b_c+2h_0=0.35+2\times0.455=1.26$m，故应验算受冲切承载力。

将 $f_t=1.10\text{N/mm}^2=1100\text{ kN/m}^2$ 和上列数值代入式（9-65）、式（9-63），得

$$c=\frac{(b+b_c)(b-b_c)}{1+0.7\dfrac{f_t}{p_n}\beta_{hp}}=\frac{(2.2+0.35)(2.2-0.35)}{1+0.7\times\dfrac{1100}{180.8}\times1}=0.897$$

$$h_0=-\frac{b}{2}+\frac{1}{2}\sqrt{b_c^2+c}=-\frac{0.35}{2}+\frac{1}{2}\sqrt{0.35^2+0.897}=0.33\text{m}$$

$$=330<500\text{mm}\ \text{（满足受冲切承力要求）}$$

设第二阶外边缘距柱边为 250mm（如图 9-47 所示）。现求第一阶的厚度，这时

$$c=\frac{(b+b_c)(b-b_c)}{1+0.7\dfrac{f_t}{p_n}\beta_{hp}}=\frac{(2.2+0.85)(2.2-0.85)}{1+0.7\times\dfrac{1100}{180.8}\times1}=0.74$$

$$h_{01}=-\frac{b_1}{2}+\frac{1}{2}\sqrt{b_1^2+c}=-\frac{0.85}{2}+\frac{1}{2}\sqrt{0.85^2+0.74}=0.180\text{m}=180\text{mm}$$

故 $h_1=h_{01}+45=180+45=225\text{ mm}$，现取 h_1＝250mm

基础第二阶厚度为

$$500-250=250\text{mm}$$

(3) 底板配筋计算

按式（9-37）计算 Ⅰ-Ⅰ 截面弯矩

$$M_Ⅰ=\frac{p_{n1}}{24}(l-a_c)^2(2b+b_c)=\frac{180.8}{24}(2.2-0.35)^2(2\times2.2+0.35)$$

$= 1.22.5\text{kN}\cdot\text{m}$

配筋面积按下式计算：

$$A_{s\mathrm{I}} = \frac{M_{\mathrm{I}}}{0.9h_0 f_y} = \frac{122.5\times10^6}{0.9\times455\times270} = 1108\ \text{mm}^2$$

经计算 $A_{s\mathrm{I}} < A_{s\mathrm{III}}$，故按 $A_{s\mathrm{I}} = 1108\text{mm}^2$ 配筋，沿基底两个方向每米配筋面积：

$$\bar{A}_s = \frac{1108}{2.20} = 504\text{mm}^2$$

选 ϕ@200，$A_{s\mathrm{I}} = 565\ \text{mm}^2$。基础配筋图如图 9-45 所示。

二、偏心受压基础

1. 基础底板受冲切承载力计算

偏心受压基础底板受冲切承载力计算与轴心受压基础基本相同，仅需将式（9-64）和式（9-65）中的基底净反力 p_n 以基础边缘最大净反力 $p_{n\max}$ 代替即可（如图 9-48 所示）。$p_{n\max}$ 按下式计算：

$$p_{n\max} = \frac{F}{lb}\left(1+\frac{6e_0}{l}\right) \tag{9-75}$$

式中　e_0——偏心距，$e_0 = \dfrac{M}{F}$。

2. 基础底板受剪承载力计算

偏心受压基础底板受剪承载力计算与轴心受压基础基本相同，这时，式（9-66）中的剪力设计值 V_s 等于图 9-42 阴影面积乘以该面积范围内的平均净反力。

3. 基础底板配筋计算

偏心受压基础底板配筋计算与轴心受压基础相类似。对截面Ⅰ-Ⅰ将公式（9-70）中 p_n 换成偏心受压时柱边处基底反力设计值 $p_{n边\mathrm{I}}$ 与 $p_{n\max}$的平均值（图 9-49）。

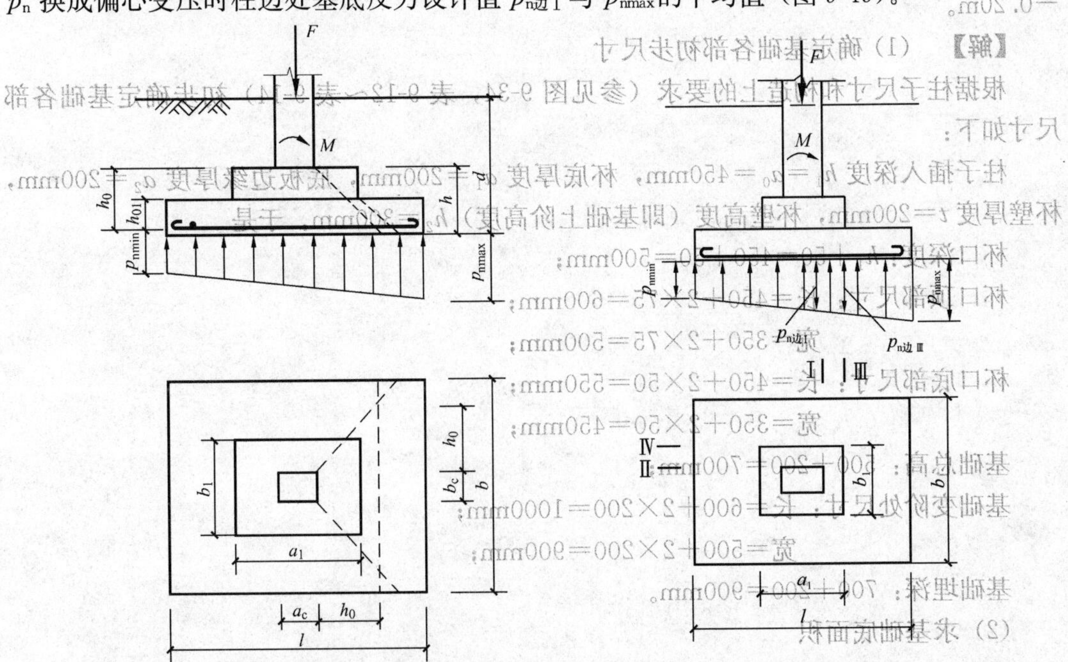

图 9-48　偏心受压基础底板受冲切承载力计算　　图 9-49　偏心受压基础底板配筋计算

$$p_{n}=\frac{1}{2}\ (p_{nmax}+p_{n边Ⅰ})$$

这样
$$M_{Ⅰ}=\frac{1}{48}(p_{nmax}+p_{n边Ⅰ})(l-a_{c})^{2}(2b+b_{c}) \tag{9-76}$$

对于截面Ⅱ-Ⅱ：

$$p_{n}=\frac{1}{2}(p_{nmax}+p_{nmin})$$

式中
$$p_{nmin}=\frac{F}{lb}\left(1-\frac{6e_{0}}{l}\right) \tag{9-77}$$

这样

$$M_{Ⅱ}=\frac{1}{48}(p_{nmax}+p_{nmin})(b-b_{c})^{2}(2l+a_{c}) \tag{9-78}$$

对于阶梯形基础，尚应求出变阶处两个方向的弯矩

$$M_{Ⅲ}=\frac{1}{48}(p_{nmax}+p_{n边Ⅲ})(l-a_{1})^{2}(2b+b_{1}) \tag{9-79}$$

$$M_{Ⅳ}=\frac{1}{48}\ (p_{maqx}+p_{min})\ (b-b_{1})^{2}\ (2l+a_{1}) \tag{9-80}$$

求出弯矩后，再求钢筋面积。最后根据各自方向较大的钢筋面积进行配筋。

【例题 9-16】 设计有单梁起重机的单层厂房的杯口基础（如图 9-50 所示）。

已知作用在杯口顶面处的荷载标准值 $F_{k}=250$kN，设计值 $F=312.5$kN。弯矩标准值 $M'_{k}=86.1$kN·m，设计值 $M'=107.6$kN·m，剪力标准值 $V'_{k}=20$kN，设计值 $V'=25$kN。柱子截面尺寸 $a_{c}\times b_{c}=450\text{mm}\times350\text{mm}$，混凝土强度等级 C20，$f_{t}=1100\text{kN/m}^{2}$，HPB300 级钢筋 $f_{y}=270\text{N/mm}^{2}$，地基承载力特征值 $f_{a}=180\text{kN/m}^{2}$，杯口顶面处标高为 -0.20m。

【解】 (1) 确定基础各部初步尺寸

根据柱子尺寸和构造上的要求（参见图 9-34，表 9-12～表 9-14）初步确定基础各部尺寸如下：

柱子插入深度 $h_{1}=a_{0}=450$mm，杯底厚度 $a_{1}=200$mm，底板边缘厚度 $a_{2}=200$mm，杯壁厚度 $t=200$mm，杯壁高度（即基础上阶高度）$h_{2}=300$mm。于是

杯口深度：$h_{1}+50=450+50=500$mm；

杯口顶部尺寸：长＝450＋2×75＝600mm；

宽＝350＋2×75＝500mm；

杯口底部尺寸：长＝450＋2×50＝550mm；

宽＝350＋2×50＝450mm；

基础总高：500＋200＝700mm；

基础变阶处尺寸：长＝600＋2×200＝1000mm；

宽＝500＋2×200＝900mm；

基础埋深：700＋200＝900mm。

(2) 求基础底面积

因为厂房设备有起重机设备，故基底应力不得出现拉应力。即应满足 $\xi=\frac{p_{kmin}}{p_{kmax}}\geqslant0$，

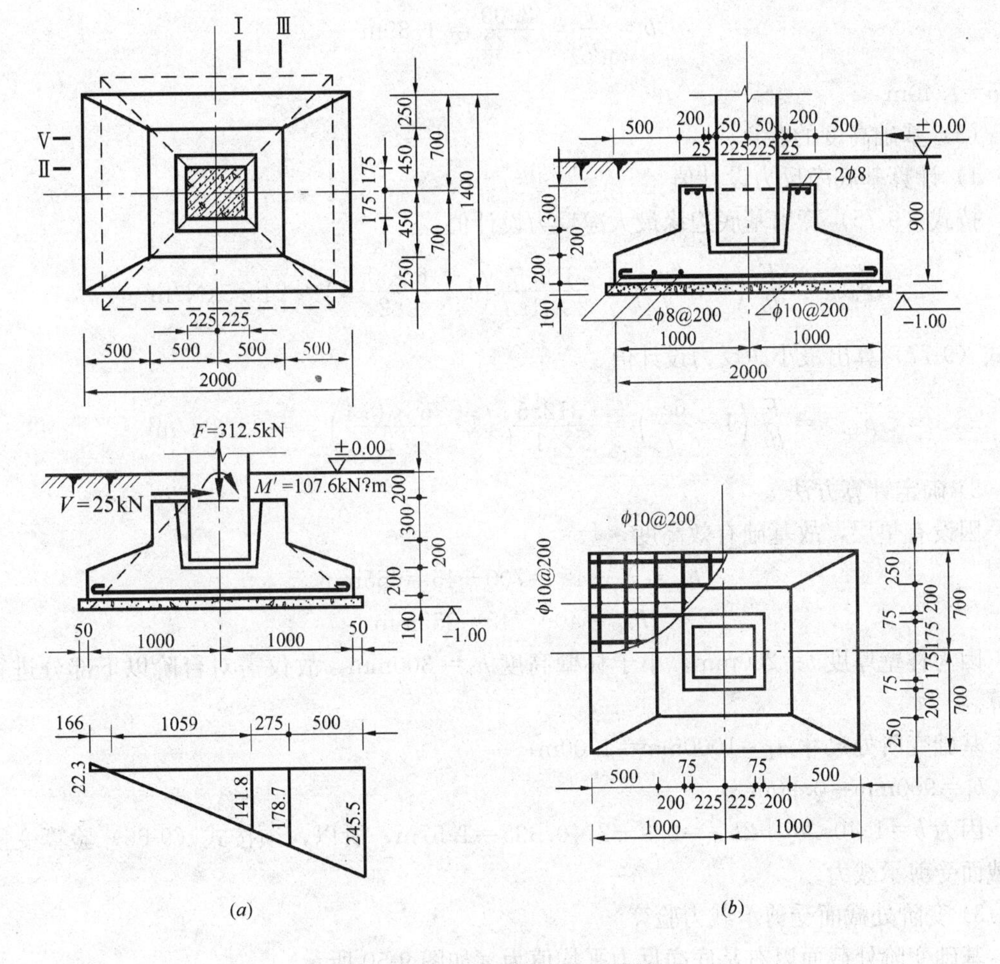

图 9-50 【例题 9-16】附图

今采用 $\xi=0$。

计算偏心距
$$e_0=\frac{M_k}{F_k}=\frac{86.1+20\times0.7}{250}=0.40\text{m}$$

这里 20×0.7 为剪力在基底产生的力矩。计算系数

$$\Delta=\frac{\overline{\gamma}H}{f_a}=\frac{20\times0.9}{180}=0.1$$

由表 9-8 查得，当 $\xi=0$ 和 $\Delta=0.1$ 时，$\Omega=8$。

按式（9-23）计算基底长边与短边尺寸之比

$$n=\frac{100e_0^2f_a}{\Omega F_k}=\frac{100\times0.4^2\times180}{8\times250}=1.44$$

按式（9-17）算出基底面积

$$A\geqslant\frac{F_k}{0.6(1+\xi)f_a-\gamma H}=\frac{250}{0.6\times180-20\times0.9}=2.78\text{m}^2$$

$$l=\sqrt{nA}=\sqrt{1.44\times2.78}=2.00\text{m}$$

$$b=\frac{l}{n}=\frac{2.00}{1.44}=1.39\text{m}$$

取 b=1.40m

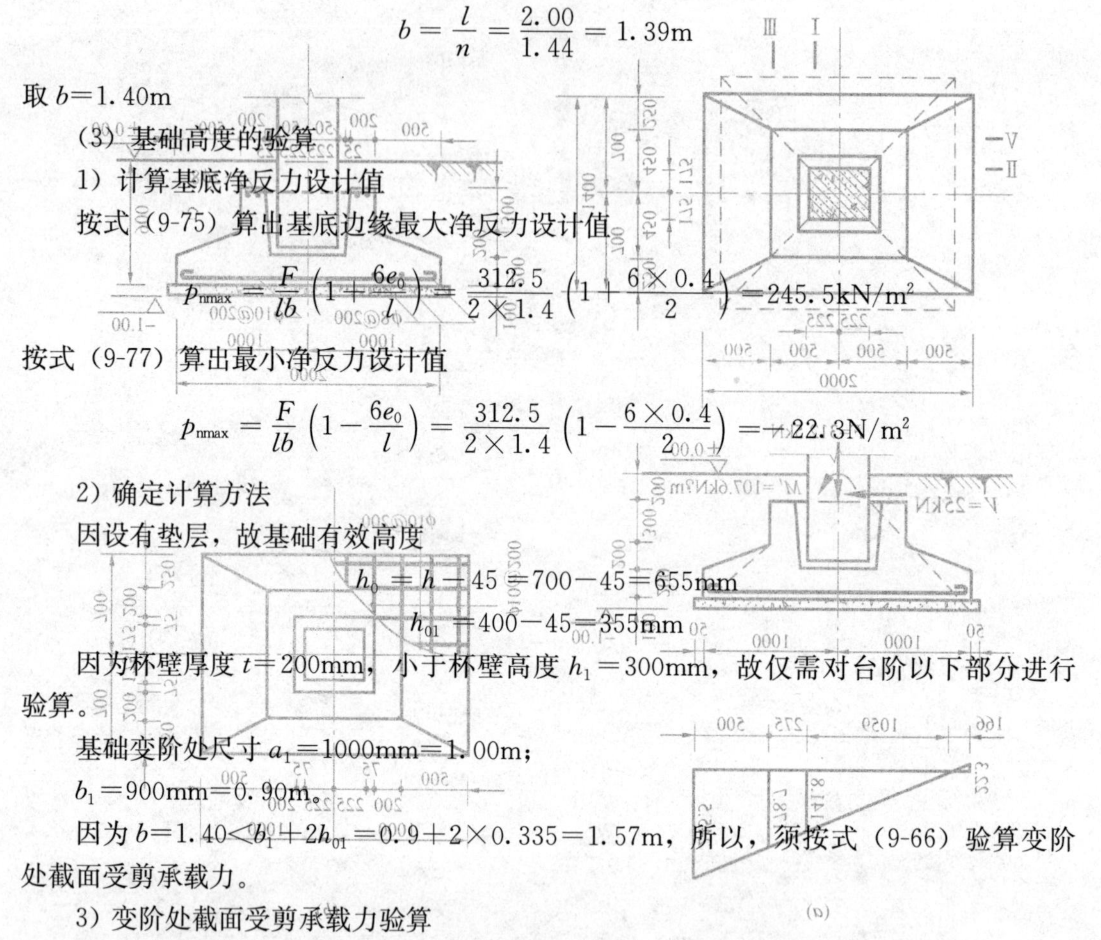

(3) 基础高度的验算

1) 计算基底净反力设计值

按式 (9-75) 算出基底边缘最大净反力设计值

$$p_{\text{nmax}}=\frac{F}{lb}\left(1+\frac{6e_0}{l}\right)=\frac{312.5}{2\times1.4}\left(1+\frac{6\times0.4}{2}\right)=245.5\text{kN/m}^2$$

按式 (9-77) 算出最小净反力设计值

$$p_{\text{nmax}}=\frac{F}{lb}\left(1-\frac{6e_0}{l}\right)=\frac{312.5}{2\times1.4}\left(1-\frac{6\times0.4}{2}\right)=-22.3\text{N/m}^2$$

2) 确定计算方法

因设有垫层，故基础有效高度

$$h_0=h-45=700-45=655\text{mm}$$

$$h_{01}=400-45=355\text{mm}$$

因为杯壁厚度 $t=200$mm，小于杯壁高度 $h_1=300$mm，故仅需对台阶以下部分进行验算。

基础变阶处尺寸 a_1=1000mm=1.00m；

b_1=900mm=0.90m。

因为 $b=1.40<b_1+2h_{01}=0.9+2\times0.335=1.57$m，所以，须按式 (9-66) 验算变阶处截面受剪承载力。

3) 变阶处截面受剪承载力验算

基础变阶处截面以右基底净反力平均值为（如图 9-50 所示）：

$$p_{\text{n}}=\frac{245.1+178.7}{2}=212.1\text{kN/m}^2$$

变阶处截面以右基底面积

$$A'=0.5\times1.40=0.7\text{m}^2$$

作用在变阶处截面的剪力设计值

$$V_{\text{s}}=p_{\text{n}}A'=212.1\times0.7=148.47\text{kN}$$

因为验算截面为锥形，故应按式 (9-69) 计算其折算宽度

$$b_{y0}=\left[1-0.5\frac{h_1}{h_0}\left(1-\frac{b_1}{b}\right)\right]b=\left[1-0.5\frac{200}{355}\left(1-\frac{900}{1400}\right)\right]1400$$

$$=1259.1\text{mm}$$

验算截面处基础的有效截面面积

$$A_0=b_{y0}h_0=1259.1\times355=421799\text{mm}^2=0.422\text{m}^2$$

按式 (9-66) 验算变阶处截面受剪承载力：

$$0.7\beta_{\text{hp}}f_{\text{t}}A_0=0.7\times1\times1100\times0.422=324.94\text{ kN}>V_{\text{s}}=148.47\text{kN}$$

因此，变阶处截面受剪承载力满足要求。

(4) 基础底部配筋计算

1) 沿基础长边方向配筋

根据三角比例关系得到 $p_{n边I}=141.8\text{kN/m}^2$ 和 $p_{n边III}=178.7\text{kN/m}^2$。

按式 (9-76) 计算 I - I 截面弯矩

$$M_{I-I}=\frac{1}{48}(p_{nmax}+p_{n边I})(l-a_c)^2(2b+b_c)^{❶}$$

$$=\frac{1}{48}(245.5+141.8)(2-0.45)^2(2\times1.4+0.35)$$

$$=61.1\text{kN}\cdot\text{m}=61.1\times10^6\text{N}\cdot\text{mm}$$

计算配筋

$$A_{sI-I}=\frac{M_{I-I}}{0.9h_0f_y}=\frac{61.1\times10^6}{0.9\times655\times270}=383.88\text{mm}^2$$

按式 (9-79) 计算计算Ⅲ-Ⅲ截面弯矩

$$M_{III-III}=\frac{1}{48}(p_{nmax}+p_{n边III})(l-a_1)^2(2b+b_1)^{①}$$

$$=\frac{1}{48}(245.5+141.8)(2-0.45)^2(2\times1.4+0.9)$$

$$=32.7\text{kN}\cdot\text{m}=32.7\times10^6\text{N}\cdot\text{mm}$$

计算配筋

$$A_{sIII}=\frac{M_{III-III}}{0.9h_0f_y}=\frac{32.7\times10^6}{0.9\times355\times270}=379.9\text{ mm}^2$$

$A_{sI-I}=383.88\text{mm}^2>A_{sIII}=379.9\text{ mm}^2$，故按 A_{sI-I} 配筋。沿基础短边方向每米长所需钢筋面积

$$A_s=\frac{383.88}{1.40}=274.2\text{mm}^2$$

选 10@200 ($A_s=393\text{mm}^2$)

2) 沿基础短边方向的配筋

在柱边处对于Ⅱ-Ⅱ截面的弯矩，按式 (9-78) 计算

$$M_{II-II}=\frac{1}{48}(p_{nmax}+p_{nmin})(b-b_c)^2(2l+a_c)$$

$$=\frac{1}{48}(245.5+22.3)(1.4-0.45)^2(2\times2+0.45)$$

$$=23.1\text{kN}\cdot\text{m}=23.1\times10^6\text{N}\cdot\text{mm}$$

计算配筋

❶ 在本例中，在净荷载设计值作用下，基底压力出现负值（如图 9-50*a* 所示），但其数值不大，为简化计算，故仍按式 (9-76) 计算。

$$A_{s\text{Ⅱ-Ⅱ}}=\frac{M_{\text{Ⅱ-Ⅱ}}}{0.9h_0f_y}=\frac{23.1\times10^6}{0.9\times655\times270}=145.1\text{mm}^2$$

经计算，在变阶处截面Ⅳ-Ⅳ所需钢筋面积也很少。因此，沿基础短边方向的配筋仅需构造配置。选用$\phi8$@200。

杯口基础配筋见图9-50*b*。

小　结

1. 无筋扩展基础是指由砖、毛石、混凝土或毛石混凝土、灰土和三合土等材料组成的墙下条形基础或柱下独立基础；配筋扩展基础是指墙下钢筋混凝土条形基础和柱下钢筋混凝土独立基础。配筋扩展基础简称扩展基础。

2. 基础底面尺寸应根据地基承载力条件确定。当轴心荷载作用时其条件为$p\leqslant f_a$；当偏心荷载作用时除满足上式要求外，尚应符合下式条件：$p_{max}\leqslant1.2f_a$。当地基内有软弱下卧层时，尚需验算软弱下卧层的承载力：$p_{cz}+p_z\leqslant f_{az}$。

3. 无筋扩展基础的高度应满足刚性角的要求；配筋扩展基础的高度应满足受剪承载力或受冲切承载力的要求，同时尚应符合构造要求。

4. 柱下条形基础计算应符合下列规定：

1）在比较均匀的地基上，上部结构刚度较好，荷载分布较均匀，且基础梁的高度不小于1/6柱距时，地基反力可按直线分布，基础梁的内力可按连续梁计算，这时边跨跨中弯矩及第一内支座的弯矩值宜乘以1.2的系数。

2）当不满足本款第1条的要求时，宜按弹性地基梁计算。

5. 设计柱下条形基础时应满足构造要求。

思　考　题

9-1　简述天然地基上浅基础的设计步骤。

9-2　浅基础有哪些类型？并叙述它们的应用范围。

9-3　怎样选择基础的埋置深度？

9-4　如何确定基础底面尺寸？

9-5　为什么要验算软下卧层的承载力？具体要求是什么？

9-6　怎样确定无筋扩展基础的剖面尺寸？

9-7　怎样确定配筋扩展基础的剖面尺寸及配筋？

计　算　题

9-1　某办公楼外墙基础埋深$d=1.5$m，室内外高差为0.45m。相应于作用的标准组合时上部结构传至基础顶面的竖向力$F_k=220$kN，基础埋深范围内土的重度$\gamma_0=17.8\text{kN/m}^3$，地基持力层为粉质黏土，孔隙比$e=0.78$，液性指数$I_L=0.82$，地基土承载力特征值$f_{ak}=160\text{kN/m}^2$。试确定基础底面宽度。

9-2　房屋内柱基础埋深$d=1.8$m，相应于作用的标准组合时上部结构传至基础顶面的竖向力值$F_k=450$kN，埋深范围内土的重度$\gamma_0=19\text{kN/m}^3$，地基持力层为中砂，地基土承载力特征值$f_{ak}=160\text{kN/m}^2$。试确定正方形基础底面的尺寸。

9-3　某轴心受压矩形基础，基础底面尺寸为2.8m×2.0m，相应于作用的标准组合时，上部结构传至基础顶面的竖向力值 $F_k=820kN$，地质剖面如图 9-51 所示。试验算下卧层土的承载力。

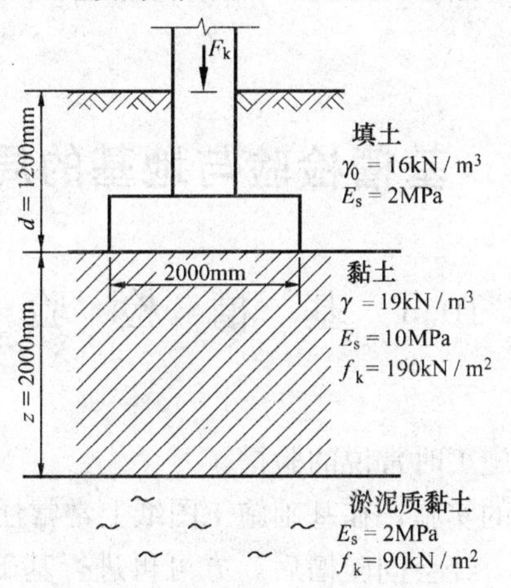

图 9-51 习题【9-3】附图

9-4 某内柱偏心受压独立基础，埋置深度 $d=1.5m$，相应于作用的标准组合时上部结构传至基础顶面的竖向力值 $F_k=500kN$，作用在基底的力矩 $M=150kN \cdot m$。地基承载力特征值 $f_a=170kN/m^2$（已进行深度修正）。试求基底面积。

9-5 某办公楼外墙厚度 360mm，基础埋置深度 1.20m。相应于作用的标准组合时上部结构传至基础顶面的竖向力值 $F_k=120kN/m$。地基土经深度修正后的承载力特征值 $f_a=100kN/m^2$，室内外高差为 0.45m。试设计计算外墙灰土基础。

9-6 某教学楼外墙钢筋混凝土基础。相应于作用的标准组合时，上部结构传至基础顶面的竖向力值 $F_k=210kN/m$，相应于作用的基本组合时，传至基础顶面的竖向力设计值 $F=280kN/m$。室内外高差 0.45m，基础埋深 1.20m（从室外地面算起），地基承载力特征值 $f_a=150kN/m^2$，混凝土强度等级为 C20，$f_t=1.1N/mm^2$，采用 HRB335 级钢筋 $f_y=300N/mm^2$。试设计钢筋混凝土基础。

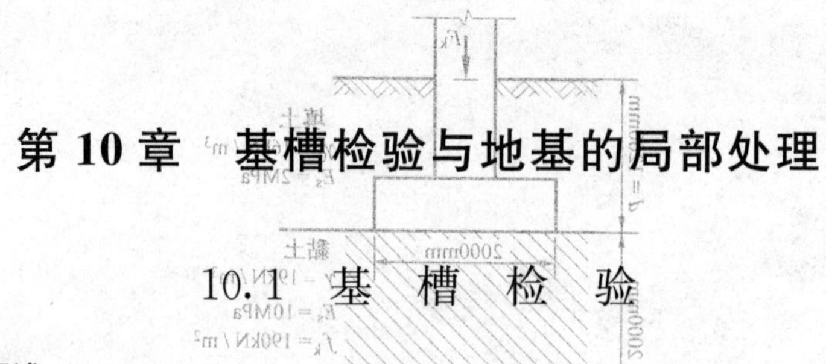

第 10 章　基槽检验与地基的局部处理

10.1　基　槽　检　验

10.1.1　概述

基槽检验就是现场基础施工时常说的验槽。

为了确保验槽这一环节的实施，在基础施工图纸上常常注明：“待基槽挖至设计标高后，请通知勘察和设计部门。经会同验槽后，方可再进行基础工程施工。”为什么挖完基槽后不能立即就进行下一工序施工呢？这是因为建筑的地基和基础设计主要是以工程地质勘察资料为依据的，而工程地质勘察的钻探工作又只能在一栋建筑物周边和其范围内地基的几个钻孔内进行。所以，两钻孔间的地层变化规律是无法准确无误地加以描述的。特别是在杂填土较多的城区地基更是如此。因此，为了普遍探明基槽内土质变化情况和局部特殊土质情况（如松软土质、老的房基、路面、坑、沟、坟穴等），以及核对建筑物位置、平面尺寸、槽宽、槽深是否与设计图纸一致，就需要在基础工程施工前验槽。根据验槽结果，必要时应进行补充钻探和测试工作，并研究原地基基础设计方案是否需要修正。如遇有异常地基，则应确定地基的局部处理方法。验槽主要是以细致观察、量测为主，并辅以钎探配合。

10.1.2　观察验槽

首先根据槽帮土层分布情况及走向，初步判明全部基底是否已挖至设计要求的土层（如图 10-1 所示）。其次，检验槽底，检查时应观察刚开挖的且结构没有受到破坏的原状土（如果不是刚开挖的槽，就需要先铲去表面已经风干、水浸或受冻的土层），观察它的

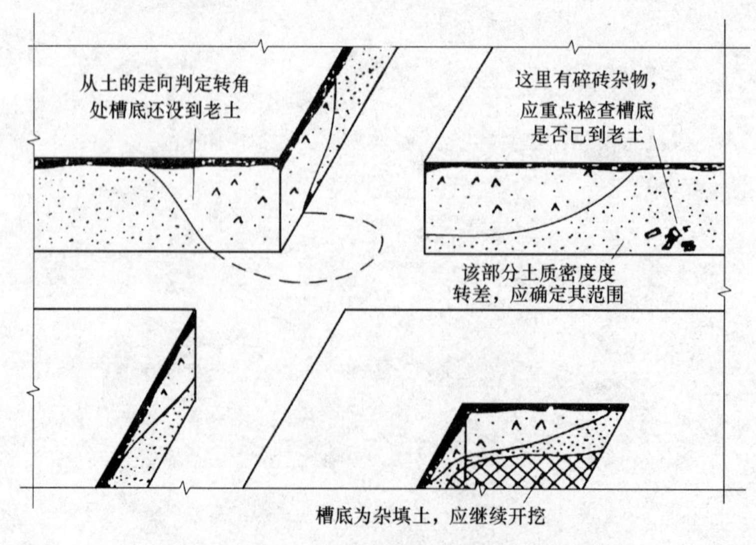

图 10-1　基槽土质变化情况

结构、孔隙、湿度、含有物等，确定是否为原设计的持力层土质，必要时还应往下挖掘，以确定基底设计标高距持力层的深度。为了使检验工作具有代表性，并保证重点结构部位的地基土合乎设计要求。验槽的重点应选在柱基、墙角、承重墙下或其他受力较大的部位。除在重点部位取土鉴定外，还应对整个槽底进行全面观察。察看槽底土的颜色是否一致，土的坚硬程度是否一样（可从铲挖槽底的感觉上判断），是否有局部含水量异常的现象（过干或过湿），踩上去有否颤动的感觉。总之，凡有异常现象的部位，都应该调查清楚其原因和范围，以便为地基处理和结构设计变更提供详尽的资料。

观察验槽虽能比较直观地对槽底进行详细检查，但只能观察槽底表土，而对槽底以下主要受力层深度范围内土的变化和分布情况，以及是否有墓穴、软弱土层等情况，还无法清楚地探明。为此，还应该用钎探检查。

10.1.3 钎探

钎探是将一定长度的钢钎打入槽底的土层中，根据每打入地基土层 300mm 深度的锤击数来判断地基土质情况的一种简易勘探方法。

1. 钢钎的规格和锤重

过去钢钎是由直径 22～25mm 的钢筋制成。钎尖呈 60°尖锥状。钢钎长度 1.8～2.0m（如图 10-2 所示）。锤采用 8 磅或 12 磅手锤。举锤高度离钎顶 50～70cm，将钢钎竖直打入土中，并记录每打入土层 300mm 的锤击数。

图 10-2 钢钎

以上钎探方法，由于钢钎直径与铁锤规格不同，落距和用力差别较大，数据往往不够可靠。目前国内许多施工单位已采用轻便触探进行钎探，这不仅可以准确探明基槽土质的均匀性，而且还可以检验勘察报告中所提供的地基承载力特征值 f_{ak} 是否准确。这种钎探方法效果较好，值得推广。

2. 钎孔布置和钎探深度

钎孔布置和深度应根据地基土质的复杂情况、基槽宽度和形状而定。对于土质情况简单的天然地基，钎孔间距和打入深度可参照表 10-1 选择。对于软弱的新近沉积的黏性土和人工杂填土地基，钎孔的间距应不大于 1.5m。

钎孔布置 **表 10-1**

槽宽（mm）	排列方式及图示	间距（m）	钎探深度（m）
＜800	中心一排 	1～2	1.2
800～2000	两排错开 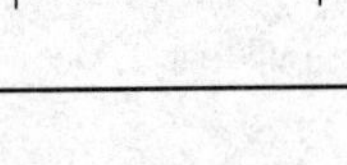	1～2	1.5

续表

槽宽（mm）	排列方式及图示	间距（m）	钎探深度（m）
＞2000	梅花形	1～2	2.0
柱基	梅花形	1～2	≥1.5 并不浅于短边宽度

3. 钎探记录和结果分析

在钎探以前，须绘制基槽平面图。在图上根据要求确定钎探点的平面位置，并依次编号，绘成钎探平面图。钎探时按钎探平面图标定的钎探点顺序进行，并同时记录每打入300mm（通常称为一步）深度的锤击数。

当一栋建筑物钎探完成后，要全面地从上到下，逐次地分析研究钎探记录，然后逐点进行比较，将锤击数过多和过少的钎孔在钎探平面图上加以圈定，以备现场重点检查。图10-3 和表 10-2 分别为某工程的钎探平面图和钎探记录表。

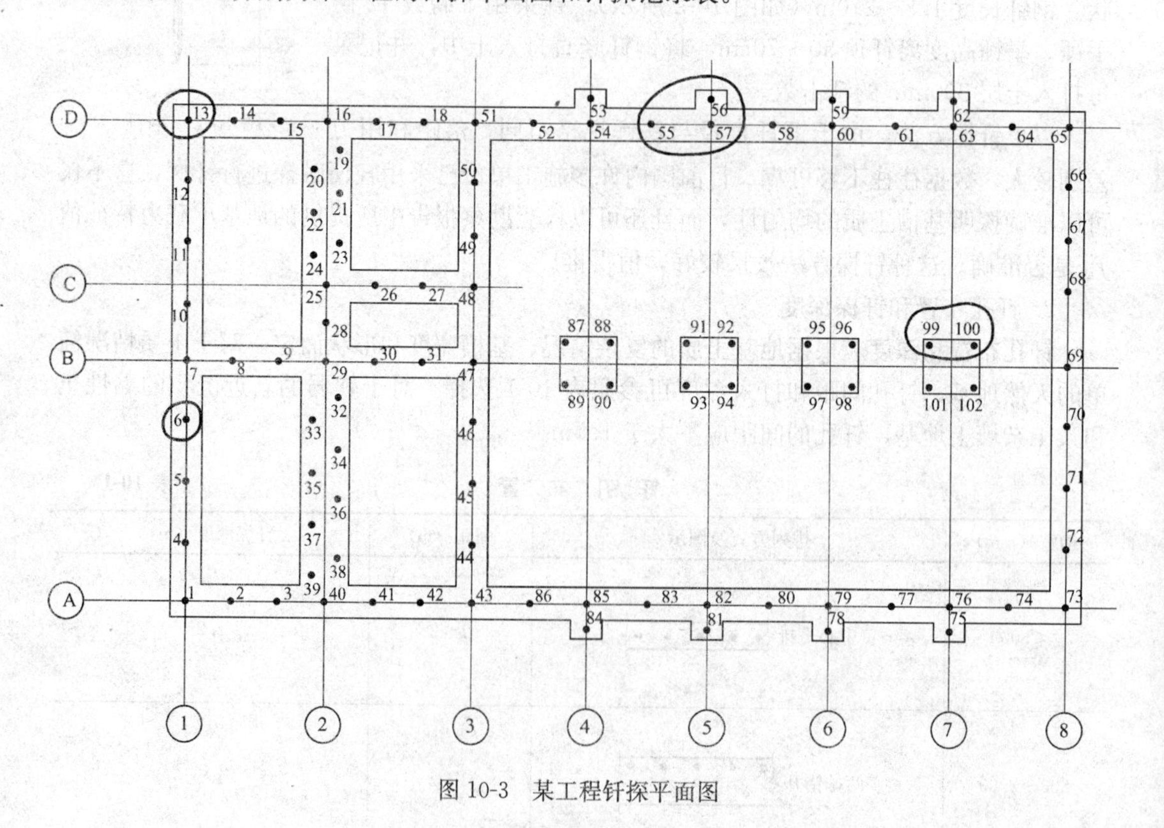

图 10-3　某工程钎探平面图

钎探记录表　　表 10-2

施工单位________　单位工程名称________

钎探部位________　轴线槽底标高________

锤重 10kg　落距 500mm　钎杆直径 ϕ25mm

每步打入深度 300mm　钎探日期____年____月____日

顺序号	钎探步数					顺序号	钎探步数				
	第一步	第二步	第三步	第四步	第五步		第一步	第二步	第三步	第四步	第五步
1	10	14	24	26	26	52	12	18	28	28	31
2	9	15	27	28	31	53	9	17	21	29	28
3	9	13	23	25	29	54	10	14	21	24	29
4	8	16	20	28	27	(55)	7	8	8	11	26
5	11	11	20	22	30	(56)	7	9	8	15	29
(6)	5	7	7	9	7	(57)	8	6	7	19	29
7	10	15	22	23	24	58	12	13	23	29	32
8	11	17	27	27	30	⋮					
9	7	14	23	29	29						
10	9	13	23	25	26	95	10	14	22	29	32
11	12	14	25	29	32	96	12	13	21	28	35
12	10	13	22	30	30	97	12	15	29	30	36
(13)	9	4	6	6	27	98	11	16	24	28	32
14						(99)	4	13	25	25	30
15						(100)	3	17	26	29	29
⋮						101	12	19	22	26	29
						102	13	18	27	29	31

施工负责人________施工班________记录人________

10.2 地基的局部处理

根据基槽检验查明的局部异常地基，在探明原因和范围后，均需妥善处理。具体处理方法可根据地基情况、工程性质和施工条件而有所不同，但均应符合使建筑物的各个部位沉降尽量趋于一致，以减小地基不均匀沉降的处理原则。

10.2.1 松土坑（填土、墓穴、淤泥等）的处理

当坑的范围较小，可将坑中松软虚土挖除，使坑底及四壁均见天然土为止，然后采用与坑边的天然土层压缩性相近的材料回填（如图 10-4*a* 所示）。例如：当天然土为第四纪砂土时，用砂或级配砂石回填，回填时应分层夯实，或用平板振捣器振密，每层厚度不大于 200mm。如在地下水位以上天然土为较密实的黏性土，则用 3∶7 灰土分层夯实回填；如为中密的可塑的黏性土或新近沉积黏性土，则可用 1∶9 或 2∶8 灰土分层夯实回填。

当坑的范围较大或因其他条件限制，基槽不能开挖太宽，槽壁挖不到天然土层时，则

应将该范围内的基槽适当加宽，加宽的宽度应按下述条件决定：当用砂土或砂石回填时，基槽每边均应按 $l_1:h_1=1:1$ 坡宽放宽；当用 1∶9 或 2∶8 灰土回填时，按 $l_1:h_1=0.5:1$ 坡宽放宽（如图 10-4*b* 所示）；当用 3∶7 灰土回填时，如坑的长度不大（长度≤2m，且为具有较大刚性的条形基础时），基槽可不放宽，但需将灰土与松土壁接触处紧密夯实。

如坑在槽内所占的范围较大（长度在 5m 以上），且坑底土质与一般槽底天然土质相同，也可将基础落深，做 1∶2 踏步与两端相接（如图 10-4*c* 所示），踏步多少根据坑深而定，但每步高不大于 0.5m，长度不小于 1m。

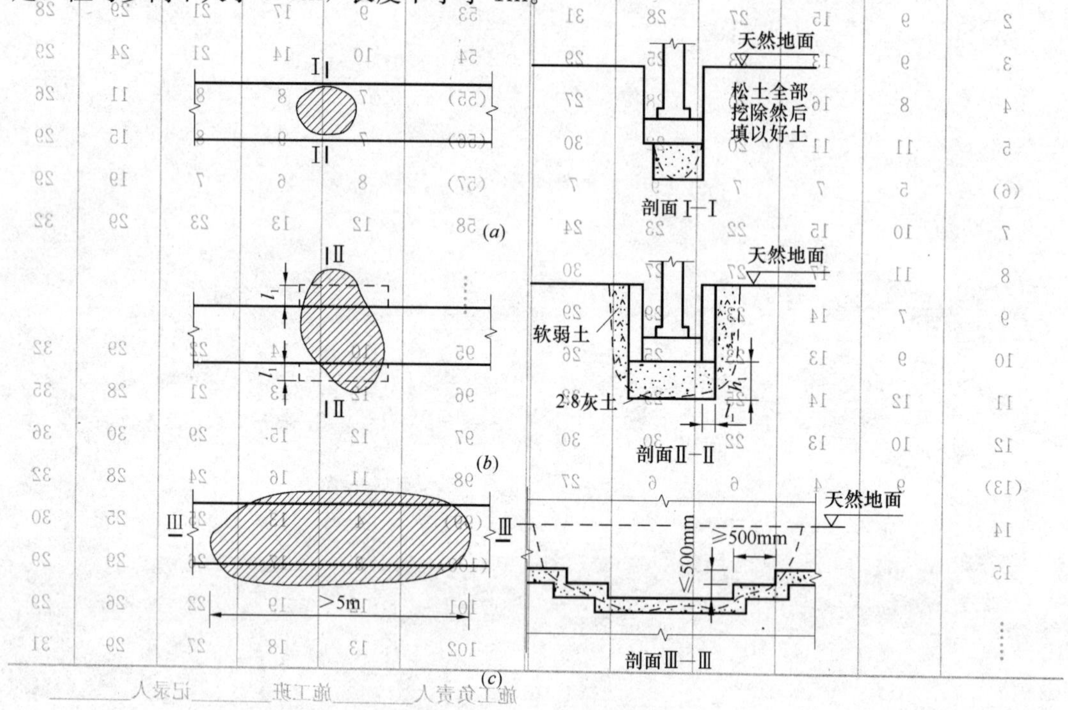

图 10-4　松土坑的处理

在独立基础下，如松土坑的深度较浅时，可将松土坑内的松土全部挖除，将柱基落深；如松土坑较深时，可将一定深度范围内的松土挖除，然后用与坑边的天然土压缩性相近的土料回填。至于换土的具体深度，应视柱基荷载和松土的密实程度而定（详见第 11 章换填垫层法）。

在以上几种情况中，如遇到地下水位较高，或坑内有积水无法夯实时，亦可用砂石或混凝土代替灰土。寒冷地区冬季施工时，槽底换土不能使用冻土，因为冻土不易夯实，且解冻后强度会显著降低，造成较大的不均匀沉降。

对于较深的松土坑（如坑深大于槽宽或大于 1.5m 时），槽底处理后，还应适当考虑是否需要加强上部结构的强度，以抵抗由于可能发生的不均匀沉降而引起的内力。常用的加强办法是：在灰土基础上 1～2 皮砖处（或混凝土基础内）、防潮层下 1～2 皮砖处及首层顶板处，各配置 3～4 根 8～12mm 钢筋（如图 10-5 所示）。

10.2.2　砖井或土井的处理

当砖井在基槽中间，井内填土已较密实，则应将井的砖圈拆除至槽底以下 1m（或更

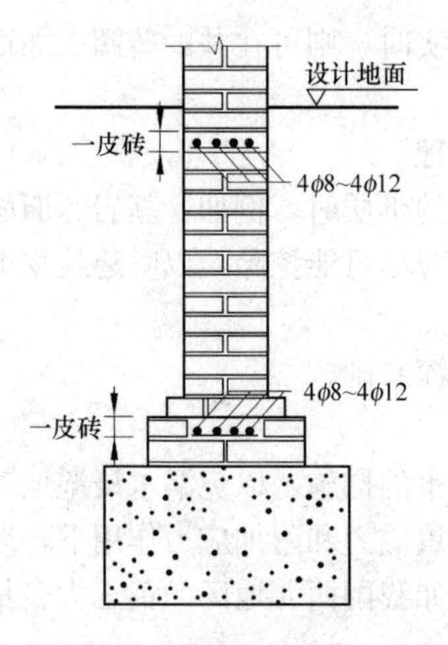

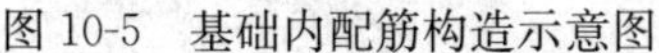

图 10-5　基础内配筋构造示意图

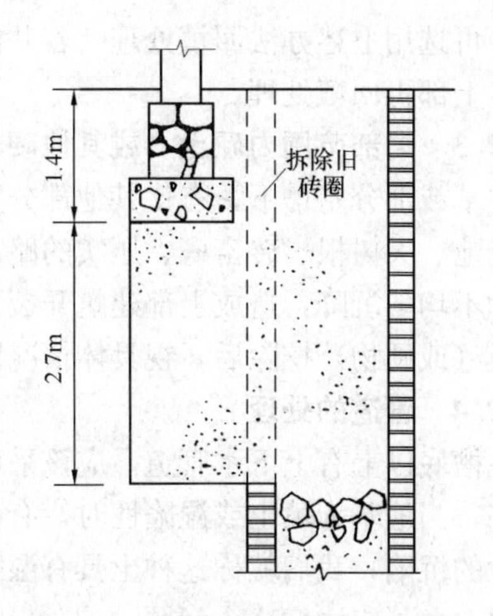

图 10-6　基槽下砖井处理方法图

多些)，在此拆除范围内用 2∶8 或 3∶7 灰土分层夯实至槽底（如图 10-6 所示)。如井的直径大于 1.5m 时，则应适当考虑加强上部结构的强度，如在墙内配筋或做地基梁跨越砖井。若井在基础的转角处，除采用上述拆除回填办法处理外，还应对基础加强处理。采用办法视具体情况而定，一般可能有两种情况：

（1）当井位于房屋转角处，而基础压在井上部分不多，并且在井上部分所损失的承压面积，可由其余基槽承担而不致引起过多的沉降时，则可采用从基础中挑梁的办法解决（如图 10-7 所示）。

（2）当井位于墙的转角处，而基础压在井上的面积较大，且采用挑梁办法较困难或不经济时，则可将基础沿墙长方向向外延长出去，使延长部分落在老土上。落在老土上的基础总面积，应等于井圈范围内原有基础的面积（即 $A_1+A_2=A$)，然后在基础墙内再采用配筋或钢筋混凝土梁来加强（如图 10-8 所示)。

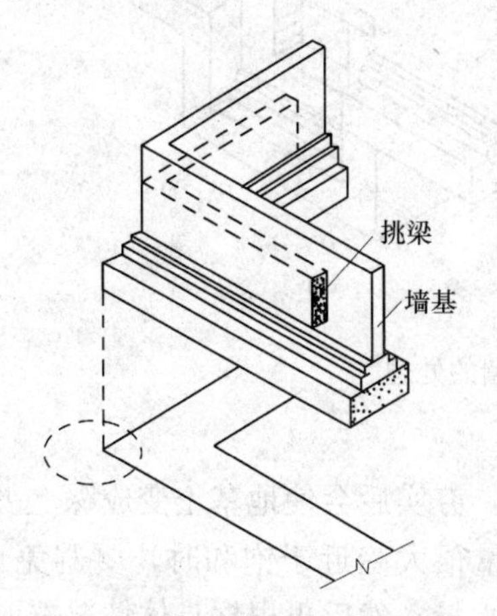

图 10-7　墙角下砖井处理方法之一

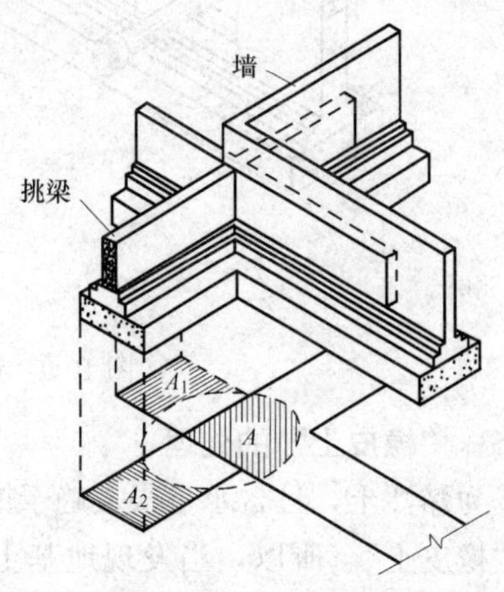

图 10-8　墙角下砖井处理方法之二

在独立柱基下有井时，如挖除处理有困难，可适当扩大基础底面积（扩大多少由计算确定)；或与相邻基础连接在一起，做成联合基础。当条件许可时，可用大块石将下面软土挤紧，再选用上述办法回填处理。若井内不能夯实时，则可在井的砖圈上加钢筋混凝土盖封口，上部再回填处理。

10.2.3　局部范围内硬土（或其他硬物）的处理

当柱基或部分基槽下，有比其他部分坚硬得多的土质时，例如：基岩、旧墙基、老灰土、化粪池、大树根、砖窑底、压实的路面等，均应尽可能挖除，以防建筑物由于受硌产生较大的不均匀沉降，造成上部建筑开裂。

硬土（或硬物）挖除后，视具体情况回填或落深基础。

10.2.4　管道的处理

如在槽底以上有上下水管道，应该采取防止漏水的措施，以免漏水浸湿地基，造成不均匀沉陷，当地基为填土或湿陷性时，有的土在自重应力和附加应力作用下，遇水以后将产生很大的沉陷，我们就称这种土具有湿陷性，例如我国西北地区的黄土大多是具有湿陷性的土层，尤其应注意这个问题。

如管道位于槽底以下时最好拆迁，或将基础局部落低，否则需要采取防护措施，避免管道被基础压坏。例如在管道周围包筑混凝土，用铸铁管或混凝土管代替缸瓦管等。此外，在管道穿过基础或基础墙时，必须在基础或基础墙上管道的周围，特别是上部，留出足够尺寸的空间，使建筑物产生沉降后不致引起管道的变形或损坏（如图 10-9*a* 所示）。

当管道穿过基础，而基础又不允许切断时，可将这部分基础局部适当落深，使管道穿过基础墙，并照上述留出足够尺寸的空间（如图 10-9*b* 所示）。

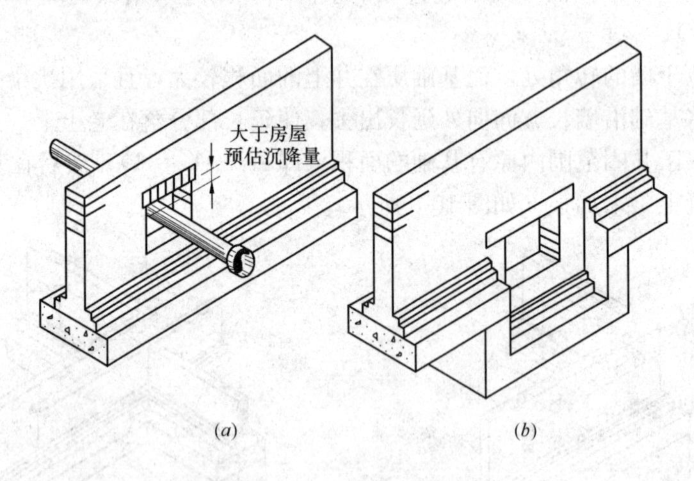

图 10-9　管道穿墙的处理

10.2.5　“橡皮土”的处理

当地基为黏性土，且含水量很大趋于饱和时，夯实后会使地基土变成踩上去有一种颤动感觉的“橡皮土”。所以，当发现地基土含水量很大趋近于饱和时，要避免直接夯拍。这时，可采用晾槽或掺白灰粉的办法降低土的含水量，然后再根据具体情况选取施工方法及基础类型。

如果地基土已发生了颤动现象，则应采取措施，如利用碎石或卵石将泥挤紧或将泥挖除，此时挖除部位应填以砂土或级配砂石。

10.2.6　人防通道的处理

一般情况下，均不应将新建建筑物设计在已有人防工程或人防通道上（建人防工程时已考虑将来接建上部建筑物者除外）。如由于特殊原因，建筑物必须跨越人防通道时，除应将人防工程顶部的非夯实填土分层夯实外，基础部分还应采取相应的跨越措施。当人防通道与基础方向平行时（如图 10-10 所示），如 $h_1 \leqslant 1$ 时，可不进行任何处理；如 $h_1 > 1$ 时，则应将基础落深至满足 $h_1 = 1$ 即可。

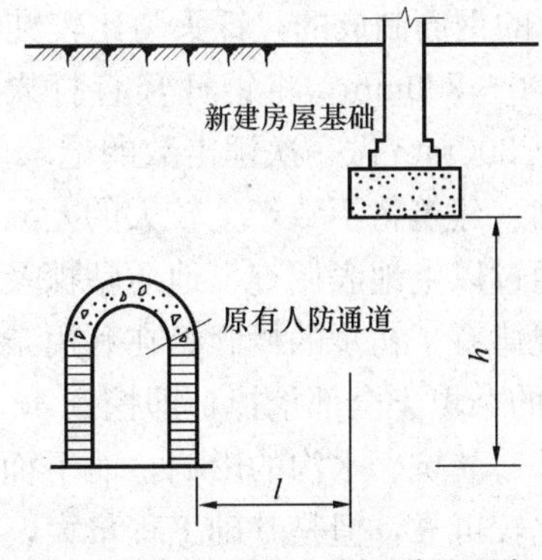

图 10-10　基础和人防通道的距离

10.3　地基局部处理实例

有一中学教学楼，建筑面积为 5000m²。教室部分为四层混合结构，采用钢筋混凝土预制空心楼板，砖墙承重；教研室部分为同类结构的五层建筑（如图 10-11*a* 所示）。

经过勘察，首先从地表调查发现：在教学楼东南角处，有一直径 2m、深 6m 左右的古井，井壁为砖砌，井内有地下水及水下淤泥（厚达 1m）。另外，在南墙中段有旧房基的灰土基础，比较坚硬，在北墙西段有一粪坑，深 2m 多。在教学楼东北部横贯一条水沟，早已用炉灰等杂物填平，从挖槽中发现沟深 2～3m。该场地内的古井、旧房基、粪坑、水沟等对地基有较大的影响，但由于场地的限制，建筑位置不宜移动，只能在这种条件下建筑房屋。

在地表调查的基础上布置了 7 个勘察钻孔，以便查明杂填土与老土的地质情况，钻孔的布置如图 10-11*a* 所示，钻探结果如图 10-11*b* 地质剖面图。

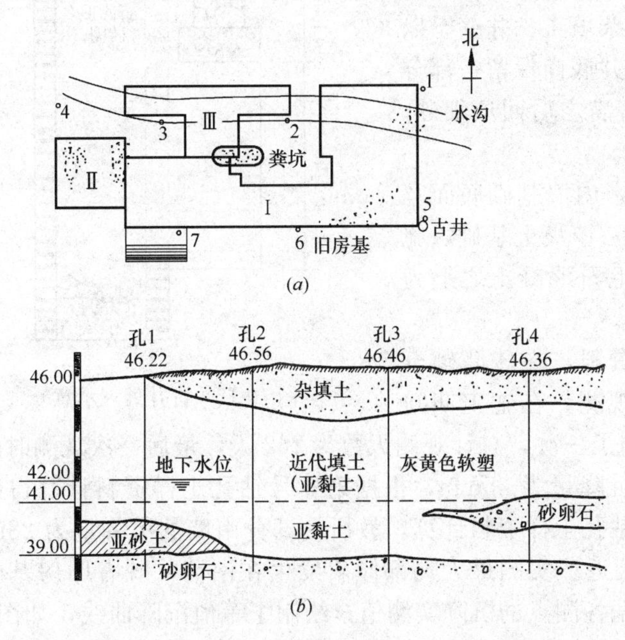

图 10-11　某中学建筑平面图及地质剖面图

Ⅰ—教室；Ⅱ—教研楼；Ⅲ—附属房屋（单层）；◦钻孔

根据野外钻探记载，在标高 41m 以上粉质黏土内含有碎砖、瓦块、灰渣等杂物，尤其在标高 43.5m 以上杂物成分较大，系明显的杂填土，其颜色为灰色、灰黄色。杂填土地基承载力特征值当时确定为 $f_{ak} = 180\text{kN/m}^2$。

为了进一步弄清杂填土分布情况及基础底面下主要压缩层内有无空穴或过硬过软的特殊情况，于挖槽后进行了普遍钎探。钎探深度为 1.5m，钎子是用长 2m，直径

22mm 的钢筋制成的，钎头为比较钝的尖角，打锤时是由专人用一个 12 磅大锤，举锤离钎顶500～700mm，将钢钎竖直打入土中，钎孔位置按梅花形排列，钎孔距离为 1.5m，每入土 300mm 做一次锤击数的记录。钎探结果表明，该地杂填土在较大范围内还是比较均匀的，建筑物不致产生较大的差异沉降。

通过以上地表调查、地质钻探及普遍钎探，对该处杂填土地基深度、范围及密实度的分布规律有了初步的概念。在利用杂填土作为地基的原则下尚有两种考虑。第一，将上层 3m 厚的杂填土全部挖掉，即挖到 43.5m 标高处。这样处理可以去掉含杂物多的杂填土和旧房基、粪坑、水沟的影响，而下面还保留 2.5m 厚杂填土（这层土比较均匀）。这样做基础比较可靠，但是基础工程量大，杂填土利用得不充分。因此，又提出了第二方案，这个方案是把上层杂填土保留，作为地基用，而旧房基和粪坑、水沟的影响仅仅是局部的，对这些具体问题作特殊处理，大部分杂填土就可以利用。经过分析比较，最后还是采取了第二方案。

第二方案将基底落在 45.00m 标高处，基础埋深 1.4m，比第一方案少挖槽 1.5m 深。对局部坏土具体处理如下：水沟、粪坑及其他用炉灰填积的，在标高 45.00m 以下部分挖除，因钎探表明炉灰深度一般不超过 1m，最深处 1.4m，所以决定全部清除。由于该地一般杂填土比较密实，因此采用 3：7 灰土填实至基底，取地基承载力特征值 180kN/m^2，旧房基因在基底以下尚比较密实，估计在新建筑物作用下沉降量不会太大，故采取加强上部结构抗弯刚度的办法处理，即在两间教室范围内较硬地基上相对应的六个开间中，对窗口进行加强。办法是在窗台以下 8 皮砖里配两层钢筋，每层放 38mm；在窗口上用 210mm 及 214mm 钢筋，与钢筋混凝土过梁内钢筋（主筋与架立筋）连起来，形成一个连续的过梁，以增强在此段抵抗反弯变形的刚度。对古井的处理：将基底以下 2.7m 范围内的杂填土、井壁予以清除，用细砂加细石回填，此时井底尚保留一部分下层淤泥，对这层淤泥用片石挤满之后回填细砂，如图 10-12 所示。

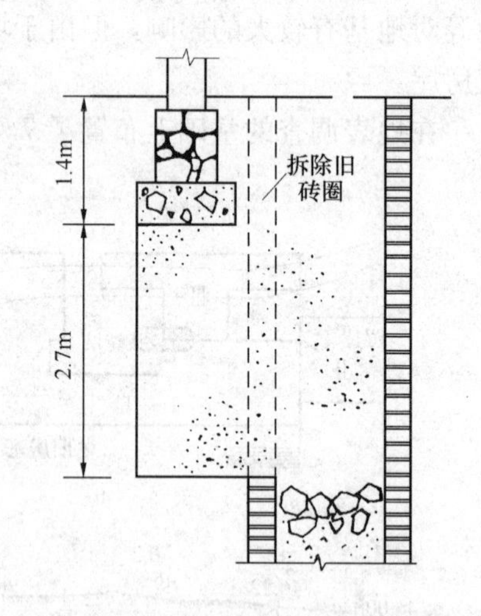

图 10-12　古井处理示意

外墙基础底面宽度为 1.2m，内墙基础底面宽度为 1.6m，原设计基础下部为三步灰土基础，施工时变更为 C10 毛石混凝土，毛石混凝土之上为 M5 砂浆砌毛石基础。

为了总结经验，积累设计资料，在砖墙砌至一层窗台时，即开始进行沉降观测，在施工期间观测了四次，交付使用后又观测了一次，总计观测天数为 262 天，最后一次观测时的日沉降量小于 0.1mm。总计最大沉降量为 25mm，根据第 5 号钻孔土样资料计算得出的沉降量为 19mm，按第 4、7 号钻孔土样资料计算，教研楼部分南墙的沉降量为 28mm，在该处实测沉降量与计算结果接近。实测最大局部倾斜发生在南墙，既有旧房基的位置上，局部倾斜为 0.0004。根据各测点的沉降实测值，绘制了等值沉降曲线，如图 10-13 所示。

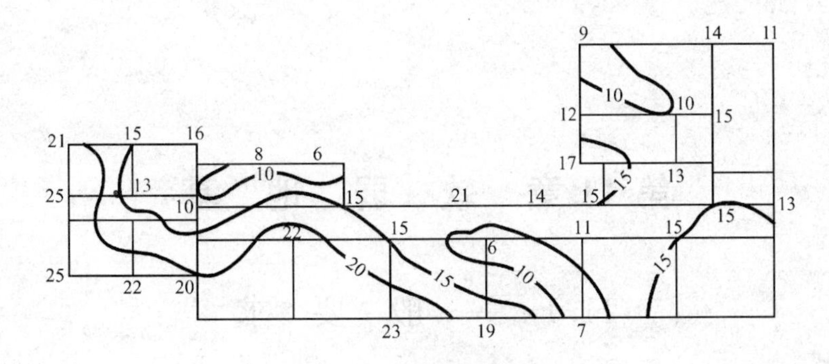

图 10-13　等值沉降曲线

小　结

1. 基槽开挖到设计标高后，应进行基槽检验，即验槽。当发现地质条件与勘察报告和设计文件不一致、或遇到异常情况时，应结合地质条件提出处理意见。

2. 验槽方法

（1）观察法

首先根据槽帮土层分布情况及走向，初步判明全部基底是否已挖至设计要求的土层。其次，检验槽底，检查时应观察刚开挖的且结构没有受到破坏的原状土，观察它的结构、孔隙、湿度、含有物等，确定是否为原设计的持力层土质。为了使检验工作具有代表性，并保证重点结构部位的地基土合乎设计要求。验槽的重点应选在柱基、墙角、承重墙下或其他受力较大的部位。除在重点部位取土鉴定外，还应对整个槽底进行全面观察。察看槽底土的颜色是否一致，土的坚硬程度是否一样，是否有局部含水量异常的现象。

（2）轻便触探试验

为了查明槽底以下土的情况，一般采用轻便触探试验。根据每打入土中 300mm 的深度的锤击数来判别槽底以下土的均匀性。触探深度一般取 1.50m。

3. 地基的局部处理

根据基槽检验查明的局部异常地基，在探明原因和范围后，均需妥善处理。具体处理方法可根据地基情况、工程性质和施工条件而有所不同，但均应符合使建筑物的各个部位沉降尽量趋于一致，以减小地基不均匀沉降的处理原则。

思 考 题

10-1　验槽的目的是什么？简述验槽的步骤和方法。

10-2　表 10-1 中，为什么钎探深度与槽的宽度有关？

10-3　地基的局部处理原则是什么？

第11章 软 弱 地 基

11.1 一 般 要 求

软弱地基是指主要由淤泥、淤泥质土、冲填土、杂填土或其他高压缩性土层构成的地基。在建筑地基的局部范围内有高压缩性土层时，应按第12章局部软弱土层考虑和处理。由于软弱地基土层压缩模量很小，所以在荷载作用下产生的变形很大。例如，有的建筑物建造在软弱地基上，基础沉降竟达1600mm之多。因此，在软弱地基上建造房屋就必须注意减小基础的沉降，使之控制在容许范围以内。那么怎样才能达到这一要求呢？首先在地基勘察时，应查明软弱土层的均匀性、组成、分布范围和土质情况。冲填土尚应了解土层在压力作用下，孔隙水排除的条件。杂填土应查明堆积历史，明确自重下稳定性、湿陷性等基本因素。其次，在设计房屋时，应该考虑上部结构和地基的共同作用。对建筑体型（建筑物的平面形状和高度变化）、荷载情况、结构类型和地质条件等先进行综合分析，然后确定合理的建筑措施、结构措施和地基处理方法。此外，在施工时应注意对淤泥和淤泥质土基槽底面的保护，减少扰动。荷载差异较大的房屋和构筑物，宜先建重的和高的部分，后建轻的和低的部分。

下面仅就在设计时应考虑的建筑措施、结构措施和地基处理方法等作一扼要介绍。

11.2 建 筑 措 施

（1）建筑体型应力求简单，高度差异（或荷载差异）不宜过大。

设计时，在满足使用和其他要求的前提下，建筑平面形状应力求简单，尽量避免弯曲多变，高度差异（或荷载差异）不宜过大，避免立面高低参差不齐。实践证明，建筑体型复杂的建筑物，不均匀沉降常是造成墙身开裂的主要原因。

（2）设置沉降缝，将建筑物划分成几个刚度较好的部分。

由于使用上的要求，建筑体型较复杂时，应根据其平面形状、高度差异（或荷载差异）、地质情况，在建筑物适当部位用沉降缝将其划分成几个刚度较好，即长高比（建筑物的长度L与高度H_f之比）较小的单元。这样可以减小因地基不均匀沉降在墙体内引起的应力，避免墙身开裂。

房屋和构筑物的下列部位宜设置沉降缝：

1）建筑平面的转折处。

2）高度差异（或荷载差异）较大处。

3）长高比过大的砌体承重结构或钢筋混凝土框架结构的适当部位。

4）地基土的压缩性有显著差异处。

5）建筑结构（或地基）类型不同处。

6）分期建造房屋的交界处。

基础沉降缝构造参见图 11-1。沉降缝应有足够的宽度，缝宽可按表 11-1 采用。

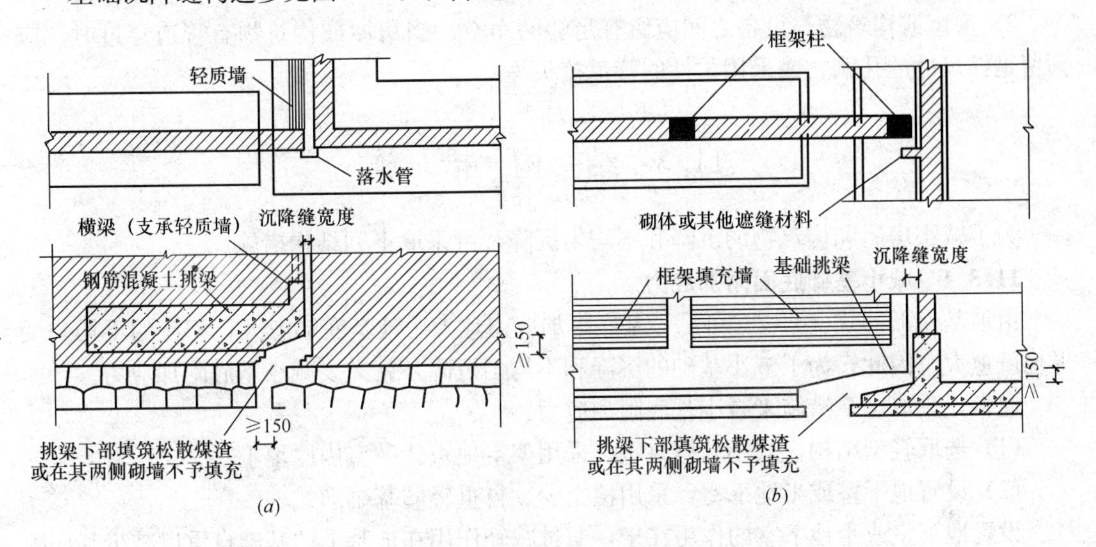

图 11-1　基础沉降缝构造示意图

（*a*）砖石承重结构条形基础沉降缝；（*b*）框架结构基础沉降缝

房屋沉降缝宽度表　　**表 11-1**

房屋层数	沉降缝宽度(mm)	房屋层数	沉降缝宽度(mm)
二～三	50～80	五层以上	不小于 120
四～五	80～120		

注：当沉降缝两侧单元层数不同时，缝宽按高层者取用。

（3）相邻建筑物基础间拉开一定距离

当相邻建筑物高度差异（或荷载差异）较大或在已有建筑邻近建造房屋时，两建筑物基础间宜拉开一定距离。其间隔距离按表 11-2 选取。

相邻建筑物基础间隔距离表　　**表 11-2**

影响建筑的预估平均沉降量 s (m)	被影响建筑的长高比	
	$2.0\leqslant\frac{L}{H_f}<3.0$	$3.0\leqslant\frac{L}{H_f}<5.0$
70～150	2～3	3～6
160～250	3～6	6～9
260～400	6～9	9～12
>400	9～12	≥12

注：1. 表中 L 为房屋长度或沉降缝分隔的单元长度（m），H_f 为由基础底面起算的房屋高度（m）。

2. 当被影响建筑的长高比为 $1.5<\frac{L}{H_f}<2.0$ 时，其间距可适当缩小。

（4）调整建筑物各组成部分的标高

建筑物各组成部分的标高，应根据可能产生的不均匀沉降采取下列相应措施：

1）室内地坪和地下设施的标高应根据预估沉降量予以提高，房屋和构筑物各部分（或设备之间）有联系时，可提高沉降较大者的标高。

2）房屋或构筑物与设备之间应留有足够的净空。当房屋或构筑物有管道穿过时，应预留足够尺寸的孔洞，或采用柔性的管道接头等。

11.3 结 构 措 施

为了减小房屋和构筑物的沉降和不均匀沉降，可采取下列结构措施。

11.3.1 减小基础底面附加应力

由地基变形的式（4-12）可见，基底附加应力愈大，地基变形愈大，相应的不均匀变形也就愈大。因此，为了减小基础的沉降和不均匀沉降，就需要减小基底附加应力。

通常，采取以下措施来减小基底附加应力：

（1）选取轻型结构，减小墙体自重，采用架空地板代替室内厚填土。

（2）设置地下室或半地下室，采用覆土少、自重轻的基础形式。

设置地下室或半地下室的作用在于，通过减轻作用在地基上的基础自重以减少基底附加应力。我国一些高层建筑就是采用这种补偿性设计的办法来减小建筑物沉降和不均匀沉降的，并已收到了良好的效果。

11.3.2 调整各部分的荷载分布、基础宽度或埋置深度

当基础不均匀沉降超过容许值时，可适当调整房屋各部分的荷载分布或采用不同的基础宽度和埋深，以达到均匀沉降的目的。例如，对于持力层软弱且厚度变化比较大，而下卧层为坚硬的土层时，可将基础在软土厚度较厚的区段适当加宽，以降低基底应力，或将该处基础适当落深，使之与其他区段的软持力层厚度接近，尽量达到均匀沉降。

11.3.3 选用较小的基底应力

如果作用在地基上的应力较大，有时会使软土的天然结构遭到破坏。这时，地基的承载力将急剧下降，变形显著增加。所以，对于要求严格控制不均匀沉降的或重要的房屋和构筑物，必要时应选用较小的基底应力，使地基的可靠度有所增加，以保证建筑物的安全和正常使用。

11.3.4 增加基础和上部结构的整体刚度和承载力

对于建筑体形复杂、荷载差异较大的框架结构，可采用加强基础整体刚度的办法，如采用箱基、桩基、厚度较大的筏基等，以减小建筑物的不均匀沉降。

对于砌体承重结构，宜采用下列增强整体刚度和承载力的措施：

（1）对于三层和三层以上的房屋，其长高比 $\frac{L}{H_f}$ 宜小于或等于 2.5，当房屋的长高比为 $2.5<\frac{L}{H_f}\leqslant 3.0$ 时，宜做到纵墙不转折或少转折；内墙间距不宜过大，必要时可适当增强基础刚度和承载力。当房屋的预估最大沉降量小于或等于 120mm 时，在一般情况下其长高比可不受限制。

（2）墙内设置钢筋混凝土圈梁或钢筋砖圈梁。所谓圈梁，就是在房屋一定高度处的墙体内沿水平方向设置一些封闭式的钢筋混凝土梁或砖配筋带。圈梁的作用主要是增强建筑

物的整体性，提高砌体的承载力，可以防止墙体出现裂缝，阻止裂缝继续开展。

圈梁的设置应符合下列构造要求：

1）圈梁应设置在外墙和主要内墙上，并宜在平面上形成封闭的形状。当圈梁因墙身开洞不能通过时，可按图 11-2 所示方法处理。圈梁的宽度一般与墙厚相同；当墙厚大于 240mm 时，不宜小于 1/2 墙厚。

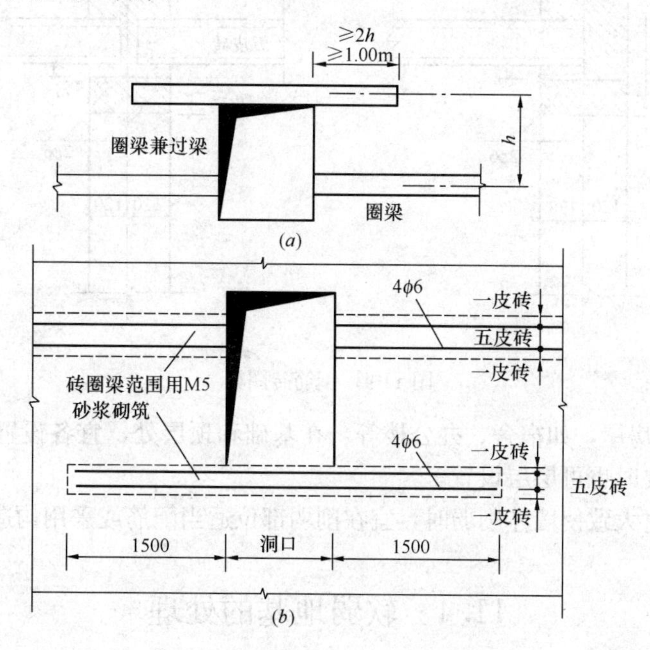

图 11-2　圈梁遇窗口时处理办法

(a) 钢筋混凝土圈梁；(b) 钢筋砖圈梁

2）钢筋混凝土圈梁的高度不宜小于 120mm，纵向钢筋不宜小于 4φ8，箍筋间距不大于 300mm（如图 11-3 所示）。

3）钢筋砖圈梁应采用强度等级不低于 M5 的砂浆砌筑，圈梁高度一般为 4～6 皮砖，水平通长钢筋不宜小于 4φ6，水平间距不宜大于 120mm，并分上下两层设置如图 11-4 所示。

4）当圈梁兼做过梁时，过梁部分钢筋由计算决定。

圈梁位置应按下列要求设置：

1）对于比较空旷的单层房屋，如车间、仓库、食堂等，当墙厚小于或等于 240mm，檐口标高 5～8m 时，应在檐口标高处设置圈梁一道；当檐口标高大于 8m 时，在适当位置宜增设一道。

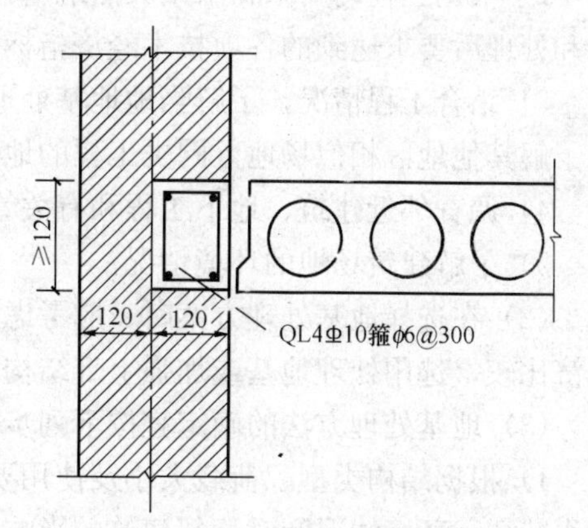

图 11-3　钢筋混凝土圈梁

2）对有电动桥式吊车或较大振动设备的单层工业厂房，除在檐口或窗顶设置钢筋混凝土圈梁外，尚宜在吊车梁标高处或墙中适当位置增设。

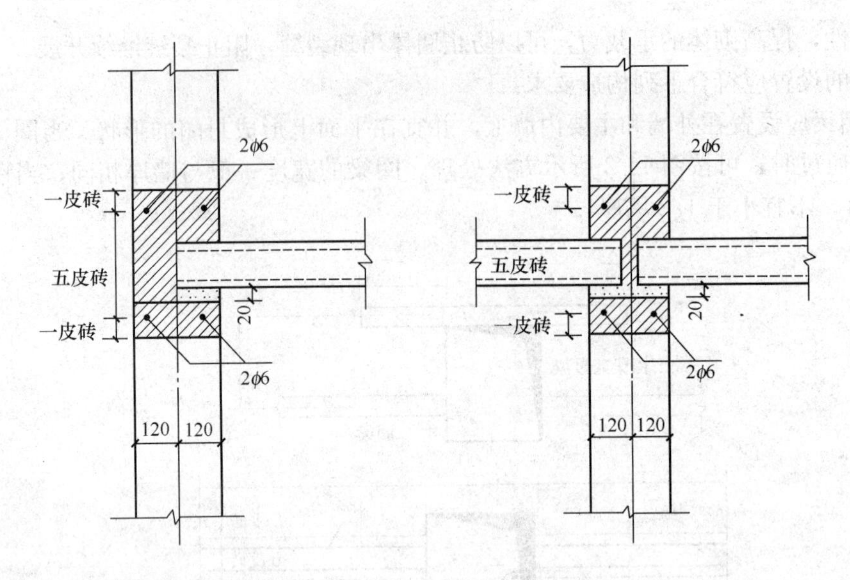

图 11-4　钢筋砖圈梁

3）对于多层房屋，如宿舍、办公楼等，在基础和顶层处，宜各设置一道，其他各层可隔层设置，必要时也可层层设置。

（3）对开洞过大致使墙体削弱时，宜在削弱部位适当配筋或采用构造柱及圈梁加强。

11.4　软弱地基的处理

11.4.1　基本规定

（1）在选择地基处理方案前，应完成下列工作：

1）搜集详细的岩土工程勘察资料、上部结构及基础设计资料等。

2）根据工程的要求和采用天然地基存在的主要问题，确定地基处理的目的、处理范围和处理后要求达到的各项技术经济指标等。

3）结合工程情况，了解当地地基处理经验和施工条件，对于有特殊要求的工程，尚应了解其他地区相似场地上同类工程的地基处理经验和使用情况等。

4）调查邻近建筑、地下工程和有关管线的情况。

5）了解建筑场地的环境情况。

（2）在选择地基处理方案时，应考虑上部结构、基础和地基的共同工作，并经过技术经济比较，选用处理地基或加强上部结构和处理地基相结合的方案。

（3）地基处理方法的确定宜按下列步骤进行：

1）根据结构类型、荷载大小及使用要求，结合地形地貌、地层结构、土质条件、地下水特征、环境情况和对相邻建筑的影响等因素进行综合分析，初步选出几种可供考虑的地基处理方案，包括选择两种或多种地基处理措施组成的综合处理方案。

2）对初步选出的各种地基处理方案，分别从加固原理、适用范围、预期处理效果、耗用材料、施工机械、工期要求和对环境的影响等方面进行技术经济分析和比较，选择最佳的地基处理方法。

3）对已选定的地基处理方法，宜按建筑物地基基础设计等级和场地复杂程度，在有代表性的场地上进行相应的现场试验或试验性施工，并进行必要的测试，以检验设计参数和处理效果。如达不到设计要求时，应查明原因，修改设计参数或调整地基处理方法。

（4）经处理后的地基，当按地基承载力确定基础底面积及埋深需要对地基承载力特征值进行修正时，应符合下列规定：

1）基础宽度的地基承载力修正系数取 $\eta_b=0$；

2）基础埋深的地基承载力修正系数取 $\eta_d=1$。

经过处理后的地基，当在受力层范围内仍存在软弱下卧层时，尚应验算下卧层的地基承载力。

对水泥土类桩复合地基尚应根据修正后的复合地基承载力特征值，进行桩身强度验算。

（5）按地基变形设计或应作变形验算且需进行地基处理的建筑物或构筑物，应对处理后的地基进行变形验算。

（6）受较大水平荷载的或位于斜坡上的建筑物及构筑物，当建造在处理后的地基上时，应进行稳定性验算。

（7）复合地基应进行载荷试验，试验应符合《建筑地基处理技术规范》JGJ 79—2011附录 A 的规定。

11.4.2　换填垫层法

1. 一般规定

换填垫层法是指，挖去地表浅层软弱土层或不均匀土层，回填坚硬、较粗粒径的材料，并分层夯压密实，形成垫层的地基处理方法。换填垫层法适用于浅层软弱地基及不均匀地基的处理。

2. 设计

换填垫层，一般选择砂石、粉质黏土、粉煤灰和灰土等性能稳定，无侵蚀性的材料。垫层应分层夯实，每层夯实后的干密度应达到设计标准。垫层的承载力特征值可通过试验并结合实践经验确定。

垫层设计包括确定垫层厚度和宽度（如图 11-5 所示）。

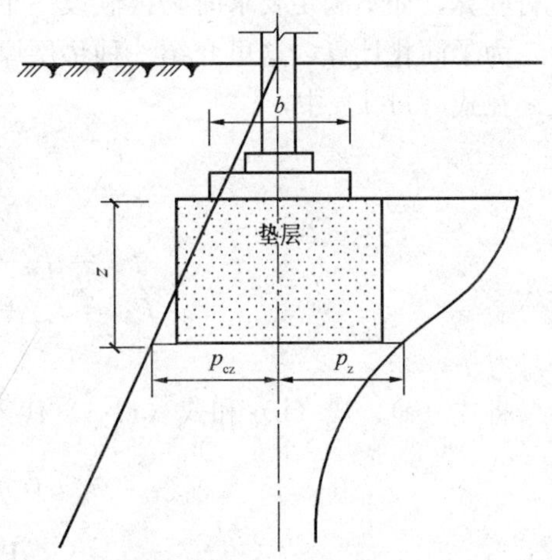

图 11-5　换填垫层厚度和宽度的计算

（1）垫层厚度

垫层厚度应根据需置换软弱土的深度或下卧土层的承载力确定，并符合下式要求：

$$p_{cz}+p_z\leqslant f_{az} \tag{11-1}$$

式中　p_z——相应于荷载效应标准组合时，垫层底面处的附加压力值（kPa）；

p_{cz}——垫层底面处土的自重压力值（kPa）；

f_{az}——垫层底面处经深度修正后的地基承载力特征值（kPa）。

垫层底面处的附加压力值 p_z 可分别按下列公式计算：

条形基础

$$p_z = \frac{b(p_k - p_c)}{b + 2z\tan\theta} \tag{11-2}$$

矩形基础

$$p_z = \frac{bl(p_k - p_c)}{(b + 2z\tan\theta)(l + 2z\tan\theta)} \tag{11-3}$$

式中 b——矩形基础或条形基础底面宽度（m）；

l——矩形基础底面的长度（m）；

p_k——相应于荷载效应标准组合时，基础底面处的平均压力值（kPa）；

p_c——基础底面处土的自重压力值（kPa）；

z——基础底面下垫层的厚度（m）；

θ——垫层的压力扩散角（°），宜通过试验确定，当无试验资料时，可按表 11-3 采用。

压力扩散角 θ **表 11-3**

换填材料 / z/b	中砂、粗砂、砾砂、圆砾、角砾、石屑、卵石、碎石、矿渣	粉质黏土、粉煤灰	灰 土
0.25	20°	6°	28°
≥0.50	30°	23°	

注：1. 当 $z/b<0.25$，除灰土取 $\theta=28°$外，其余材料均取 $\theta=0°$，必要时，宜由试验确定。

2. 当 $0.25<z/b<0.5$ 时，θ 值可内插求得。

按式（11-1）确定垫层厚度一般采用试算法，即先假定垫层厚度，然后按式（11-1）进行验算，如不满足要求时，再假设一个厚度进行验算，直至满足要求为止。

为了简化计算，这里介绍一种垫层厚度直接计算法。现将其原理说明如下：

在式（11-1）中，

$$p_{cz} = \gamma_0 d + \gamma_{垫} z \tag{a}$$

$$p_z = \alpha \cdot p_0 \tag{b}$$

$$f_{az} = f_{ak} + \gamma_m(d + z - 0.5) \tag{c}$$

或

$$f_{az} = f_{ak} + \gamma_0 d + \gamma_1 z - 0.5\gamma_m \tag{11-4}$$

$$z = bm \tag{11-5}$$

将式（a）、式（b）和式（11-4）代入式（11-1），经整理后得：

$$a \leqslant c + \frac{b}{p_0}(\gamma_1 - \gamma_{垫})m \tag{11-6a}$$

其中

$$c = \frac{1}{p_0}(f_{ak} - 0.5\gamma_m) \tag{11-6b}$$

$$n = \frac{l}{b} \tag{d}$$

式中 γ_m——垫层底面以上天然土的重度加权平均值（kN/m³）；

d——基础埋置深度（m）；

γ_0——埋深范围内土的重度（kN/m³）；

γ_1——垫层厚度范围内天然土层重度，地下水位以下取有效重度（kN/m^3）；

z——换填垫层厚度（m）；

$\gamma_{垫}$——换填垫层重度（kN/m^3）；

p_0——相应于荷载效应标准组合时基础底面附加压力（kN/m^2）。

将式（11-3）与式（b）比较，得：

$$\alpha=\frac{n}{(1+2m\tan\theta)(n+2m\tan\theta)} \tag{11-7}$$

式（11-6a）与式（11-1）是等价的。其中 α 为附加压力系数。如将式（11-7）代入式（11-6a），则可解出 m 的解析表达式，最后可按式（11-5）求出垫层厚度 z。但是，这种计算方法的过程过于繁琐，不便应用。为此，我们采用图解法确定垫层厚度。

现来分析式（11-6a）和式（11-7）。不难看出，它们是联立方程组。式（11-6a）是直线方程，其中 c 为直线在纵轴上的截距，$\frac{b}{p_0}(\gamma_{软}-\gamma_{垫})$ 为直线的斜率；而式（11-7）为曲线方程。它们在直角坐标系中的图像的交点（m，α），即为方程组的解。

为了利用图解法求解未知数 m 值，现建立直角坐标系（如图 11-6 所示）。令 m 为横轴，α 为纵轴。式（11-7）给出了 α 与 m 之间的关系，只要 n 值给定，则它的图像就确定了。因此，可以首先将方程（11-7）的曲线绘在直角坐标系中，而方程（11-6a）的直线，则随已知条件的变化而变化，为了在坐标系中绘出这条直线，我们先求出在直线上的两个指定点的坐标，即

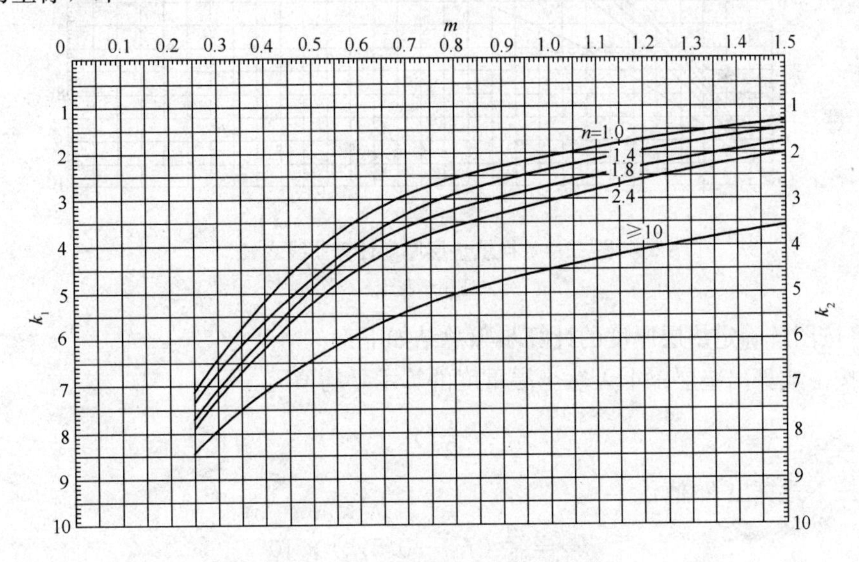

图 11-6 换填垫层厚度计算曲线之一

（适用于中砂、粗砂、砾砂、圆砾、角砾、石屑、卵石、矿渣）

当 $m=0$ 时

$$\alpha_1=c=\frac{1}{p_0}(f_{ak}-0.5\gamma_m) \tag{11-8}$$

当 $m=1.5$ 时

$$\alpha_2=c+\frac{b}{p_0}(\gamma_1-\gamma_{垫})\times 1.5 \tag{11-9}$$

将点（0，α_1）和点（1.5，α_2）分别标注在左、右纵轴上（如图 11-6 所示），并连以直线，则由直线与相应 n 值的曲线交点，就可求得未知数 m 值。

为了应用方便，在制图时图 11-6 中两侧的纵坐标值均放大了 10 倍，即 $k_1=10\alpha_1$、$k_2=10\alpha_2$。

上面以矩形基础为例说明了按图解法确定 m 值的原理。实际上，对条形基础也是适用的。因为在式（11-7）中，只要令 $n\rightarrow\infty$（实际上只需 $n\geqslant10$ 即可），并求其极限，即为条形基础情况。即

$$\alpha=\lim_{n\rightarrow\infty}\frac{n}{(1+2m\tan\theta)(n+2m\tan\theta)}=\frac{1}{1+2m\tan\theta}$$

图 11-6 为中砂、粗砂、砾砂、圆砾、角砾、石屑、卵石、矿渣垫层厚度计算曲线，图 11-7 为灰土垫层厚度计算曲线。

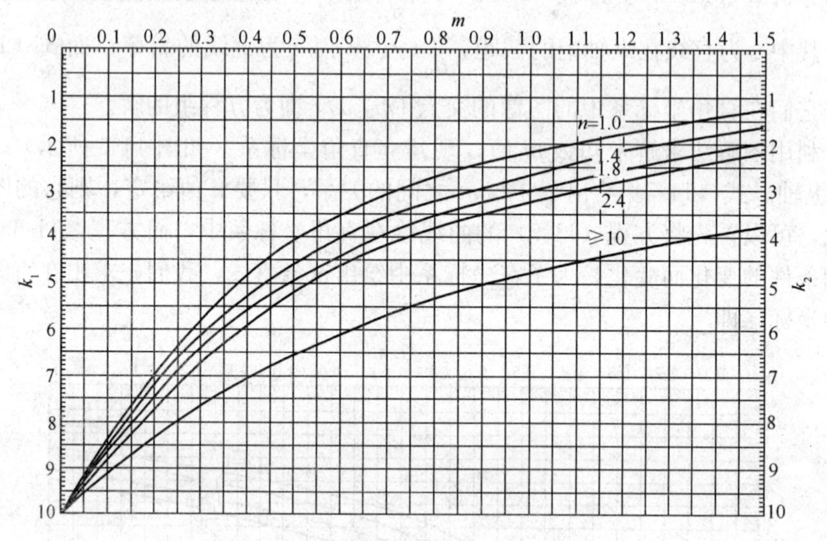

图 11-7　换填垫层厚度计算曲线之二

（适用于灰土）

现将按图解确定垫层厚度的计算步骤总结如下：

1）按下式算出垫层以上天然土层重度的算术平均值

$$\gamma_{\mathrm{m}}=\frac{1}{2}(\gamma_0+\gamma_1)$$

2）按下式算出 k_1 值：

$$k_1=\frac{1}{p_0}(f_{\mathrm{ak}}-0.5\gamma_{\mathrm{m}})\times10 \tag{11-10}$$

3）按下式算出 k_2 值：

$$k_2=k_1+\frac{15b}{p_0}(\gamma_1-\gamma_{垫}) \tag{11-11}$$

4）在左右纵坐标轴上分别找到 k_1、k_2 值所对应的点，然后连直线，从该直线与相应 n 值的曲线交点向上引竖直线，在横坐标轴上就可得出 m 值。

5）按下式计算垫层厚度：

$$z=bm$$

6）必要时按如图 11-8 所示迭代法求出重度加权平均值 γ_m，最后确定垫层厚度。

垫层的厚度不宜小于 0.5m，也不宜大于 3m。

（2）垫层宽度

垫层底面的宽度应满足基础底面应力扩散的要求，可按下式确定：

$$b' = b + 2z\tan\theta \tag{11-12}$$

式中 b'——垫层底面宽度（m）；

b——基础底面宽度（m）；

θ——压力扩散角，可按表 11-3 采用。

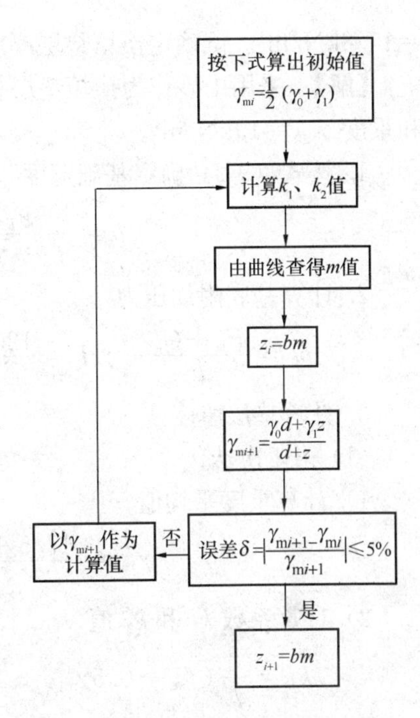

图 11-8 计算 γ_m 的迭代步骤和最后垫层厚度

3. 几个问题的讨论

（1）γ_m 的取值

按式（11-10）计算 k_1 值时首先需确定 γ_m 值，而 γ_m 值与垫层厚度 z 有关。因此，严格说来，应采用迭代法求解 γ_m 值。由式（11-4）可见，γ_m 对 f_{az} 值的影响只有 $0.5\gamma_m$ 项，且它比其余各项对 f_{az} 值的影响程度要小得多。因此，采用迭代法计算时 γ_m 收敛很快。

计算表明，若埋深和垫层范围内各天然土层的重度相差不大时，则 γ_m 可取它们的算术平均值，而无需采用迭代法计算，一般情况下可以得到满意的结果。若埋深和垫层范围内各天然土层的重度相差较大（当垫层范围内土存在地下水时）时，一般情况下，则应按框图 11-8 所示迭代法计算 γ_m 值（其中 γ_{mi} 为第 i 次迭代所得到的土层重度加权平均值）。

由式（11-10）还可看出，γ_m 值取值愈大，k_1 值愈小，由图 11-6 或图 11-7 所查得的 m 值愈大，即垫层厚度愈厚。因此，为了简化计算，可将 γ_m 值取得稍大一些，这是偏于安全的。

（2）验算换填垫层下地基承载力时自重压力的计算

验算换填垫层下地基承载力时，软土层顶面的自重压力应为埋深范围内土的自重和垫层自重所引起的压力之和。而不是天然土层自重压力之和。计算时应加以注意。

【例题 11-1】 某砖混结构住宅楼内墙基础埋深 $d=H=1$m，相应于荷载效应标准组合时，上部结构传至基础顶面的竖向力 $F_k=120$kN/m。地质剖面如图 11-9 所示。地下水位在基础底面处，埋深范围内为杂填土，重度 $\gamma_0=17.5$kN/m^3，基底下为软黏土，其承载力特征值 $f_{ak}=50$kN/m^2，饱和重度 γ_1

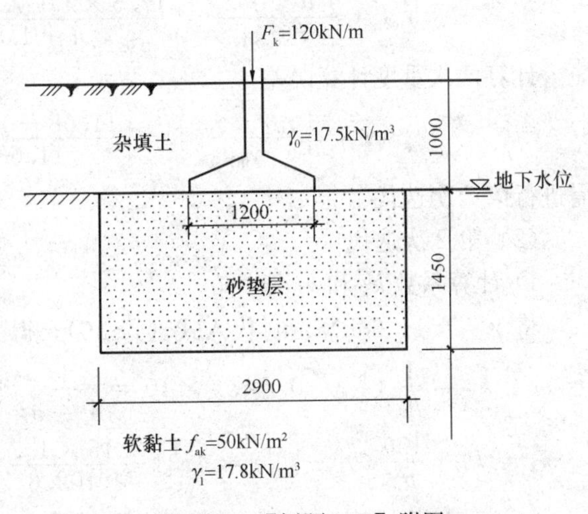

图 11-9 【例题 11-1】附图

$=17.8\text{kN/m}^3$。试确定换填垫层厚度和宽度。

【解】 采用中砂作为换填垫层材料，经深度修正后承载力特征值 $f_a=120\text{kN/m}^2$，饱和重度 $\gamma_{垫}=19\text{kN/m}^3$。

1. 按式（9-2）确定基础宽度

$$b=\frac{F_k}{f_a-\gamma H}=\frac{120}{120-20\times1}=1.20\text{m}$$

2. 计算基底附加压力

$$p_0=\frac{F_k+G_k}{b}-\gamma H=\frac{120+1.2\times1\times20}{1.2}-17.5\times1=102.5\text{kN/m}^2$$

3. 计算垫层厚度

（1）第1次迭代

1）计算重度平均值

$$\gamma_{m1}=\frac{17.5+(17.8-10)}{2}=12.65\text{kN/m}^3$$

2）计算系数 k_1 和 k_2 值

$$k_1=\frac{1}{p_0}(f_{ak}-0.5\gamma_{m1})\times10=\frac{1}{102.5}(50-0.5\times12.65)\times10=4.26$$

$$k_2=k_1+\frac{15b}{p_0}(\gamma_1-\gamma_{垫})=4.26+\frac{15\times1.2}{102.6}[(17.8-10)-(19-10)]=4.05$$

3）确定垫层厚度

在图11-6的左、右纵坐标轴上分别找到 $k_1=4.26$、$k_2=4.05$ 值所对应的点，然后连以直线，从该直线与相应 $n\geqslant10$ 的曲线交点向上引竖直线，在横坐标轴上得出 $m=1.24$。于是，垫层厚度

$$z_1=mb=1.24\times1.2=1.49\text{m}$$

取 $z_1=1.5\text{m}$

4）验算是否需进行第2次迭代

计算重度加权平均值

$$\gamma_{m2}=\frac{\gamma_0 d+\gamma_1 z_1}{d+z_1}=\frac{17.5\times1+7.8\times1.50}{1+1.50}=11.68\text{kN/m}^3$$

计算两次重度计算误差

$$\delta=\left|\frac{\gamma_{m2}-\gamma_{m1}}{\gamma_{m2}}\right|=\left|\frac{11.68-12.65}{11.68}\right|=8.3\%>5\%$$

需进行第2次迭代

（2）第2次迭代

1）计算系数 k_1 和 k_2 值

将 $\gamma_{m2}=11.68\text{kN/m}^3$ 代入式（11-10），得：

$$k_1=\frac{1}{p_0}(f_{ak}-0.5\gamma_{m1})\times10=\frac{1}{102.5}(50-0.5\times11.68)\times10=4.31$$

$$k_2=k_1+\frac{15b}{p_0}(\gamma_1-\gamma_{垫})=4.31+\frac{15\times1.2}{102.6}[(17.8-10)-(19-10)]=4.10$$

2）确定垫层厚度

由图 11-6 查得 $m=1.20$，于是，垫层厚度为 $z_2=1.2\times1.2=1.44\text{m}$

取 $z_2=1.45\text{m}$

3）验算是否需进行第 3 次迭代

计算重度加权平均值

$$\gamma_{m3}=\frac{\gamma_0 d+\gamma_1 z_2}{d+z_2}=\frac{17.5\times1+7.8\times1.45}{1+1.45}=11.76\text{kN/m}^3$$

计算两次重度误差

$$\delta=\left|\frac{\gamma_{m3}-\gamma_{m2}}{\gamma_{m3}}\right|=\left|\frac{11.76-11.68}{11.76}\right|=0.68\%<5\%$$

不需进行第 3 次迭代

（3）验算

由表 11-3 查得，因为 $m=1.20>0.5$，故取 $\theta=30°$

$$\gamma_0 d+\gamma_{垫} z+\frac{bp_0}{b+2z\tan\theta}=17.5\times1+(19-10)\times1.45+\frac{1.2\times102.55}{1.2+2\times1.45\times\tan30°}$$

$$=73.34\text{kN/m}^2$$

$$f_{az}=f_{ak}+\gamma_m(d+z-0.5)=50+11.76\times(1+1.45-0.5)$$

$$=72.93\text{kN/m}^2\approx73.34\text{kN/m}^2$$

（计算无误）

4. 计算垫层宽度

$$b'=b+2z\tan\theta=1.2+2\times1.45\times\tan30°=2.87\text{m}$$

取 $b=2.90\text{m}$

【例题 11-2】 钢筋混凝土框架柱基础，相应于荷载效应标准组合时，上部结构传至基础顶面的竖向力 $F_k=358\text{kN}$，基础埋深 $d=H=2\text{m}$。埋深范围内为人工填土，其重度 $\gamma_0=16.5\text{kN/m}^3$，基底下为很厚的黏性土，重度 $\gamma_1=17.5\text{kN/m}^3$，承载力特征值 $f_{ak}=70\text{kN/m}^2$。试确定垫层的厚度和宽度。

【解】 采用灰土作为换填垫层材料，经深度修正后承载力特征值 $f_a=185\text{kN/m}^2$，重度 $\gamma_{垫}=18.5\text{kN/m}^3$。

（1）确定基础宽度

$$A=\frac{F_k}{f_a-\gamma H}=\frac{358}{185-20\times2}=2.47\text{m}^2$$

$$l=b=\sqrt{2.47}=1.57\text{m}$$

取 $l=b=1.60\text{m}$

（2）计算基底附加压力

$$p_0=\frac{F+G}{A}-\gamma_0 H=\frac{358+1.6\times1.6\times2\times20}{1.6\times1.6}-16.5\times2=146.8\text{kN/m}^2$$

（3）计算系数 k_1 和 k_2 值

$$\gamma_{m1}=\frac{\gamma_0+\gamma_1}{2}=\frac{16.5+17.5}{2}=17\text{kN/m}^3$$

$$k_1=\frac{1}{p_0}(f_{ak}-0.5\gamma_{m1})\times10=\frac{1}{146.8}(70-0.5\times17)\times10=4.19$$

$$k_2 = k_1 + \frac{15b}{p_0}(\gamma_1 - \gamma_{垫}) = 4.19 + \frac{15 \times 1.6}{146.8}(17.5 - 18.5) = 4.02$$

（4）确定砂垫层厚度

在图 11-7 的左右纵坐标轴上分别找到 $k_1=4.19$、$k_2=4.02$ 值所对应的点，然后连以直线，从该直线与相应 $n=1$ 的曲线交点向上引竖直线，在横坐标轴上得出 $m=0.52$。于是，垫层厚度

$$z = mb = 0.52 \times 1.6 = 0.832\text{m}$$

取 $z=0.9$m。

$$\gamma_{m1} = \frac{\gamma_0 d + \gamma_1 z}{d + z} = \frac{16.5 \times 2 + 17.5 \times 0.9}{2 + 0.9} = 16.81\text{kN/m}^3 \approx 17\text{kN/m}^3$$

故不须再迭代求 γ_m。

（5）验算

由表 11.3 查得灰土时，$\theta=28°$

$$\gamma_0 d + \gamma_{垫} z + \frac{blp_0}{(b + 2z\tan\theta)(l + 2z\tan\theta)}$$

$$= 16.5 \times 2 + 18.5 \times 0.9 + \frac{1.6 \times 1.6 \times 146.8}{(1.6 + 2 \times 0.9\tan 28°)^2}$$

$$= 107.12\text{kN/m}^2$$

$$f_{az} = f_{ak} + \gamma_m(d + z - 0.5) = 70 + 16.81 \times (2 + 0.9 - 0.5)$$

$$= 110.34\text{kN/m}^2 > 107.12\text{kN/m}^2$$

（计算无误）

（6）计算垫层宽度

$$b' = b + 2z\tan\theta = 1.6 + 2 \times 0.9 \times \tan 28° = 2.56\text{m}$$

取 $b=2.60$m

11.4.3 水泥粉煤灰碎石桩法

1. 一般规定

水泥粉煤灰碎石桩法是指，由水泥、粉煤灰、碎石、石屑或砂等混合料加水拌和形成高粘结强度桩，并由桩、桩间土和褥垫层一起组成复合地基的地基处理方法。

水泥粉煤灰碎石桩（简称 CFG 桩）法适用于处理黏性土、粉土、砂土和已自重固结的素填土等地基。对淤泥质土应按地区经验或通过现场试验确定其适用性。CFG 桩应选择承载力相对较高的土层作为桩端持力层。CFG 桩复合地基设计时应进行地基变形验算。

2. 设计

CFG 桩可只在基础范围内布置，桩径宜取 350～600mm。桩距应根据设计要求的复合地基承载力、土性、施工工艺等确定，宜取 3～5 倍桩径。桩顶和基础之间应设置褥垫层，其作用是将建筑物荷载按合理的比例传给桩和桩间土。褥垫层厚度宜取 150～300mm，当桩径大或桩距大时褥垫层厚度宜取高值。褥垫层材料宜选中砂、粗砂、级配砂石或碎石等，最大粒径不宜大于 30mm。

CFG 桩复合地基承载力特征值，应通过现场复合地基载荷试验确定，初步设计时也可按下式估算：

$$f_{spk} = m\frac{R_a}{A_p} + \beta(1-m)f_{sk} \tag{11-13}$$

$$m = \frac{A_p}{A_e} = \left(\frac{d_p}{d_e}\right)^2 \tag{11-14}$$

式中 f_{spk}——复合地基承载力特征值（kPa）；

R_a——单桩竖向承载力特征值（kN）；

A_p——桩的截面积（m^2）；

β——桩间土承载力折减系数，宜按地区经验取值，如无经验时取 0.75～0.95，天然地基承载力较高时取大值；

f_{sk}——处理后桩间土承载力特征值（kPa），宜按当地经验取值，如无经验时，可取天然地基承载力特征值；

m——面积置换率；

d_p——桩身直径（m）；

A_e、d_e——一根桩分担的处理地基面积和等效圆直径（m）。

现将式（10-13）推导如下：

CFG 桩复合地基承载力由两部分组成，即桩的承载力与桩间土承载力之和

$$f_{spk} = \frac{R_a}{A_e} + \frac{(A_e - A_p)f_{sk}}{A_e} \tag{a}$$

令

$$m = \frac{A_p}{A_e}$$

将上式代入式（a），得

$$f_{spk} = m\frac{R_a}{A_p} + (1-m)f_{sk} \tag{b}$$

考虑到桩间土承载力的发挥程度，引入折减系数 β，于是上式改写成

$$f_{spk} = m\frac{R_a}{A_p} + \beta(1-m)f_{sk}$$

推导完毕。

面积置换率 m 与桩的间距 s 有关，在设计中一般先选定桩距，然后算出面积置换率。如前所述，桩距宜取 3～5 倍桩径。

若桩采用正方形布置（如图 11-10a 所示），则面积置换率可按下式计算：

$$m = 0.785\left(\frac{d_p}{s}\right)^2 \tag{11-15a}$$

若桩采用等边三角形布置（图 11-10b），则面积置换率按下式计算：

$$m = 0.907\left(\frac{d_p}{s}\right)^2 \tag{11-15b}$$

式中 s 为桩的间距。表 11-4 给出了面积置换率 m 与桩距 s 的对应关系表。

面积置换率 m 与桩距 s 的关系 **表 11-4**

桩的间距 s		$3d_p$	$3.5d_p$	$4.0d_p$	$4.5d_p$	$5.0d_p$
面积置换率 m	正方形布置	0.0872	0.0641	0.0491	0.0388	0.0314
	等边三角形布置	0.1010	0.0741	0.0567	0.0448	0.0363

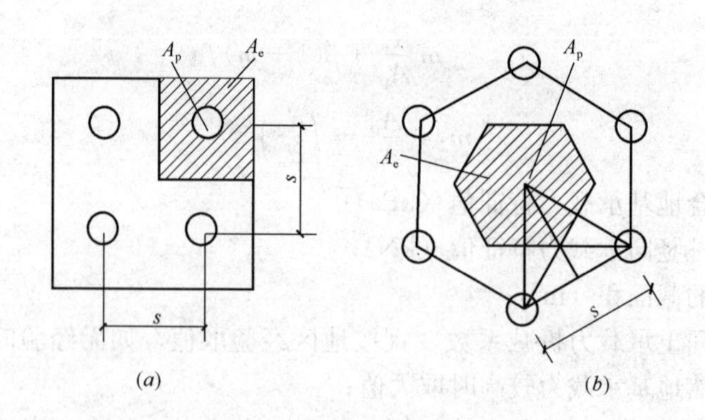

图 11-10 CFG 桩的布置

(a) 正方形布置；(b) 等边三角形布置

单桩竖向承载力特征值 R_a 的取值，应符合下列规定：

(1) 当采用单桩载荷试验时，应将单桩竖向极限承载力除以安全系数 2。

(2) 当无单桩载荷试验时，可按下式估算：

$$R_a = u_p \sum_{i=1}^{n} q_{si} l_i + q_p A_p \tag{11-16}$$

式中 u_p——桩的周长 (m)；

n——桩长范围内所划分的土层数；

q_{si}、q_p——桩周第 i 层土的侧阻力、桩端端阻力特征值 (kPa)；

l_i——第 i 层土的厚度 (m)。

桩体试块抗压强度平均值应满足下式要求：

$$f_{cu} \geqslant 3 \frac{R_a}{A_p} \tag{11-17}$$

式中 f_{cu}——桩体混合料试块（边长为 150mm 的立方体）标准养护 28d 立方体抗压强度平均值 (kPa)。

综上所述，现将按地基承载力计算 CFG 桩复合地基的步骤叙述如下：

(1) 根据设计要求的复合地基承载力、土的物理力学性质、施工工艺，确定桩径 d_p 和桩距 s。

(2) 按表 11-4 确定面积置换率 m。

(3) 按式 (11-18) 求出复合地基桩顶平均应力

$$\sigma_p = \frac{1}{m}[f_{sp,k} - \beta(1-m) f_{sk}] \tag{11-18}$$

(4) 按下式算出复合地基中单桩桩顶承受的平均竖向力

$$Q_p = \sigma_p A_p \tag{11-19}$$

(5) 根据勘探报告和建筑物荷载情况确定桩尖的持力层，并选定桩长，然后按式 (11-16) 算出 R_a，并按式 $Q_p \leqslant R_a$ 验算单桩承载力，如不满足要求，则可调整面积置换率 m、桩径 d_p 或桩长，再进行验算，直至满足要求为止。

(6) 基础底面下桩的数量，可按下式计算：

$$n = \frac{mA}{A_p} \tag{11-20}$$

式中　A——基础底面积。

地基处理后的变形计算应按《建筑地基基础设计规范》GB 50007—2011 的有关规定执行。复合土层的分层与天然地基相同，各复合土层的压缩模量等于该层天然地基压缩模量的 ξ 倍，ξ 值可按下式确定：

$$\xi = \frac{f_{spk}}{f_{ak}} \tag{11-21}$$

式中　f_{ak}——基础底面下天然地基承载力特征值（kPa）。

变形计算经验系数 ψ_s 根据当地沉降观测资料及经验确定，也可采用表 11-5 数值。

变形计算经验系数 ψ_s　　　**表 11-5**

$\overline{E}_s$（MPa）	2.5	4.0	7.0	15.0	20.0
ψ_s	1.1	1.0	0.7	0.4	0.2

注：$\overline{E}_s$ 为变形计算深度范围内压缩模量的当量值，应按下式计算：

$$\overline{E}_s = \frac{\Sigma A_i}{\Sigma \frac{A_i}{E_{si}}}$$

式中　A_i——第 i 层土附加应力系数沿土层厚度的积分值；

E_{si}——基础底面下第 i 层土的压缩模量值（MPa），桩长范围内的复合土层按复合土层的压缩模量取值。

地基变形计算深度应大于复合土层的厚度，并应符合《建筑地基基础设计规范》（GB 50007—2011）中地基变形计算深度的有关规定。

【例题 11-3】 某高层钢筋混凝土剪力墙结构住宅，地上 24 层，地下 2 层。采用钢筋混凝土箱形基础。基底尺寸 $B \times L = 30.6\text{m} \times 31.8\text{m}$。埋深 $d = 6.4\text{m}$，基底持力层土的承载力特征值 $f_{ak} = 150\text{kPa}$。基底下各土层参数如表 11-6 所示。

【例题 11-3】附表　　　**表 11-6**

土层编号	桩周侧阻力特征值 q_{si}(kPa)	桩端端阻力特征值 q_p(kPa)	土层厚度(m)	压缩模量(MPa)
③	31		1.0	7.66
④	34		0.9	21.50
⑤	29		2.7	11.89
⑥	31		2.3	25.00
⑦	34		2.7	13.35
⑧	57	1028	6.4	82.06

设计要求：

(1) 采用 CFG 桩复合地基，处理后的地基承载力特征值 $f_{sp,k} \geqslant 400\text{kPa}$（未经深度修正值）；

(2) 地基变形满足《建筑地基基础设计规范》GB 50007—2011 要求。

试设计 CFG 桩复合地基。

【解】 1. CFG 桩复合地基承载力计算

(1) 确定桩距和面积置换率

采用强度等级 C15 的混凝土桩，桩径 d_p 为 420mm，取桩的间距 $s = 3.5d_p = 3.5 \times 420\text{mm} = 1470\text{mm}$。采用正方形布置。由表 11-4 查得面积置换率 $m = 0.0641$。

(2) 确定单桩所承受的平均竖向力 Q_p。

按式（11-18）算出复合地基桩顶平均应力，设取 $\beta=0.8$，$f_{sk}=f_{ak}=150\text{kPa}$

$$\sigma_p=\frac{1}{m}[f_{spk}-\beta(1-m)f_{sk}]=\frac{1}{0.0641}[400-0.8(1-0.0641)150]=4488\text{kPa}$$

按式（11-19）算出

$$Q_p=\sigma_p A_p=4488\times\frac{1}{4}\times3.14\times0.42^2=621.8\text{kN}$$

(3) 计算单桩承载力特征值

设桩长 $l=11\text{m}$，桩尖持力层选在圆砾层⑧上，单桩承载力特征值为

$$R_a=U_p\sum_{i=1}^{n}q_{si}l_i+q_pA_p=3.14\times0.42\times(31\times3.3+34\times3.6+29\times2.7+57\times1.4)$$

$$+1028\times\frac{1}{4}\times3.14\times0.42^2=647\text{kN}>Q_p=621.8\text{kN}(\text{符合要求})$$

2. 复合地基变形的计算（从略）

3. 桩体强度验算

取 C15 混凝土立方体抗压强度平均值

$$f_{cu}=15\text{N/mm}^2>3\frac{R_a}{A_p}=3\times\frac{647\times10^3}{3.14\times210^2}=14.0\text{N/mm}^2$$

4. 褥垫层的材料及厚度

褥垫层材料采用中砂，厚度取 300mm。

11.4.4 砂石桩法

1. 一般规定

砂石桩法是指，采用振动、冲击或水冲等方式在地基中成孔后，再将碎石、砂或砂石挤入已成的孔中，形成由砂石所构成的密实桩体，并和原桩周土组成复合地基的地基处理方法。

砂石桩法适用于挤密松散砂土、粉土、黏性土、素填土、杂填土等地基。对饱和黏土地基上变形控制要求不严的工程也可采用砂石桩置换处理。砂石桩也可处理可液化地基。

采用砂石桩处理地基应补充设计、施工所需的有关技术资料。对黏性土地基，应有地基土的不排水抗剪强度指标；对砂土和粉土地基应有地基上的天然孔隙比、相对密度或标准贯入击数、砂石料特性、施工机具及性能等资料。

2. 设计

(1) 砂石桩的布置及间距

砂石桩孔位宜采用等边三角形或正方形布置。砂石桩直径可采用 300～800mm，可根据地基土质情况和成桩设备等因素确定。对饱和黏性土地基宜选用较大直径。

砂石桩的间距应通过现场试验确定。对粉土和砂土地基，不宜大于砂石桩直径的 4.5 倍；对于黏性土地基不宜大于砂石桩直径的 3 倍。初步设计时，砂石桩的间距可按下列公式估算：

1) 松散粉土和砂土地基可根据挤密后要求达到的孔隙比 e_1 来确定。

等边三角形布置

$$s = 0.95\xi d\sqrt{\frac{1+e_0}{e_0-e_1}} \tag{11-22}$$

正方形布置

$$s = 0.89\xi d\sqrt{\frac{1+e_0}{e_0-e_1}} \tag{11-23}$$

$$e_1 = e_{max} - D_{r1}(e_{max} - e_{min}) \tag{11-24}$$

式中　s——砂石桩间距（m）；

d——砂石桩直径（m）；

ξ——修正系数，当考虑振动下沉密实作用时，可取 1.1～1.2；不考虑振动下沉密实作用时，可取 1.0；

e_0——地基处理前砂土的孔隙比，可按原状土样试验确定，也可根据动力或静力触探等对比试验确定；

e_1——地基挤密后要求达到的孔隙比；

e_{max}、e_{min}——砂土最大、最小孔隙比；

D_{r1}——地基挤密后要求达到的相对密度，可取 0.70～0.85。

2）黏性土地基：

等边三角形布置

$$s = 1.08\sqrt{A_e} \tag{11-25}$$

正方形布置

$$s = \sqrt{A_e} \tag{11-26}$$

式中　A_e——1 根砂石桩承担的处理面积（m^2）；

$$A_e = \frac{A_p}{m} \tag{11-27}$$

式中　A_p——砂石桩的截面积（m^2）；

m——面积置换率。

（2）砂石桩的长度

砂石桩长度可根据工程要求和工程地质条件通过计算确定。

1）当松软土层厚度不大时，砂石桩长宜穿过松软土层。

2）当松软土层厚度较大时，对按稳定性控制的工程，砂石桩的长度应不小于最危险滑动面以下 2m 的深度；对按变形控制的工程，砂石桩长度应满足处理后地基变形量不超过建筑物的地基变形允许值，并满足较弱下卧层承载力的要求。

3）对可液化的地基，砂石桩桩长应按现行国家标准《建筑抗震设计规范》GB 50011—2011 的有关规定采用。

4）桩长不宜小于 4m。

（3）砂石桩的处理范围

砂石桩的处理范围应大于基底范围，处理宽度宜在基础外缘扩大 1～3 排桩。对可液化地基，在基础外缘扩大宽度不应小于可液化土层厚度的1/2，并不应小于5m。

(4) 桩体材料

桩体材料可用碎石、卵石、角砾、圆砾、砾砂、粗砂、中砂或石屑等硬质材料，含泥量不得大于5%，最大粒径不宜大于50mm。砂石桩桩孔内的填料量应通过现场试验确定，估算时可按设计桩孔体积乘以充盈系数β确定，β可取1.2～1.4。如施工中地面有下沉或隆起现象，则填料数量应根据现场具体情况予以增减。

砂石桩顶部宜铺设一层厚度为300～500mm的砂石垫层。

(5) 砂石桩复合地基承载力特征值的确定

砂石桩复合地基承载力特征值，应通过现场复合地基载荷试验确定，初步设计时，也可通过下列方法估算。

1) 对于采用砂石桩处理的复合地基，可按下式计算：

$$f_{spk} = mf_{pk} + (1-m)f_{sk} \tag{11-28}$$

$$m = \left(\frac{d}{d_e}\right)^2 \tag{11-29}$$

式中 f_{spk}——砂石桩复合地基承载力特征值（kPa）；

f_{pk}——桩体承载力特征值（kPa），宜通过单桩载荷试验确定；

f_{sk}——处理后桩间土承载力特征值（kPa），宜按当地经验取值，如无经验时，可取天然地基承载力特征值；

m——面积置换率；

d——桩身平均直径（m）；

d_e——1根桩分担的处理地基面积的等效圆直径。

等边三角形布桩
$$d_e = 1.05s \tag{11-30}$$

正方形布桩
$$d_e = 1.13s \tag{11-31}$$

矩形布桩
$$d_e = 1.13\sqrt{s_1 s_2} \tag{11-32}$$

s、s_1、s_2分别为桩间距、纵向间距和横向间距。

2) 对于小型工程的黏性土地基，如无现场载荷试验资料，初步设计时，复合地基承载力特征值也可按下式估算：

$$f_{spk} = [1 + m(n-1)]f_{sk} \tag{11-33}$$

式中 n——桩土应力比，如无实测资料时，可取2～4，原土强度低取大值，原土强度高取小值。

(6) 砂石桩处理地基的变形计算

经砂石桩处理后的地基变形计算，应按式（4-12）计算，复合土层的压缩模量可按下式计算：

$$E_{sp} = [1 + m(n-1)]E_s \tag{11-34}$$

式中 E_{sp}——复合土层压缩模量（MPa）；

E_s——桩间土压缩模量（MPa），宜按当地经验取值，如无经验时，可取天然地基压缩模量；

n——桩土应力比，在无实测资料时，对黏性土可取 2～4；对粉土、砂土可取 1.5～3，原土强度低取大值，原土强度高取小值。

上面只介绍了几种常用的地基处理方法。关于其他处理方法可参见《建筑地基处理技术规范》(JGJ 79—2002)。

11.5 压实填土的密实度

为了提高填土的承载力，降低其压缩性，换土垫层、房心填土及其他人工填土工程都需要压实。这些经过分层压实的填土称为压实填土。

11.5.1 土的压实原理

实践证明，对含水量很高的黏性土进行夯实或碾压时会出现软弹现象，此时土的密实度是不会增加的。对很干的土进行夯实或碾压时，显然也不能把土充分夯实。只有在适当的含水量范围内，才能使土的压实效果最好，在一定的压实功能条件下，使土最容易压实，并能达到最大密实度的含水量，称为最优含水量（或最佳含水量），用符号 w_{op} 来表示，此时对应的干密度为最大干密度，用符号 ρ_{dmax} 来表示。

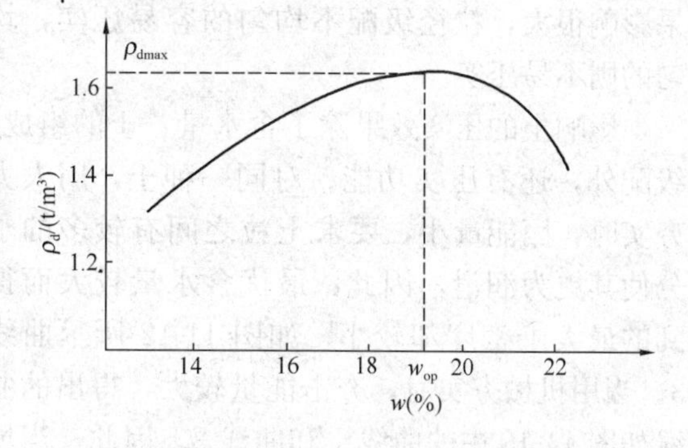

图 11-11 干密度与含水量的关系曲线

土的最优含水量和最大干密度可用室内击实试验测得。即采用锤重为 2.5kg，锤底直径为 50mm，落距 460mm，容积为 1000cm^3 的击实仪，将同一种土（土料直径小于 5mm）配制成六、七份不同含水量的试样，用同样的击实功能，分别对每一试样分三层击实。每层击数：砂土和粉土 20 击；黏性土 30 击。然后，测定各试样击实后的密度 ρ 和含水量 w，用公式 $\rho_d=\dfrac{\rho}{1+w}$ 计算干密度 ρ_d，从而绘出击实曲线，

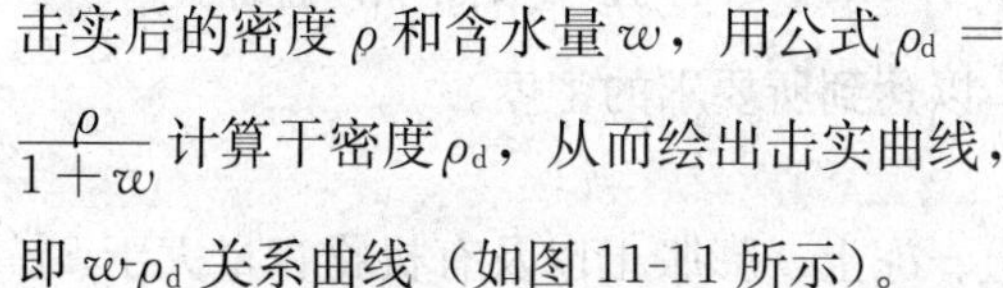

即 w-ρ_d 关系曲线（如图 11-11 所示）。

分析击实曲线可知，当含水量较低时，干密度 ρ_d 随着含水量 w 的增加而增高，这表明击实效果在逐步提高；当含水量超过某一限值 w_{op} 后，干密度 ρ_d 则随着含水量 w 的增加而降低，这表明击实效果在逐步下降。在击实曲线上出现一个干密度 ρ_d 峰值，即最大干密度 ρ_{dmax}。相应于这个峰值的含水量就是最优含水量 w_{op}。

具有最优含水量的土，其击实效果最好。这是因为含水量很低时，土中水主要是吸着水，土粒周围的水膜很薄，颗粒间很大的电分子引力阻止了颗粒移动，因而击实就比较困难。当含水量适当增大时，吸着水外面薄膜水逐渐变厚，颗粒间电分子引力减弱，薄膜水起着润滑作用，使土粒易于移动，击实效果变好；但是当含水量继续增大，以致土中出现了自由水，在击实的短时间内，孔隙中的自由水无法立即排出，势必阻止土粒靠拢，因而击实效果反而下降。

11.5.2 影响压实效果的因素

由以上分析可知，含水量和黏粒对土的压实性影响较大，黏性土或粉土中的黏粒愈多

(即塑性指数愈大)，其最优含水量愈高，最大干密度却愈低。根据试验研究，黏性土的最优含水量大约比塑限高 2%，即 $w_{op}=w_p+2$；粉土的最优含水量为 14%～18%。

当无试验资料时，可按下式计算黏性土、粉土的最大干密度。

$$\rho_{dmax}=\eta\frac{\rho_w d_s}{1+w_{op}d_s} \tag{11-35}$$

式中 ρ_{dmax}——压实填土的最大干密度；

η——经验系数，对于黏土取 0.95，粉质黏土取 0.96，粉土取 0.97；

ρ_w——水的密度；

d_s——土粒相对密度（过去称比重）；

w_{op}——最优含水量（%）。

当压实填土为碎石或卵石时，其最大干密度可取 2.0～2.2t/m³。

砂土的击实性能与黏土不同，干砂在压力与振动作用下，容易密实。稍湿的砂土，因表面张力作用使砂土互相靠紧，阻止颗粒移动，击实效果不好。饱和砂土，表面张力消失，击实效果良好。

在同类土中，土的粒径级配对土的压实效果影响很大，粒径级配不均匀的容易压实，均匀的则不易压实。

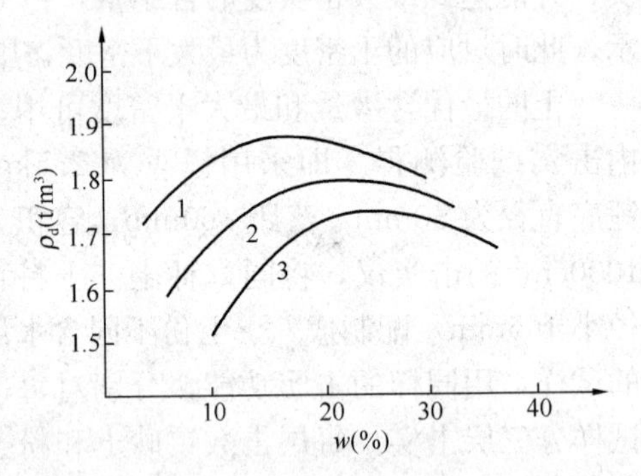

图 11-12　三种干密度曲线

影响土的压实效果除了含水量、土的组成、级配外，还有压实功能。对同一种土，用人力夯实时，因能量小，要求土粒之间有较多的水分使其更为润滑，因此，最优含水量较大而得到的最大干密度却较小，如图 11-12 所示曲线 3。当用机械夯实时，夯击能量较大，得出的曲线如图 11-10 中的曲线 1 和曲线 2。因此，当填土夯实密度不足时，可改用大的夯实能量补夯，以达到所要求的密度。

11.5.3　压实填土的质量控制

利用填土作地基时，不得使用淤泥、耕植土、冻土、膨胀土以及有机物含量大于 8% 的土作填料，当填料内含有碎石土时，其粒径一般不大于 200mm。

压实填土的密实程度可用压实系数 λ_c 来衡量，压实系数为土的控制干密度 ρ_d 与最大干密度 ρ_{dmax} 的比值，即

$$\lambda_c=\frac{\rho_d}{\rho_{dmax}} \tag{11-36}$$

压实填土的密实度和含水量应符合表 11-7 的规定。

压实填土地基质量控制值　　**表 11-7**

结构类型	填土部位	压实系数 λ_c	控制含水量(%)
砌体承重结构和框架结构	在地基主要受力层范围内	≥0.97	$w_{op}\pm2$
	在地基主要受力层范围以下	≥0.95	
排架结构	在地基主要受力层范围内	≥0.96	
	在地基主要受力层范围以下	≥0.94	

对于房心填土和基础回填土夯实后的最小干密度一般要求为1.5～1.65t/m³。

压实填土的承载力应根据试验确定。

必须指出：室内击实试验与现场夯实或碾压的最优含水量是不一样的。所谓最优含水量是针对某一种土，在一定的夯实机械、夯实功能和填土分层厚度等条件下测得的。如果这些条件改变，就会得出不同的最优含水量。因此，对于重要填土工程，应在现场进行碾压试验，以求得现场施工条件下的最优含水量。

小　结

1. 软弱地基是指主要由淤泥、淤泥质土、冲填土、杂填土或其他高压缩性土层构成的地基。软弱地基的特点是土的压缩性高，压缩模量小，在荷载作用下地基的变形大。因此，在软弱地基上兴建房屋时，应采取一定的措施，以保证建筑的安全和正常使用。

2. 在软弱地基上设计房屋时，应查明软弱土层的均匀性、组成、分布范围和土质情况。冲填土尚应了解土层在压力作用下，孔隙水排除的条件。杂填土应查明堆积历史，明确自重下稳定性、湿陷性等基本因素，其次，应考虑上部结构和地基的共同作用。对建筑体型（建筑物的平面形状和高度变化）、荷载情况、结构类型和地质条件等先进行综合分析，然后确定合理的建筑措施、结构措施和地基处理方案。

3. 建筑措施包括：

1）建筑体型应力求简单，高度差异（或荷载差异）不宜过大。

2）设置沉降缝，将建筑物划分成几个刚度较好的部分。

4. 结构措施包括：

1）减小基础底面附加应力。

2）调整各部分的荷载分布、基础宽度或埋置深度。

3）选用较小的基底应力。

4）增加基础和上部结构的整体刚度和强度。

5. 在选择地基处理方法时，应分别从加固原理、适用范围、预期处理效果、耗用材料、施工机械、工期要求和对环境影响等方面进行技术经济分析和对比，选择最佳的地基处理方法。

6. 在工程中，地基处理方法很多，由于篇幅所限，本书仅介绍了目前在工程中比较常用的几种地基处理方法。其他地基处理方法可参阅参考文献［9］。

7. 为了提高填土的承载力，降低其压缩性，换填垫层、房心填土及其他人工填土工程都需要压实。压实填土的密实程度可用压实系数λ_c来衡量，压实系数为土的控制干密度ρ_d与最大干密度ρ_{dmax}的比值，即$\lambda_c=\frac{\rho_d}{\rho_{dmax}}$。《建筑地基处理技术规范》规定，压实填土地基质量控制值：压实系数λ_c和控制含水量见表9-7。

思 考 题

11-1　什么是软弱地基？在软弱地基上建造房屋时有什么要求？

11-2　换填垫层的作用是什么？如何确定换填垫层的各部分尺寸？

11-3 什么是填土的最优含水量？为什么在填土工程中土的含水量太大和太小都不容易压实？

计 算 题

11-1 某砖混结构房屋，内墙基础埋深 $d=1.2$m，相应于荷载效应标准组合时，上部结构传至基础顶面的竖向力 $F_k=120$kN/m。地下水位在基础底面处，埋深范围内为杂填土，重度 $\gamma_0=1.65$kN/m^3，基底下为软黏土，其承载力特征值 $f_{ak}=60$kN/m^2，饱和重度 $\gamma_2=1.85$kN/m^3。采用中砂作为换填垫层材料，饱和重 $\gamma_{垫}=19$kN/m^3。试确定砂垫层厚度和宽度。

第12章　桩基础设计

12.1　桩的功能与种类

建造荷载比较大的工业与民用建筑时，若地基的软弱土层较厚，采用浅基础不能满足地基变形要求，做其他人工地基又没有条件或不经济时，常采用桩基础。桩基的作用是将荷载通过桩传给埋藏较深的坚硬土层，或通过桩周围的摩擦力传给地基。前者称为端承桩，后者称为摩擦桩（如图12-1所示）。

端承桩适用于表层软弱土层不太厚，而下部为坚硬土层的情形。端承桩的上部荷载主要由桩端阻力承受，桩侧摩擦力较小。

摩擦桩适用于软弱土层较厚，下部有中等压缩性的土层，而坚硬土层距地表很深的情形。摩擦桩的上部荷载由桩侧摩擦力和桩端阻力共同承受。

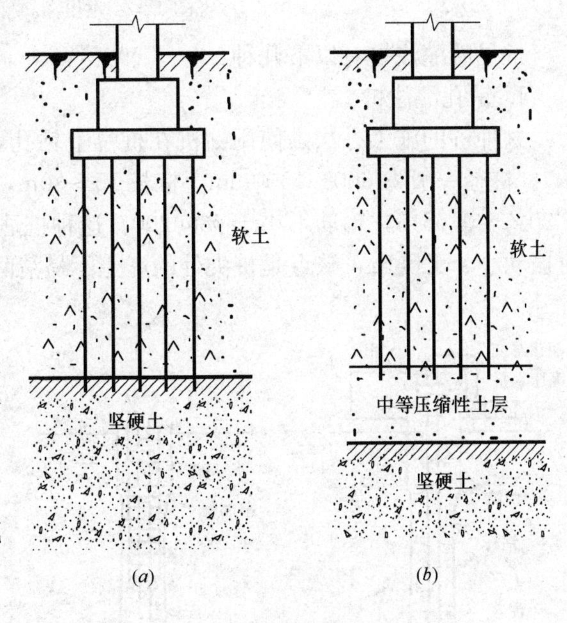

图12-1　桩基的类型
(*a*) 端承桩；(*b*) 摩擦桩

目前，桩广泛采用混凝土或钢筋混凝土材料制作。按施工方法不同，它分为下述几种类型。

12.1.1　钢筋混凝土预制桩

这种桩预先在钢筋混凝土构件厂或现场预制，然后用打桩机打入土中。

预制桩横断面尺寸不小于200mm×200mm，桩长一般不超过12m。混凝土的强度等级不应低于C30。桩的主筋应按计算确定，配筋率不宜小于0.8%；纵筋直径为12～25mm。箍筋直径为6～8mm，间距不大于200mm，在桩的两端箍筋加密，桩顶处设置三片钢筋网片，以增强局部抗压强度。在桩尖处将所有纵向钢筋都焊接在一根芯棒上，以抵抗入土阻力，参见图12-2。

在选择打桩机时，必须注意锤重与桩重相适应，否则不是桩打不下去，就是把桩打坏。

预制桩施工方便，容易保证质量，但这种桩造价较高。此外，打桩时有较大的振动和噪声，应注意对附近房屋的影响。

12.1.2　灌注桩

这种桩是用机具在现场钻孔，然后向孔内浇灌混凝土而成的。有时也需要在孔内加一定数量的钢筋。用于灌注桩的混凝土的强度等级不应低于C20。

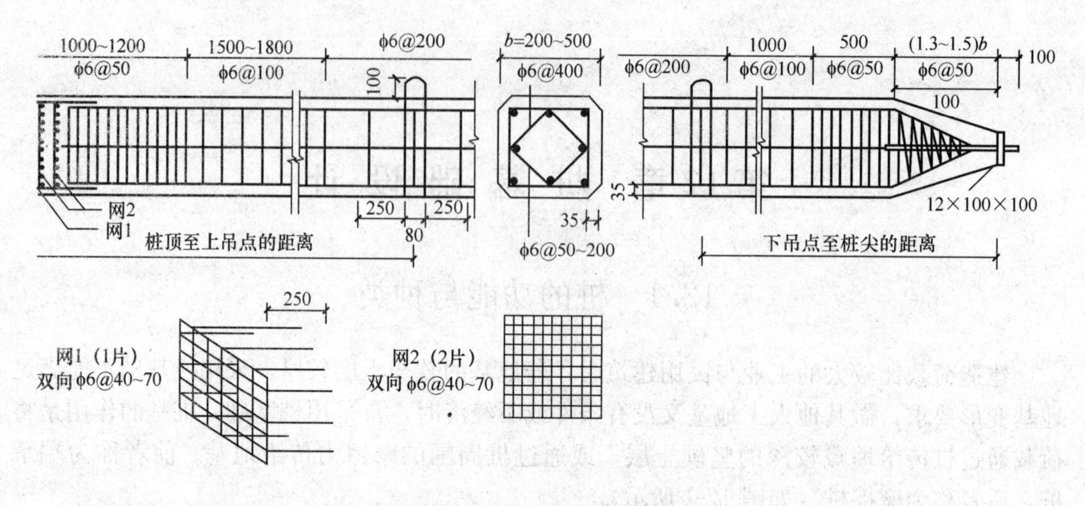

图 12-2　钢筋混凝土预制桩

常见的灌注桩有以下几种：

1. 钻孔灌注桩

这种桩的施工方法是使用钻机在桩位上钻孔，然后向孔内浇灌混凝土（如图 12-3 所示）。桩径一般为 600～1500mm。桩长 15～30m，纵筋不宜小于 $\phi16$，最小配筋率宜采用 0.20%～0.65%，箍筋不小于 $\phi8$@200。这种桩适用于一般黏性土及砂土。其优点是施工时振动小、无噪声，缺点是桩尖处的虚土不易清除干净，影响桩的承载力。

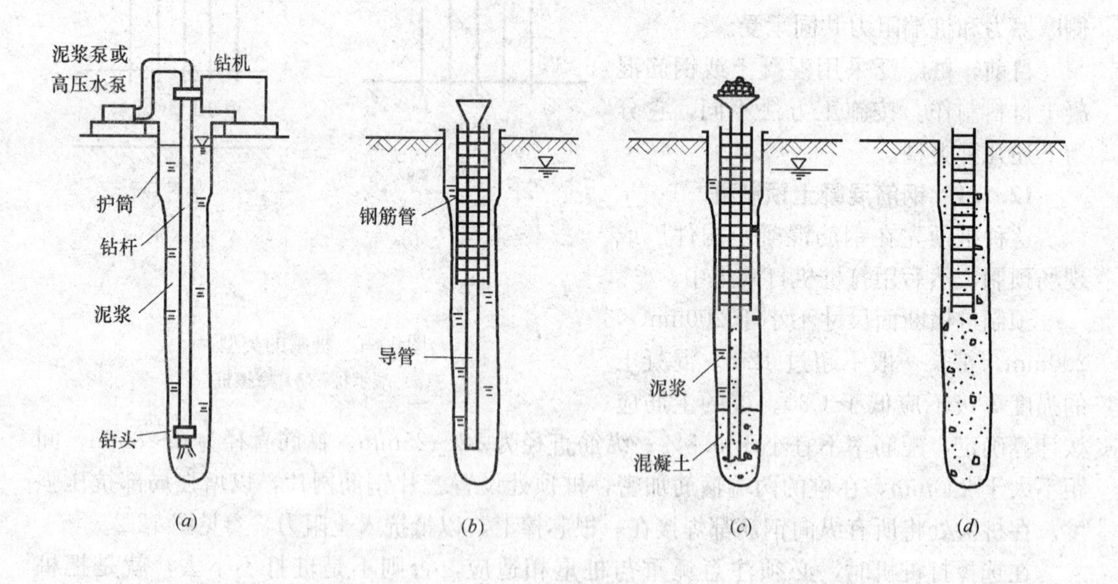

图 12-3　钻孔灌注桩

(a) 钻孔；(b) 下导管及钢筋笼；(c) 灌注混凝土；(d) 成型

2. 振动灌注桩

这种桩是将带活瓣桩尖的钢管经振动沉入土中至设计标高，然后在钢管内灌入混凝土，再将钢管振动拔出，使混凝土留在孔中，即成灌注桩（如图 12-4 所示）。在工业与民用建筑中，灌注桩直径一般采用300mm，桩长一般不超过12m。桩上部放置长度不少于1/3桩长的构造钢筋笼，最小配筋率承压时不宜小于0.2%，受弯时不宜小于0.4%，钢筋伸出桩顶长度不小于30倍钢筋直径，以便与承台连接。

振动灌注桩的优点是造价低，桩长可随持力层的埋深具体情况而变，桩顶标高能够齐平；缺点是，当在饱和的黏性土中施工时，有时钢管拔起后桩身发生颈缩现象。这种桩和预制桩一样，在施工时有振动，也应注意对附近房屋的影响。

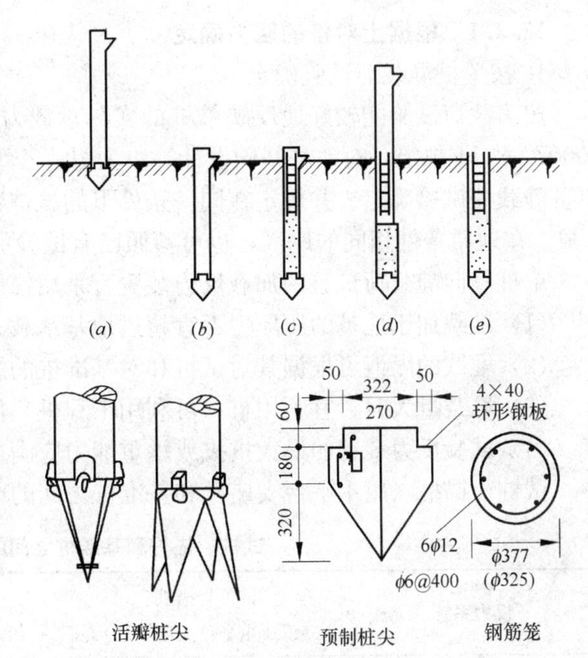

图 12-4　振动灌注桩

（a）就位；（b）沉管；（c）浇筑混凝土，放置钢筋笼；（d）边振边拔；（e）成型

3. 钻孔扩底灌柱桩

用钻具钻孔后，再借助安装在钻杆下端的扩孔机将孔底扩大，当钻杆旋转时逐渐撑开扩孔机的两把扩刀，其扩大角度不宜超过15°。扩大后的直径不宜大于3倍的桩身直径。孔底扩大后可大大提高桩的承载力。这种桩适用于碎石土及砂土地基，不宜用于流动状态的黏性土、松散砂土（如图12-5所示）。

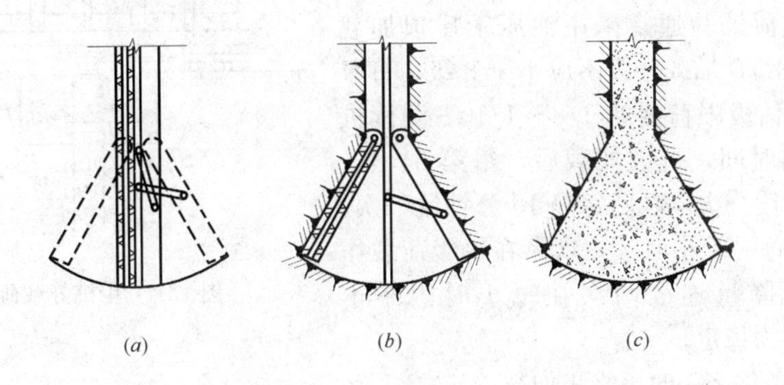

图 12-5　钻孔扩底灌注桩

（a）钻头；（b）扩底；（c）灌注混凝土

12.2　单桩竖向承载力的确定

在设计桩基时，首先要知道一根桩能承受多大荷载，即单桩承载力。

单桩竖向承载力特征值按下述方法确定。

12.2.1 根据土对桩的阻力确定

1. 按单桩静载荷试验确定

按静载荷试验能较好地反映单桩的实际承载力，因此《建筑地基基础设计规范》GB 50007—2011 规定，对地基基础设计等级为甲、乙级的建筑物，单桩承载力特征值应通过单桩静载荷试验确定。并规定在同一条件下的试桩数量不宜少于总桩数的 1%，且不少于 3 根。在地质条件相同的地区，也可参照已有试验资料根据具体情况确定。

单桩竖向静载荷试验的加载反力装置宜采用锚桩，当用堆载时应遵守以下规定：

(1) 堆载加于地基的压应力不宜超过地基承载力特征值。

(2) 堆载的限值可根据其对试桩和对基准桩的影响而定。

(3) 堆载量大时，宜利用桩（可利用工程桩）作为堆载的支点。

(4) 试验反力装置的最大抗拔或承重能力应满足试验加载的要求。

试桩、锚桩（压重平台支座）和基准桩之间的中心距离应符合表 12-1 的规定。

试桩、锚桩和基准桩之间的中心距离 **表 12-1**

反力系统	试桩与锚桩（或压重平台支座墩边）	试桩与基准桩	基准桩与锚桩（或压重平台支座墩边）
锚桩横梁反力装置 压重平台反力装置	$\geqslant 4d$ 且$\geqslant$2.0m	$\geqslant 4d$ 且$\geqslant$2.0m	$\geqslant 4d$ 且$\geqslant$2.0m

注：d 为试桩或锚桩的设计直径，取其较大者（如试桩或锚桩为扩底桩时，试桩与锚桩的中心距尚不应小于 2 倍扩大端直径）。

开始试验的时间：预制桩在砂土中入土 7 天；黏性土不得少于 15 天；对于饱和软黏土不得少于 25 天。灌注桩应在桩身混凝土达到设计强度后才能进行。静载荷试验通常采用油压千斤顶加载（如图 12-6 所示），加载分级不应小于 8 级，每级加载量宜为预估极限荷载的 1/8～1/10。测读桩沉降量的间隔时间，每级加载后，每第 5、10、15 分钟时各测读一次，以后每隔 15 分钟读一次，累计一小时后每隔半小时读一次。在每级荷载作用下，桩的沉降量连续两次在每小时内小于 0.1mm 时可视为稳定。

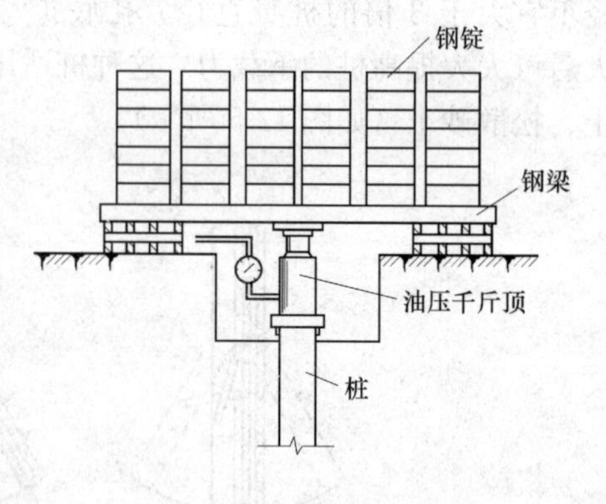

图 12-6 单桩静载荷试验

符合下列条件之一时可终止加载：

(1) 当荷载-沉降（$Q-s$）曲线上有可判定极限承载力的陡降段（如图 12-7 中的 B 点），且桩顶总沉降量超过 40mm。

(2) $\frac{\Delta s_{n+1}}{\Delta s_n} \geqslant 2$，且经 24 小时尚未达到稳定。

(3) 25m 以上的非嵌岩桩，$Q-s$ 曲线呈缓变型时，桩顶总沉降量大于 60～80mm。

(4) 在特殊条件下，可根据具体要求加载至桩顶总沉降量大于 100mm。

注：① Δs_n 为第 n 级荷载的沉降增量；Δs_{n+1} 为第 $n+1$ 级荷载的沉降增量；

② 桩底支承在坚硬岩（土）层上，桩的沉降量很小时，最大加载量不应小于设计荷载的两倍。

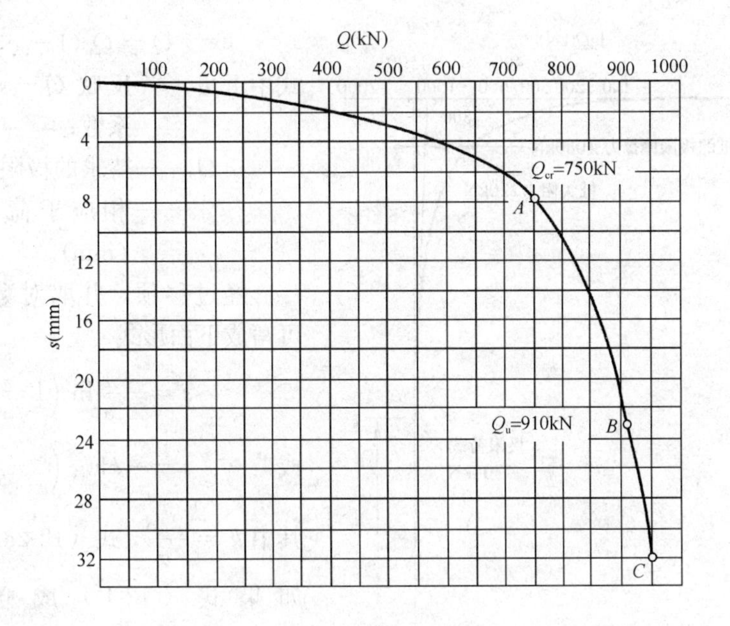

图 12-7　$Q-s$ 曲线

下面介绍根据 $Q-s$ 曲线确定单桩竖向极限承载力的方法：

(1)《建筑地基基础设计规范》GB 50007—2011 法

1）作 $Q-s$ 曲线和其他辅助分析所需曲线。

2）当陡降段明显时，取相应陡降段起点的荷载值（如图 12-7 所示）。

3）当出现上述停止加载第二种情况时，取前一级荷载值。

4）$Q-s$ 曲线呈缓变型时，取桩顶总沉降量 $s=40$mm 所对应的荷载值。

5）按上述方法判断有困难时，可采用其他方法（如图 lg$Q-s$ 法、百分率法等）综合确定。

6）参加统计的试桩，当满足其极差不超过平均值的 30%时，可取其平均值为单桩竖向极限承载力。极差超过平均值的 30%时，宜增加试桩数量并分析离散过大的原因，结合工程具体情况确定极限承载力。桩数为 3 根及 3 根以下的柱下桩台，取最小值。

7）将单桩竖向极限承载力除以安全系数 2，为单桩竖向承载力特征值 R_a。

(2) lg$Q-s$ 法

对陡降段起点不十分明显的 $Q-s$ 曲线，将试桩 $Q-s$ 曲线记录资料绘在半对数坐标纸上，即将荷载 Q 值绘在对数坐标上，而将对应的沉降值绘在普通算数坐标上。这样绘出的 $Q-s$ 曲线就是 lg$Q-s$ 曲线。这种曲线的曲线段和陡降直线段分界点比较明显，我们取直线段的起始点为极限荷载（如图 12-8 所示）。这种方法简单明确，并且还能划分出桩的极限摩擦力与桩尖阻力。

其具体做法是：将以极限荷载为起点的直线段延长与横坐标相交，交点与坐标原点间的荷载值即为极限摩擦力，剩余部分为桩尖阻力。用这种方法划分的结果与实测值是十分接近的。

(3) 百分率法

这个方法也称为指数方程法，它假定 $Q-s$ 关系曲线可用下列关系式表示

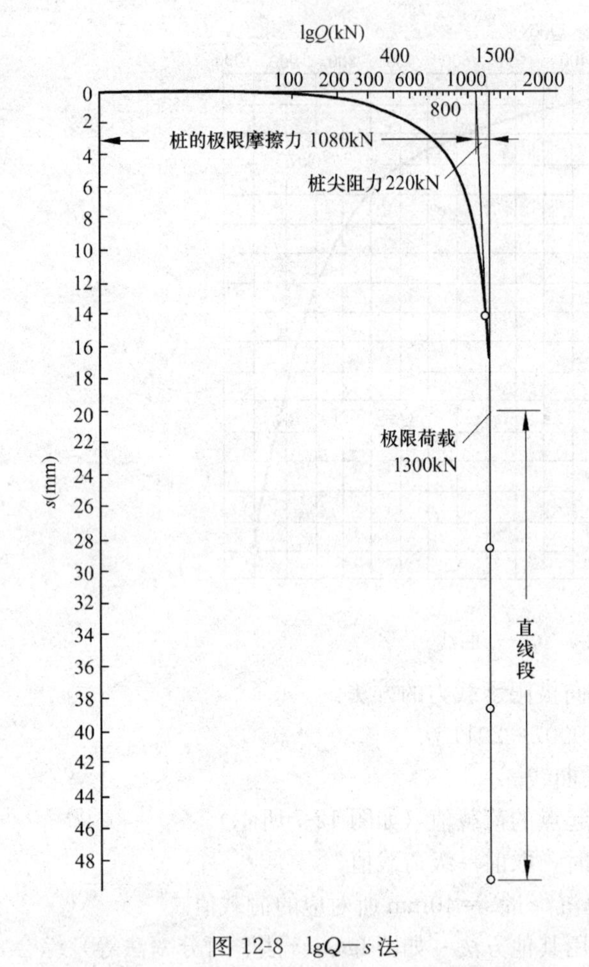

图 12-8 lg$Q$—s 法

$$Q=Q_u(1-e^{-\alpha s}) \tag{12-1}$$

式中 α——反映 $Q-s$ 曲线形状的系数；

Q_u——待求的极限荷载（kN）；

s——相应于荷载 Q 的沉降（mm）。

经过移项，并取对数，式（12-1）可写成下面形式

$$s=-\frac{1}{\alpha}\ln\left(1-\frac{Q}{Q_u}\right) \tag{12-2a}$$

或

$$s=-k\log\left(1-\frac{Q}{Q_u}\right) \tag{12-2b}$$

其中 $k=\frac{2.3}{\alpha}$，式（12-2a）关系表明，如果式（12-1）成立，则 s 与 $\log\left(1-\frac{Q}{Q_u}\right)$ 的关系是一条直线，其斜率为 k。

极限荷载 Q_u 可通过试算求得，具体做法是：根据试桩 $Q-s$ 记录资料，首先假设一个 Q_u，然后求出与前各级荷载的累计值 Q_i 的比值，将 Q_i 所对应的沉降 s_i 值和 $\log\left(1-\frac{Q_i}{Q_u}\right)$ 值，在半对数坐标纸上绘出 $s_i-\log\left(1-\frac{Q_i}{Q_u}\right)$ 关系曲线。这样，每假定一个 Q_u，便可作出一条相应的关系曲线，在两根反向关系曲线之间的过渡区，便可找到一条近似直线，它所对应的 Q_u 就是真正的极限荷载（如图 12-9 所示）。

（4）逆斜率法

这个方法也称为斜率倒数法，它假设 $Q-s$ 曲线是一条双曲线（如图 12-10a 所示），它的方程为

$$Q=\frac{s}{a+bs} \tag{12-3}$$

其中 a、b 为常数。

以 s 除以式（12-3）等号右边的分子、分母，得

$$Q=\frac{1}{\frac{a}{s}+b} \tag{12-4a}$$

显然，当 s 非常大时，所对应的 Q 值就是极限荷载，于是

$$Q_u=\frac{1}{b} \tag{12-4b}$$

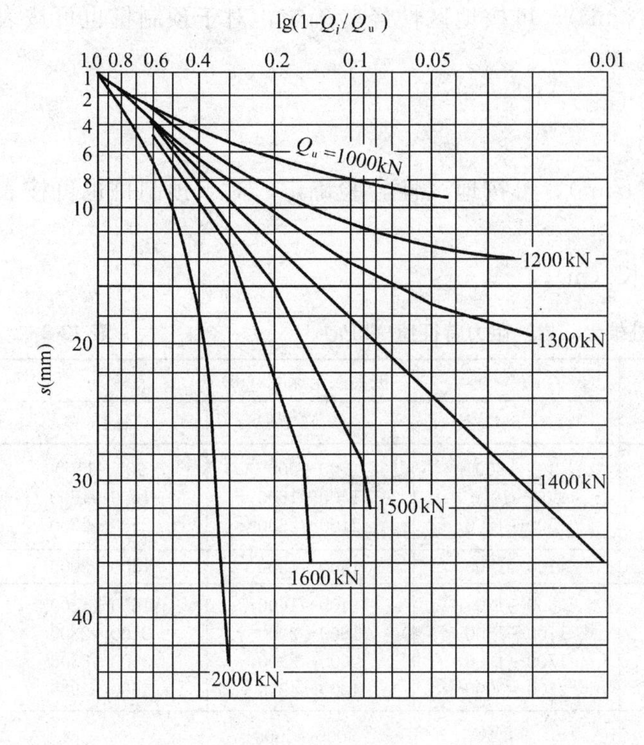

图 12-9　百分率法

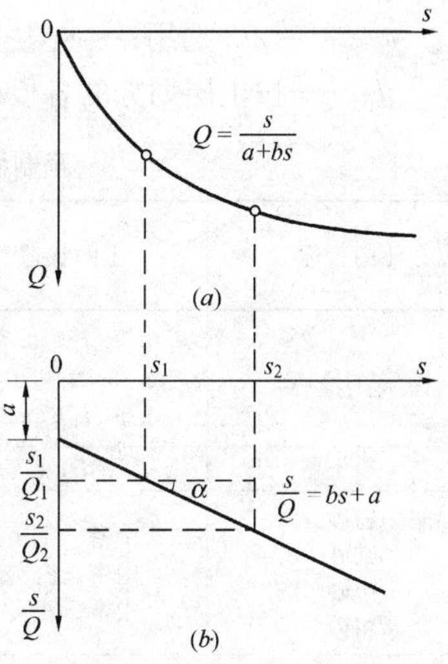

图 12-10　逆斜率法

式（12-3）经过简单变换后，可写成

$$\frac{s}{Q} = bs + a \tag{12-5}$$

由上式可见，$\frac{s}{Q}$ 与 s 的关系曲线是一条直线，此直线的斜率的倒数（称为逆斜率）等于极限荷载。由图 12-10b 可得

$$Q_u = \frac{1}{b} = \frac{1}{\tan\alpha} = \frac{s_2 - s_1}{\frac{s_2}{Q_2} - \frac{s_1}{Q_1}} \tag{12-6}$$

按这个方法确定的 Q_u 比较接近实测值，而且试桩加荷未到破坏阶段，就可预先求出极限荷载。

2. 按触探试验参数确定

地基基础设计等级为丙级的建筑物，可采用静力触探及标贯试验参数确定单桩竖向承载特征值。

3. 按经验公式确定

当初步设计时，单桩竖向承载力特征值可按下式估算：

（1）摩擦桩

$$R_a = q_{pa}A_p + u_p \sum q_{sia} l_i \tag{12-7}$$

（2）端承桩

$$R_a = q_{pa} \cdot A_p \tag{12-8}$$

式中　R_a——单桩的竖向承载力特征值（kN）；

q_{pa}——桩端阻力特征值（kN/m^2），可按地区性经验确定，对于预制桩也可按表12-2选用；

A_p——桩底端的横截面面积（m^2）；

u_p——桩身的周边长度（m）；

q_{sia}——桩侧阻力特征值（kN/m^2），可按地区性经验确定，对于预制桩也可按表12-3选用；

l_i——按土层划分的各段桩长（m）。

预制桩桩端土（岩）阻力特征值（kPa）　　表12-2

土的名称	土的状态	桩尖入土深度（m）		
		5	10	15
黏性土	$0.5<I_L\leqslant0.75$ $0.25<I_L\leqslant0.5$ $0.0<I_L\leqslant0.25$	400～600 800～1000 1500～1700	700～900 1400～1600 2100～2300	900～1100 1600～1800 2500～2700
粉土	$e<0.7$	1100～1600	1300～1800	1500～2000
粉砂 细砂 中砂 粗砂	中密、密实 中密、密实 中密、密实	800～100 1100～1300 1700～1900 2700～3000	1400～1600 1800～2000 2600～2800 4000～4300	1600～1800 2100～2300 3100～3300 4600～4900
砾砂 角砂、圆砾 碎石、卵石	中密、密实 中密、密实 中密、密实	3000～5000 3500～5500 4000～6000		
软质岩石 硬质岩石	微分化	5000～7500 7500～10000		

注：1. 表中数值可根据地区性经验采用。

2. 入土深度超过15m时按15m考虑。

3. 桩端进入持力层深度根据桩径及地质条件确定，一般为（1～3）d（d为桩径）。

预制桩桩侧阻力特征值（kPa）　　表12-3

土的名称	土的状态	q_{sia}	土的名称	土的状态	q_{sia}
填土	—	9～13	粉土	$e<0.9$ $e=0.7\sim0.9$ $e<0.7$	10～20 20～30 30～40
淤泥	—	5～8			
淤泥质土	—	9～13			
黏性土	$I_L>1$ $0.75<I_L\leqslant1$ $0.5<I_L\leqslant0.75$ $0.25<I_L\leqslant0.5$ $0<I_L\leqslant0.25$ $I_L\leqslant0$	10～17 17～24 24～31 31～38 38～43 43～48	粉细砂	稍密 中密 密实	10～20 20～30 30～40
			中砂	中密 密实	25～35 35～45
			粗砂	中密 密实	35～45 45～55
红黏土	$0.75<I_L\leqslant1$ $0.25<I_L\leqslant0.75$	6～15 15～35	砾砂	中密、密实	55～65

注：1. 表中数值仅用作初步设计的估算。

2. 尚未完成固结的填土和以生活垃圾为主的杂填土可不计其桩侧阻力。

对于嵌岩灌注桩，可按端承桩设计，其单桩承载力特征值应根据岩石强度及施工条件确定。

12.2.2 根据桩身混凝土强度确定

按桩身混凝土强度确定承载力时，应按桩的类型和成桩工艺的不同将混凝土轴心抗压强度设计值乘以工作条件系数 φ_c。桩轴心受压时桩身强度应符合下式要求

$$Q \leqslant A_p f_c \varphi_c \tag{12-9}$$

式中 f_c——混凝土轴心抗压强度设计值；按现行《混凝土结构设计规范》GB 50010—2010 取值；

Q——相应于荷载效应基本组合时的单桩竖向力设计值；

A_p——桩横截面面积；

φ_c——工作条件系数，非预应力预制桩取 0.75，灌注桩取 0.6～0.7，预应力桩取 0.55～0.65，灌注桩取 0.6～0.8（水下灌注桩、长桩或混凝土强度等级高于 C35 时取低值）。

当桩顶以下 5 倍桩身直径范围内螺旋式箍筋间距不大于 100mm 且钢筋耐久性得到保证的灌注桩，可适当计入桩身纵向钢筋的抗压作用。

12.3 单桩水平承载力的确定

单桩的水平承载力取决于桩的截面刚度、入土深度、土质条件、桩顶水平位移容许值和桩顶嵌固情况等因素。一般通过现场水平静载荷试验确定。

12.3.1 静载试验方法、临界荷载和极限荷载

桩的水平静载荷试验是在现场条件下进行的，由此测得的承载力值和地基土水平抗力系数最符合实际情况。

单桩水平静载荷试验通常采用水平放置的千斤顶加载（如图 12-11 所示），桩在水平静载作用下产生的水平位移用百分表测量。试验时一般常用单向多循环加载法。加载应分级进行，每级荷载增量约为预计水平极限荷载的 1/10～1/15。每级荷载施加后，恒载 4 分钟测读水平位移，然后卸载至零，停 2 分钟测读残余水平位移，至此完成一个加卸载循环，如此循环 5 次便完成一级荷载的试验观测。当桩身折断或水平位移超过 30～40mm 时，即可终止试验。为了确定单桩的水平临界荷载和极限荷载，我们根据单桩水平静载荷试验记录绘制水平力—时间—位移（H_0-T-u_0）和水平力一位移梯度 $\left(H_0-\dfrac{\Delta u_0}{\Delta H_0}\right)$ 曲线（如图 12-12 所示）。

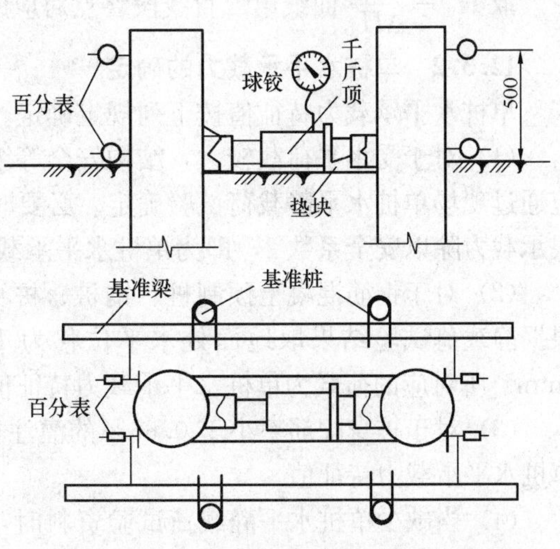

图 12-11 水平载荷试验装置示意图

单桩水平临界荷载 H_{cr}（桩身受拉区混凝土明显退出工作前的最大荷载）按下列方法综合确定：

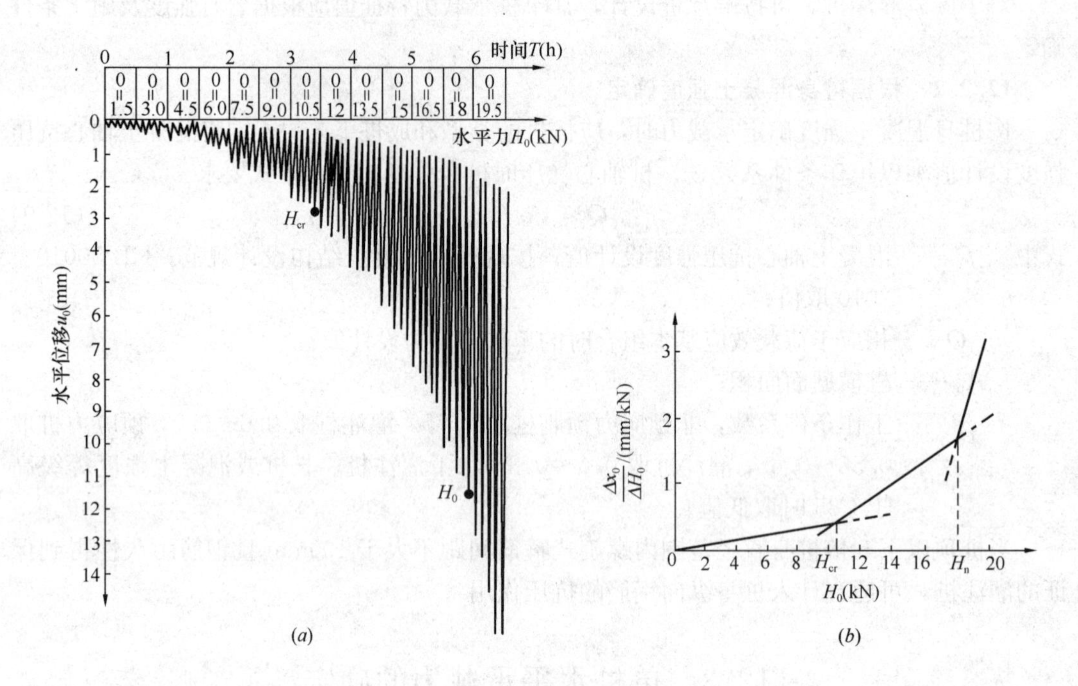

图 12-12　单桩水平静载试验成果曲线

(*a*) H_0-T-u_0 曲线；(*b*) $H_0-\frac{\Delta u_0}{\Delta H_0}$

取 H_0-T-u_0 曲线出现突变（在相同荷载增量的条件下，出现比前一级明显增大的位移增量）点的前一级荷载为水平临界荷载 H_{cr}（如图 12-12*a* 所示）。

取 $H_0-\frac{\Delta u_0}{\Delta H_0}$ 曲线第一直线段的终点（如图 12-12*b* 所示）为水平临界荷载 H_{cr}。

单桩水平极限荷载可根据下列方法综合确定：

取 H_0-T-u_0 曲线明显陡降的前一级荷载为极限荷载。

取 $H_0-\frac{\Delta u_0}{\Delta H_0}$ 曲线第二直线段终点对应的荷载为极限荷载（如图 12-12*b* 所示）。

12.3.2　单桩水平承载力的确定

单桩水平承载力特征值按下列规定确定。

（1）对于受水平荷载较大，结构安全等级为一级的建筑桩基、单桩水平承载力特征值应通过现场单桩水平静载荷试验确定。必要时可进行带承台桩的载荷试验。将单桩水平极限承载力除以安全系数 2，即为单桩水平承载力特征值。

（2）对于钢筋混凝土预制桩、钢桩、桩身全截面配筋率不小于 0.65%的灌注桩，可根据静载荷试验结果取地面处水平位移为 10mm（对水平位移敏感的建筑取水平位移 6mm）所对应的荷载为单桩水平承载力特征值。

（3）对于桩身配筋率小于 0.65%的灌注桩，可取单桩水平静载荷试验的临界荷载为单桩水平承载力特征值。

（4）当缺少单桩水平静载荷试验资料时，可按下列公式估算桩身配筋率小于 0.65%的灌注桩的单桩水平承载力特征值。

① 当桩顶同时承受水平力和轴向压力时：

$$R_{Ha}=\frac{\alpha\gamma_m f_t W_0}{\upsilon_m}(1.25+22\rho)\left(1+\frac{\zeta_N N_{min}}{\gamma_m f_t A_n}\right) \tag{12-10}$$

② 当桩顶同时承受水平力和轴向拉力时：

$$R_{Ha}=\frac{\alpha\gamma_n f_t W_0}{\upsilon_m}(1.25+22\rho)\left(1-\frac{\zeta_N N'_{max}}{\gamma_m f_t A_n}\right) \tag{12-11}$$

式中 R_{Ha}——单桩水平承载力特征值；

γ_m——计算截面模量塑性系数，圆形截面 $\gamma_m=2$，矩形截面 $\gamma_m=1.75$；

f_t——桩身混凝土抗拉强度设计值；

W_0——桩身换算截面受拉边缘的截面模量，圆形截面为：

$$W_0=\frac{\pi d}{32}[d^2+2(\alpha_E-1)\rho d_0^2] \tag{12-12}$$

其中 d_0 为扣除保护层后桩的直径；α_E 为钢筋弹性模量与混凝土弹性模量的比值；

ρ——桩身配筋率；

υ_m——桩身最大弯矩系数，按表 12-4 取值，单桩基础和单排桩基础纵向轴线与水平力方向相垂直的情况，按桩顶铰接考虑；

N_{min}、N'_{max}——作用在桩顶的最小轴向压力和最大轴向拉力；

A_n——桩身换算截面积，圆形截面为：

$$A_n=\frac{\pi d^2}{4}[1+(\alpha_E-1)\rho] \tag{12-13}$$

ζ_N——桩顶竖向力影响系数，竖向压力取 $\zeta=0.5$，竖向拉力取 $\zeta=1.0$；

α——桩的水平变形系数，按下列计算：

$$\alpha=\sqrt[5]{\frac{mb_0}{EI}} \tag{12-14}$$

m——桩侧水平抗力系数的比例系数，宜通过单桩水平静载荷试验确定，并按式（12-15）确定，当无静载荷试验资料时，可按表 12-5 取值；

$$m=\left(\frac{H_{cr}}{x_{cr}}\upsilon_x\right)^{5/3}\frac{1}{b_0(EI)^{2/3}} \tag{12-15}$$

b_0——桩身的计算宽度（m），按表 12-6 规定采用；

H_{cr}——单桩水平临界荷载（kN）；

x_{cr}——单桩水平临界荷载对应的位移；

υ_x——桩顶位移系数，可按表 12-4 采用（先假定 m 值，试算 α 值）；

EI——桩身抗弯刚度，对钢筋混凝土桩，$EI=0.85E_cI_0$，其中，I_0 为桩身换算截面惯性矩，圆形截面，$I_0=\frac{W_0 d}{2}$。

桩顶（身）最大弯矩系数 υ_m 和桩顶水平位移系数 υ_x　　表 12-4

桩顶约束情况	桩的换算埋深(ah)	υ_m	υ_x
铰接、自由	4.0	0.768	2.441
	3.5	0.750	2.502
	3.0	0.703	2.727
	2.8	0.675	2.905
	2.6	0.639	3.163
	2.4	0.601	3.526
固接	4.0	0.926	0.940
	3.5	0.934	0.970
	3.0	0.967	1.028
	2.8	0.990	1.055
	2.6	1.018	1.079
	2.4	1.045	1.095

注：1. 铰接(自由)的 υ_m 系桩身的最大弯矩系数，固接 υ_m 系桩顶的最大弯矩系数。
2. 当 $ah>4$ 时取 $ah=4.0$。

地基土水平抗力系数的比例系数 m 值　　表 12-5

序号	地基土类别	预制桩、钢桩		灌注桩	
		m (MN/m^4)	相应单桩在地面处水平位移 (mm)	m (MN/m^4)	相应单桩在地面处水平位移 (mm)
1	淤泥，淤泥质土，饱和湿陷性黄土	2～4.5	10	2.5～6	6～12
2	流塑($I_L>1$)、软塑($0.75<I_L\leqslant1$)状黏性土，$e>0.9$ 粉土，松散粉细砂，松散、稍密填土	4.5～6.0	10	6～14	4～8
3	可塑($0.25<I_L\leqslant0.75$)状黏性土，$e=0.75\sim0.9$ 粉土，湿陷性黄土，中密填土，稍密细砂	6.0～10	10	14～35	3～6
4	硬塑($0<I_L<0.25$)、坚硬($I_L\leqslant0$)状黏性土，湿陷性黄土，$e<0.75$ 粉土，中密的中粗砂，密实老填土	10～22	10	35～100	2～5
5	中密、密实的砾砂，碎石类土	—	—	100～300	1.5～2

桩身计算宽度 b_0　　表 12-6

桩身直径 d 或边宽 b(m)	圆　桩	方　桩
>1	$0.9(d+1)$	$b+1$
≤1	$0.9(1.5d+0.5)$	$1.5b+0.5$

(5) 当缺少单桩水平静载荷试验资料时，可按下式估算预制桩、钢桩、桩身配筋率不小于 0.65%的灌注桩单桩水平承载力特征值：

$$R_{\mathrm{Ha}}=\frac{\alpha^{3}EI}{v_{\mathrm{x}}}x_{0\mathrm{a}} \tag{12-16}$$

式中　$x_{0\mathrm{a}}$——桩顶容许水平位移。

其余符号意义同前。

《建筑地基基础设计规范》GB 50007—2011 规定，当承台侧面的土未经扰动或回填密实时，应计算土抗力的作用。当水平推力较大时，宜设置斜桩。

12.4　桩的根数及布置

12.4.1　桩的平面布置

1. 墙下桩基

墙下桩的布置可依照荷载情况和横墙间距大小具体确定。

墙下的桩的布置应注意以下一些问题：

1) 当混合结构墙的基础荷载不超过 200kN/m，横墙间距小于 10m 时，可采用单排直线布置（如图 12-13*a* 所示）；如荷载较大，桩距过小或空旷房屋，宜采用双排交错布置（如图 12-13*b* 所示）。桩的最小中心距离，对于预制桩、灌注桩应大于 3*d*（*d* 为桩的直径或桩截面的边长）。

2) 应尽量使群桩形心与荷载重心重合，务必使各桩受力基本均匀，不可布置得过于零散，造成施工不便。

3) 在纵横墙交接处宜布置桩（如图 12-13*c*、*d* 所示）。避免在墙体洞口下布置桩，如必须布置时，应对洞口处的承台梁采取加强措施。

2. 独立桩基

独立桩基的桩采用对称布置，在桩基中常采用三桩承台、四桩承台、六桩承台等（如图 12-14 所示）。此外，在桩基中也有采用二桩承台、五桩承台、八桩承台及九桩承台等。桩距 $s\geqslant3d$，同时边桩距承台边缘距离$\geqslant d$，参见表 12-7 和表 12-8 附图。

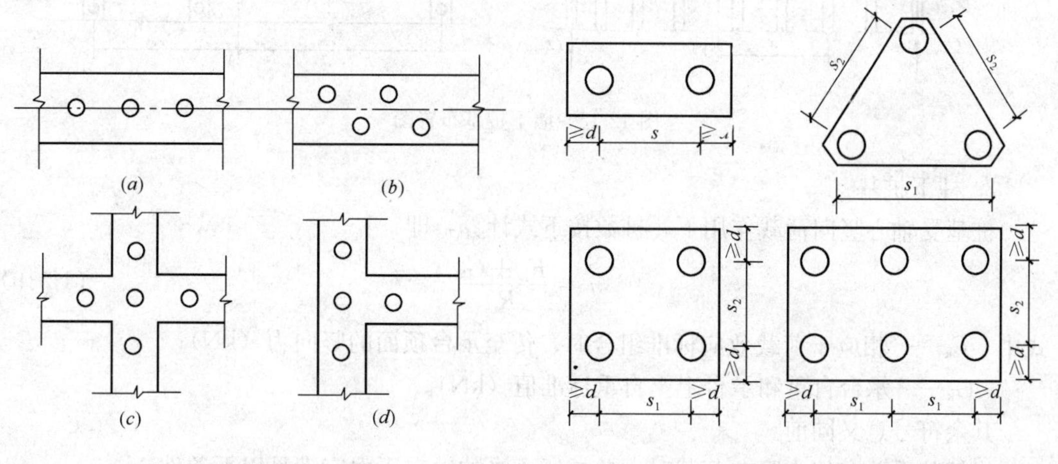

图 12-13　墙下桩的排列　　　　图 12-14　柱下独立承台桩的排列

12.4.2 桩数的确定

1. 墙下桩基

确定墙下桩基的桩数时，通常取房屋的一个开间作为单元进行计算。

(1) 轴心竖向荷载作用下

$$n=\frac{F_k+G_k}{R_a} \tag{12-17}$$

式中 n——每一开间的桩数；

F_k——相应于荷载效应标准组合时，作用于一个开间内的承台顶面的竖向力 (kN)；

G_k——一个开间范围内承台自重和承台上的土重标准值 (kN)；

R_a——单桩竖向承载力特征值 (kN)。

(2) 偏心竖向荷载作用下

偏心竖向力作用下，除满足式 (12-17) 要求外，尚应满足下列要求：

$$Q_{kmax}=\frac{F_k+G_k}{n}+\frac{M_{yk}x_{max}}{\sum x_i^2}\leqslant 1.2R_a \tag{12-18}$$

式中 Q_{kmax}——相应于荷载效应标准组合时，在一个开间内单桩所承受的最大轴向压力 (kN)；

n——桩数；

M_{yk}——相应于荷载效应标准组合时，作用于群桩（一个开间内）上的外力对通过群桩形心的 y 轴的力矩 (kN·m)；

x_i——桩 i 至桩群形心的 y 轴的距离 (m)；

x_{max}——桩群中受力最大的桩至通过桩群形心 y 轴的距离 (m)；

R_a——单桩竖向承载力特征值 (kN)。

以上符号意义如图 12-15 所示。

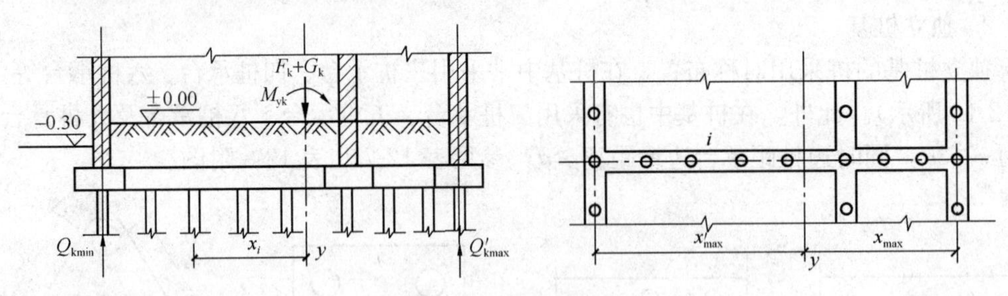

图 12-15 墙下桩基布置图

2. 柱下桩基

桩基受轴心竖向荷载作用下，桩数按下式计算，即

$$n=\frac{F_k+G_k}{R_a} \tag{12-19}$$

式中 F_k——相应于荷载效应标准组合时，传至承台顶面的竖向力 (kN)；

G_k——承台自重和承台上土自重标准值 (kN)。

其余符号意义同前。

当桩基受单向偏心竖向荷载时，单桩所承受的轴向压力应满足以下条件：

$$Q_k = \frac{F_k + G_k}{n} \leqslant R_a \tag{12-20}$$

$$Q_{kmax} = \frac{F_k + G_k}{n} + \frac{M_{yk} x_{max}}{\Sigma x_i^2} \leqslant 1.2R_a \tag{12-21}$$

$$Q_{kmin} = \frac{F_k + G_k}{n} - \frac{M_{yk} x_{max}}{\Sigma x_i^2} \geqslant 0 \tag{12-22}$$

当桩基受双向偏心竖向荷载时，单桩所承受的轴向压力除满足式（12-20）外，尚应满足以下条件：

$$Q_{kmax} = \frac{F_k + G_k}{n} + \frac{M_{xk} y_{max}}{\Sigma y_i^2} + \frac{M_{yk} x_{max}}{\Sigma x_i^2} \leqslant 1.2R_a \tag{12-23}$$

$$Q_{kmin} = \frac{F_k + G_k}{n} - \frac{M_{xk} y_{max}}{\Sigma y_i^2} - \frac{M_{yk} x_{max}}{\Sigma x_i^2} \geqslant 0 \tag{12-24}$$

式中 M_{xk}、M_{yk}——相应于荷载效应标准组合时，作用于承台底面通过群桩形心的 x、y 轴的力矩（kN·m）；

x_{max}、y_{max}——群桩中受力最大的桩至通过群桩形心的 y、x 轴线的距离（m）；

Σx_i^2、Σy_i^2——群桩各桩对 y、x 轴的距离平方和（m^2）；

R_a——单桩竖向承载力特征值（kN）；

Q_{kmax}、Q_{kmin}——桩基中单桩所承受的最大压力和最小压力（kN）。

当桩基受水平荷载时，单桩所承受的水平力应满足下列条件：

$$H_{ik} = \frac{H_k}{n} \leqslant R_{Ha} \tag{12-25}$$

式中 H_{ik}——相应于荷载效应标准组合时，作用于任一单桩的水平力；

H_k——相应于荷载效应标准组合时，作用于承台底面的水平力；

n——桩数；

R_{Ha}——单桩水平承载力特征值。

12.4.3 桩基础直接计算法

按式（12-21）～式（12-24）验算如不满足要求时，须重新确定桩数、并重新布桩及计算承台底面尺寸，然后再进行验算，直至满足要求为止。为了克服反复试算的缺点，下面给出桩基础直接计算法。

1. 单向偏心时

将式（12-21）改写成

$$Q_{kmax} = \frac{F_k}{n} + \frac{AH\bar{\gamma}}{n} + \frac{M_{yk}}{\frac{\Sigma x_i^2}{x_{max}}} \leqslant 1.2R_a \tag{12-26}$$

令

$$\left.\begin{aligned} A &= ms^2 \\ \frac{\Sigma x_i^2}{x_{max}} &= k_y s \end{aligned}\right\} \tag{12-27}$$

式中　s——桩的间距（m）；

m、k_y——系数，它与桩数和桩的排列方式有关，其值可由表 12-7 查得。

将式（12-27）代入式（12-26），并经整理后得

$$\frac{F_k}{1.2R_a}+\frac{s^2H\overline{\gamma}}{1.2R_a}m+\frac{n}{k_y}\cdot\frac{M_{yk}}{1.2R_a s}\leqslant n \tag{12-28}$$

由表 12-7 可见，对几种常用的桩基类型，比值 n/k_y，变化不大，在实际计算中可取 1.5。于是，式（12-28）可改写成

$$\frac{1}{1.2R_a}\left(F_k+\frac{1.5M_{yk}}{s}\right)\leqslant n-\frac{s^2H\overline{\gamma}}{1.2R_a}m \tag{12-29}$$

令

$$\alpha=\frac{1}{1.2R_a}\left(F_k+\frac{1.5M_{yk}}{s}\right) \tag{12-30a}$$

$$\beta=\frac{s^2H\overline{\gamma}}{1.2R_a} \tag{12-30b}$$

这时，式（12-28）可简化成

$$\alpha=n-m\beta \tag{12-31}$$

在 n、m 一定情况下，α 和 β 之间呈线性关系，即式（12-31）为直线方程。根据式（12-31）可绘出几种常用的桩基类型图线（如图 12-16 所示）。

单向偏心桩基系数值　　　　**表 12-7**

类型	Ⅰ（n=4）	Ⅱ（n=5）	Ⅲ（n=6）	Ⅳ（n=8）
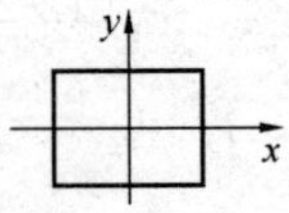 y, x	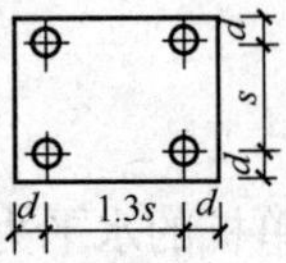 d, 1.3s, d, d, s, d	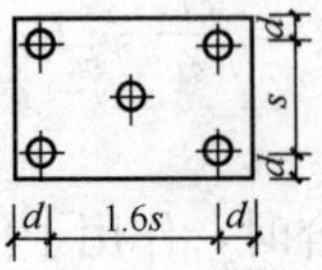 d, 1.6s, d, d, s, d	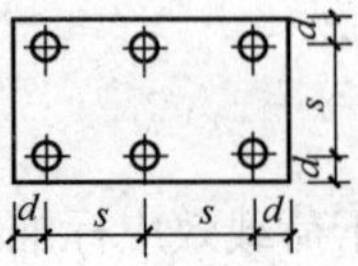 d, s, s, d, d, s, d	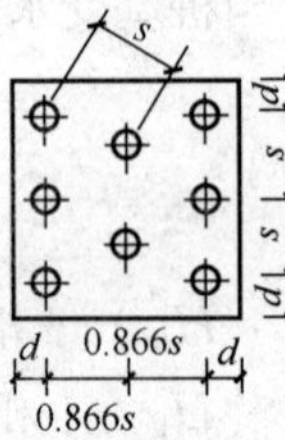 s, d, 0.866s, d, 0.866s, d, s, s, d
m	3.290	3.791	4.459	6.413
k_y	2.60	3.20	4.00	5.20
n/k_y	1.54	1.56	1.50	1.54
η	0.468	0.412	0.336	0.240
类型	Ⅴ（n=9）	Ⅵ（n=12）	Ⅶ（n=13）	Ⅷ（n=16）
	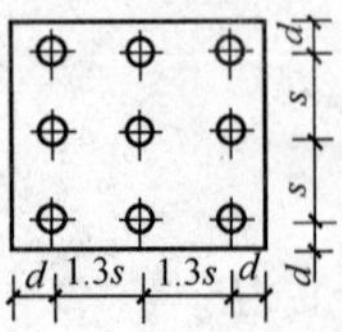 d, 1.3s, 1.3s, d, d, s, s, d	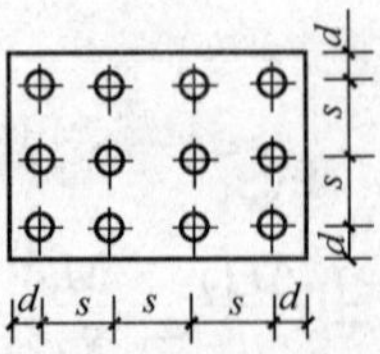 d, s, s, s, d, d, s, s, d	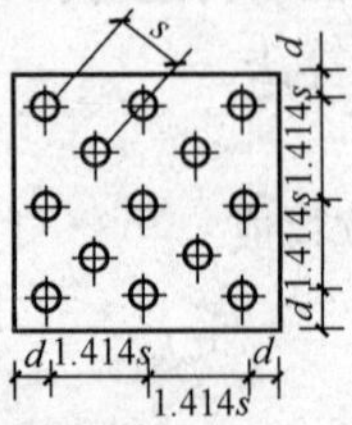 s, d, 1.414s, d, 1.414s, d, 1.414s, 1.414s, d	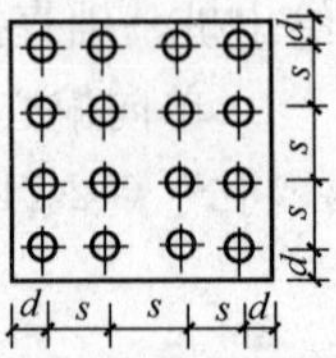 d, s, s, s, d, d, s, s, s, d
m	8.711	9.799	12.236	13.469
k_y	7.80	10.0	9.90	13.30
n/k_y	1.16	1.20	1.31	1.20
η	0.132	0.122	0.107	0.089

注：$d=(1/3)s$，$\eta=(n/k_y)(1/m)$。

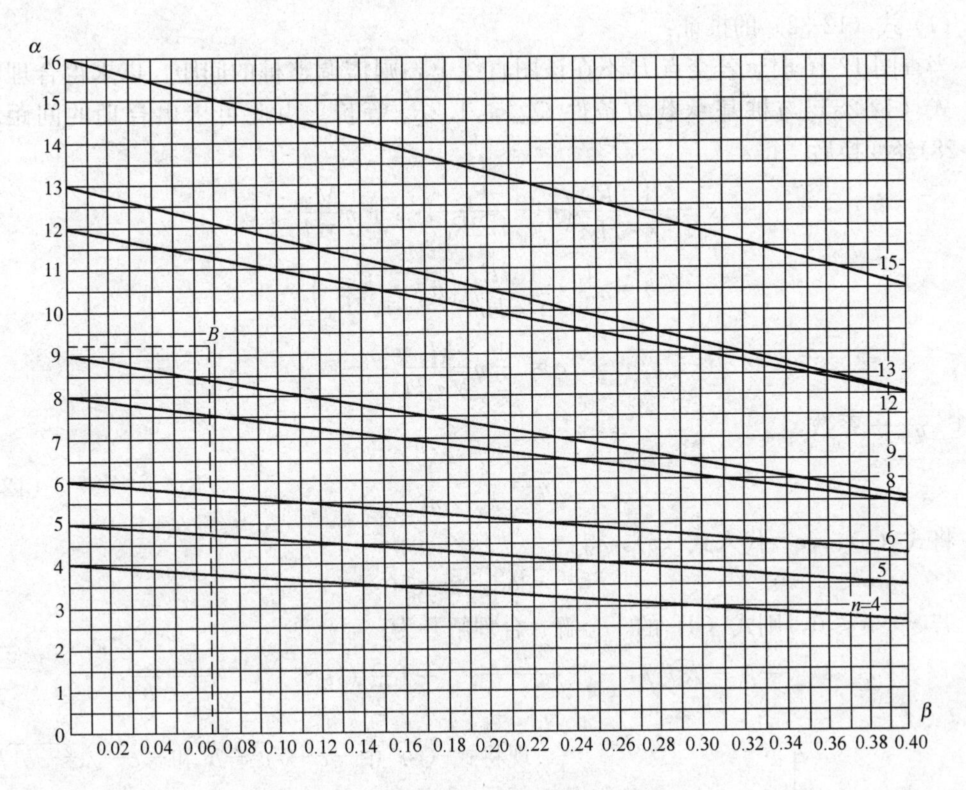

图 12-16　单向偏心桩基桩数直接计算图

在采用图 12-16 确定桩数和桩的排列方式时，应首先算出系数 α 和 β 值，然后在图 12-16 纵坐标上找到 α 值，横坐标上找到 β 值，再分别通过这两个点作水平线和竖直线，得交点 B。在一般情况下，B 点并不一定恰好位于图 12-16 的直线上。当然，可以选择 B 点右上方的直线所对应的桩基类型作为设计方案，但当该直线距交点 B 较远时，这时所确定的桩数过于保守。为了获得合理的桩基方案，我们可选择与 B 点相近的直线所对应的桩基类型方案。然后再按下列公式计算桩间距：

$$s_1 \geqslant 2\sqrt{b}\sin\left(\frac{\theta}{3}-30^\circ\right) \tag{12-32}$$

式中

$$b=\frac{0.4R_a}{m\bar{\gamma}H}\left(n-\frac{F_k}{1.2R_a}\right) \tag{12-33}$$

$$\theta=\arccos\left(-\frac{c}{\sqrt{b^3}}\right) \tag{12-34}$$

$$c=\frac{1}{2}\eta\frac{M_{yk}}{\bar{\gamma}H} \tag{12-35}$$

为了满足条件（12-22）的要求，桩距尚应符合以下条件

$$s_1 \geqslant s_{\min}=\sqrt[3]{c+\sqrt{c^2+b_1^2}}+\sqrt[3]{c-\sqrt{c^2+b_1^3}} \tag{12-36}$$

式中

$$b_1=\frac{1}{3}\ \frac{F_k}{m\bar{\gamma}H} \tag{12-37}$$

现将式（12-32）和式（12-36）推证如下：

(1) 式（12-32）的推证：

当查图 12-16 时，若交点 B 不在该图直线上，则需调整桩的间距。以求得合理的数值。式（12-28）与桩基承载力条件 $Q_{\max}\leqslant 1.2R_{a}$ 等价。由此可求出合理的间距。式(12-28)经变换后，得：

$$s^{3}-\frac{1.2R_{a}}{\gamma\cdot Hm}\left(n-\frac{F_{k}}{1.2R_{a}}\right)\cdot s+\eta\frac{M_{k}}{\gamma H}\leqslant 0 \tag{a}$$

令

$$b=\frac{1}{3}\cdot\frac{1.2R_{a}}{\gamma\cdot Hm}\left(n-\frac{F_{k}}{1.2R_{a}}\right) \tag{b}$$

$$c=\frac{1}{2}\eta\frac{M_{k}}{\gamma\cdot H} \tag{c}$$

式中　η——系数，

$$\eta=\frac{n}{k_{y}}\cdot\frac{1}{m} \tag{12-38}$$

将式（b）、(c) 代入式（a），得：

$$s^{3}-3bs+2c\leqslant 0 \tag{d}$$

若 $c^{2}-b^{3}\leqslant 0$，则式（d）的一个解（合理解）为：

$$s_{1}=\frac{-1-\sqrt{3}i}{2}\sqrt[3]{-c+\sqrt{c^{2}-b^{3}}}+\frac{-1+\sqrt{3}i}{2}\sqrt[3]{-c-\sqrt{c^{2}-b^{3}}} \tag{e}$$

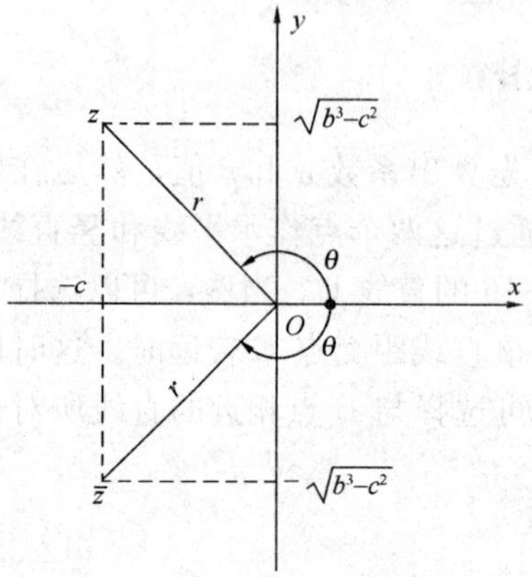

现将式（e）中 $-c+\sqrt{c^{2}-b^{3}}$ 和 $-c-\sqrt{c^{2}-b^{3}}$ 写成共轭复数：

$$z=-c+\sqrt{b^{3}-c^{2}}i=r(\cos\theta+i\sin\theta) \tag{f}$$

$$\bar{z}=-c-\sqrt{b^{3}-c^{2}}i=r(\cos\theta-i\sin\theta) \tag{g}$$

式中　r——复数的模（如图 12-17 所示），$r=\sqrt{(-c)^{2}+(\sqrt{b^{3}-c^{2}})^{2}}=\sqrt{b^{3}}$；

θ——复数的幅角，$\theta=\arccos\dfrac{-c}{\sqrt{b^{3}}}$。

图 12-17　共轭复数

将式（f）、(g) 代入式（e）得：

$$s_{1}=\frac{-1-\sqrt{3}i}{2}\sqrt[3]{r(\cos\theta+i\sin\theta)}+\frac{-1+3i}{2}\sqrt[3]{r(\cos\theta-i\sin\theta)}$$

根据复数求根公式，上式可写成：

$$s_{1}=\frac{-1-\sqrt{3}i}{2}\sqrt[3]{r}\left(\cos\frac{\theta}{3}+i\sin\frac{\theta}{3}\right)+\frac{-1+\sqrt{3}i}{2}\sqrt[3]{r}\left(\cos\frac{\theta}{3}-i\sin\frac{\theta}{3}\right)$$

注意到 $r=\sqrt{b^{3}}$，并经简化后，得：

$$s_{1}=2\sqrt{b}\left(\frac{\sqrt{3}}{3}\sin\frac{\theta}{3}-\frac{1}{2}\cos\frac{\theta}{3}\right)$$

上式最后可写成：

$$s_{1}=2\sqrt{b}\sin\left(\frac{\theta}{3}-30^{\circ}\right)$$

推证完毕。

(2) 式(12-36)的推证:

式(13-22)是保证桩基不出现拉力的条件。将式(13-27)代入式(13-22)得:

$$\frac{F_k}{n}+\frac{\bar{\gamma}Hms^2}{n}-\frac{M_{yk}}{k_y s}\geqslant 0 \tag{a}$$

经整理后,得:

$$s^3+\frac{F_k}{m\bar{\gamma}H}s-\eta\frac{M_{yk}}{\bar{\gamma}H}\geqslant 0 \tag{b}$$

令

$$b_1=\frac{1}{3}\frac{F_k}{m\bar{\gamma}H} \tag{c}$$

$$c=\frac{1}{2}\eta\frac{M_{yk}}{\bar{\gamma}H} \tag{d}$$

于是式(b)可写成:

$$s^3+3b_1 s-2c\geqslant 0 \tag{e}$$

解式(e),最后得桩基不出现拉力的最小桩距:

$$s_{min}=\sqrt[3]{c+\sqrt{c^2+b_1^3}}+\sqrt[3]{c-\sqrt{c^2+b_1^3}}$$

推证完毕。

综上所述,现将单向偏心桩基具体计算步骤总结如下:

1) 根据构造要求初步选择桩距 s

2) 按式(12-30a)计算 α 值:

$$\alpha=\frac{1}{1.2R_a}\left(F_k+\frac{1.5M_{yk}}{s}\right)$$

3) 按式(12-30b)计算 β 值:

$$\beta=\frac{s^2H\bar{\gamma}}{1.2R_a}$$

4) 根据 α、β 值,在图 12-16 上确定出交点 B,并找出与该点相近的直线所对应的桩数和桩的排列方式。

5) 根据所确定的桩数 n,由表 12-8 查出 m 值,并按式(12-33)算出 b 值。

6) 由表 12-7 查得 η 值,并按式(12-35)算出 c 值。

7) 按式(12-34)计算 θ 值。

8) 按式(12-32)计算调整后的桩距 s_1,并验算条件(12-36)是否满足要求。

2. 双向偏心时

将式(12-23)、式(12-24)改写成

$$Q_{kmax}=\frac{F_k}{n}+\frac{A\bar{\gamma}H}{n}+\frac{M_{xk}}{\frac{\sum y_i^2}{y_{max}}}+\frac{M_{yk}}{\frac{\sum x_i^2}{x_{max}}}\leqslant 1.2R_a \tag{12-39a}$$

$$Q_{kmin}=\frac{F_k}{n}+\frac{A\bar{\gamma}H}{n}-\frac{M_{xk}}{\frac{\sum y_i^2}{y_{max}}}-\frac{M_{yk}}{\frac{\sum x_i^2}{x_{max}}}\geqslant 0 \tag{12-39b}$$

令

$$
\left.\begin{aligned}
A &= ms^2 \\
\frac{\Sigma y_i^2}{y_{\max}} &= k_x s \\
\frac{\Sigma x_i^2}{x_{\max}} &= k_y s \\
r &= \frac{k_x s}{k_y s} = \frac{k_x}{k_y}
\end{aligned}\right\} \tag{12-40}
$$

式中 m、k_x、k_y 和 r 可由表 12-8 查得。

将式（12-40）代入式（12-38），经整理后得

$$\frac{F_k}{1.2R_a}+\frac{s^2H\bar{\gamma}}{1.2R_a}m+\frac{n}{k_x}\frac{M_{xk}}{1.2R_a s}+\frac{n}{k_y}\frac{M_{yk}}{1.2R_a s}\leqslant n \tag{12-41}$$

并注意到 $k_y=\frac{k_x}{r}$，于是，上式可写成

$$\frac{F_k}{1.2R_a}+\frac{s^2H\bar{\gamma}}{1.2R_a}m+\frac{n}{k_x}\frac{M_{xk}}{1.2R_a s}+\frac{n}{k_x}\frac{rM_{yk}}{1.2R_a s}\leqslant n \tag{12-42}$$

设

$$M_{xk}=M_{xk}+rM_{yk} \tag{12-43}$$

于是，式（12-42）可改写成

$$\frac{F_k}{1.2R_a}+\frac{s^2H\bar{\gamma}}{1.2R_a}m+\frac{n}{k_x}\frac{\overline{M}_{xk}}{1.2R_a s}\leqslant n \tag{12-44a}$$

将式（12-44a）和式（12-28）比较可见，双向偏心桩基可换算成单向偏心的情形来计算，这时，只需将双向弯矩 M_{xk}、M_{yk} 按式（12-43）折算成单向弯矩 $\overline{M}_{xk}$ 即可。此外，由表 12-8 可见，对表中所列几种常用的桩基类型比值 $r=\frac{k_x}{k_y}\approx1.3$，而比值 $\frac{n}{k_x}=1\sim1.56$，在实际计算中可近似取 $\frac{n}{k_x}=1.4$。于是式（12-44a）可写成

$$\frac{1}{1.2R_a}\left(F_k+1.4\frac{\overline{M}_{xk}}{s}\right)=n-\frac{s^2H\bar{\gamma}}{1.2R_a}m \tag{12-44b}$$

双向偏心桩基系数值 **表 12-8**

类型	Ⅰ（n=4）	Ⅱ（n=5）	Ⅲ（n=6）	Ⅳ（n=8）
y x	d s d; d 1.3s d	d s d; d 0.8s 0.8s d	d s d; d s s d	d s s d; d 0.975s 0.975s d
m	3.290	3.791	4.459	6.995
k_x	2.60	3.20	4.00	5.850
k_y	2.00	2.40	3.00	4.50
r	1.30	1.33	1.33	1.30
n/k_x	1.54	1.56	1.50	1.35
η	0.468	0.412	0.366	0.193

续表

类型	Ⅴ（$n=9$）	Ⅵ（$n=12$）	Ⅶ（$n=16$）
—			
m	8.464	9.799	16.221
k_x	7.50	10.0	10.66
k_y	6.00	8.00	13.33
r	1.25	1.25	1.25
n/k_x	1.2	1.20	1.00
η	0.142	0.122	0.059

注：$d=(1/3)s$，$\eta=(n/k_x)(1/m)$。

令
$$\alpha=\frac{1}{1.2R_a}\left(F_k+\frac{1.4\overline{M}_{xk}}{s}\right) \tag{12-45}$$
$$\beta=\frac{s^2H\bar{\gamma}}{1.2R_a}$$

这样，方程（12-44b）也可简化成式（12-31）的形式

$$\alpha=n-m\beta$$

根据上式可绘出几种常用的桩基类型图线（如图 12-18 所示）。

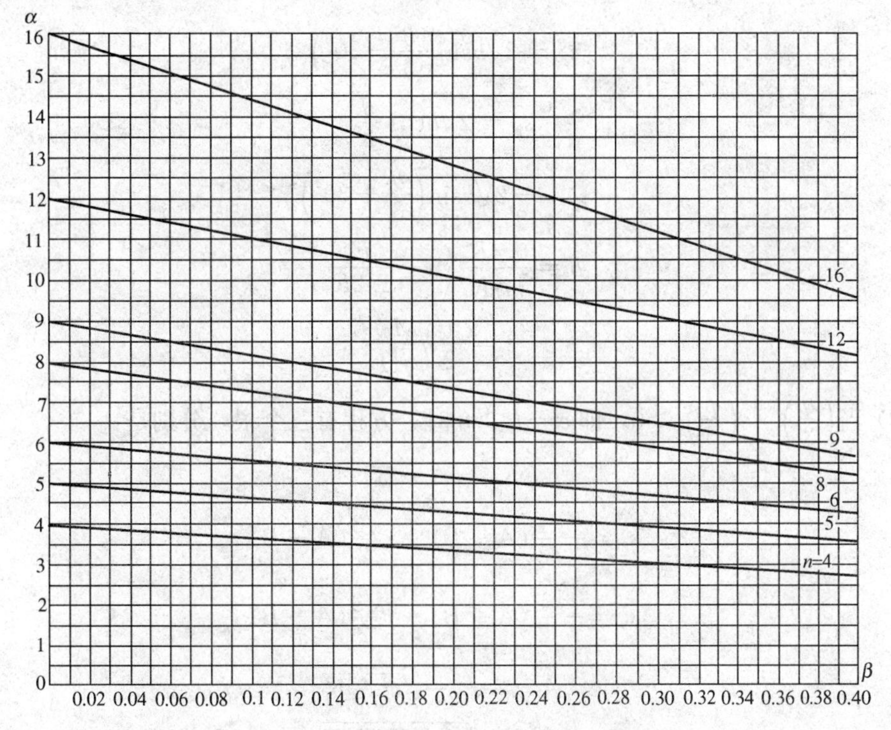

图 12-18　双向偏心桩基桩数直接计算图

现将双向偏心桩基计算步骤总结如下：

1）初步选择桩距 $s=3d$；

2）按式（12-43）计算：

$$\overline{M}_{xk}=M_{xk}+1.3M_{yk}$$

3）按式（12-45）计算：

$$\alpha=\frac{1}{1.2R_a}\left(F_k+1.4\frac{\overline{M}_{xk}}{s}\right)$$

4）按式（12-30b）计算：

$$\beta=\frac{s^2H\overline{\gamma}}{1.2R_a}$$

5）根据 α、β 值，在图 12-18 上求得交点，并找出与其相近的直线所对应的桩数及桩的排列方式。

6）根据 n 值由表 12-8 查得 m 值，并按式（12-33）算出 b。

7）由表 12-8 查出 η 值，并按式（12-35）算出 c 值。

以下计算步骤与单向偏心情况相同。

3. 关于方程 $s^3-3bs+2c=0$ 根的讨论

方程 $s^3-3bs+2c=0$ 可写成简化形式的三次方程：

$$s^3+ps+q=0 \tag{a}$$

式中

$$p=-3b, q=2c$$

方程（a）的解可分成三种情况：

(1) 当 $\left(\frac{q}{2}\right)^2+\left(\frac{p}{3}\right)^3<0$，即 $c^2-b^3<0$ 时，方程有三个根，分别是：

$$s_1=2\sqrt{b}\sin\left(\frac{\theta}{3}-30°\right) \tag{b}$$

$$s_2=2\sqrt{b}\cos\frac{\theta}{3} \tag{c}$$

$$s_3=-2\sqrt{b}\sin\left(\frac{\theta}{3}+30°\right) \tag{d}$$

其中

$$b=\frac{0.4R_a}{m\overline{\gamma}H}\left(n-\frac{F_k}{1.2R_a}\right)$$

$$c=\frac{1}{2}\eta\frac{M_{yk}}{\overline{\gamma}H}$$

(2) 当 $\left(\frac{q}{2}\right)^2+\left(\frac{p}{3}\right)^3>0$，即 $c^2-b^3>0$ 时，方程有三个根，分别是：

$$s_1=A+B \tag{e}$$

$$s_2=-\frac{1}{2}(A+B)+i\frac{\sqrt{3}}{2}(A-B) \tag{f}$$

$$s_3=-\frac{1}{2}(A+B)-i\frac{\sqrt{3}}{2}(A-B) \tag{g}$$

式中

$$A=-\sqrt[3]{c-\sqrt{c^2-b^3}}$$

$$B=-\sqrt[3]{c+\sqrt{c^2-b^3}}$$

(3) 当$\left(\frac{q}{2}\right)^2+\left(\frac{p}{3}\right)^3=0$，即$c^2-b^3=0$时，方程有三个根，分别是：

$$s_1=-2\sqrt[3]{c} \tag{h}$$

$$s_2=s_3=\sqrt[3]{c} \tag{i}$$

下面分别讨论这三种情况方程的根的性质：

第1种情况（$c^2-b^3<0$）

为了讨论这种情况方程的根的性质，现将函数

$$y=s^3-3bs+2c \tag{j}$$

的图像绘在直角坐标系中，如图12-19所示。

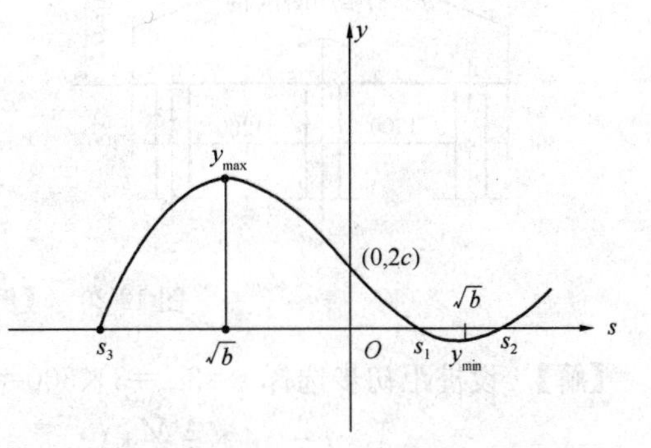

图12-19　函数$y=s^3-3bs+2c$图像

首先研究式（j）的函数图像的凹凸情况，为此，求出函数$y=s^3-3bs+2c$的二阶导数：

$$\frac{\mathrm{d}y^2}{\mathrm{d}s^2}=6s \tag{k}$$

当$s<0$时，$\frac{\mathrm{d}y^2}{\mathrm{d}s^2}<0$。故在这一区间的曲线段向下凹；当$s>0$时，$\frac{\mathrm{d}y^2}{\mathrm{d}s^2}>0$。故在这一区间的曲线段向上凸。由此可以得出，曲线与纵坐标轴的交点（0，2c）为拐点（如图12-19所示）。

方程的第3个根$s_3<0$，对于工程而言，无实际意义，故舍去。而方程的第1、2个根s_1、s_2均为正实根，且$s_1<s_2$，可以采用。在设计中，若取桩距$s=s_1$，或取$s=s_2$，则恰好满足桩基承载力条件$Q_{kmax}=1.2R_a$的要求。显然，在满足构造要求下，取$s=s_1$的桩基最经济合理。若桩距s在$s_1\sim s_2$范围内取值，则函数y为负值，即均满足桩基承载力条件$Q_{kmax}<1.2R_a$的要求。若取桩距$s=\sqrt{b}$，则函数y为极小值，这时桩基的安全储备最大。若取$s<s_1$，则桩基显然不安全，而取$s>s_2$，则桩基也将不安全。这是因为后者桩基底面积增大，桩基自重增加而引起的桩的轴力增量，超过桩距增加使抵抗矩增大而引起桩的轴力减小量的缘故，这时函数值y为正，于是出现$Q_{kmax}>1.2R_a$的情况。由此可以得到这样一个结论：桩基中桩的间距不总是愈大愈安全。

第2种情况（$c^2-b^3>0$）

这时方程的第1个根$s_1<0$，第2、3个根s_2、s_3为复数，对于工程而言，这些解均无实际意义，故舍去。产生这种情况的原因，是由于所确定的桩数少，桩基承载力不足所致。

第3种情况（$c^2-b^3=0$）

这时方程的第1个根$s_1<0$，舍去。第2、3个根s_2、s_3相等，且均为正实根，可以采用。

【例题12-1】 已知作用在室内地面标高处相应于荷载效应标准组合时的轴力值$F_k=2132$kN，作用在承台底面处的力矩$M_{yk}=710$kN·m，承台埋深$H=1.5$m（如图12-20所示），基础平均重度标准值$\bar{\gamma}=20$kN/m³。桩的直径$d=300$mm，单桩竖向承载力特征值$R_a=300$kN。试确定柱下桩基的桩数及桩的排列方式。

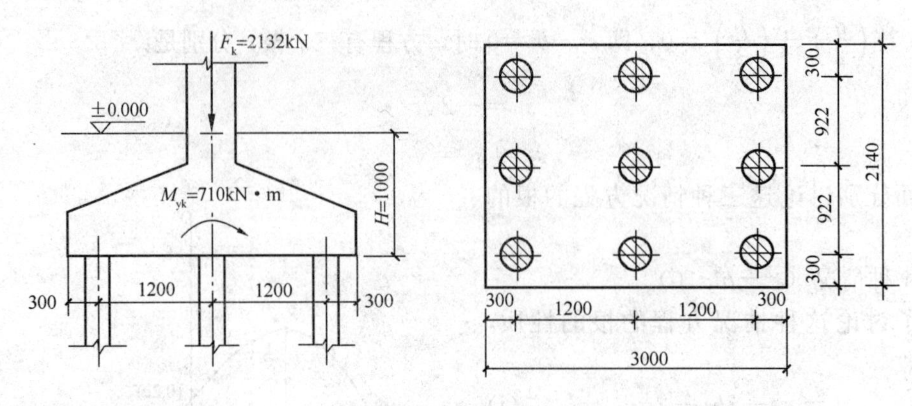

图 12-20 【例题 12-1】附图

【解】 设桩距初步选择 $s=3d=3\times300=900$mm。

$$\alpha=\frac{1}{1.2R_a}\left(F_k+1.5\frac{M_{yk}}{s}\right)=\frac{1}{1.2\times300}\left(2132+1.5\frac{710}{0.9}\right)=9.209$$

$$\beta=\frac{s^2H\bar{\gamma}}{1.2R_a}=\frac{0.9^2\times1.5\times20}{1.2\times300}=0.0675$$

由图 12-16 查得，与交点 B 相近的桩数 $n=9$。

为了获得经济桩基方案，进一步求得合理的桩距。由表 12-7 查得，当 $n=9$（类型Ⅴ）时，$m=8.711$，$\eta=0.132$。

$$b=\frac{0.4R_a}{m\bar{\gamma}H}\left(n-\frac{F_k}{1.2R_a}\right)=\frac{0.4\times300}{8.711\times20\times1.5}\left(9-\frac{2132}{1.2\times300}\right)=1.413$$

$$c=\frac{1}{2}\eta\frac{M_{yk}}{\bar{\gamma}H}=\frac{1}{2}\times0.132\times\frac{710}{20\times1.5}=1.562$$

$$c^2-b^3=1.562^2-1.413^3<0$$

符合公式应用条件。

$$\theta=\arccos\left(\frac{-c}{\sqrt{b^3}}\right)=\arccos\left(\frac{-1.562}{\sqrt{1.413^3}}\right)=158.43°$$

$$s_1=2\sqrt{b}\sin\left(\frac{\theta}{3}-30°\right)=2\sqrt{1.413}\sin\left(\frac{158.43°}{3}-30°\right)=0.922\text{m}$$[1]

$$b_1=\frac{1}{3}\cdot\frac{F_k}{m\bar{\gamma}H}=\frac{1}{3}\times\frac{2132}{8.711\times20\times1.5}=2.719$$

$$s_{\min}=\sqrt[3]{c+\sqrt{c^2+b_1^3}}+\sqrt[3]{c-\sqrt{c^2+b_1^3}}=\sqrt[3]{1.562+\sqrt{1.562^2+2.719^3}}$$

$$+\sqrt[3]{1.562-\sqrt{1.562^2+2.719^3}}=0.376\text{m}<s=0.922\text{m}$$

$$Q_{\max}=\frac{F_k}{n}+\frac{A\bar{\gamma}H}{n}+\frac{M_{yk}x_{\max}}{\sum x_i^2}=\frac{2132}{9}+\frac{3.00\times2.44\times20\times1.5}{9}+\frac{710\times1.20}{6\times1.20^2}$$

$$=236.89+24.40+98.69=359.98\text{kN}\approx1.2\times300=360\text{kN}$$

$$Q_{\min}=\frac{F_k}{n}+\frac{A\bar{\gamma}H}{n}-\frac{M_{yk}x_{\max}}{\sum x_i^2}=236.89+24.89-98.69=162.89\text{kN}>0$$

---

[1] 为说明直接计算法的正确性，这里的数字未取整。

计算无误。

【例题 12-2】 已知作用在室内地面标高处相应于荷载效应标准组合时的轴力值 $F_k=2200\text{kN}$，作用在承台底面处的力矩 $M_{xk}=400\text{kN}\cdot\text{m}$，$M_{yk}=212\text{kN}\cdot\text{m}$。承台埋深 $H=1\text{m}$（如图 12-21 所示），基础平均重度标准值 $\overline{\gamma}=20\text{kN/m}^3$。桩的直径 $d=300\text{mm}$，单桩竖向承载力特征值 $R_a=300\text{kN}$。试确定柱下桩基的桩数及桩的排列方式。

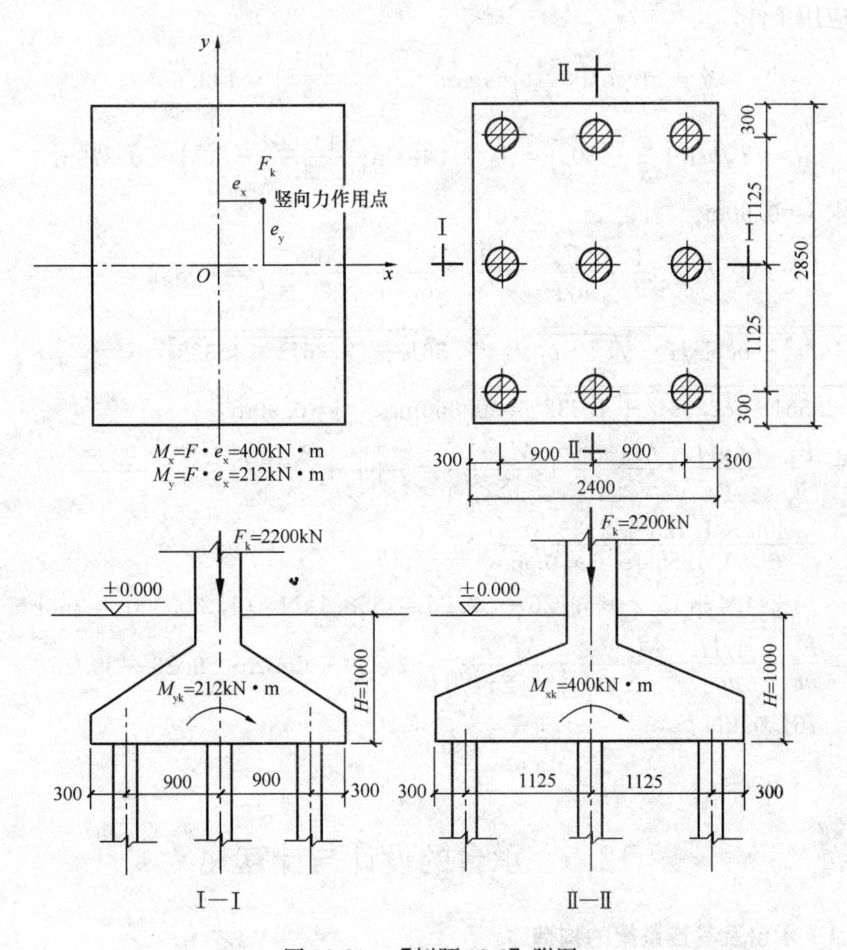

图 12-21 【例题 12-2】附图

【解】 设桩距初步选择 $s=3d=3\times300=900\text{mm}$。

$$\overline{M}_{xk}=M_{xk}+1.3M_{yk}=400+1.3\times212=675.6\text{kN}\cdot\text{m}$$

$$\alpha=\frac{1}{1.2R_a}\left(F_k+1.4\frac{\overline{M}_{xk}}{s}\right)=\frac{1}{1.2\times300}\left(2200+1.4\frac{675.6}{0.9}\right)=9.030$$

$$\beta=\frac{s^2H\gamma}{1.2R_a}=\frac{0.9^2\times20\times1}{1.2\times300}=0.045$$

由图 12-18 查得，与交点 B 相近的桩数 $n=9$。由表 12-8 查得，当 $n=9$（类型Ⅴ）时，$m=8.464$，$\eta=0.142$。

$$b=\frac{0.4R_a}{m\gamma H}\left(n-\frac{F_k}{1.2R_a}\right)=\frac{0.4\times300}{8.464\times20\times1}\left(9-\frac{2200}{1.2\times300}\right)=2.048$$

计算桩数 n=9 时的折算力矩准确值。这时，r=1.25，于是，

$$\overline{M}_{xk}=M_{xk}+1.25M_{yk}=400+1.25\times212=665\text{kN}\cdot\text{m}$$

$$c=\frac{1}{2}\eta\frac{\overline{M}_{xk}}{\gamma H}=\frac{1}{2}\times0.142\times\frac{665}{20\times1}=2.361$$

$$c^2-b^3=2.361^2-2.048^3<0$$

符合公式应用条件。

$$\theta=\arccos\left(\frac{-c}{\sqrt{b^3}}\right)=\arccos\left(\frac{-2.361}{\sqrt{2.048^3}}\right)=143.66^\circ$$

$$s_1=2\sqrt{b}\sin\left(\frac{\theta}{3}-30^\circ\right)=2\sqrt{2.048}\sin\left(\frac{143.66^\circ}{3}-30^\circ\right)=0.879\text{m}$$

按构造要求 s=0.90m。

$$b_1=\frac{1}{3}\cdot\frac{F_k}{m\gamma H}=\frac{1}{3}\times\frac{2200}{8.464\times20\times1}=4.332$$

$$s_{\min}=\sqrt[3]{c+\sqrt{c^2+b_1^3}}+\sqrt[3]{c-\sqrt{c^2+b_1^3}}=\sqrt[3]{2.361+\sqrt{2.361^2+4.332^3}}$$
$$+\sqrt[3]{2.361-\sqrt{2.361^2+4.332^3}}=0.366\text{m}<s=0.90\text{m}$$

$$Q_{\max}=\frac{F_k}{n}+\frac{A\overline{\gamma}H}{n}+\frac{M_{xk}y_{\max}}{\Sigma y_i^2}+\frac{M_{yk}x_{\max}}{\Sigma x_i^2}=\frac{2200}{9}+\frac{2.40\times2.85\times20\times1}{9}$$
$$+\frac{400\times1.125}{6\times1.125^2}+\frac{212\times0.9}{6\times0.9^2}$$
$$=244.4+15.2+59.26+39.25=358.1\text{kN}\approx1.2\times300=360\text{kN}$$

$$Q_{\min}=\frac{F_k}{n}+\frac{A\gamma H}{n}-\frac{M_{xk}y_{\max}}{\Sigma y_i^2}-\frac{M_{yk}x_{\max}}{\Sigma x_i^2}=244.4+15.2-59.26-39.25$$
$$=161.09\text{kN}>0$$

计算无误。

12.5 承台的设计与计算

12.5.1 承台及其连系梁的构造

承台是上部结构与群桩之间相联系的结构部分。承台按照受力特点分为承台板和承台梁。承台板用于独立的桩基或满堂桩基。承台板平面尺寸应根据上部结构要求、桩数及布桩形式确定。平面形状有三角形、矩形、多边形和圆形等。承台梁用于墙下桩基。

承台的构造，除满足抗冲切、抗剪切、抗弯承载力和上部结构的要求外，尚应符合下列要求：

1）承台板的宽度不应小于 500mm。边桩中心至承台板边缘的距离不宜小于桩的直径或边长，且桩的外边缘至承台板边缘的距离不小于 150mm。对于条形承台梁，桩的外边缘至承台梁边缘的距离不小于 75mm。

2）承台板的最小厚度不应小于 300mm。

3）承台板的配筋，对于矩形承台其钢筋应双向均匀通长布置（图 12-22a），钢筋直径不宜小于 10mm，间距不宜大于 200mm。对于三桩承台板，钢筋应按三向板带均匀布置，

且最里面的三根钢筋围成的三角形应在柱截面范围内（如图 12-22*b* 所示）。承台梁的主筋除满足计算要求外，尚应符合现行《混凝土结构设计规范》GB 50010—2011 关于最小配筋率的规定，主筋直径不宜小于 12mm，架立筋不宜小于 10mm，箍筋直径不宜小于 6mm（如图 12-23 所示）。

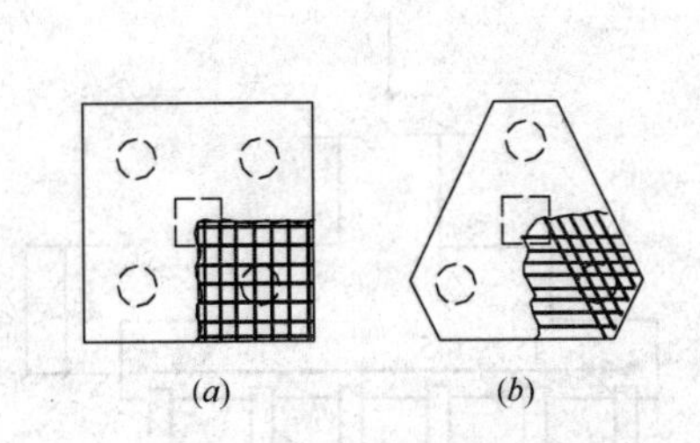

图 12-22　承台配筋示意图

（*a*）矩形承台配筋；（*b*）三桩承台配筋

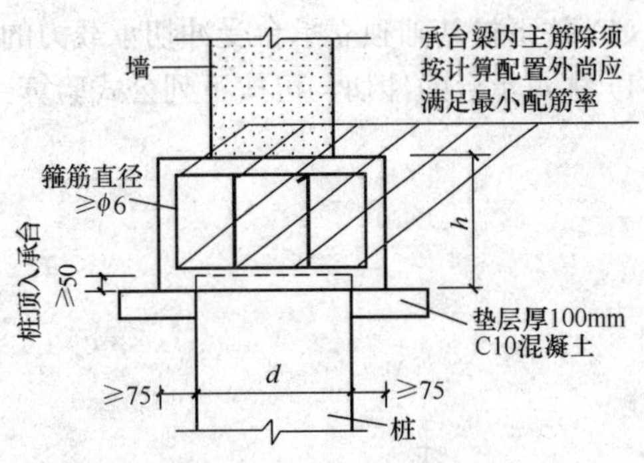

图 12-23　承台梁的剖面图

4）承台混凝土强度等级不应低于 C20，纵向钢筋保护层厚度不应小于 70mm，当有混凝土垫层时，不应小于 40mm。

5）承台之间的连接应符合下列要求：

① 单桩承台，宜在两个互相垂直的方向上设置连系梁。

② 两桩承台，宜在其短向设置连系梁。

③ 有抗震要求的柱下独立承台，宜在两个主轴方向设置连系梁。

④ 连系梁顶面宜与承台位于同一标高。连系梁的宽度不应小于 250mm，梁的高度可取承台中心距的 1/10～1/15。

⑤ 连系梁的主筋应按计算要求确定。连系梁内上下纵向钢筋直径不应小于 12mm 且不应少于 2 根，并应按受拉要求锚入承台。

12.5.2　承台的计算

试验表明，承台板有以下两种破坏形式。

受弯破坏：当承台板厚度比较小，而配筋数量又不足时，常发生弯曲破坏，为了防止发生这种破坏，在承台板底部要配有足够数量的钢筋。

冲切和受剪破坏：当承台板厚度比较小，但配筋数量比较多时，常发生冲切（沿柱边或变阶处形成≥45°的破坏锥体），如图 12-24 所示；或在角桩处形成≥45°的破坏锥

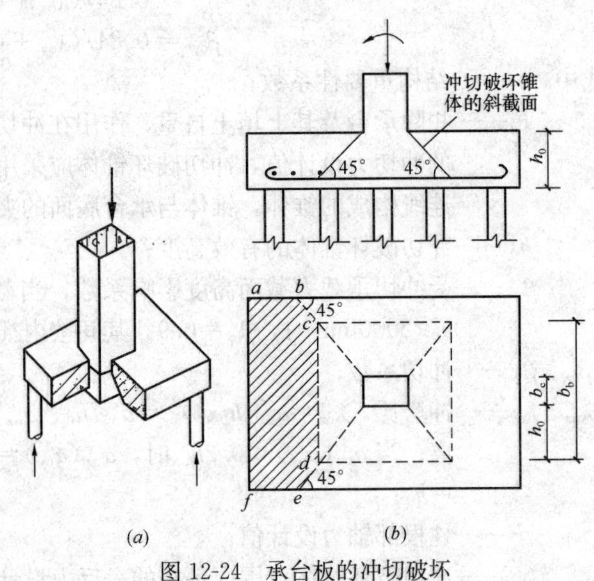

图 12-24　承台板的冲切破坏

体，见图 12-25；或受剪破坏。为了防止发生这种破坏，承台板要有足够的厚度。

1. 承台板厚度的确定

承台板厚度不能直接求得，通常须根据经验或参考已有类似设计，初步假设一个承台厚度，然后按下列条件验算。

(1) 柱下桩基础独立承台受冲切承载力的验算

1) 柱对承台的冲切，可按下列公式验算（如图 12-26 所示）：

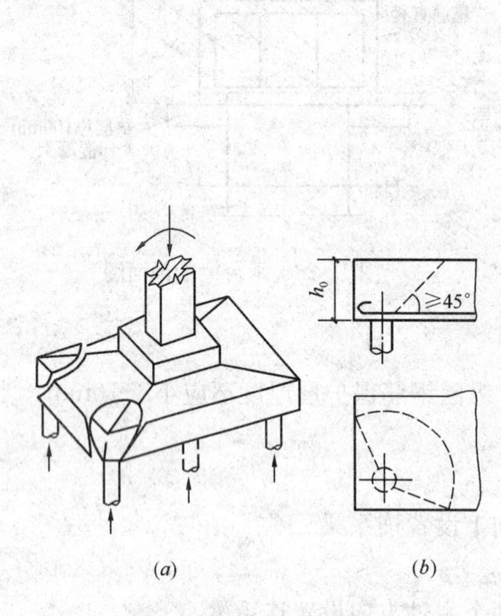

图 12-25　角桩冲切破坏

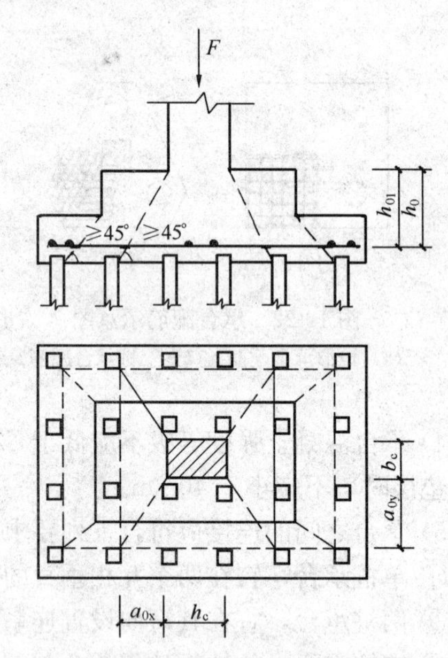

图 12-26　柱对承台冲切计算示意图

$$\gamma_0 F_l \leqslant 2[\beta_{ox}(b_c + a_{oy}) + \beta_{oy}(h_c + a_{ox})]\beta_{hp} f_t h_0 \tag{12-46}$$

$$F_l = F - \Sigma N_i \tag{12-47}$$

$$\beta_{ox} = 0.84/(\lambda_{ox} + 0.2) \tag{12-48}$$

$$\beta_{oy} = 0.84/(\lambda_{oy} + 0.2) \tag{12-49}$$

式中　γ_0——结构重要性系数；

F_l——扣除承台及其上填土自重，作用在冲切破坏锥体上相应于荷载效应基本组合的冲切力设计值，冲切破坏锥体应采用自柱边或承台变阶处至相应桩顶边缘连线构成的锥体，锥体与承台底面的夹角不小于 45°（如图 12-26 所示）；

h_0——冲切破坏锥体的有效高度；

β_{hp}——受冲切承载力截面高度影响系数，当截面高度 $h \leqslant 800$mm 时，$\beta_{hp}=1.0$，当 $h \geqslant 2000$mm 时，$\beta_{hp}=0.9$，其间按内插法取用；

β_{ox}、β_{oy}——冲切系数；

λ_{ox}、λ_{oy}——冲垮比，$\lambda_{ox}=a_{ox}/h_0$、$\lambda_{oy}=a_{oy}/h_0$、a_{ox}、a_{oy} 为柱边或变阶处至桩边的水平距离；当 $a_{ox}(a_{oy})<0.2h_0$ 时，$a_{ox}(a_{oy})=0.2h_0$；当 $a_{ox}(a_{oy})>h_0$ 时，$a_{ox}(a_{oy})=h_0$；

F——柱根部轴力设计值；

ΣN_i——冲切破坏锥体范围内各桩的净反力设计值之和。

对中低压缩性土上的承台，当承台与地基土之间没有脱空现象时，可根据地区经验适当减小柱下桩基础独立承台受冲切计算的承台厚度。

2）角桩对承台的冲切，可按下列公式计算：

① 多桩矩形承台受角桩冲切的承载力应按下式计算（如图 12-27 所示）：

$$\gamma_0 N_l \leqslant \left[\beta_{1x}\left(c_2+\frac{a_{1y}}{2}\right)+\beta_{1y}\left(c_1+\frac{a_{1x}}{2}\right)\right]\beta_{hp} f_t h_0 \quad (12\text{-}50)$$

$$\beta_{1x}=\left(\frac{0.56}{\lambda_{1x}+0.2}\right) \quad (12\text{-}51)$$

$$\beta_{1y}=\left(\frac{0.56}{\lambda_{1y}+0.2}\right) \quad (12\text{-}52)$$

式中 N_l——扣除承台和其上填土自重后的角桩桩顶相应于荷载效应基本组合时的竖向力设计值；

β_{1x}、β_{1y}——角桩冲切系数；

λ_{1x}、λ_{1y}——角桩冲垮比，其值满足 0.2～1.0，$\lambda_{1x}=a_{1x}/h_0$，$\lambda_{1y}=a_{1y}/h_0$；

c_1、c_2——从角桩内边缘至承台外边缘的距离；

a_{1x}、a_{1y}——从承台底角桩内边缘引 45°冲切线与承台顶面或承台变阶处相交点至角桩内边缘的水平距离，当柱或承台变阶处位于该 45°线以内时，则取由柱边或变阶处与桩内边缘连线为冲切锥体的锥线（如图 12-27 所示）；

h_0——承台外边缘的有效高度。

② 三桩三角形承台受角桩冲切的承载力可按下列公式计算（如图 12-28 所示）：

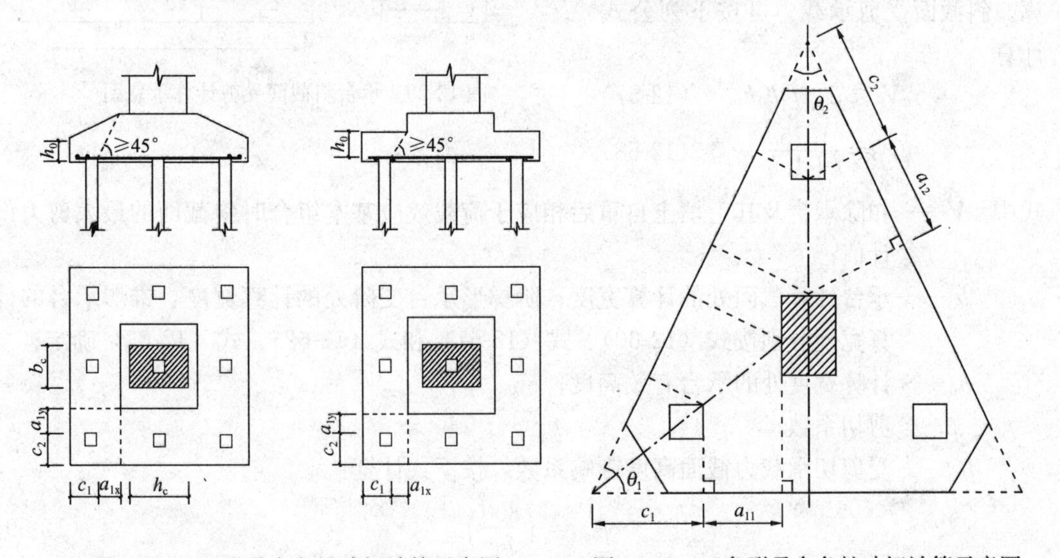

图 12-27 矩形承台角桩冲切计算示意图　　图 12-28 三角形承台角桩冲切计算示意图

底部角桩

$$\gamma_0 N_l \leqslant \beta_{11}(2c_1+a_{11})\tan\frac{\theta_1}{2}\beta_{hp} f_t h_0 \quad (12\text{-}53)$$

$$\beta_{11}=\left(\frac{0.56}{\lambda_{11}+0.2}\right) \quad (12\text{-}54)$$

顶部角桩

$$\gamma_0 N_l \leqslant \beta_{12}(2c_2 + a_{12})\tan\frac{\theta_2}{2}\beta_{hp} f_t h_0 \tag{12-55}$$

$$\beta_{12} = \left(\frac{0.56}{\lambda_{12} + 0.2}\right) \tag{12-56}$$

式中 λ_{11}、λ_{12}——角桩冲垮比，$\lambda_{11}=\frac{a_{11}}{h_0}$，$\lambda_{12}=\frac{a_{12}}{h_0}$；

a_{11}、a_{12}——从承台底角桩内边缘向相邻承台边引 45°冲切线与承台顶面相交点至角桩内边缘的水平距离；当柱位于该 45°线以内时则取柱边与桩内边缘连线为冲切锥体的锥线。

对圆柱及圆桩，计算时可将圆形截面换算成正方形截面。

(2) 柱下桩基础独立承台板受剪承载力的验算

柱下桩基独立承台应分别对柱边和桩边、变阶处和桩边连线形成的斜截面进行受剪计算（如图 12-29 所示）。

当柱边外有多排桩形成多个剪切斜截面时，尚应对每个斜截面进行验算。斜截面受剪承载力可按下列公式计算

$$\gamma_0 V \leqslant \beta_{hs}\beta f_t b_0 h_0 \tag{12-57}$$

$$\beta = \frac{1.75}{\lambda + 1.0} \tag{12-58}$$

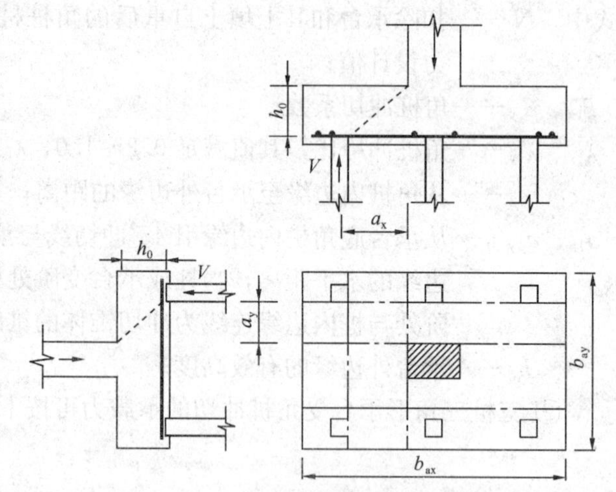

图 12-29 承台斜截面受剪计算示意图

式中 V——扣除承台及其上填土自重后相应于荷载效应基本组合时斜截面的最大剪力设计值；

b_0——承台计算截面处的计算宽度；阶梯形承台变阶处的计算宽度、锥形承台的计算宽度分别按式（12-60）、式（12-61）和式（12-62）、式（12-63）确定；

h_0——计算宽度处的承台有效高度；

β——剪切系数；

β_{hs}——受剪切承载力截面高度影响系数，按下式计算：

$$\beta_{hs} = \left(\frac{800}{h_0}\right)^{1/4} \tag{12-59}$$

当 $h_0<800$mm 时，h_0 取 800mm；$h_0>2000$mm 时，h_0 取 2000mm；

λ——计算截面的剪跨比，$\lambda_x=\frac{a_x}{h_0}$，$\lambda_y=\frac{a_y}{h_0}$；$a_x$、$a_y$ 为柱边或承台变阶处至 x、y 方向计算一排桩的桩边的水平距离；当 $\lambda<0.3$ 时，取 $\lambda=0.3$；当 $\lambda>3$ 时，取 $\lambda=3$。

对于阶梯形承台应分别在变阶处（A_1—A_1，B_1—B_1）及柱边（A_2—A_2，B_2—B_2）进

行斜截面受剪计算（如图 12-30 所示）。

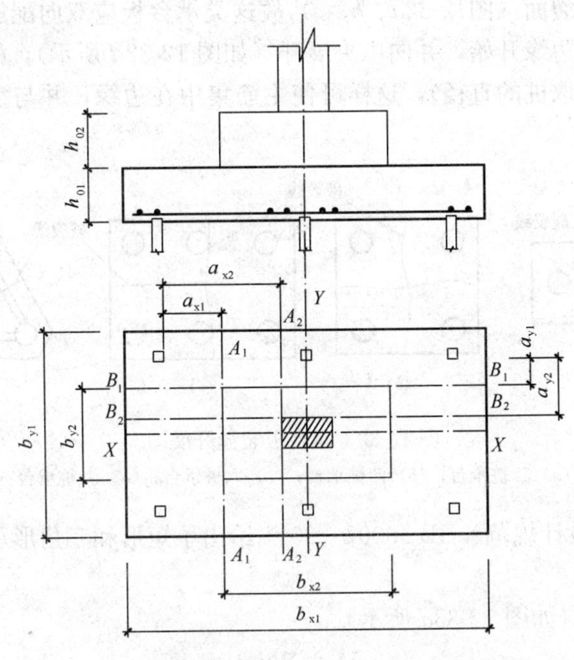

图 12-30　阶梯形承台斜截面受剪计算示意图

计算变阶处截面 A_1—A_1、B_1—B_1 的斜截面受剪承载力时（如图 12-30 所示），其截面有效高度均为 h_{01}，截面计算宽度分别为 b_{y1} 和 b_{x1}。

计算柱边截面 A_2—A_2 和 B_2—B_2 处的斜截面受剪承载力时（如图 12-30 所示）；其截面有效高度均为 $h_{01}+h_{02}$，截面计算宽度按下式计算：

对 A_2—A_2
$$b_{y0}=\frac{b_{y1}h_{01}+b_{y2}h_{02}}{h_{01}+h_{02}} \tag{12-60}$$

对 B_2—B_2
$$b_{x0}=\frac{b_{x1}h_{01}+b_{x2}h_{02}}{h_{01}+h_{02}} \tag{12-61}$$

对于锥形承台应对 A—A 及 B—B 两个截面进行受剪承载力计算（图 12-31），截面有效高度均为 h_0，截面的计算宽度按下式计算

对 A—A
$$b_{y0}=\left[1-0.5\frac{h_1}{h_0}\left(1-\frac{b_{y2}}{b_{y1}}\right)\right]b_{y1} \tag{12-62}$$

对 B—B
$$b_{x0}=\left[1-0.5\frac{h_1}{h_0}\left(1-\frac{b_{x2}}{b_{x1}}\right)\right]b_{x1} \tag{12-63}$$

2. 承台板配筋计算

承台板在桩顶反力的作用下，受力情况与倒置的双向板相似，所受弯矩按承台开裂情况分别进行计算。裂缝首先在承台板底面中部或中部附

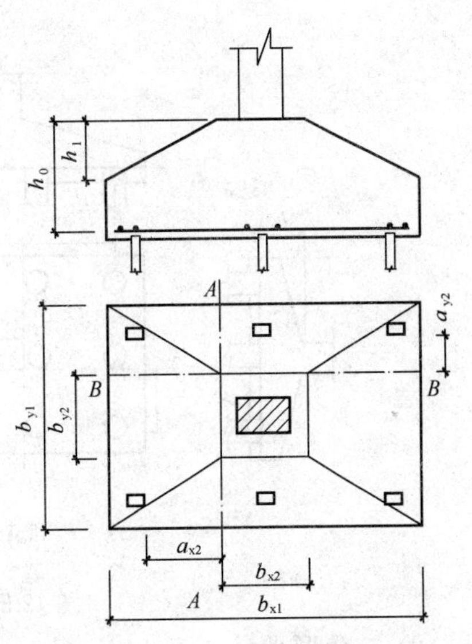

图 12-31　锥形承台受剪计算示意图

近平行于短边方向出现，然后再在平行于长边方向的中部或中部附近出现，形成两个相互垂直，通过中心的破裂面（图12-32a、b、c），故这类承台板应双向配筋；对于平面为三角形承台板，裂缝则从边缘开始，并向中央展开（如图 12-32d 所示），故这种承台板应按三角形配筋（配筋宽度取桩的直径），这样可使主筋集中在边缘，并与裂缝垂直，以便有效地阻止裂缝的开展。

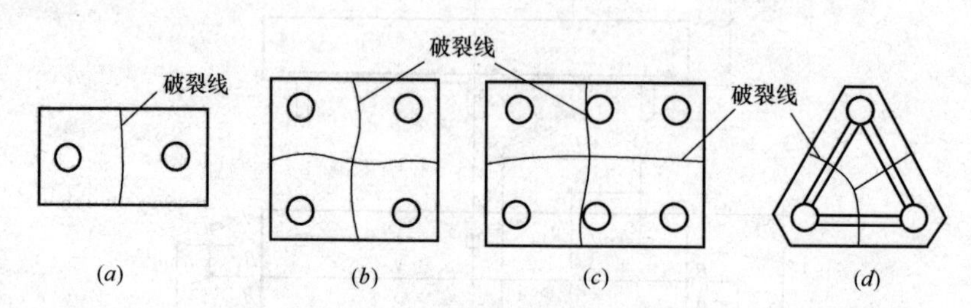

图 12-32　承台板裂缝开展图

（a）二桩承台；（b）四桩承台；（c）六桩承台；（d）三桩承台

《建筑地基基础设计规范》GB 50007—2011 给出了矩形和三角形承台板的弯矩简化计算公式。

（1）矩形承台板（如图 12-33a 所示）

$$M_x = \Sigma N_i y_i \tag{12-64}$$

$$M_y = \Sigma N_i x_i \tag{12-65}$$

式中　M_x、M_y——分别为垂直 y 轴和 x 轴方向计算截面处的弯矩设计值；

x_i、y_i——垂直 y 轴和 x 轴方向自桩轴线到相应计算截面的距离；

N_i——扣除承台和其上填土自重后相应于荷载效应基本组合时的第 i 桩竖向力设计值。

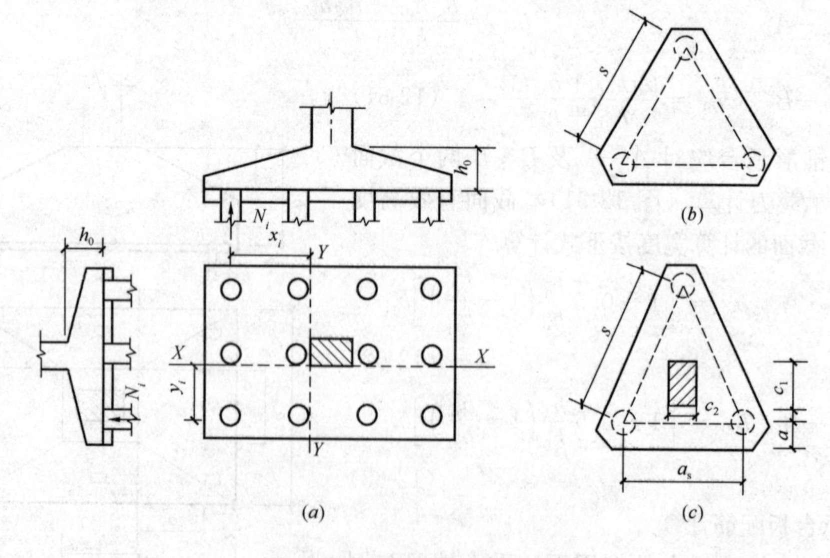

图 12-33　承台弯矩计算示意图

（2）三角形承台

1）等边三角形承台（如图 12-33b 所示）

$$M=\frac{N_{max}}{3}\left(s-\frac{\sqrt{3}}{4}c\right) \tag{12-66}$$

式中　M——由承台形心至承台边缘距离范围内板带的弯矩设计值；

N_{max}——扣除承台和其上填土自重后的三桩中相应于荷载效应基本组合时的最大单桩竖向力设计值；

s——桩距；

c——方柱边长，圆桩时 $c=0.866d$（d 为圆柱直径）。

2）等腰三角形承台（如图 12-33c 所示）

$$M_1=\frac{N_{max}}{3}\left(s-\frac{0.75}{\sqrt{4-\alpha^2}}c_1\right) \tag{12-67}$$

$$M_2=\frac{N_{max}}{3}\left(\alpha s-\frac{0.75}{\sqrt{4-\alpha^2}}c_2\right) \tag{12-68}$$

式中　M_1、M_2——由承台形心到承台两腰和底边的距离范围内板带的弯矩设计值；

s——长向桩距；

α——短向桩距与长向桩距之比，当 α 小于 0.5 时，应按变截面的二桩承台设计；

c_1、c_2——垂直于、平行于承台底边的柱截面边长。

求出承台板危险截面弯矩后，即可按下式进行配筋计算：

$$A_s=\frac{M}{0.9h_c f_y} \tag{12-69}$$

式中　A_s——受力钢筋截面面积；

f_y——钢筋抗拉强度设计值。

其余符号意义同前。

3. 承台梁

墙下条形桩基承台梁的内力计算方法，可参看《建筑桩基技术规范》JGJ 94—2008 有关附录。

对于承台梁跨度在 2m 以内，墙厚在 360mm 以下时，承台梁截面尺寸和配筋可按构造要求确定：承台宽度 $=d+$（100～200）mm，高度 300mm，上下各 4 Φ 12mm，箍筋 ϕ6@200mm。图 12-34 为某宿舍楼墙下条形桩基承台梁的剖面图，可供设计时参考。

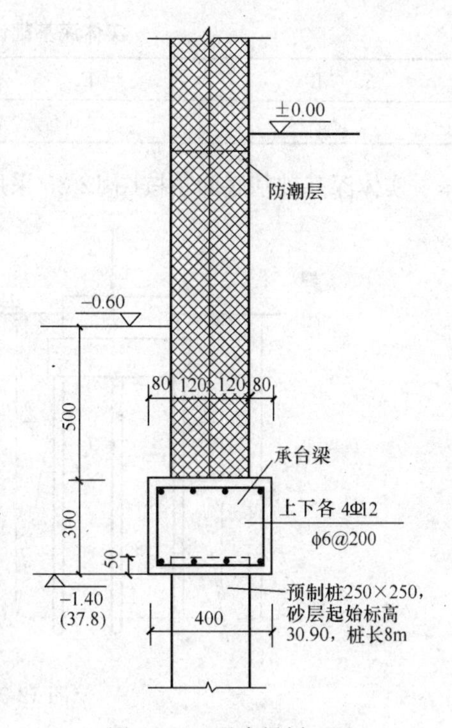

图 12-34　承台梁剖面图

12.6　桩基沉降验算

12.6.1　验算范围

对以下建筑物的桩基应进行沉降验算：

1）地基基础设计等级为甲级的建筑物桩基。

2）体型复杂、荷载不均匀或桩端以下存在软弱土层的设计等级为乙级的建筑物桩基。

3）摩擦型桩基。

嵌岩桩、设计等级为丙级的建筑物桩基、对沉降无特殊要求的条形基础下不超过两排桩的桩基、起重机工作级别A5及A5以下的单层工业厂房桩基（桩端下为密实土层），可不进行沉降验算。

当有可靠地区经验时，对地质条件不复杂、荷载均匀、对沉降无特殊要求的端承型桩基也可不进行沉降验算。

桩基础的沉降不得超过建筑物的沉降允许值，并应符合表8-3的规定。

12.6.2 验算方法

计算桩基础沉降时，地基内的应力分布宜采用各向同性均质线性变形体理论，并宜按实体深基础方法计算。

采用实体深基础计算桩基础最终沉降量时，采用单向压缩分层总和法按式（4-12）计算。其中基底附加压力应为桩底平面处的附加压力，沉降计算经验系数 ψ_s 应以实体深基础桩基沉降计算经验系数 ψ_p 代替。其值应根据各地区桩基础沉降观测资料及经验统计确定。在不具备条件时，ψ_p 值可按表12-9选用。

实体深基础计算桩基沉降经验系数 ψ_p　　表12-9

$\overline{E}_s$（MPa）	$\overline{E}_s<15$	$15\leqslant\overline{E}_s<30$	$30\leqslant\overline{E}_s<40$
ψ_p	0.5	0.4	0.3

实体深基础基底面积按图12-35采用，其中 φ 为土的内摩擦角。

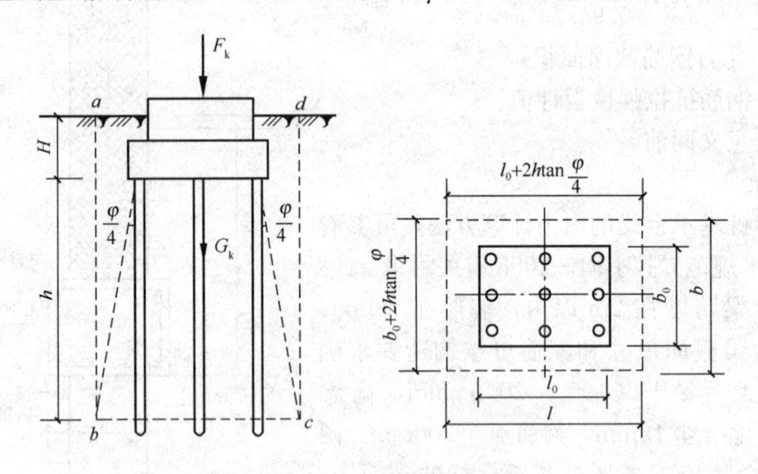

图12-35　桩基沉降的验算

12.7　桩基设计的步骤

桩基础的设计与计算可按下列步骤进行：

(1) 调查研究，收集设计资料

设计桩基时，首先要进行调查研究，充分掌握必要的设计资料，包括建筑的类型、荷载大小和性质、工程地质勘察资料、材料供应情况以及施工条件（如桩的制造、运输、沉桩设备）等，并了解当地使用桩基的经验，以供设计参考。

（2）选择桩的类型、桩长、截面尺寸和配筋

桩的类型、桩长、截面尺寸及配筋，应根据作用在桩基上的荷载大小和性质、地基的情况、施工条件及当地使用桩基经验等因素确定。

桩端应尽量支承在坚硬的土层上，以提高单桩承载力。桩端进入坚硬持力层的深度，对于黏性土和砂土，一般为1～3倍的桩径；对于碎石土不宜小于1～2倍桩径。当存在软弱下卧层时，桩基以下坚硬持力层厚度一般不宜小于5倍桩径。穿越软土层支承于倾斜基岩上的端承桩，当强风化岩层厚度小于2倍桩径时，桩端应嵌入微风化岩层。

桩的截面尺寸应与长度相适应。对于端承桩，桩长与设计桩径之比 l/d（简称长径比）应符合表12-10的规定。

桩的长径比 **表12-10**

桩　型	穿越一般黏性土、粉土、砂土	穿越淤泥、自重湿陷性黄土
端承桩	$l/d \leqslant 60$	$l/d \leqslant 40$
摩擦桩	不限	不限

预制桩的混凝土强度等级不应低于C30；灌注桩不应低于C20。

桩的主筋应按计算确定，打入式预制桩的最小配筋率不宜小于0.8%；静压预制桩的最小配筋率不宜小于0.6%；灌注桩的最小配筋率不宜小于0.2%～0.65%（小直径桩取大值）。其主筋长度，当为抗拔桩时应通长布置。主筋混凝土保护层不应小于30mm。

（3）确定单桩承载力特征值

单桩承载力特征值应按12.2节所述的方法进行计算。

（4）确定桩数及桩的布置

关于桩数及桩的布置问题可参见12.4节。

（5）验算桩基沉降（当需要验算时）

（6）设计、计算承台

参见12.5节的方法进行。

【例题12-3】 某建筑物柱下采用振动灌注桩基。桩的直径为300mm，柱断面尺寸为500mm×500mm，承台底面标高－1.7m，相应于荷载效应标准组合时，作用于承台上的总竖向力值 $F_k+G_k=2000\text{kN}$（其中 $G_k=200\text{kN}$），水平剪力值 $H_k=40\text{kN}$，弯矩值 $M_k=200\text{kN}\cdot\text{m}$（如图12-36所示），单桩竖向承载力特征值 $R_a=230\text{kN}$（摩擦桩）。桩和承台的混凝土强度等级均为C20，$f_t=1.1\text{N/mm}^2$，承台配筋采用HRB335级钢筋，$f_y=300\text{kN/mm}^2$。试设计桩基。

【解】（1）桩数的确定和布置

按试算，偏心受压时所需的桩数 n 可按中心受压计算并乘以一个增大系数 $\mu=1.1$～1.2，现取 $\mu=1.1$。于是

$$n=\frac{F_k+G_k}{R_a}\mu=\frac{2000}{230}\times 1.1=9.57$$

取 $n=9$。设桩中心距 $s=3d=3\times300=900\text{mm}$，根据布桩原则，采用图12-36的布桩形式。

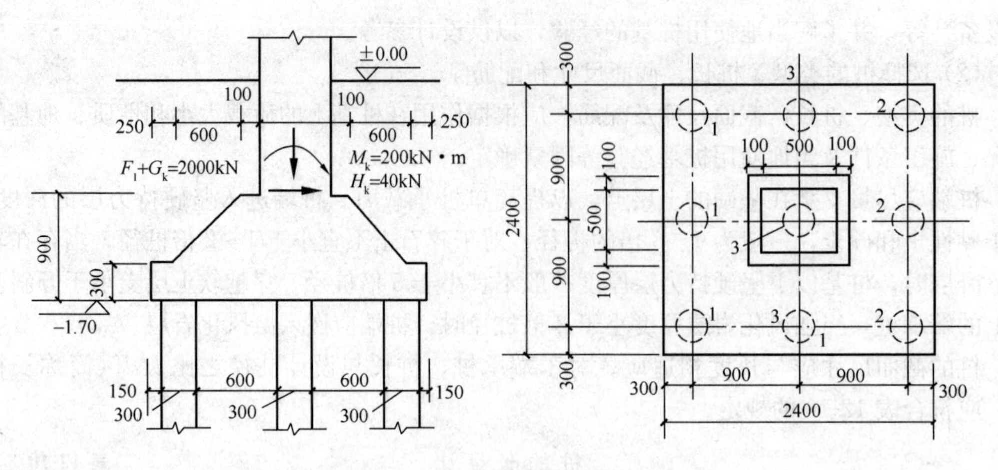

图 12-36 【例题 12-3】附图

(2) 单桩竖向承载力验算

由式 (12-19) 得

$$Q_k = \frac{F_k + G_k}{n} = \frac{2000}{9} = 222.2\text{kN} < R_a = 230\text{kN}$$

由式 (12-21) 和式 (12-22) 得

$$\begin{aligned} Q_{kmax} &= \frac{F_k + G_k}{n} + \frac{M_k x_{max}}{\Sigma x_i^2} \\ &= 222.2 + \frac{(200 + 40 \times 0.9) \times 0.9}{2 \times 3 \times 0.9^2} \\ &= 222.2 + 43.7 = 265.9\text{kN} < 1.2R_a \\ &= 1.2 \times 230\text{kN} = 276\text{kN} \\ Q_{kmin} &= 222.2 - 43.7 = 178.5\text{kN} > 0 \end{aligned}$$

(3) 承台计算

1) 冲切承载力验算

① 受柱冲切验算

设承台高度 h=900mm，则 β_{hp}=0.99，而承台有效高度

$$h_0 = h - 75 = 900 - 75 = 825\text{mm}$$

$$F_l = (F_k - \Sigma N_i)1.25 = \left(1800 - \frac{1800}{9}\right) \times 1.25^{❶} = 2000\text{kN}$$

$$a_{ox} = a_{oy} = 900 - \frac{500}{2} - \frac{300}{2} = 500\text{mm} > 0.2h_0 = 0.2 \times 825 = 165\text{mm}, 且 < h_0 = 825\text{mm}$$

$$\lambda_{ox} = \lambda_{oy} = \frac{a_{ox}}{h_0} = \frac{a_{oy}}{h_0} = \frac{500}{825} = 0.606$$

按式 (12-48) 算出

---

❶ 这里 1.25 为荷载分项系数平均值。

$$\beta_{ox}=\beta_{oy}=\frac{0.84}{\lambda_{ox}+0.2}=\frac{0.84}{0.606+0.2}=1.042$$

按式（12-46）验算

$$\begin{aligned}&2[\beta_{ox}(b_c+a_{oy})+\beta_{oy}(h_c+a_{ox})]\beta_{hp}f_t h_0\\&=2\times2\times1.042\times(500+500)\times0.99\times1.1\times825\\&=3745\times10^3\text{N}=3745\text{kN}>\gamma_0F_l=1\times2000\text{kN(满足)}\end{aligned}$$

② 受角桩冲切验算

$$N_l=N_{max}=\left(\frac{F_k}{n}+\frac{M_k x_{max}}{\Sigma x_i^2}\right)\times1.25$$

$$=\left(\frac{1800}{9}+43.7\right)\times1.25=304.6\text{kN}$$

$$a_{1x}=a_{1y}=900-\frac{300}{2}-\frac{500}{2}=500\text{mm}$$

$$\lambda_{1x}=\lambda_{1y}=\frac{a_{1x}}{h_0}=\frac{a_{1y}}{h_0}=\frac{500}{825}=0.606$$

按式（12-51）算出

$$\beta_{1x}=\beta_{1y}=\frac{0.56}{\lambda_{1x}+0.2}=\frac{0.56}{0.606+0.2}=0.695$$

按式（12-50）验算

$$\begin{aligned}&\left[\beta_{1x}\left(c_2+\frac{a_{1y}}{2}\right)+\beta_{1y}\left(c_1+\frac{a_{1x}}{2}\right)\right]\beta_{hp}f_t h_0\\&=2\times0.695\times\left(450+\frac{500}{2}\right)\times0.99\times1.1\times825\\&=874\times10^3\text{N}=874\text{kN}>\gamma_0N_l\\&=1\times304.6=304.6\text{kN(满足)}\end{aligned}$$

2）斜截面受剪承载力验算

$V=3N_{max}=3\times304.6\text{kN}=913.8\text{kN}$，$a_x=a_y=500\text{mm}$，$\lambda_x=\lambda_y=\frac{a_x}{h_0}=\frac{a_y}{h_0}=\frac{500}{825}=0.606$，按式（12-58）算出

$$\beta=\frac{1.75}{\lambda_x+1.0}=\frac{1.75}{0.606+1.0}=1.09$$

按式（12-62）算出截面计算宽度为

$$b_0=b_{y0}=\left[1-0.5\frac{h_1}{h_0}\left(1-\frac{b_{y2}}{b_{y1}}\right)\right]b_{y1}$$

$$=\left[1-0.5\times\frac{600}{825}\times\left(1-\frac{700}{2400}\right)\right]\times2400$$

$$=1782\text{mm}$$

按式（12-57）验算斜截面受剪承载力：

其中 $$\beta_{hs}=\left(\frac{800}{h_0}\right)^{1/4}=\left(\frac{800}{825}\right)^{1/4}=0.99$$

于是 $$\begin{aligned}\beta_{hs}\beta f_t b_0 h_0 &=0.99\times1.09\times1.1\times1782\times825\\&=1745.1\times10^3\text{N}\\&=1745.1\text{kN}>\gamma_0 V\\&=1\times913.8=913.8\text{kN}（满足）\end{aligned}$$

3）配筋计算

桩号如图 12-36 所示，各桩净反力设计值（荷载分项系数取 1.25）如下：

1 号桩：
$$N_{n1}=\left(\frac{F_k}{n}-\frac{M_k x_{max}}{\Sigma x_i^2}\right)\times1.25$$
$$=\left(\frac{1800}{9}-43.7\right)\times1.25=195.3\text{kN}$$

2 号桩：
$$N_{n2}=\left(\frac{F_k}{n}+\frac{M_k x_{max}}{\Sigma x_i^2}\right)\times1.25=(200+43.7)\times1.25$$
$$=304.6\text{kN}$$

3 号桩：
$$N_{n3}=250\text{kN}$$

各桩对于 x 轴和 y 轴方向截面的弯矩设计值分别为

$$M_x=\Sigma N_i y_i=(195.3+304.6+250)(0.9-0.25)$$
$$=487.4\text{kN}\cdot\text{m}$$
$$M_y=\Sigma N_i x_i=(304.6\times3)(0.9-0.25)$$
$$=594\text{kN}\cdot\text{m}$$

沿 x 轴方向的钢筋截面面积

$$A_s=\frac{M_y}{0.9h_0 f_y}=\frac{594\times10^6}{0.9\times825\times300}=2667\text{mm}^2$$

沿 x 轴方向每 m 长度内的钢筋面积

$$\overline{A}_s=\frac{A_s}{l}=\frac{2667}{2.40}=1112\text{mm}^2/\text{m}$$

选Φ 14@120（$A_s=1283\text{mm}^2/\text{m}$）。

沿 y 轴方向的钢筋面积

$$A_s=\frac{M_x}{0.9h_0 f_y}=\frac{487.4\times10^6}{0.9\times825\times300}=2188\text{mm}^2$$

沿 y 轴方向每 m 长度内的钢筋面积

$$\overline{A}_s=\frac{A_s}{b}=\frac{2188}{2.40}=912\text{mm}^2/\text{m}$$

选Φ 14@140（$A_s=1100\text{mm}^2/\text{m}$）。

桩基配筋参见图 12-37。

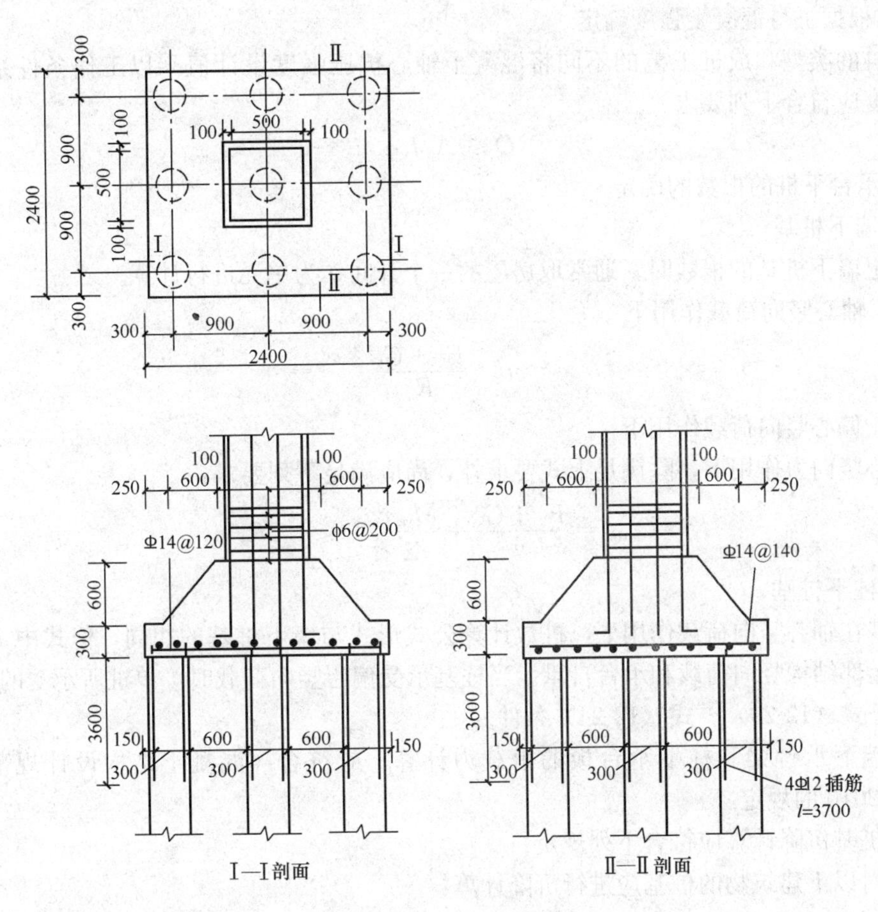

图 12-37　桩基配筋详图

小　　结

1. 桩基在地基基础工程中应用十分广泛。桩基的作用是将荷载通过桩传给埋藏较深的坚硬土层，或通过桩周围的摩擦力传给地基。

2. 单桩竖向承载力特征值按下述方法确定。

1）根据土对桩的阻力确定

（1）按单桩静载荷试验确定

按静载荷试验能较好地反映单桩的实际承载力，因此《建筑地基基础设计规范》GB 50007—2011 规定，对地基基础设计等级为甲、乙级的建筑物，单桩承载力特征值应通过单桩静载荷试验确定。并规定在同一条件下的试桩数量不宜少于总桩数的 1%，且不少于 3 根。在地质条件相同的地区，也可参照已有试验资料根据具体情况确定。

（2）按经验公式确定

当初步设计时，单桩竖向承载力特征值可按下式估算：

摩擦桩：
$$R_a = q_{pa}A_p + u_p\Sigma q_{si}l_i$$

端承桩：
$$R_a = q_{pa}A_p$$

2）根据桩身混凝土强度确定

按桩的类型和成桩工艺的不同将混凝土轴心抗压强度设计值乘以工作条件系数 φ_c。桩身强度应符合下列要求

$$Q \leqslant A_p f_c \varphi_c$$

3. 承台下桩的根数的确定

1）墙下桩基

确定墙下桩基的根数时，通常取房屋的一个开间作为单元进行计算。

（1）轴心竖向荷载作用下

$$n \geqslant \frac{F_k + G_k}{R_a}$$

（2）偏心竖向荷载作用下

偏心竖向力作用下，除满足上式要求外，尚应满足下列要求：

$$Q_{max} = \frac{F_k + G_k}{n} + \frac{M_{yk} x_{max}}{\Sigma x_i^2} \leqslant 1.2R_a$$

2）柱下桩基

桩基在轴心竖向荷载作用下，桩数计算公式形式与墙下桩基的相同，但式中 F_k、G_K 分别为上部结构竖向荷载和承台自重。当柱基承受偏心竖向荷载时，单桩所承受的轴向压力应满足式（12-20）～式（12-24）条件。

4. 墙下承台梁和柱下承台板的承载力计算，应符合《混凝土结构设计规范》GB 20010—2010 的规定。

5. 桩基沉降计算应符合下列规定：

1）对以下建筑物的桩基应进行沉降计算：

（1）地基基础设计等级为甲级的建筑物桩基；

（2）体形复杂、荷载不均匀或桩端以下存在软弱土层的设计等级为乙级的建筑物桩基；

（3）摩擦型桩基。

2）桩基沉降不得超过建筑物沉降的允许值。

思 考 题

12-1 什么是桩基？在什么情况下可采用桩基？

12-2 按施工方法不同，桩分为哪几种类型？并说明它们的应用范围。

12-3 怎样确定单桩竖向承载力特征值？

12-4 什么是承台？它的作用是什么？怎样进行设计？

计 算 题

12-1 某建筑物柱下采用振动灌注桩基。桩的直径为 300mm，柱断面尺寸为 500mm×500mm，承台底面标高－1.5m，相应于荷载效应标准组合时，作用于承台上的总竖向力值 $F_k+G_k=2100$kN（其中 $G_k=200$kN），水平剪力值 $H_k=42$kN，弯矩值 $M_k=200$ kN·m，单桩竖向承载力特征值 $R_a=225$kN（摩擦桩）。桩和承台的混凝土强度等级均为 C20，$f_t=1.1\text{N/mm}^2$。承台配筋采用 HRB335 级钢筋，$f_y=300\text{N/mm}^2$。试设计桩基（荷载分项系数可取 1.25）。

附　　录

附录 A　标准贯入试验和轻便触探试验

1. 标准贯入试验

标准贯入试验设备主要由标准贯入器、触探杆和穿心锤三部分组成（图 A-1）。触探杆一般用直径 42mm 的钻杆，穿心锤重 63.5kg。操作要点如下：

(1) 先用钻具钻至试验土层标高以上约 150mm 处，以避免下层土受扰动。

(2) 贯入前，应检查触探杆的接头，不得松动。贯入时，穿心锤落距为 760mm，使其自由落下，将贯入器竖直打入土层中 150mm。以后每打入土层 300mm 的锤击数，即为实测锤击数 N'。

(3) 拔出贯入器，取出贯入器中的土样进行鉴别描述。

(4) 若需继续进行下一深度的贯入试验时，即重复上述操作步骤进行试验。

(5) 当触探杆长度大于 3m 时，锤击数应按下式进行钻杆长度修正。

$$N = \alpha N' \tag{A-1}$$

式中　N'——标准贯入试验锤击数；

α——触探杆长度校正系数，可按表 A-1 确定。

触探杆长度校正系数　　表 A-1

触探杆长度/m	≤3	6	9	12	15	18	21
α	1.00	0.92	0.86	0.81	0.77	0.73	0.70

2. 轻便触探试验

轻便触探试验设备主要由探头、触探杆、穿心锤三部分组成（图 A-2）。触探杆系用直径 25mm 的金属管，每杆长 1.0～1.5m，穿心锤重 10kg，操作要点如下：

(1) 先用轻便钻具钻至试验土层标高，然后对所需试验土层连续进行触探。

(2) 试验时，穿心锤落距为 500mm，使其自由下落，将探头竖直打入土层中，每打入土层 300mm 的锤击数即为 N_{10}。

(3) 若需描述土层情况时，可将触探杆拔出，取下探头，换以轻便钻头，进行取样。

(4) 本试验一般用于贯入深度小于 4m 的土层。

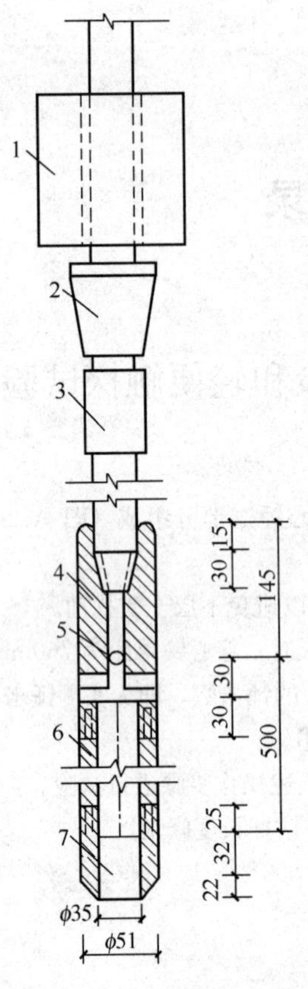

图 A-1　标准贯入试验设备
（单位：mm）
1—穿心锤；2—锤垫；3—触探杆；4—贯入器头；5—出水孔；6—贯入器身(两半圆管组成)；7—贯入器靴

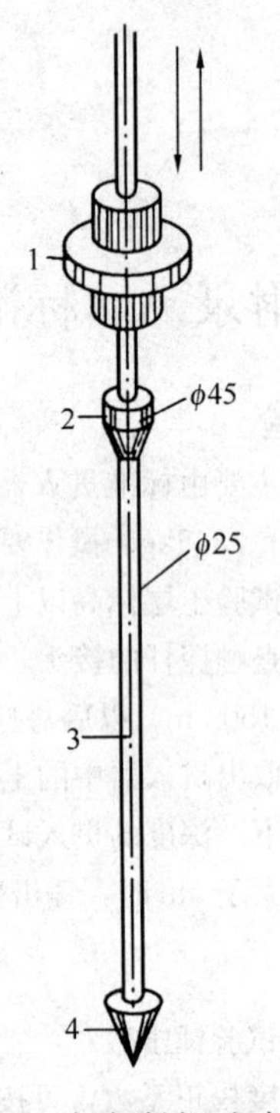

图 A-2　轻便触探试验设备
（单位：mm）
1—穿心锤；2—锤垫；3—触探杆；4—锤头

附录 B　土的抗剪强度指标计算方法

1. 一元线性回归原理

（1）散点图及回归线

我们把具有多种可能发生的结果而最终发生哪一种结果是不能事先肯定的现象，称为随机现象。表示随机现象的各种结果的变量，称为随机变量。例如，土的物理力学指标，就是随机变量。

一元回归研究的是两个随机变量之间的关系。对于两个随机变量 X、Y，若通过试验，对测到它们的 k 组对应的观测值为：

X	x_1	x_2	…	x_k
Y	y_1	y_2	…	y_k

取直角坐标系的横轴表示 X 的观测值，纵轴表示 Y 的观测值，则由上面 k 组对应的

观测值在 xoy 平面上得 k 个点，参见图 B-1 a。

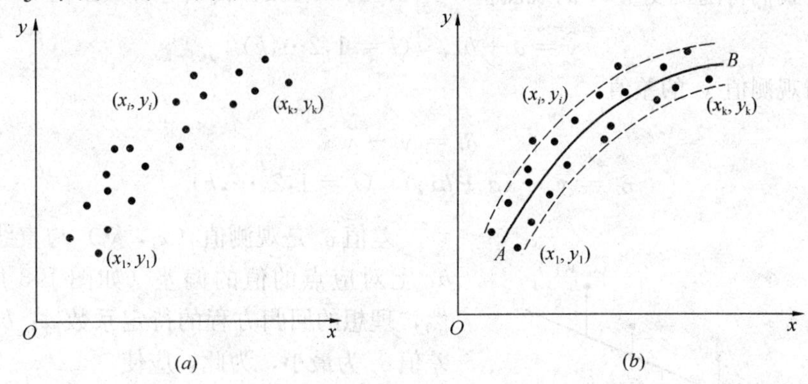

图 B-1　随机变量 X、Y 散点图和回归线

一般地说，因为 X、Y 为随机变量，这 k 组观测值对应的 k 个点，不像有函数关系那样，在 xoy 平面上形成一条曲线，而是比较分散地落在坐标纸上。所以，这种图称为随机变量 X 与 Y 的散点图。

从散点图看来，很难用一条确定的曲线把 k 个点连接起来，但这 k 个点也不是毫无规律的。其中大部分点子都集中在一个窄条内，即集中在某条曲线 AB 附近（如图 B-1b 所示）。这说明，这 k 个点是遵循某种规律分布的。也就是说，随机变量 X 与 Y 是相关的。这样，我们可用这个窄条内该条曲线 AB 来近似地表示随机变量 X 和 Y 的相关关系。曲线 AB 就称为随机变量 X 与 Y 的回归线，曲线 AB 的方程称为随机变量 Y 与 X 的回归方程。

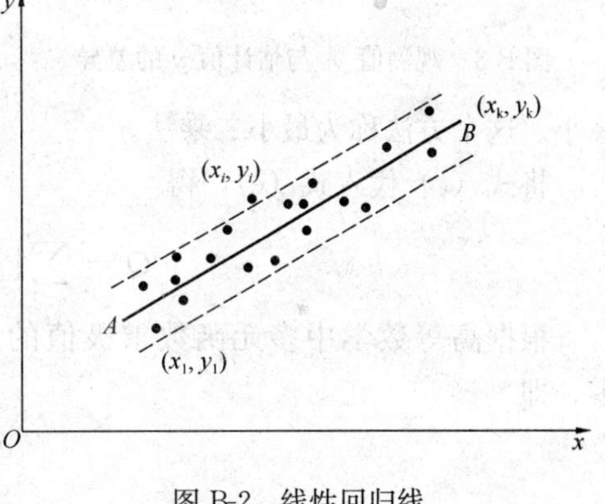

图 B-2　线性回归线

假如随机变量 X 与 Y 的回归线是一条直线（如图 B-2 所示），则 X 与 Y 的关系就称为线性回归，其回归方程称为线性回归方程。

（2）一元线性回归方程的确定

设随机变量 X 与 Y 通过试验观测得到 k 组对应的观测值：

X	x_1	x_2	…	x_k
Y	y_1	y_2	…	y_k

如果其散点图大致呈线性，则可用线性回归方程来表示它们的相关关系。

设随机变量 Y 与 X 的线性回归方程为

$$\hat{y} = a + bx \tag{B-1}$$

式中　a——y 轴上截距；

b——回归系数，即回归直线的斜率。

待定系数 a、b 应根据按线性回归方程所得到的值 $\hat{y}$ 与观测值 y_i 尽量接近的原则确

定。为此，我们将随机变量 X 的观测值 x_i（1，2，…，k）代入方程（B-1）

$$\hat{y} = a + bx_i \quad (i = 1,2\cdots,k) \tag{a}$$

并求出它与观测值 y_i 的差值

$$\delta_i = y_i - \hat{y} \tag{b}$$

即

$$\delta_i = y_i - (a + bx_i) \quad (i = 1,2,\cdots,k) \tag{c}$$

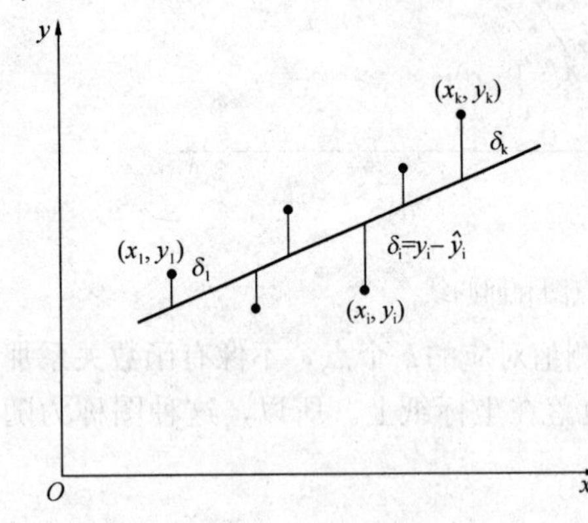

图 B-3　观测值 y_1 与估计值 $\hat{y}$ 的差异

差值 δ_i 是观测值（x_i，y_i）与直线 $\hat{y} = a + bx$ 上对应点的值的偏差（如图 B-3 所示）。显然，理想的回归方程的待定系数 a、b 应使全部差值 δ_i 为最小，为此，应使

$$|\delta_1| + |\delta_2| + \cdots + |\delta_k| = \sum_{i=1}^{k} |\delta_i| \tag{d}$$

为最小。为了避免绝对值运算上的麻烦，通常将上式改写成：

$$Q = \delta_1^2 + \delta_2^2 + \cdots + \delta_k^2 = \sum_{i=1}^{k} \delta_i^2 \tag{e}$$

于是，所要确定的特定系数 a、b，应使 Q 值为最小。这个方法称为最小二乘法。

将式（c）代入式（e），得

$$Q = \sum_{i=1}^{k} [y_i - (a + bx_i)]^2 \tag{f}$$

根据高等数学中多元函数求极值的方法，把 Q 对 a、b 求偏导数，并令它们等于零，即

$$\left.\begin{aligned} \frac{\partial Q}{\partial a} = 0 \\ \frac{\partial Q}{\partial b} = 0 \end{aligned}\right\} \tag{g}$$

解上面方程组，即可求出待定常数

$$\left.\begin{aligned} a &= \bar{y} - b\bar{x} \\ b &= \frac{1}{\Delta}(k\Sigma x_i y_i - \Sigma x_i \Sigma y_i) \end{aligned}\right\} \tag{B-2}$$

式中

$$\left.\begin{aligned} \bar{x} &= \frac{1}{k}\Sigma x_i \quad \bar{y} = \frac{1}{k}\Sigma y_i \\ \Delta &= k\Sigma x_i^2 - (\Sigma x_i)^2 \end{aligned}\right\} \tag{B-3}$$

将式（B-2）代入式（B-1），就可得线性回归方程。

2. 抗剪强度指标 φ_i、c_i 基本值的确定

（1）直剪试验

如前所述，黏性土和粉土第 i 组的抗剪强度方程可写成：

$$\tau_f = c_i + \sigma \tan\varphi_i$$

将它与回归方程（B-1）

$$\hat{y}=a+bx$$

对照，即可得出

$$\tan\varphi_i=b=\frac{1}{\Delta}(k\Sigma\sigma\tau_{\mathrm{f}}-\Sigma\sigma\Sigma\tau_{\mathrm{f}}) \tag{B-4a}$$

于是，每组试验内摩擦角的基本值

$$\varphi_i=\arctan\left[\frac{1}{\Delta}(k\Sigma\sigma\tau_{\mathrm{f}}-\Sigma\sigma\Sigma\tau_{\mathrm{f}})\right] \tag{B-4b}$$

$$\Delta=k\Sigma\sigma^2-(\Sigma\sigma)^2 \tag{B-5}$$

每组试验黏聚力的基本值

$$c_i=a=\tau_{\mathrm{fm}}-\sigma_{\mathrm{m}}\tan\varphi_i \tag{B-6}$$

式中 σ——法向应力；

τ_{f}——土的抗剪强度；

k——每组试样数；

σ_{m}——每组试样法向应力平均值，$\sigma_{\mathrm{m}}=\frac{\Sigma\sigma}{k}$；

τ_{fm}——每组试样抗剪强度平均值，$\tau_{\mathrm{fm}}=\frac{\Sigma\tau_{\mathrm{f}}}{k}$；

φ_i——每组（第 i 组）试验土的内摩擦角基本值；

c_i——每组（第 i 组）试验土的黏聚力基本值。

（2）三轴剪切试验

图 B-4a 表示由三轴剪切试验得到的一组 k 个摩尔圆。现在的问题是，如何找到一条与各圆“密切最好的”公共包线（回归线）$\tau_{\mathrm{f}}=c_i+\sigma\tan\varphi_i$。为此，我们来分析任一摩尔圆至公共包线的距离（如图 B-4b 所示）。

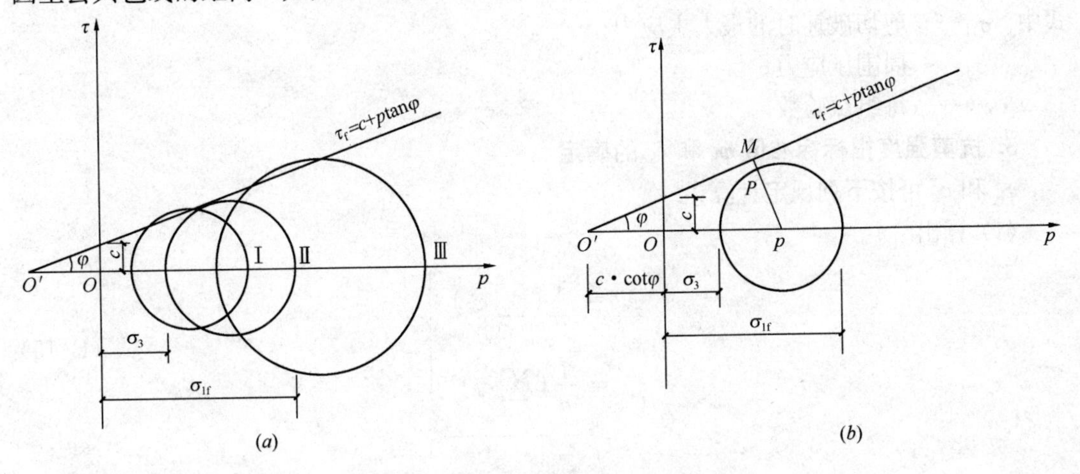

图 B-4　摩尔圆及其至直线的距离

设摩尔圆的半径为 $\tau=\frac{1}{2}(\sigma_{1\mathrm{f}}-\sigma_3)$，圆心为 $p=\frac{1}{2}(\sigma_{1\mathrm{f}}-\sigma_3)$，摩尔圆至公共包线 $\tau_{\mathrm{f}}=c_i+\sigma\tan\varphi_i$ 的距离 $d=PM$（如图 B-4b 所示）。

$$d = (c_i \cdot \cot\varphi_i + p)\sin\varphi_i - \tau = (c \cdot \cos\varphi_i + p\sin\varphi_i) - \tau$$

令

$$a = c_i \cdot \cos\varphi_i$$

$$b = \sin\varphi_i$$

于是

$$d = (a + bp) - \tau$$

求 k 个摩尔圆“密切最好的”公共包线，即选取适当的 a、b（即 c_i、φ_i）使 k 个距离的平方和最小，即求

$$Q = \Sigma[(a + pb) - \tau]^2 = \Sigma[\tau - (a + pb)]^2 \tag{B-7}$$

为最小。因此，问题双归结为求一般线性回归问题。将式（B-7）和式（f）对照，并注意到式（B-2）

$$b = \sin\varphi_i = \frac{1}{\Delta}(k\Sigma p\tau - \Sigma p\Sigma\tau)$$

由此

$$\varphi_i = \arcsin\left[\frac{1}{\Delta}(k\Sigma p\tau - \Sigma p\Sigma\tau)\right] \tag{B-8}$$

而

$$a = c_i \cdot \cos\varphi_i = \tau_m - p_m\sin\varphi_i$$

由此

$$c_i = \frac{1}{\cos\varphi_i}(\tau_m - p_m\sin\varphi_i) \tag{B-9}$$

$$p = \frac{1}{2}(\sigma_{1f} + \sigma_3) \tag{B-10}$$

$$\tau = \frac{1}{2}(\sigma_{1f} - \sigma_3) \tag{B-11}$$

$$\Delta = k\Sigma p^2 - (\Sigma p)^2 \tag{B-12}$$

$$\tau_m = \frac{\Sigma\tau}{k} \tag{B-13}$$

$$p_m = \frac{\Sigma p}{k} \tag{B-14}$$

式中 σ_{1f}——剪切破坏时的最大主应力；

σ_3——周围压应力；

k——每组试验数。

3. 抗剪强度指标标准值 φ_k 和 c_k 的确定

φ_k 和 c_k 可按下列规定计算：

(1) 算出

$$\left.\begin{aligned} \varphi_m &= \frac{1}{n}\left(\sum_{i=1}^{n}\varphi_i\right) \\ c_m &= \frac{1}{n}\left(\sum_{i=1}^{n}c_i\right) \end{aligned}\right\} \tag{B-15}$$

$$\left.\begin{aligned} \sigma_\varphi &= \frac{\sqrt{\sum_{i=1}^{n}\varphi_i^2 - n\,\varphi_m}}{n-1} \\ \sigma_c &= \frac{\sqrt{\sum_{i=1}^{n}c_i^2 - n\,c_m}}{n-1} \end{aligned}\right\} \tag{B-16}$$

$$
\left.\begin{aligned}
\delta_{\varphi} &= \frac{\sigma_{\varphi}}{\varphi_{m}} \\
\delta_{c} &= \frac{\sigma_{c}}{c_{m}}
\end{aligned}\right\} \tag{B-17}
$$

其中 n 为试验组数。

（2）算出统计修正系数

$$
\left.\begin{aligned}
\psi_{\varphi} &= 1-\left(\frac{1.704}{\sqrt{n}}+\frac{4.678}{n^{2}}\right)\delta_{\varphi} \\
\psi_{c} &= 1-\left(\frac{1.704}{\sqrt{n}}+\frac{4.678}{n^{2}}\right)\delta_{c}
\end{aligned}\right\} \tag{B-18}
$$

（3）计算 φ_{k} 和 c_{k}

$$
\left.\begin{aligned}
\varphi_{k} &= \psi_{\varphi}\varphi_{m} \\
c_{k} &= \psi_{c}c_{m}
\end{aligned}\right\} \tag{B-19}
$$

参 考 文 献

[1] 建筑地基基础设计规范. GB 50007—2011. 北京：中国建筑工业出版社，2011.
[2] 建筑桩基技术规范. JGJ 94—2008. 北京：中国建筑工业出版社，2008.
[3] 混凝土结构设计规范. GB 50010—2010. 北京：中国建筑工业出版社，2010.
[4] 建筑地基处理技术规范. JGJ 79—2002. 北京：中国建筑工业出版社，2002.
[5] 建筑结构荷载规范. GB 50009—2012，2012 版. 北京：中国建筑工业出版社，2012.
[6] 高层建筑筏形与箱形基础技术规范. JGJ 6—2011. 北京：中国建筑工业出版社，2011.
[7] 陈仲颐，叶书麟. 基础工程学. 北京：中国建筑工业出版社，1991.
[8] 华南理工大学等. 地基基础. 北京：中国建筑工业出版社，1995.
[9] 本书编委会. 建筑地基基础设计规范理解与应用(第二版). 北京：中国建筑工业出版社，2012.
[10] 李建民，滕延京. 从不同土的室内压缩回弹试验分析基坑开挖回弹变形的特征. 建筑科学，2011(1).
[11] 陈希哲. 土力学地基基础. 第 5 版. 北京：清华大学出版社，2012.
[12] 华南理工大学等. 地基基础. 北京：中国建筑工业出版社，1995.
[13] 郭继武. 建筑地基基础. 北京：高等教育出版社，1990.
[14] 郭继武. 偏心受压基础直接计算法. 冶金建筑，1979(3).
[15] 郭继武，张述勇. 桩基础直接计算法. 建筑结构，1980(5).
[16] 郭继武. 地基基础设计简明手册. 北京：机械工业出版社，2008.